前言

本书是根据教育部制定的《高职高专教育高等数学课程教学基本要求》编写的“十四五”职业教育国家规划教材《高等数学(工科类)》教材的配套用书. 本书在内容上更加丰富，分为函数及其应用、极限及其应用、微分学及其应用、积分学及其应用、常微分方程及其应用、向量代数与空间解析、多元函数微分学及应用、多元函数积分学及其应用和无穷级数及其应用，共计九章. 每章由知识结构与内容要点，教学基本要求与重点、难点，典型例题与习题，综合与提高例题精讲，高职升本科本章相关知识简介几部分组成，书中配有练习题答案. 另外，本书单独配有每章测试题、第一学期和第二学期期末考试试卷各8套、高职升本科模拟试卷6套，便于读者更好地理解和掌握教材内容. 本书可作为高等数学自主性学习辅导教材，也可作为高职升本科和其他人员学习高等数学的参考书.

本书的结构安排、统稿、编辑、定稿由张远镇老师承担，参加本书编写的还有孙海青、闫艳花、李艳宁、王莉华、靳秀娟和徐明军老师. 陈凤英老师在本书的编写过程中给予了大力的支持和帮助，在此表示衷心的感谢. 由于水平有限，本书中难免存在问题，欢迎专家、同行及读者批评指正.

编　者

目录

第一章　函数及其应用

一、知识结构与内容要点

(一)知识结构

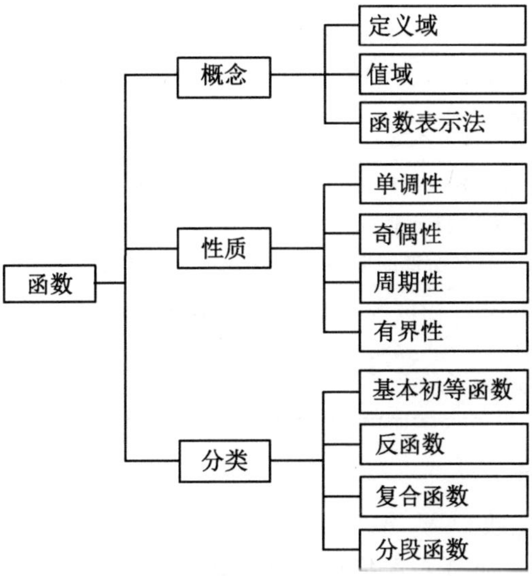

(二)内容要点

1. 函数概念

(1)函数是变量之间的关系，两个变量 x、y 之间的函数关系一般表示为：$y=f(x)$，$x\in D$.

(2)在不考虑实际意义的情况下，函数定义域的求解需考虑以下情况.

①分式的分母不为零.

②对数的真数大于零.

③偶次根式的被开方数非负.

④正切符号下式子不等于$\frac{\pi}{2}+k\pi$，$k\in\mathbf{Z}$，余切符号下式子不等于 $k\pi$，$k\in\mathbf{Z}$.

⑤反正弦、反余弦符号下式子的绝对值小于等于 1.

⑥若函数由若干部分组成，则该函数的定义域为各部分定义域的交集.

(3)定义域相同、对应法则也相同的两个函数为相同的函数.

(4)函数有三种表示法：表格法、图像法和解析式法．显函数、隐函数、参数方程函数和分段函数常用公式法来表示．

2．函数四种特性

函数具有奇偶性、单调性、周期性和有界性四种特性，其定义及图像特点见下表．

特性	定义	图像特点
奇偶性	函数 $y=f(x)$的定义区间关于原点对称，对任意 $x\in D$，若有 $f(-x)=f(x)$，则称 $y=f(x)$为偶函数；若有 $f(-x)=-f(x)$，则称 $y=f(x)$为奇函数	偶函数的图像关于 y 轴对称，奇函数的图像关于原点对称
单调性	设函数 $y=f(x)$在区间(a, b)内有定义，对于区间(a, b)内任意 $x_1<x_2$，若 $f(x_1)<f(x_2)$，则称 $y=f(x)$在区间(a, b)内为单调增(或递增)函数；若 $f(x_1)>f(x_2)$，则称 $y=f(x)$在区间(a, b)内为单调减(或递减)函数	单调增函数的图像表现为从左至右向上升的曲线，单调减函数的图像表现为从左至右向下降的曲线
周期性	设 T 为一个非零实数，如果函数 $y=f(x)$对于其定义域内任意 $x\in D$，且 $x+T\in D$，都有 $f(T+x)=f(x)$，则称 $y=f(x)$是周期函数．通常所说的周期指函数的最小正周期	每一个周期内的图像相同
有界性	设函数 $y=f(x)$在区间(a, b)内有定义，如果存在一个正数 M，使得对于任意 $x\in(a, b)$，有不等式 $\lvert f(x)\rvert\leqslant M$，则称 $y=f(x)$是有界函数	有界函数的图像介于直线 $y=M$ 和 $y=-M$ 之间

3．函数图像及性质

(1)六种基本初等函数．

基本初等函数定义、性质及图像特点见下表．

函数名称	表达式和定义域	图像特征及其性质	
常数函数	$y=C$(C 为常数) $x\in\mathbf{R}$	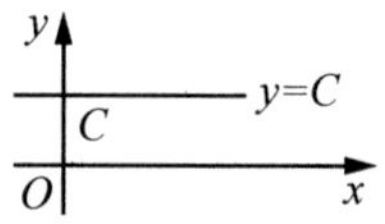	平行于 x 轴，纵截距为 C 的直线
幂函数	$y=x^{\alpha}$ ($\alpha\neq0$，α 为常数) 定义域依 α 的取值而定，但不论 α 为何值，当 $x>0$ 时都有定义	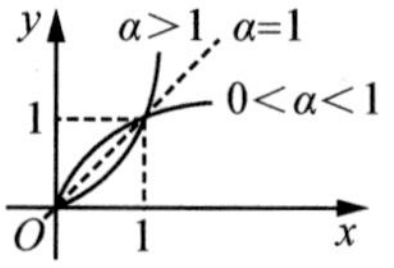	$\alpha>0$ 时，曲线过点$(0, 0)$，$(1, 1)$，在$(0, +\infty)$内为单调增加．这时 $y=x^{\alpha}$ 的图像称为 α 次抛物线
		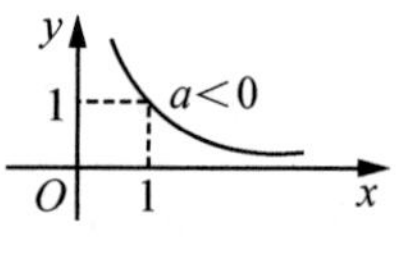	$\alpha<0$ 时，曲线过点$(1, 1)$，在$(0, +\infty)$内为单调减少，以 x 轴、y 轴为渐近线．这时 $y=x^{\alpha}$ 的图像称为 α 次双曲线

续表

函数名称	表达式和定义域	图像特征及其性质
指数函数	$y=a^x$ $(a>0，a\neq1)$ $x\in\mathbf{R}$	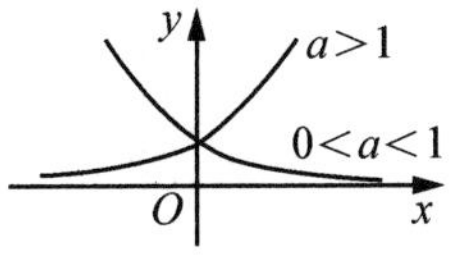 曲线过点(0，1)，在 x 轴上方. ①$0<a<1$ 时，$y=a^x$ 为递减函数，沿 x 轴正方向接近 x 轴； ②$a>1$ 时，$y=a^x$ 为递增函数，沿 x 轴负方向接近 x 轴
对数函数	$y=\log_a x$ $(a>0，a\neq1)$ $x\in(0，+\infty)$	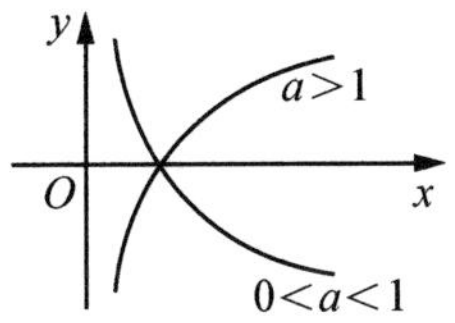 曲线过点(1，0)，在 y 轴右边. ①$0<a<1$ 时，$y=\log_a x$ 为递减函数，沿 y 轴正方向接近 y 轴； ②$a>1$ 时，$y=\log_a x$ 为递增函数，沿 y 轴负方向接近 y 轴
三角函数		
①正弦	$y=\sin x$ $x\in\mathbf{R}$	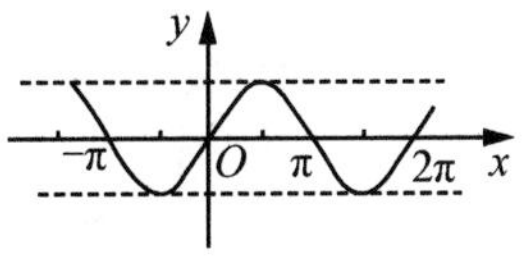 ①奇函数，有界，周期为 2π，值域为$[-1，1]$；
②余弦	$y=\cos x$ $x\in\mathbf{R}$	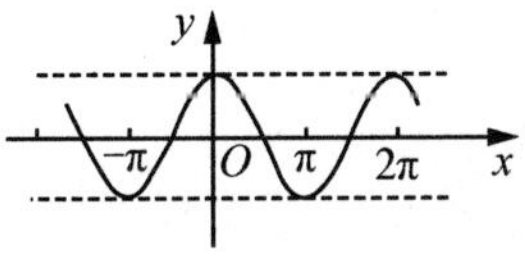 ②偶函数，有界，周期为 2π，值域为$[-1，1]$；
③正切	$y=\tan x$ $x\in\left\{x\mid x\neq k\pi+\frac{\pi}{2}，k\in\mathbf{Z}\right\}$	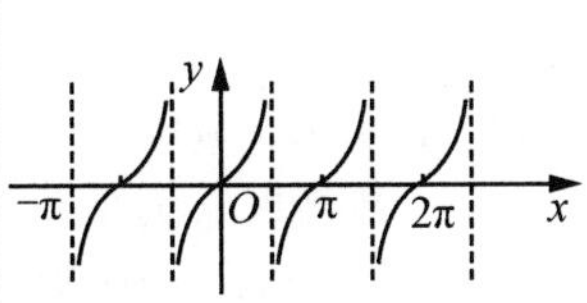 ③奇函数，无界，周期为 π，在每个区间 $\left(-\frac{\pi}{2}+k\pi，\frac{\pi}{2}+k\pi\right)$ 内单调增加，值域为 $\mathbf{R}$；
④余切	$y=\cot x$ $x\in\{x\mid x\neq k\pi，k\in\mathbf{Z}\}$	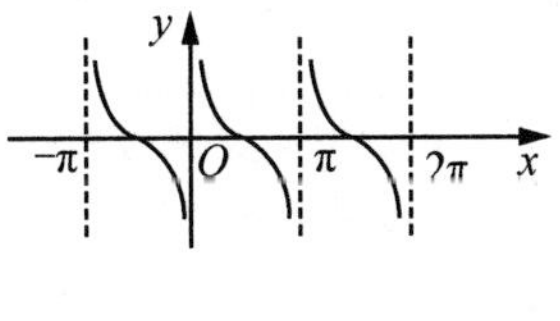 ④奇函数，无界，周期为 π，在每个区间$(k\pi，\pi+k\pi)$内单调减少，值域为 $\mathbf{R}$；
⑤正割	$y=\sec x$	⑤⑥的图像和性质略
⑥余割	$y=\csc x$	

续表

函数名称	表达式和定义域	图像特征及其性质	
反三角函数			
①反正弦	$y=\arcsin x$ $x\in[-1, 1]$	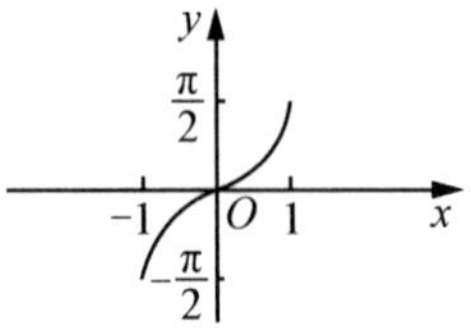	①有界，过原点，递增函数，奇函数，值域为$\left[-\frac{\pi}{2}, \frac{\pi}{2}\right]$；
②反余弦	$y=\arccos x$ $x\in[-1, 1]$	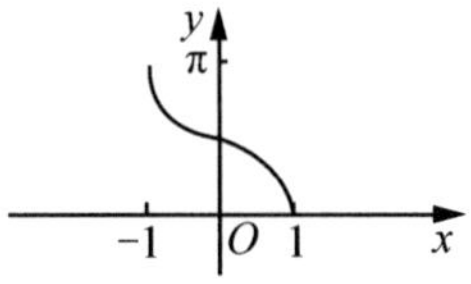	②有界，递减函数，值域为$[0, \pi]$；
③反正切	$y=\arctan x$ $x\in\mathbf{R}$	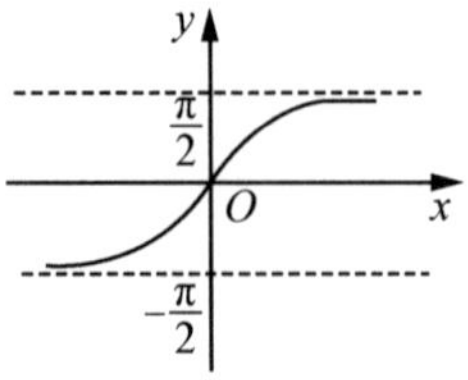	③有界，过原点，递增函数，奇函数，值域为$\left(-\frac{\pi}{2}, \frac{\pi}{2}\right)$；
④反余切	$y=\operatorname{arccot} x$ $x\in\mathbf{R}$	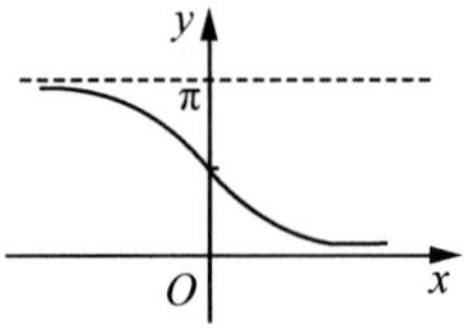	④有界，递减函数，值域为$(0, \pi)$

(2)反函数、复合函数和初等函数.

反函数、复合函数和初等函数的定义和特点见下表.

函数种类	定义	特点
反函数	设函数 $y=f(x)$ 的定义域为 D，值域为 $f(D)$，如果对于任意 $y\in f(D)$，都可以从关系式 $y=f(x)$ 中确定唯一的值 $x\in D$ 与之对应，那么所确定的以 y 为自变量的函数 $x=\varphi(y)$ 或 $x=f^{-1}(y)$ 称为函数 $y=f(x)$ 的反函数	不是任意函数都有反函数，自变量和因变量需具有一一对应关系
复合函数	设 y 是 u 的函数 $y=f(u)$，其定义域为 D_1；而 u 又是 x 的函数 $u=\varphi(x)$，其定义域为 D_2，值域为 $\varphi(D_2)$；如果 $\varphi(D_2)\cap D_1\neq\varnothing$，则通过 u 把 y 表示成 x 的函数 $y=f[\varphi(x)]$，我们把它称为复合函数，其中 u 称为中间变量	不是任何两个函数都能复合
初等函数	由基本初等函数经有限次的四则运算和复合运算所得的函数，称为初等函数	初等函数用一个表达式表示，分段函数不是初等函数

二、教学基本要求与重点、难点

1. 教学基本要求

(1)掌握函数的概念，了解函数的性质.

(2)掌握六种基本初等函数的表达式、图像及性质.

(3)理解反函数、初等函数的概念，掌握复合函数的定义，对给出的基本初等函数能进行复合或将已知的复合函数进行拆分.

(4)理解隐函数、参数方程和分段函数.

2. 重点、难点

(1)重点.

函数、复合函数及初等函数的概念，函数的定义域.

(2)难点.

分段函数的概念，建立简单实际问题的函数模型.

三、典型例题与习题

第一节　函数及其性质

(一)典型例题

例 1　已知函数 $y=f(x)=x^3+2x^2+3x-1$，求 $f(0)$，$f(2)$.

解　$f(0)=0^3+2\cdot 0^2+3\cdot 0-1=-1$，

$f(2)=2^3+2\cdot 2^2+3\cdot 2-1=21$.

例 2　已知 $f(x)=x^3-3x$，求 $f\left(\frac{1}{x}\right)$，$f(x-1)$.

解　$f\left(\frac{1}{x}\right)=\left(\frac{1}{x}\right)^3-3\left(\frac{1}{x}\right)=\frac{1-3x^2}{x^3}$，

$f(x-1)=(x-1)^3-3(x-1)=(x-1)(x^2-2x-2)$.

例 3　已知 $f\left(x+\frac{1}{x}\right)=\frac{1}{x^2}+x^2$，求 $f(x)$.

解　$f\left(x+\frac{1}{x}\right)=\frac{1}{x^2}+x^2=\left(x+\frac{1}{x}\right)^2-2$，因此

$$f(x)=x^2-2.$$

例 4　已知 $f[\varphi(x)]=1-\cos x$，$\varphi(x)=\sin\frac{x}{2}$，求 $f(x)$.

解　$f[\varphi(x)]=1-\cos x=2\left(\sin\frac{x}{2}\right)^2=2[\varphi(x)]^2$，则有

$$f(x)=2x^2.$$

例 5 判断下列各题中的函数是否为同一函数.

(1) $f(x)=\frac{x}{x}$，$\varphi(x)=1$；　　(2) $f(x)=|x|$，$\varphi(x)=\sqrt{x^2}$；

(3) $f(x)=x$，$\varphi(x)=(\sqrt{x})^2$；　　(4) $f(x)=\sin x$，$\varphi(x)=\sqrt{1-\cos^2 x}$.

解 (1)(3)(4)不相同，(2)相同.

例 6 求函数 $y=\sqrt{-x^2+4x-3}$ 的定义域.

解 根据题意可知

$$-x^2+4x-3\geqslant 0,$$

即

$$1\leqslant x\leqslant 3.$$

因此，函数定义域为$[1, 3]$.

例 7 求函数 $y=\frac{x+1}{x^2-3x+2}$ 的定义域.

解 根据题意可知

$$x^2-3x+2\neq 0,$$

即

$$x\neq 1,\ x\neq 2.$$

因此，函数定义域为$(-\infty, 1)\cup(1, 2)\cup(2, +\infty)$.

例 8 求函数 $y=\sqrt{x+2}+\frac{1}{\lg(1-x)}$ 的定义域.

解 根据题意可知

$$\begin{cases} x+2\geqslant 0 \\ 1-x>0, \\ 1-x\neq 1 \end{cases}$$

即

$$-2\leqslant x<1 \text{ 且 } x\neq 0.$$

因此，函数定义域为$[-2, 0)\cup(0, 1)$.

例 9 求函数 $y=\frac{1}{x^2}(x>0)$ 的反函数.

解 $x>0$ 时，$x=\frac{1}{\sqrt{y}}$，因此，反函数为 $y=\frac{1}{\sqrt{x}}$.

例 10 求函数 $y=\frac{1-x}{1+x}$ 的反函数.

解 由原函数解出

$$x=\frac{1-y}{1+y}.$$

因此，交换变量记号即可得反函数为 $y=\frac{1-x}{1+x}$.

例 11 判断函数 $f(x)=\dfrac{1}{x^5}$ 的奇偶性.

解 函数定义域为 $(-\infty, 0)\cup(0, +\infty)$，关于原点对称，又

$$f(-x)=\frac{1}{(-x)^5}=-\frac{1}{x^5}=-f(x).$$

因此，原函数为奇函数.

例 12 判断函数 $y=\ln(x+\sqrt{1+x^2})$ 的奇偶性.

解 函数定义域为 $(-\infty, +\infty)$，关于原点对称，又因为

$$\begin{aligned}f(-x)&=\ln[-x+\sqrt{1+(-x)^2}]\\&=\ln(\sqrt{1+x^2}-x)\\&=\ln\frac{1}{\sqrt{1+x^2}+x}\\&=-\ln(\sqrt{1+x^2}+x)=-f(x).\end{aligned}$$

因此，原函数为奇函数.

(二)练习题

1. 选择题

(1)函数 $y=\dfrac{x+1}{\sqrt{x^2-x-2}}$ 的定义域是(　　).

A. $(2, +\infty)$　　B. $(-\infty, 1)\cup(2, +\infty)$

C. $(-\infty, 1]$　　D. $(-\infty, 1]\cup[2, +\infty)$

(2)函数 $y=\dfrac{x\cos x}{x^2+1}$ 是(　　).

A. 奇函数　　B. 偶函数　　C. 非奇非偶函数　　D. 都不对

(3)函数(　　)在区间 $(0, 1)$ 有界.

A. $y=\dfrac{1+2x}{x^2}$　　B. $y=\lg x$　　C. $y=e^{-\frac{1}{x}}$　　D. $y=\dfrac{1}{2^x-1}$

2. 填空题

(1)已知 $f(x)=\dfrac{1}{1-x}$，则 $f[f(x)]=$________.

(2)已知 $f(x)=x^2$，$\varphi(x)=\lg x$，则 $f[\varphi(x)]=$________，$\varphi[f(x)]=$________.

(3)函数 $y=\sqrt{4-x^2}+\ln(x-1)$ 的定义域是________.

(4)函数 $y=\cos\dfrac{\pi}{2}x$ 的周期是________.

3. 解答题

(1)已知 $f(x)$ 的定义域为 $(-2, 3)$，求 $f(x+1)+f(x-1)$ 的定义域.

(2)求函数 $y=\ln(x-1)$的反函数.

(3)判断函数 $y=e^{x^2}$ 的奇偶性.

第二节　初等函数与分段函数

(一)典型例题

例 1　已知分段函数 $y=\begin{cases}-x+1, & x\geqslant 0\\ x+1, & x<0\end{cases}$，求 $f(-1)$，$f(3)$.

解　$f(-1)=-1+1=0$，

$f(3)=-3+1=-2$.

例 2　已知分段函数 $f(x)=\begin{cases}1, & x>0\\ 0, & x=0\\ -1, & x<0\end{cases}$，求 $f(x-1)$.

解　$f(x-1)=\begin{cases}1, & x-1>0\\ 0, & x-1=0\\ -1, & x-1<0\end{cases}$，

即
$$f(x-1)=\begin{cases}1, & x>1\\ 0, & x=1.\\ -1, & x<1\end{cases}$$

例 3　设 $f(x)=\begin{cases}2, & |x|\leqslant 2\\ 0, & |x|>2\end{cases}$，求 $f[f(x)]$.

解　当 $|x|\leqslant 2$ 时，$f(x)=2$，$f[f(x)]=f(2)=2$；

当 $|x|>2$ 时，$f(x)=0$，$f[f(x)]=f(0)=2$.

所以，当 $x\in(-\infty, +\infty)$时，均有
$$f[f(x)]=2.$$

例 4　求函数 $y=\arcsin(x-1)$的定义域并分析其复合结构.

解　根据题意可知
$$|x-1|\leqslant 1,$$
即
$$0\leqslant x\leqslant 2.$$
因此，函数定义域为$[0, 2]$.

显然，函数 $y=\arcsin(x-1)$可由简单函数 $u=x-1$，$y=\arcsin u$ 构成.

例 5　求分段函数 $y=\begin{cases}\sin x, & 0\leqslant x<\dfrac{\pi}{2}\\ x, & \dfrac{\pi}{2}\leqslant x\leqslant \pi\end{cases}$ 的定义域和 $y\left(\dfrac{\pi}{3}\right)$.

解　根据题意可知，函数定义域需使每部分函数均有意义，故函数定义域为$[0, \pi]$，且 $y\left(\dfrac{\pi}{3}\right)=\sin\dfrac{\pi}{3}=\dfrac{\sqrt{3}}{2}$.

例 6 设函数 $f(x)=\begin{cases}-x^2, & x\geqslant 0\\ -e^x, & x<0\end{cases}$，$g(x)=\ln x$，(1)求 $f[g(x)]$及其定义域；(2)可以复合成形如 $g[f(x)]$的复合函数吗？

解 (1)因为 $g(x)$的定义域为$(0, +\infty)$，值域为$(-\infty, +\infty)$，而 $f(x)$的定义域为$(-\infty, +\infty)$，因此 $g(x)$的值域在 $f(x)$的定义域内，从而 $f[g(x)]$有意义，于是

$$f[g(x)]=\begin{cases}-g^2(x), & g(x)\geqslant 0\\ -e^{g(x)}, & g(x)<0\end{cases},$$

即
$$f[g(x)]=\begin{cases}-\ln^2 x, & x\geqslant 1\\ -x, & 0<x<1\end{cases}.$$

说明：复合函数中内层函数的值域与外层函数的定义域之交集必须为非空集.

(2)因为 $g(x)$的定义域为$(0, +\infty)$，而 $f(x)$的值域为$(-\infty, 0)$，它们没有交集，因此 $g[f(x)]$没有意义，不能复合成形如 $g[f(x)]$的复合函数.

例 7 指出函数 $y=\tan^2(e^{2x})$的复合结构.

解 设 $u=\tan(e^{2x})$，$v=e^{2x}$，$t=2x$，则函数 $y=\tan^2(e^{2x})$的复合结构为 $y=u^2$，$u=\tan v$，$v=e^t$，$t=2x$.

(二)练习题

1. 选择题

(1)设 $f(x)=\begin{cases}1, & |x|\leqslant 1\\ 0, & |x|>1\end{cases}$，则 $f\{f[f(x)]\}$(　　).

A. 0　　B. 1　　C. $\begin{cases}1, & |x|\leqslant 1\\ 0, & |x|>1\end{cases}$　　D. $\begin{cases}0, & |x|\leqslant 1\\ 1, & |x|>1\end{cases}$

(2)下列函数能复合成一个函数的是(　　).

A. $y=f(u)=\ln u$，$u=g(x)=-x^2$　　B. $y=f(u)=\sqrt{u}$，$u=g(x)=-5$

C. $y=f(u)=u^3$，$u=g(x)=\sin x$　　D. $y=f(u)=e^{-u^2}$，$|u|<1$，$u=g(x)=3$

(3)$f(x)=\begin{cases}e^{-x}, & x\leqslant 0\\ \cos x, & x>0\end{cases}$，则 $f(-x)=$(　　).

A. $\begin{cases}-e^{-x}, & x\leqslant 0\\ \cos x, & x>0\end{cases}$　　B. $\begin{cases}e^{-x}, & x\leqslant 0\\ \cos x, & x>0\end{cases}$

C. $\begin{cases}-\cos x, & x<0\\ e^{-x}, & x\geqslant 0\end{cases}$　　D. $\begin{cases}\cos x, & x<0\\ e^{x}, & x\geqslant 0\end{cases}$

2. 填空题

(1)$y=\begin{cases}\sin\dfrac{1}{x}, & x\neq 0\\ 0, & x=0\end{cases}$，的定义域是________.

(2)将 $f(x)=3-|x-1|$ 表示为分段函数为________.

(3)函数 $y=3\sqrt{x^2+1}$ 是由函数________复合而成.

3. 解答题

(1)分析函数 $y=\ln\arccos\dfrac{1}{x+1}$ 的复合结构.

(2)设 $f(x)=\begin{cases}e^x, & x\geqslant 1\\ \ln(1+x), & |x|<1\\ x, & x\leqslant -1\end{cases}$，求 $f(-1)$，$f(0)$，$f(1)$.

四、综合与提高例题精讲

例 1 定义在$[-1, 0]$上的函数 $y=\sqrt{1-x^2}$ 的反函数是 $\underline{y=-\sqrt{1-x^2}}$，其定义域是$\underline{[0, 1]}$.

解 在$[-1, 0]$上，由 $y=\sqrt{1-x^2}$ 解出 x 的值，即 $x=-\sqrt{1-y^2}$，于是反函数为 $y=-\sqrt{1-x^2}$，其定义域是原函数的值域，显然为$[0, 1]$.

例 2 设函数 $f(x)=\begin{cases}1, & x>0\\ 0, & x=0\\ -1, & x<0\end{cases}$，则 $f[f(x)]=\underline{f(x)}$.

解 因为

$$f(x)=\begin{cases}1, & x>0\\ 0, & x=0,\\ -1, & x<0\end{cases}$$

于是

$$f[f(x)]=\begin{cases}1, & f(x)>0\\ 0, & f(x)=0\\ -1, & f(x)<0\end{cases}=\begin{cases}1, & x>0\\ 0, & x=0\\ -1, & x<0\end{cases}=f(x).$$

例 3 函数 $y=f(x)$ 的定义域为$[0, 2]$，则 $y=f(x^2)$ 的定义域为$\underline{[-\sqrt{2}, \sqrt{2}]}$.

解 函数 $y=f(x)$ 的定义域为$[0, 2]$，于是 $0\leqslant x^2\leqslant 2$，因此 $y=f(x^2)$ 的定义域为 $-\sqrt{2}\leqslant x\leqslant\sqrt{2}$，即$[-\sqrt{2}, \sqrt{2}]$.

例 4 函数 $y=e^{\sqrt{1+\sin^2 x}}$ 的复合过程是(D).

A. $y=e^u$，$u=\sqrt{1+v}$，$v=\sin^2 x$

B. $y=e^{\sqrt{u}}$，$u=1+v$，$v=w^2$，$w=\sin x$

C. $y=e^u$，$u=\sqrt{v}$，$v=1+\sin^2 x$

D. $y=e^u$，$u=\sqrt{v}$，$v=1+w$，$w=p^2$，$p=\sin x$

例 5 函数 $f(x-1)=x(x-1)$，则 $f(x)=\underline{x(x+1)}$.

解 因为 $f(x-1)=x(x-1)=[(x-1)+1](x-1)$，于是 $f(x)=x(x+1)$.

例 6 由 $y=\lg u$，$u=2-v$，$v=w^2$，$w=\sin x$ 构成的复合函数是__________.

解 $y=\lg(2-\sin^2 x)$.

例 7 设 $f(x)=x^3-x$，则 $\frac{f(x)-f(1)}{x-1}=\underline{x(x+1)}$.

解 因为 $f(1)=1^3-1=0$，所以 $\frac{f(x)-f(1)}{x-1}=\frac{x^3-x-0}{x-1}=x(x+1)$.

例 8 求函数 $y=\frac{e^x-e^{-x}}{2}$ 的反函数并判断其奇偶性.

解 原函数整理得到 $(e^x)^2-2ye^x-1=0$，
根据求根公式可得

$$e^x=y+\sqrt{1+y^2}\quad(e^x>0),$$

两边同时取对数则有

$$x=\ln(y+\sqrt{1+y^2}),$$

再交换变量记号就得到原函数的反函数为

$$y=\ln(x+\sqrt{1+x^2}).$$

函数定义域为$(-\infty,+\infty)$，关于原点对称，又

$$f(-x)=\frac{e^{-x}-e^x}{2}=-\frac{e^x-e^{-x}}{2}=-f(x),$$

因此，原函数为奇函数.

例 9 判断函数 $f(x)=\begin{cases}1-x, & x\leqslant 0\\ 1+x, & x>0\end{cases}$ 的奇偶性.

解 由于

$$f(x)=\begin{cases}1-x, & x\leqslant 0\\ 1+x, & x>0\end{cases}=\begin{cases}1-x, & x<0\\ 1, & x=0,\\ 1+x, & x>0\end{cases}$$

因此

$$f(-x)=\begin{cases}1+x, & -x<0\\ 1, & x=0\\ 1-x, & -x>0\end{cases}=\begin{cases}1+x, & x>0\\ 1, & x=0\\ 1-x, & x<0\end{cases}=\begin{cases}1-x, & x\leqslant 0\\ 1+x, & x>0\end{cases}=f(x),$$

原函数为偶函数.

五、高职升本科本章相关知识简介

(一)考试内容与要求

理解函数概念的两要素(定义域和对应法则)，了解分段函数；掌握不等式求解、函数定义域和值域；理解复合函数和反函数的概念，会求函数的反函数；理解函数的

单调性、周期性、有界性和奇偶性；掌握基本初等函数的性质和图像，掌握初等函数. 依历年试题来看，本章考核的重点主要包括：函数概念的两要素(定义域和对应规则)和函数的性质. 此部分试题分值为 4～8 分，多为容易题.

(二)历年真题

1.(2011)函数 $f(x)=\dfrac{x}{1-x^2}$在区间$(-1, 1)$内(B).

A. 单调增加且有界　　B. 单调增加且无界

C. 单调减少且有界　　D. 单调减少且无界

2.(2012)设函数 $f(x)$在$(-\infty, +\infty)$内连续，且 $F(x)=\int_0^x (x-2t)f(t)\mathrm{d}t$. 证明：如果 $f(x)$是奇函数，则 $F(x)$也是奇函数.

证明：

$$F(-x)=\int_0^{-x}(-x-2t)f(t)\mathrm{d}t,$$

令 $t=-u$，则

$$F(-x)=\int_0^{x}(-x+2u)f(-u)(-\mathrm{d}u)=\int_0^{x}(x-2u)f(-u)\mathrm{d}u.$$

因为 $f(x)$是奇函数，所以

$$f(-x)=-f(x),$$

则

$$F(-x)=-\int_0^{x}(x-2u)f(u)\mathrm{d}u=-\int_0^{x}(x-2t)f(t)\mathrm{d}t=-F(x),$$

即函数 $F(x)$也是奇函数.

3.(2013)下列各组函数是同一个函数的是(B).

A. $f(x)=\sqrt{x^2}$ 与 $g(x)=(\sqrt{x})^2$　　B. $f(x)=x$ 与 $g(x)=x(\sin^2 x+\cos^2 x)$

C. $f(x)=\dfrac{x^2-1}{x-1}$ 与 $g(x)=x+1$　　D. $f(x)=\lg x^2$ 与 $g(x)=2\lg x$

4.(2013)设函数 $f\left(\dfrac{1-x}{1+x}\right)=x$，则 $f(x)=\underline{\dfrac{1-x}{1+x}}$.

5.(2016)函数 $y=x-\arctan x$ 在$(-\infty, +\infty)$内(A).

A. 单调递增　　B. 单调递减　　C. 不单调　　D. 不连续

6.(2019)下列各组函数中 $f(x)$与 $g(x)$为同一函数的是(A).

A. $f(x)=1$ 与 $g(x)=\sin^2 x+\cos^2 x$

B. $f(x)=x$ 与 $g(x)=(\sqrt{x})^2$

C. $f(x)=\ln\sqrt{x}$ 与 $g(x)=\dfrac{1}{2}\ln|x|$

D. $f(x)=\sqrt{x}\sqrt{x+1}$ 与 $g(x)=\sqrt{x(x+1)}$

练习题答案

第一节练习题

1.(1)B；(2)A；(3)C.

2.(1)$1-\frac{1}{x}$；(2)$(\lg x)^2$；$\lg x^2$；(3)$(1,\ 2]$；(4)4.

3.(1)$(-1,\ 2)$；(2)$y=e^x+1$；(3)偶函数.

第二节练习题

1.(1)B；(2)C；(3)D.

2.(1)$(-\infty,\ +\infty)$；(2)$f(x)=\begin{cases}4-x & x>1\\ 3 & x=1\\ 2+x & x<1\end{cases}$；(3)$y=3\sqrt{u}$，$u=x^2+1$.

3.(1)$y=\ln u$，$u=\arccos v$，$v=\frac{1}{x+1}$；(2)$f(-1)=-1$，$f(0)=0$，$f(1)=e$.

第二章　极限及其应用

一、知识结构与内容要点

（一）知识结构

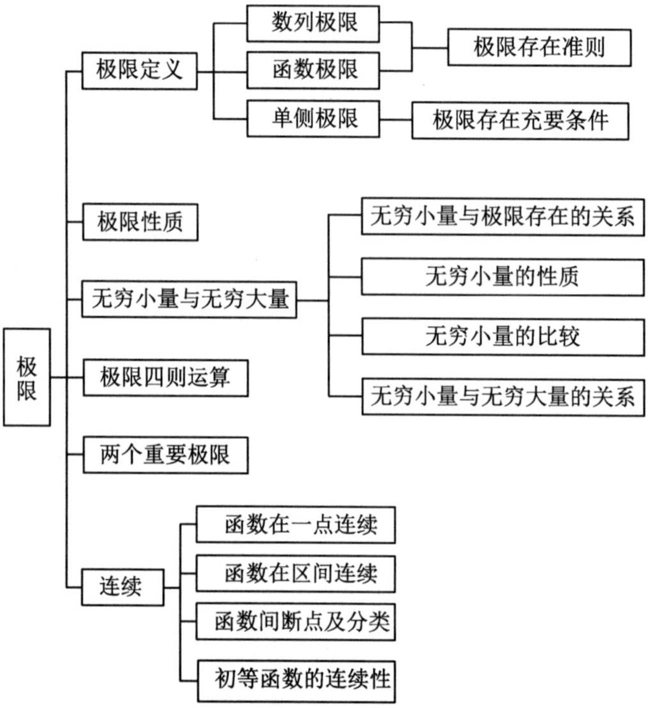

（二）内容要点

1. 极限

性质 1　若 $\lim\limits_{x \to x_0} f(x)=A>0$，则必定存在 x_0 的某邻域，在该邻域内任何异于 x_0 的点 x 处，恒有 $f(x)>0$.

性质 2　若 $f(x)\geqslant 0$，且 $\lim\limits_{x \to x_0} f(x)=A$，则必有 $A\geqslant 0$.

性质 3　$f(x)$在点 x_0 处极限存在的充要条件是 $f(x)$在点 x_0 处的左极限与右极限都存在且相等，此时两者的值相同.

法则 1　$\lim[f(x)\pm g(x)]=\lim f(x)\pm \lim g(x)$.

法则 2 $\lim[f(x)\cdot g(x)]=\lim f(x)\cdot\lim g(x)$.

推论 1 $\lim[C\cdot f(x)]=C\cdot\lim f(x)$.

推论 2 $\lim[f(x)]^n=[\lim f(x)]^n$.

法则 3 若 $\lim g(x)\neq 0$，则 $\lim\dfrac{f(x)}{g(x)}=\dfrac{\lim f(x)}{\lim g(x)}$.

2. 无穷小量与无穷大量

性质

(1)有限个无穷小的代数和仍为无穷小.

(2)有限个无穷小之积仍为无穷小.

(3)有界变量与无穷小之积仍为无穷小.

(4)无穷小除以极限不为零的变量之商仍为无穷小.

比较

(1)若 $\lim\dfrac{\alpha}{\beta}=0$，则称 α 是比 β 高阶的无穷小，记作 $\alpha=o(\beta)$.

(2)若 $\lim\dfrac{\alpha}{\beta}=\infty$，则称 α 是比 β 低阶的无穷小.

(3)若 $\lim\dfrac{\alpha}{\beta}=c\neq 0$，则称 α 与 β 是同阶无穷小.

特别地，当 $c=1$ 时，则称 α 与 β 是等价无穷小，记作 $\alpha\sim\beta$.

当 $x\to 0$ 时，下列无穷小等价：

$\sin x\sim x$，$\tan x\sim x$，$\arcsin x\sim x$，$\arctan x\sim x$，$1-\cos x\sim\dfrac{x^2}{2}$，$\ln(1+x)\sim x$，

$e^x-1\sim x$，$\sqrt[n]{1+x}-1\sim\dfrac{x}{n}$.

说明：在同一变化过程中，若 $\alpha\sim\alpha'$，$\beta\sim\beta'$，且 $\lim\dfrac{\alpha'}{\beta'}$存在，则 $\lim\dfrac{\alpha}{\beta}=\lim\dfrac{\alpha'}{\beta'}$.

3. 极限存在准则与两个重要极限

准则 1 若对于 x_0 的某邻域内的一切 x(可以不包含 x_0)，有 $g(x)\leqslant f(x)\leqslant h(x)$，且 $\lim\limits_{x\to x_0}g(x)=\lim\limits_{x\to x_0}h(x)=A$，则必有 $\lim\limits_{x\to x_0}f(x)=A$.

准则 2 单调有界数列必有极限.

两个重要极限：

$\lim\limits_{x\to 0}\dfrac{\sin x}{x}=1$；

$\lim\limits_{x\to\infty}\left(1+\dfrac{1}{x}\right)^x=e$，$\lim\limits_{x\to 0}(1+x)^{\frac{1}{x}}=e$.

4. 连续

连续的三要素：

①函数 $f(x)$在点 x_0 有定义；

②极限 $\lim\limits_{x\to x_0}f(x)$ 存在；

③ $\lim\limits_{x\to x_0}f(x)=f(x_0)$.

若 $y=f(x)$ 在 (a, b) 内连续，且在 $x=a$ 处右连续，在 $x=b$ 处左连续，则称 $y=f(x)$ 在闭区间 $[a, b]$ 上连续.

定理 1　函数 $f(x)$ 在点 x_0 处连续的充分必要条件是 $f(x)$ 在点 x_0 处左连续，且在点 x_0 处右连续.

定理 2　基本初等函数在其定义域内都是连续函数.

定理 3　初等函数在其定义区间内为连续函数.

闭区间上连续函数的性质：

设函数 $f(x)$ 在闭区间 $[a, b]$ 上连续，则有

最值定理　$f(x)$ 在 $[a, b]$ 上有最大值与最小值.

有界定理　$f(x)$ 在 $[a, b]$ 上有界.

零点定理　若 $f(a)$ 与 $f(b)$ 异号，则在 (a, b) 内至少存在一点 ξ，使得 $f(\xi)=0$.

5. 间断点及其分类

通常将间断点分为两类，若 x_0 为 $f(x)$ 的间断点，则

(1)当 $\lim\limits_{x\to x_0^-}f(x)$ 与 $\lim\limits_{x\to x_0^+}f(x)$ 都存在时，则称 x_0 为 $f(x)$ 的第一类间断点，

a. 如果 $\lim\limits_{x\to x_0}f(x)$ 存在，x_0 为间断点，则称 x_0 为 $f(x)$ 可去间断点；

b. 如果 $\lim\limits_{x\to x_0^-}f(x)$ 与 $\lim\limits_{x\to x_0^+}f(x)$ 都存在，但不相等，则称 x_0 为 $f(x)$ 的跳跃间断点.

(2)当 $\lim\limits_{x\to x_0^-}f(x)$ 与 $\lim\limits_{x\to x_0^+}f(x)$ 之一不存在时，则称 x_0 为 $f(x)$ 的第二类间断点，

a. 当 $x\to x_0^-$ 或 $x\to x_0^+$ 时，$f(x)\to\infty$，则称 x_0 为 $f(x)$ 的无穷间断点；

b. 当 $x\to x_0$ 时，$f(x)$ 的极限不存在，呈振荡情形，则称 x_0 为 $f(x)$ 的振荡间断点.

二、教学基本要求与重点、难点

1. 教学基本要求

(1)理解数列和函数极限的描述性定义.

(2)了解左、右极限的概念及函数在某点存在极限的充分必要条件.

(3)掌握极限四则运算法则和两个重要极限.

(4)掌握极限存在准则.

(5)理解无穷小量的定义和性质.

(6)了解无穷大量概念以及与无穷小量的关系.

(7)理解函数在一点连续的概念.

(8)会求函数的间断点.

(9)掌握初等函数连续性的结论.

(10)了解闭区间上连续函数的性质.

2. 重点、难点

(1)重点.

极限的描述性概念、极限的计算方法、函数连续的概念.

(2)难点.

极限的概念、极限的计算方法、函数间断点及分类.

三、典型例题与习题

第一节 极限的概念

(一)典型例题

例 1 判断数列有无极限.

(1)$2,\ \frac{1}{2},\ \frac{4}{3},\ \frac{3}{4},\ \cdots,\ \frac{n+(-1)^{n-1}}{n},\ \cdots$

(2)$\frac{1}{2},\ \frac{2}{3},\ \frac{3}{4},\ \frac{4}{5},\ \cdots,\ \frac{n}{n+1},\ \cdots$

(3)$\frac{1}{2},\ \frac{1}{3},\ \frac{1}{4},\ \frac{1}{5},\ \cdots,\ \frac{1}{n+1},\ \cdots$

(4)$1,\ -1,\ 1,\ -1,\ \cdots,\ (-1)^{n-1},\ \cdots$

解 当 n 无限增大时，数列(1)(2)无限地趋近于 1，数列(3)无限地趋近于 0，数列(4)在 1，−1 之间跳跃. 因此，(1)(2)(3)有极限，(4)无极限.

例 2 $f(x)$在点 x_0 处有定义是$\lim\limits_{x\to x_0}f(x)$存在的(　　).

A. 充分条件　　B. 必要条件　　C. 充要条件　　D. 无关条件

解 $\lim\limits_{x\to x_0}f(x)$存在是指当 x 无限接近于 x_0 时，函数 $y=f(x)$无限接近于一个确定的常数，与 $f(x)$在点 x_0 处有无定义无关，故正确答案为 D.

例 3 下列说法是否正确？举例说明.

(1)无穷小量是很小的数；

(2)$\frac{1}{x}$是无穷小量；

(3)无穷小量的代数和仍是无穷小量；

(4)有限个无穷大量的代数和仍是无穷大量.

解 (1)不正确. 例如，10^{-1000} 是很小的数，但它不是无穷小量. 因为无穷小量是以零为极限的变量，它不是绝对值很小的非零常数. 零是作为无穷小的唯一常量.

(2)不正确. 例如，当 $x\to\infty$(或 $x\to+\infty$，$-\infty$)时，$\frac{1}{x}$为无穷小量；当 $x\to 0$ 时，

$\frac{1}{x}$为无穷大量，$x\to 1$ 时，$\frac{1}{x}\to 1$. 因此，不能笼统地说某一变量为无穷小量，对于无穷大量亦如此.

(3)不正确. 例如，当 $n\to\infty$ 时，$\frac{1}{n}$，$\frac{1}{n+1}$，…，$\frac{1}{2n}$ 均为无穷小量，而 $\frac{1}{n}+\frac{1}{n+1}+\cdots+\frac{1}{2n}$ 是 n 个无穷小量的和，$n\to\infty$时，是无穷个无穷小量的和，显然有

$$n\times\frac{1}{2n}<\frac{1}{n}+\frac{1}{n+1}+\cdots+\frac{1}{2n}<n\times\frac{1}{n},$$

$$\frac{1}{2}<\frac{1}{n}+\frac{1}{n+1}+\cdots+\frac{1}{2n}<1,$$

$n\to\infty$时，$\frac{1}{n}+\frac{1}{n+1}+\cdots+\frac{1}{2n}$不可能为无穷小量.

(可以证明$\lim\limits_{n\to\infty}\left(\frac{1}{n}+\frac{1}{n+1}+\cdots+\frac{1}{2n}\right)=\ln 2$，略)

此例说明，无穷个无穷小量的代数和不一定是无穷小量.

正确的说法是：有限个无穷小量的代数和仍为无穷小量.

(4)不正确. 例如，设函数 $f(x)=1-\frac{1}{x}$，$g(x)=\frac{1}{x}$，则当 $x\to 0$ 时，$f(x)$，$g(x)$都是无穷大量. 但当 $x\to 0$ 时，$f(x)+g(x)=1-\frac{1}{x}+\frac{1}{x}=1$，显然不是无穷大量.

此例说明，对于无穷小量具有的运算性质，对于无穷大量就不一定成立.

正确说法是：有限个无穷大量的代数和不一定是无穷大量(它有可能是无穷小量、常数或无穷大量).

例 4 下列极限存在的有(　　).

A. $\lim\limits_{x\to\infty}\frac{x(x+1)}{x^2}$　　　　B. $\lim\limits_{x\to 2}\frac{1}{(x-2)^2}$

C. $\lim\limits_{x\to\infty}\sin x$　　　　D. $\lim\limits_{x\to 0}\arctan\frac{1}{x}$

解 A. 因为$\lim\limits_{x\to\infty}\frac{x(x+1)}{x^2}=\lim\limits_{x\to\infty}\frac{1+\frac{1}{x^2}}{1}=1+\lim\limits_{x\to\infty}\frac{1}{x^2}=1$.

B. $\lim\limits_{x\to 2}\frac{1}{(x-2)^2}=\infty$，所以$\lim\limits_{x\to 2}\frac{1}{(x-2)^2}$不存在.

C. $\lim\limits_{x\to\infty}\sin x$ 振荡无极限.

D. $\lim\limits_{x\to 0}\arctan\frac{1}{x}=\infty$，所以$\lim\limits_{x\to 0}\arctan\frac{1}{x}$不存在.

故正确答案为 A.

例 5 讨论函数 $f(x)=\begin{cases} x & x\geqslant 0 \\ x+1 & x<0 \end{cases}$ 当 $x\to0$ 时是否存在极限.

解 由于 $\lim\limits_{x\to0^+}f(x)=\lim\limits_{x\to0^+}x=0$，$\lim\limits_{x\to0^-}f(x)=\lim\limits_{x\to0^-}(x+1)=1$，

所以 $\lim\limits_{x\to0^+}f(x)\neq\lim\limits_{x\to0^-}f(x)$，故 $\lim\limits_{x\to0}f(x)$ 不存在(如图 2-1 所示).

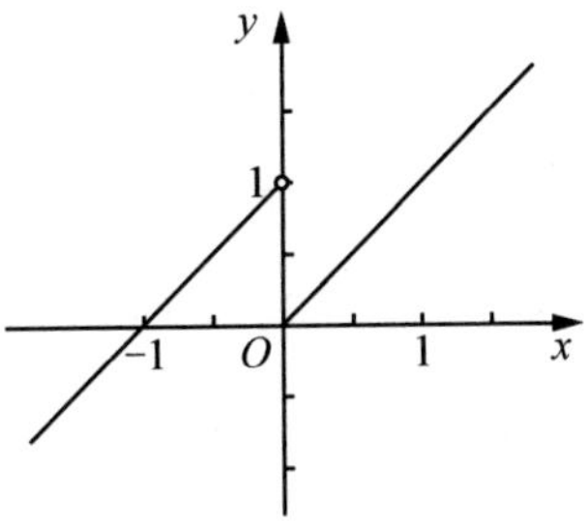

图 2-1

例 6 当 $x\to0$ 时，函数 $f(x)=\dfrac{|x|}{x}$ 的极限为(　　).

A. 1　　　　B. -1　　　　C. 0　　　　D. 不存在

解 因为 $f(x)=\begin{cases} -1, & x>0 \\ 1, & x<0 \end{cases}$，则

$$\lim_{x\to0^-}f(x)=\lim_{x\to0^-}1=1,$$
$$\lim_{x\to0^+}f(x)=\lim_{x\to0^+}(-1)=-1.$$

于是 $\lim\limits_{x\to0^-}f(x)\neq\lim\limits_{x\to0^+}f(x)$，所以 $\lim\limits_{x\to1}f(x)$ 不存在.

故正确答案为 D.

例 7 设 $f(x)=\begin{cases} 5x+3, & x<0 \\ 1, & x=0 \\ x^2+a, & x>0 \end{cases}$，求使 $f(x)$ 在 $x=0$ 处极限存在的 a 的值.

解 由定义知，$f(x)$ 在点 $x=0$ 处极限存在，则有

$$\lim_{x\to0^-}f(x)=\lim_{x\to0^+}f(x),$$

即

$$\lim_{x\to0^-}f(x)=\lim_{x\to0^-}(5x+3)=3,$$
$$\lim_{x\to0^+}f(x)=\lim_{x\to0^+}(x^2+a)=a,$$

因此

$$a=3.$$

例 8 下列变量在自变量给定的变化过程中不是无穷大量的有(　　).

A. $\dfrac{1+2x}{x}(x\to0)$　　　　B. $e^x(x\to+\infty)$

C. $\ln|x|(x\to0)$　　　　D. $\ln x(x\to1)$

解 A. $\lim\limits_{x\to0}\dfrac{1+2x}{x}=\infty$，所以 $x\to0$ 时，$\dfrac{1+2x}{x}$ 为无穷大量.

B. $\lim\limits_{x\to+\infty} e^x=+\infty$，所以 $x\to+\infty$时，e^x 是无穷大量.

C. $\lim\limits_{x\to 0}\ln|x|=-\infty$，所以 $x\to 0$ 时，$\ln|x|$为无穷大量.

D. $\lim\limits_{x\to 1}\ln x=0$，所以 $x\to 1$ 时，$\ln x$ 为无穷小量.

正确答案为 D.

例 9 用定义证明$\lim\limits_{x\to 2}\dfrac{x-2}{x^2-4}=\dfrac{1}{4}$.

证 任给 $\varepsilon>0$，考查$\left|\dfrac{x-2}{x^2-4}-\dfrac{1}{4}\right|=\left|\dfrac{x-2}{4(x+2)}\right|$，

由于 $x\to 2$，不妨设$|x-2|<1$，即 $1<x<3$，此时$|x+2|>3$.

要使$\left|\dfrac{x-2}{x^2-4}-\dfrac{1}{4}\right|=\left|\dfrac{x-2}{4(x+2)}\right|<\dfrac{|x-2|}{4\times 3}=\dfrac{|x-2|}{12}<|x-2|<\varepsilon$，

只要取 $\delta=\min\{1,\varepsilon\}$ 即可. 任给 $\varepsilon>0$，当 $|x-2|<\delta$，必有 $\left|\dfrac{x-2}{x^2-4}-\dfrac{1}{4}\right|<|x-2|<\varepsilon$.

例 10 用定义证明$\lim\limits_{x\to\infty}\dfrac{1}{n^2+5n}=0$.

证 任给 $\varepsilon>0$，要使$\left|\dfrac{1}{n^2+5n}-0\right|<\varepsilon$，直接解 n 的范围会很烦琐，若使用放大法，$\dfrac{1}{n^2+5n}<\dfrac{1}{n^2}$，使$\dfrac{1}{n^2}<\varepsilon$ 的 n 的值必使$\dfrac{1}{n^2+5n}<\varepsilon$，解得 $n>\sqrt{\dfrac{1}{\varepsilon}}$，取 $N=\left[\sqrt{\dfrac{1}{\varepsilon}}\right]$，则当 $n>N$ 时，$\left|\dfrac{1}{n^2+5n}-0\right|<\dfrac{1}{n^2}<\varepsilon$.

例 11 当 $x\to 0$ 时，以下变量不是无穷小的有(　　).

A. x^2　　B. $\arctan x$　　C. $\tan x$　　D. e^x.

解 A. $\lim\limits_{x\to 0}x^2=0$，因此 $x\to 0$ 时，x^2 为无穷小.

B. $\lim\limits_{x\to 0}\arctan x=0$，因此 $x\to 0$ 时，$\arctan x$ 为无穷小.

C. $\lim\limits_{x\to 0}\tan x=0$，因此 $x\to 0$ 时，$\tan x$ 为无穷小.

D. $\lim\limits_{x\to 0}e^x=1$，因此 $x\to 0$ 时 e^x 不是无穷小(也不是无穷大).

正确答案为 D.

例 12 已知 $f(x)=\sin x$，$g(x)=\dfrac{1}{2x}$，求$\lim\limits_{x\to\infty}f(x)g(x)$.

解 因为$|f(x)|=|\sin x|\leqslant 1$，即当 $x\to\infty$，$f(x)=\sin x$ 为有界变量.

$\lim\limits_{x\to\infty}g(x)=\lim\limits_{x\to\infty}\dfrac{1}{2x}=0$(无穷小量)，所以$\lim\limits_{x\to\infty}f(x)g(x)=0$.

(二)练习题

1. 选择题

(1)下列数列$\{x_n\}$中收敛的为(　　).

A. $x_n=(-1)^n\dfrac{n+1}{n}$　　B. $x_n=\dfrac{\sin n}{n}$

C. $x_n=\sin\dfrac{n\pi}{2}$　　D. $x_n=\dfrac{1+(-1)^n}{2}$

(2)当$x\to0$时，$\cos\dfrac{1}{x}$是(　　).

A. 常量　　B. 无穷小量　　C. 无穷大量　　D. 有界变量

(3)下列极限存在的为(　　).

A. $\lim\limits_{x\to\infty}e^x$　　B. $\lim\limits_{x\to0}\dfrac{1}{2^x-1}$

C. $\lim\limits_{x\to0}\sin\dfrac{1}{x}$　　D. $\lim\limits_{x\to\infty}\dfrac{1}{x^2+1}$

2. 填空题

(1)当________时，e^x 为无穷小量.

(2)若$x\to x_0$时，α为无穷小量，且$\alpha\neq0$，则$\dfrac{1}{\alpha}$为$x\to x_0$时的________.

(3)求极限$\lim\limits_{x\to1}\dfrac{x^2+2}{x+2}=$________.

3. 观察下列函数，并思考函数的极限是否存在.

(1)当$x\to1$时，$f(x)=\begin{cases}2x, & 0\leqslant x\leqslant1\\ 3-x, & 1\leqslant x\leqslant2\end{cases}$的极限.

(2)当$x\to0$时，$f(x)=\begin{cases}\ln(x+1), & x\geqslant0\\ x, & x<0\end{cases}$的极限.

第二节　求极限的方法

(一)典型例题

例 1　求极限(1)$\lim\limits_{x\to2}\left(\dfrac{1}{2}x+3\right)$；　　(2)$\lim\limits_{x\to1}\dfrac{x^2-x+1}{x^2-3}$.

解　(1)$\lim\limits_{x\to2}\left(\dfrac{1}{2}x+3\right)=\dfrac{1}{2}\lim\limits_{x\to2}x+3=\dfrac{1}{2}\times2+3=4$.

(2)$\lim\limits_{x\to1}\dfrac{x^2-x+1}{x^2-3}=\dfrac{\lim\limits_{x\to1}(x^2-x+1)}{\lim\limits_{x\to1}(x^2-3)}=\dfrac{(\lim\limits_{x\to1}x)^2-\lim\limits_{x\to1}x+1}{(\lim\limits_{x\to1}x)^2-3}=\dfrac{1-1+1}{1-3}=-\dfrac{1}{2}$.

例 2　求极限(1)$\lim\limits_{x\to1}\dfrac{x+2}{x-1}$；　　(2)$\lim\limits_{x\to\infty}\dfrac{1}{x^2+3}$.

解 (1)因为$\lim\limits_{x\to1}(x+2)=3$，$\lim\limits_{x\to1}(x-1)=0$ [$(x-1)$当$x\to1$时是无穷小]，而若$f(x)$是无穷小，且$f(x)\neq0$，则$\dfrac{1}{f(x)}$是无穷大．即$\lim\limits_{x\to1}\dfrac{x+2}{x-1}=\infty$.

(2)因为$\lim\limits_{x\to\infty}(x^2+3)=\infty$[$(x^2+3)$当$x\to\infty$时是无穷大]，而若$f(x)$是无穷大，则$\dfrac{1}{f(x)}$是无穷小．即$\lim\limits_{x\to\infty}\dfrac{1}{x^2+3}=0$.

例 3 求极限(1)$\lim\limits_{x\to0}\dfrac{1-\sqrt{1-x^2}}{x^2}$； (2)$\lim\limits_{x\to0}\dfrac{\sqrt{x+4}-2}{x}$.

解 (1)$\lim\limits_{x\to0}\dfrac{1-\sqrt{1-x^2}}{x^2}=\lim\limits_{x\to0}\dfrac{x^2}{x^2(1+\sqrt{1-x^2})}=\lim\limits_{x\to0}\dfrac{1}{1+\sqrt{1-x^2}}=\dfrac{1}{2}$.

(2)
$$\lim_{x\to0}\frac{\sqrt{x+4}-2}{x}=\lim_{x\to0}\frac{(\sqrt{x+4}-2)(\sqrt{x+4}+2)}{x(\sqrt{x+4}+2)}=\lim_{x\to0}\frac{x}{x(\sqrt{x+4}+2)}$$
$$=\lim_{x\to0}\frac{1}{\sqrt{x+4}+2}=\frac{1}{4}.$$

例 4 求极限(1)$\lim\limits_{x\to+\infty}(\sqrt{x^2+x-1}-\sqrt{x^2-x+1})$； (2)$\lim\limits_{x\to-1}\left(\dfrac{1}{x+1}-\dfrac{3}{x^3+1}\right)$.

解 (1)
$$\lim_{x\to+\infty}(\sqrt{x^2+x-1}-\sqrt{x^2-x+1})=\lim_{x\to+\infty}\frac{2x}{\sqrt{x^2+x-1}+\sqrt{x^2-x+1}}$$
$$=\lim_{x\to+\infty}\frac{2}{\sqrt{1+\frac{1}{x}-\frac{1}{x^2}}+\sqrt{1-\frac{1}{x}+\frac{1}{x^2}}}$$
$$=\frac{2}{1+1}=1.$$

(2)
$$\lim_{x\to-1}\left(\frac{1}{x+1}-\frac{3}{x^3+1}\right)=\lim_{x\to-1}\frac{x^2-x+1-3}{x^3+1}=\lim_{x\to-1}\frac{(x-2)(x+1)}{(x^2-x+1)(x+1)}$$
$$=\lim_{x\to-1}\frac{x-2}{x^2-x+1}=\frac{-1-2}{1+1+1}=-1.$$

例 5 求极限(1)$\lim\limits_{x\to\infty}\dfrac{x^2+2}{x^3-x-3}$； (2)$\lim\limits_{x\to\infty}\dfrac{x^3-2x+1}{3x^2+2}$；

(3)$\lim\limits_{x\to\infty}\dfrac{(2x-1)^{30}(3x-2)^{20}}{(2x+1)^{50}}$.

解 (1)
$$\lim_{x\to\infty}\frac{x^2+2}{x^3-x-3}=\lim_{x\to\infty}\frac{\frac{1}{x}+\frac{2}{x^3}}{1-\frac{1}{x^2}-\frac{3}{x^3}}=0.$$

(2)
$$\lim_{x\to\infty}\frac{x^3-2x+1}{3x^2+2}=\lim_{x\to\infty}\frac{1-\frac{2}{x^2}+\frac{1}{x^3}}{\frac{3}{x}+\frac{2}{x^3}}=\infty.$$

(3) $\lim\limits_{x\to\infty}\dfrac{(2x-1)^{30}(3x-2)^{20}}{(2x+1)^{50}}=\dfrac{2^{30}3^{20}}{2^{50}}=\left(\dfrac{3}{2}\right)^{20}$.

注 对于“$\dfrac{\infty}{\infty}$”型的有理分式的极限可直接利用已有结论：

$$\lim_{x\to\infty}\frac{P_n(x)}{Q_m(x)}=\lim_{x\to\infty}\frac{a_nx^n+a_{n-1}x^{n-1}+\cdots+a_0}{b_mx^{m-1}+b_{m-1}x^{m-1}+\cdots+b_0}=\begin{cases}0, & n<m\\ \dfrac{a_n}{b_m}, & m=n\\ \infty, & n>m\end{cases}.$$

例 6 已知 $\lim\limits_{x\to+\infty}(5x-\sqrt{ax^2+bx+1})=2$，求常数 a，b.

解 $\lim\limits_{x\to+\infty}(5x-\sqrt{ax^2+bx+1})=\lim\limits_{x\to+\infty}\dfrac{25x^2-(ax^2+bx+1)}{5x+\sqrt{ax^2+bx+1}}$

$$=\lim_{x\to+\infty}\frac{(25-a)x-b-\dfrac{1}{x}}{5+\sqrt{a+\dfrac{b}{x}+\dfrac{1}{x^2}}}=2.$$

要使上式成立，应使 $25-a=0$，因此 $a=25$，则有

$$\lim_{x\to+\infty}\frac{-b+\dfrac{1}{x}}{5+\sqrt{25+\dfrac{b}{x}+\dfrac{1}{x^2}}}=\frac{-b}{5+\sqrt{25}}=\frac{-b}{10}=2,$$

得 $b=-20$.

即当 $a=25$，$b=-20$ 时，有 $\lim\limits_{x\to+\infty}(5x-\sqrt{ax^2+bx+1})=2$.

例 7 求极限 (1) $\lim\limits_{n\to\infty}\left(1+\dfrac{1}{2}+\dfrac{1}{4}+\cdots+\dfrac{1}{2^n}\right)$；

(2) $\lim\limits_{n\to\infty}\left(\dfrac{1}{1\times3}+\dfrac{1}{3\times5}+\dfrac{1}{5\times7}+\cdots+\dfrac{1}{(2n-1)(2n+1)}\right)$.

解 (1) $\lim\limits_{n\to\infty}\left(1+\dfrac{1}{2}+\dfrac{1}{4}+\cdots+\dfrac{1}{2^n}\right)=\lim\limits_{n\to\infty}\left[\dfrac{1-\left(\dfrac{1}{2}\right)^n}{1-\dfrac{1}{2}}\right]=2$.

(2) $\lim\limits_{n\to\infty}\left(\dfrac{1}{1\times3}+\dfrac{1}{3\times5}+\dfrac{1}{5\times7}+\cdots+\dfrac{1}{(2n-1)(2n+1)}\right)$

$$=\lim_{n\to\infty}\frac{1}{2}\left(1-\frac{1}{3}+\frac{1}{3}-\frac{1}{5}+\cdots+\frac{1}{2n-1}-\frac{1}{2n+1}\right)$$

$$=\lim_{n\to\infty}\frac{1}{2}\left(1-\frac{1}{2n+1}\right)=\frac{1}{2}.$$

例 8 求极限 (1) $\lim\limits_{x\to0}\dfrac{\tan x}{x}$； (2) $\lim\limits_{x\to0}\dfrac{1-\cos x}{2x^2}$.

解 (1)$\lim\limits_{x\to 0}\dfrac{\tan x}{x}=\lim\limits_{x\to 0}\left(\dfrac{\sin x}{x}\cdot\dfrac{1}{\cos x}\right)=\lim\limits_{x\to 0}\dfrac{\sin x}{x}\cdot\lim\limits_{x\to 0}\dfrac{1}{\cos x}=1.$

(2)$\lim\limits_{x\to 0}\dfrac{1-\cos x}{2x^2}=\lim\limits_{x\to 0}\dfrac{2\sin^2\dfrac{x}{2}}{2x^2}=\dfrac{1}{4}\lim\limits_{x\to 0}\dfrac{\sin^2\dfrac{x}{2}}{\left(\dfrac{x}{2}\right)^2}=\dfrac{1}{4}.$

例 9 (1)$\lim\limits_{x\to\infty}\left(1+\dfrac{1}{2x}\right)^{4x-3}$; (2)$\lim\limits_{x\to 0}(1-x)^{\frac{2}{x}}$.

解 (1) $\lim\limits_{x\to\infty}\left(1+\dfrac{1}{2x}\right)^{4x-3}=\lim\limits_{x\to\infty}\left[\left(1+\dfrac{1}{2x}\right)^{4x}\cdot\left(1+\dfrac{1}{2x}\right)^{-3}\right]$

$=\lim\limits_{x\to\infty}\left\{\left[\left(1+\dfrac{1}{2x}\right)^{2x}\right]^2\left(1+\dfrac{1}{2x}\right)^{-3}\right\}=\mathrm{e}^2\cdot 1=\mathrm{e}^2.$

(2)$\lim\limits_{x\to 0}(1-x)^{\frac{2}{x}}=\lim\limits_{x\to 0}\{[1+(-x)]^{\frac{1}{-x}}\}^{-2}=\mathrm{e}^{-2}.$

例 10 求 $\lim\limits_{x\to\infty}\left(\dfrac{x-1}{x+1}\right)^x$.

解 1 令$\dfrac{x-1}{x+1}=1+\dfrac{1}{u}$，即$\dfrac{-2}{x+1}=\dfrac{1}{u}$，$x=-2u-1$，$x\to\infty$时，$u\to\infty$，

$\lim\limits_{x\to\infty}\left(\dfrac{x-1}{x+1}\right)^x=\lim\limits_{u\to\infty}\left(1+\dfrac{1}{u}\right)^{-2u-1}=\lim\limits_{u\to\infty}\left\{\left[\left(1+\dfrac{1}{u}\right)^u\right]^{-2}\cdot\left(1+\dfrac{1}{u}\right)^{-1}\right\}$

$=\left[\lim\limits_{u\to\infty}\left(1+\dfrac{1}{u}\right)^u\right]^{-2}\cdot\left[\lim\limits_{u\to\infty}\left(1+\dfrac{1}{u}\right)\right]^{-1}$

$=\mathrm{e}^{-2}\cdot 1=\mathrm{e}^{-2}.$

解 2 $\lim\limits_{x\to\infty}\left(\dfrac{x-1}{x+1}\right)^x=\lim\limits_{x\to\infty}\left\{\left[\left(1+\dfrac{-2}{x+1}\right)^{-\frac{x+1}{2}}\right]^{-2}\cdot\left(1+\dfrac{-2}{x+1}\right)^{-1}\right\}$

$=\left[\lim\limits_{x\to\infty}\left(1+\dfrac{-2}{x+1}\right)^{-\frac{x+1}{2}}\right]^{-2}\cdot\left[\lim\limits_{x\to\infty}\left(1+\dfrac{-2}{x+1}\right)\right]^{-1}$

$=\mathrm{e}^{-2}\cdot 1=\mathrm{e}^{-2}.$

解 3 $\lim\limits_{x\to\infty}\left(\dfrac{x-1}{x+1}\right)^x=\lim\limits_{x\to\infty}\dfrac{\left(1-\dfrac{1}{x}\right)^x}{\left(1+\dfrac{1}{x}\right)^x}=\dfrac{\left[\lim\limits_{x\to\infty}\left(1-\dfrac{1}{x}\right)^{-x}\right]^{-1}}{\lim\limits_{x\to\infty}\left(1+\dfrac{1}{x}\right)^x}=\dfrac{\mathrm{e}^{-1}}{\mathrm{e}}=\mathrm{e}^{-2}.$

解 4 $\lim\limits_{x\to\infty}\left(\dfrac{x-1}{x+1}\right)^x=\mathrm{e}^{\lim\limits_{x\to\infty}\left(\frac{x-1}{x+1}-1\right)x}=\mathrm{e}^{\lim\limits_{x\to\infty}\frac{-2x}{x+1}}=\mathrm{e}^{-2}.$

注 若$\lim f(x)=1$，$\lim g(x)=\infty$，则$\lim\limits_{x\to\infty}[f(x)]^{g(x)}=\mathrm{e}^{\lim[f(x)-1]g(x)}$.

例 11 当 $x\to 0$ 时，试将下列无穷小量与 x 进行比较.

(1)x^3+100x； (2)$\sqrt{1+x}-\sqrt{1-x}$.

解 (1)$\lim\limits_{x\to 0}\dfrac{x^3+100x}{x}=\lim\limits_{x\to 0}(x^2+100)=100$，所以 $x\to 0$ 时，x^3+100x 与 x 为同阶无穷小量.

(2) $\lim\limits_{x\to 0}\dfrac{\sqrt{1+x}-\sqrt{1-x}}{x}=\lim\limits_{x\to 0}\dfrac{2x}{x(\sqrt{1+x}+\sqrt{1-x})}=\lim\limits_{x\to 0}\dfrac{2}{\sqrt{1+x}+\sqrt{1-x}}$

$=\dfrac{2}{1+1}=1.$

所以 $x\to 0$ 时，$(\sqrt{1+x}-\sqrt{1-x})\sim x$.

例 12 求 $\lim\limits_{x\to 0}\dfrac{\tan x-\sin x}{x^3}$.

解 1 $\lim\limits_{x\to 0}\dfrac{\tan x-\sin x}{x^3}=\lim\limits_{x\to 0}\dfrac{\sin x(1-\cos x)}{x^3\cos x}=\lim\limits_{x\to 0}\left(\dfrac{1}{\cos x}\cdot\dfrac{\sin x}{x}\cdot\dfrac{2\sin^2\dfrac{x}{2}}{x^2}\right)$

$=\lim\limits_{x\to 0}\dfrac{1}{\cos x}\cdot\lim\limits_{x\to 0}\dfrac{\sin x}{x}\cdot\dfrac{1}{2}\left(\lim\limits_{x\to 0}\dfrac{\sin\dfrac{x}{2}}{\dfrac{x}{2}}\right)^2=1\cdot 1\cdot\dfrac{1}{2}\cdot 1^2=\dfrac{1}{2}.$

解 2 $\lim\limits_{x\to 0}\dfrac{\tan x-\sin x}{x^3}=\lim\limits_{x\to 0}\dfrac{\sin x(1-\cos x)}{x^3\cos x}=\lim\limits_{x\to 0}\dfrac{x\cdot\dfrac{1}{2}x^2}{x^3\cos x}$

$=\dfrac{1}{2}\lim\limits_{x\to 0}\dfrac{1}{\cos x}=\dfrac{1}{2}\cdot 1=\dfrac{1}{2}.$

注 $x\to 0$ 时，$x\sim\sin x$，$1-\cos x\sim\dfrac{1}{2}x^2$.

(二)练习题

1. 选择题

(1)下列等式成立的是(　　).

A. $\lim\limits_{x\to\infty}x\sin\dfrac{1}{x}=1$　B. $\lim\limits_{x\to 0}x\sin\dfrac{1}{x}=1$　C. $\lim\limits_{x\to\infty}\dfrac{\sin x}{x}=1$　D. $\lim\limits_{x\to 0}\dfrac{1}{x}\sin\dfrac{1}{x}=1$

(2)设 $f(x)=x$，$g(x)=x+\sin x$，当 $x\to 0$ 时 $f(x)$ 是 $g(x)$ 的(　　)无穷小.

A. 等价　B. 高阶　C. 同阶　D. 低阶

(3)当 $x\to$(　　)时，$e^{\frac{-1}{x}}$ 为无穷大量.

A. $x\to 0^-$　B. $x\to 0^+$　C. $x\to\infty$　D. $x\to-\infty$

2. 填空题

(1) $\lim\limits_{t\to 4}\dfrac{\sqrt{t}-2}{t-4}=$________.

(2) $\lim\limits_{x\to 2}\left(\dfrac{1}{x-2}-\dfrac{12}{x^3-8}\right)=$________.

(3) $\lim\limits_{x\to\infty}\left(\dfrac{x}{1+x}\right)^x=$________.

3. 说明下列各无穷小量之间的关系

(1)当 $x\to1$ 时，$1-x$ 与$\frac{1}{2}(1-x^2)$.

(2)当 $x\to0$ 时，$1-\cos 2x$ 与 $\sin^2\frac{x}{2}$.

(3)当 $x\to1$ 时，$1-x$ 与 $1-\sqrt[3]{x}$.

第三节　函数的连续性

(一)典型例题

例 1　设函数 $f(x)=\begin{cases}x^2, & 0\leqslant x\leqslant1\\ 1, & 1<x<2\end{cases}$，求 $\lim\limits_{x\to1^-}f(x)$，$\lim\limits_{x\to1^+}f(x)$，并由此判断 $\lim\limits_{x\to1}f(x)$是否存在.

解　因为 $\lim\limits_{x\to1^-}f(x)=\lim\limits_{x\to1^-}(x^2)=1$，$\lim\limits_{x\to1^+}f(x)=\lim\limits_{x\to1^+}1=1$，$\lim\limits_{x\to1^-}f(x)=\lim\limits_{x\to1^-}f(x)=1$，所以$\lim\limits_{x\to1}f(x)=1$.

例 2　下列说法是否正确，请说明理由.

(1)一切初等函数在其定义域内均连续；

(2)分段函数必存在间断点.

解　(1)不正确．如初等函数 $f(x)=\sqrt{\cos x-1}$ 的定义域是一些离散的点($x=\pm0$，$\pm2\pi$，$\pm4\pi$，…)，可见 $f(x)$在其定义域内是不会连续的.

正确的命题是：一切初等函数在其定义区间均连续.

(2)不正确. 如 $f(x)=\begin{cases}\sin x, & x\geqslant0\\ x, & x<0\end{cases}$在$(-\infty,+\infty)$上处处连续.

例 3　讨论函数 $f(x)=\frac{x}{|x|}$当 $x\to0$ 时的极限是否存在.

解　因为 $\lim\limits_{x\to0^+}f(x)=\lim\limits_{x\to0^+}\frac{x}{x}=1$，$\lim\limits_{x\to0^-}f(x)=\lim\limits_{x\to0^-}\frac{x}{-x}=-1$，所以，函数 $f(x)=\frac{x}{|x|}$当 $x\to0$ 时的极限不存在.

例 4　证明函数 $y=\sin x$ 在区间$(-\infty,+\infty)$内是连续的.

证　设 x 为区间$(-\infty,+\infty)$内任意一点，则有

$$\Delta y=\sin(x+\Delta x)-\sin x=2\sin\frac{\Delta x}{2}\cos\left(x+\frac{\Delta x}{2}\right)$$

因为当 $\Delta x\to0$ 时，Δy 是无穷小量与有界函数的乘积，所以$\lim\limits_{\Delta x\to0}\Delta y=0$.

例 5　求函数 $f(x)=\frac{x^2-4}{x-2}$在 $x=2$ 处的连续性，若间断，指出间断点的类型.

解　因为$\lim\limits_{x\to2}\frac{x^2-4}{x-2}=\lim\limits_{x\to2}(x+2)=4$，即$\lim\limits_{x\to2}f(x)$存在，而 $f(x)$在 $x=2$ 处无定义.

所以点 $x=2$ 是函数 $f(x)$ 的第一类间断点，且是可去间断点．如果将函数 $f(x)$ 在点 $x=2$ 处的函数值补充定义后就得

$$F(x)=\begin{cases}\dfrac{x^2-4}{x-2}, & x\neq 2,\\ 4, & x=2\end{cases}$$

而函数 $F(x)$ 在点 $x=2$ 处是连续的．

例 6 求函数 $f(x)=\begin{cases}\dfrac{\tan x}{x}, & x\neq 0\\ 3, & x=0\end{cases}$ 在 $x=0$ 处的连续性，若间断，指出间断点的类型．

解 $f(0)=3$，但 $\lim\limits_{x\to 0}\dfrac{\tan x}{x}=1\neq f(0)=3$，所以 $x=0$ 是第一类可去间断点．

例 7 求函数 $f(x)=\begin{cases}\dfrac{1}{x+1}, & x<-1,\\ x, & -1\leqslant x\leqslant 1\end{cases}$ 在 $x=-1$ 处的连续性，若间断，指出间断点的类型．

解 $f(x)$ 在 $x=-1$ 处有定义，但 $\lim\limits_{x\to -1^-}f(x)=\lim\limits_{x\to -1^-}\dfrac{1}{x+1}=\infty$，$\lim\limits_{x\to -1^+}f(x)=\lim\limits_{x\to -1^+}x=-1$，所以 $x=-1$ 是第二类无穷间断点．

例 8 求函数 $f(x)=\begin{cases}x\sin\dfrac{1}{x}, & x\neq 0\\ 0, & x=0\end{cases}$ 在 $x=0$ 处的连续性，若间断，指出间断点的类型．

解 $f(x)$ 在 $x=0$ 处有定义，且 $\lim\limits_{x\to 0}f(x)=\lim\limits_{x\to 0}x\sin\dfrac{1}{x}=0=f(0)$，所以 $f(x)$ 在点 $x=0$ 处连续．

例 9 求下列函数的连续区间．

(1) $f(x)=\dfrac{4}{x-2}+\ln(x+1)$； (2) $f(x)=\begin{cases}x-1, & x\leqslant 1\\ 2-x, & x>1\end{cases}$.

解 (1) $f(x)=\dfrac{4}{x-2}+\ln(x+1)$ 的定义域是 $\begin{cases}x+1>0\\ x-2\neq 0\end{cases}$，解得 $x>-1$ 且 $x\neq 2$，由初等函数的连续性得，函数的连续区间是 $(-1,\ 2)\cup(2,\ +\infty)$．

(2) $f(x)=\begin{cases}x-1, & x\leqslant 1\\ 2-x, & x>1\end{cases}$ 的定义域是 $x\in\mathbf{R}$．因为 $f(1)=0$，$\lim\limits_{x\to 1^-}f(x)=\lim\limits_{x\to 1^-}(x-1)=0$，$\lim\limits_{x\to 1^+}f(x)=\lim\limits_{x\to 1^+}(2-x)=1$，所以 $x=1$ 是 $f(x)$ 的间断点．故函数的连续区间是 $(-\infty,\ 1)\cup(1,\ +\infty)$．

例 10 设 $f(x)=\begin{cases} \dfrac{\ln(1+x)}{x}, & x>0 \\ 0, & x=0 \\ \dfrac{\sqrt{1+x}-\sqrt{1-x}}{x}, & -1\leqslant x<0 \end{cases}$，试讨论 $f(x)$ 在定义域内的连续性.

解 因为 $x>0$ 时，$f(x)=\dfrac{\ln(1+x)}{x}$，

$-1\leqslant x<0$ 时，$f(x)=\dfrac{\sqrt{1+x}-\sqrt{1-x}}{x}$，

它们均为初等函数，所以是连续的.

又当 $x=0$ 时，

$$\lim_{x\to0^+}f(x)=\lim_{x\to0^+}\frac{\ln(1+x)}{x}=\lim_{x\to0^+}\ln(1+x)^{\frac{1}{x}}=\ln\lim_{x\to0^+}(1+x)^{\frac{1}{x}}=\ln e=1,$$

$$\lim_{x\to0^-}f(x)=\lim_{x\to0^-}\frac{\sqrt{1+x}-\sqrt{1-x}}{x}=\lim_{x\to0^-}\frac{2x}{x(\sqrt{1+x}+\sqrt{1-x})}=\frac{2}{\sqrt{1+0}+\sqrt{1-0}}=1,$$

因此， $\lim\limits_{x\to0}f(x)=1$.

但是 $f(0)=0\neq\lim\limits_{x\to0}f(x)=1$，故 $x=0$ 为 $f(x)$ 的间断点，$f(x)$ 的连续区间为 $[-1,0)\cup(0,+\infty)$.

例 11 证明方程 $x^2+x=1$ 在区间 $(0,1)$ 内至少有一个实根.

证 设 $f(x)=x^2+x-1$，此函数是初等函数，显然 $f(x)$ 在 $[0,1]$ 上连续，又 $f(0)=-1<0$，$f(1)=1>0$，由零点存在定理，至少有一点 $\xi\in(0,1)$，使 $f(\xi)=0$，即

$$\xi^2+\xi-1=0,$$

因此，方程 $x^2+x=1$ 在 $(0,1)$ 内至少有一个实根.

例 12 证明方程 $e^x=x+2$ 在区间 $(0,2)$ 内至少有一个实根.

证 设 $f(x)=e^x-x-2$，此函数是初等函数，显然 $f(x)$ 在 $[0,2]$ 上连续，又 $f(0)=-1<0$，$f(2)=e^2-4>0$，由零点存在定理，至少有一点 $\xi\in(0,2)$，使 $f(\xi)=0$，即

$$e^\xi-\xi-2=0,$$

因此，方程 $e^x=x+2$ 在 $(0,2)$ 内至少有一个实根.

(二)练习题

1. 选择题

(1)函数 $f(x)$ 在点 x_0 处连续的充分必要条件(　　).

A. $\lim\limits_{x\to x_0^-}f(x)$ 存在　　　　B. $\lim\limits_{x\to x_0^+}f(x)$ 存在

C. $\lim\limits_{x\to x_0^-} f(x)=\lim\limits_{x\to x_0^+} f(x)=f(x_0)$　　D. $\lim\limits_{x\to x_0^-} f(x)=\lim\limits_{x\to x_0^+} f(x)$

(2)设 a 是常数，且 $\lim\limits_{x\to x_0} f(x)=a$，则函数 $f(x)$ 在 x_0 处(　　).

A. 可以有定义，也可以没有定义　　B. 一定有定义

C. 一定没有定义　　D. 有定义且 $f(x_0)=a$

(3)设 $f(x)=\dfrac{\tan(2x-1)}{|4x^2-1|}$，则 $x=\dfrac{1}{2}$ 是 $f(x)$ 的(　　).

A. 跳跃间断点　　B. 可去间断点　　C. 无穷间断点　　D. 连续点

2. 填空题

(1) $f(x)=e^{\frac{1}{x}}$ 在________处间断.

(2)函数 $y=\ln(x-1)$ 的连续区间________.

(3)要使函数 $f(x)=\dfrac{\sqrt{x+1}-2}{x-3}$ 在 $x=3$ 处连续，则需定义 $f(3)=$________.

3. 证明题

(1)证明方程 $x\ln(2+x)=1$ 至少有一个小于 1 的正根.

(2)证明方程 $x^3-x-2=0$ 在区间(0，2)内至少有一个根.

四、综合与提高例题精讲

例 1　求 $\lim\limits_{x\to 0}\left(\dfrac{5^x+1}{2}\right)^{\frac{1}{x}}$.

解　$\lim\limits_{x\to 0}\left(\dfrac{5^x+1}{2}\right)^{\frac{1}{x}}=\lim\limits_{x\to 0}\left(1+\dfrac{5^x-1}{2}\right)^{\frac{1}{x}}=\lim\limits_{x\to 0}\left\{\left(1+\dfrac{5^x-1}{2}\right)^{\frac{2}{5^x-1}}\right\}^{\frac{5^x-1}{2x}}$

$=\exp\lim\limits_{x\to 0}\dfrac{5^x-1}{2x}=\exp\lim\limits_{x\to 0}\dfrac{\ln 5\cdot x}{2x}$

$=e^{\frac{1}{2}\ln 5}=e^{\ln\sqrt{5}}=\sqrt{5}$.

例 2　求 $\lim\limits_{n\to\infty}\left(\dfrac{1}{\sqrt{n^2+1}}+\dfrac{1}{\sqrt{n^2+2}}+\cdots+\dfrac{1}{\sqrt{n^2+n}}\right)$.

解　因为 $\dfrac{n}{\sqrt{n^2+n}}<\left(\dfrac{1}{\sqrt{n^2+1}}+\dfrac{1}{\sqrt{n^2+2}}+\cdots+\dfrac{1}{\sqrt{n^2+n}}\right)<\dfrac{n}{\sqrt{n^2+1}}$，

$$\lim_{n\to\infty}\frac{n}{\sqrt{n^2+n}}=\lim_{n\to\infty}\frac{1}{\sqrt{1+\frac{1}{n}}}=1,$$

$$\lim_{n\to\infty}\frac{n}{\sqrt{n^2+1}}=\lim_{n\to\infty}\frac{1}{\sqrt{1+\frac{1}{n^2}}}=1,$$

所以，由极限存在准则 1 得：$\lim\limits_{n\to\infty}\left(\frac{1}{\sqrt{n^2+1}}+\frac{1}{\sqrt{n^2+2}}+\cdots+\frac{1}{\sqrt{n^2+n}}\right)=1$.

例 3 已知 $a_1=2$，$a_{n+1}=\sqrt[3]{24+a_n}$ $(n=1, 2, \cdots)$，证明数列 $\{a_n\}$ 的极限存在，并求此极限.

证 因 $a_1=2<3$，假设 $a_n<3$，则

$$a_{n+1}=\sqrt[3]{24+a_n}<\sqrt[3]{27}=3.$$

故由归纳法知 $a_n<3(n=1, 2, \cdots)$.

因为 $2<\sqrt[3]{24+2}$，即 $a_1<a_2$，假设 $a_{k-1}<a_k$，则

$$24+a_{k-1}<24+a_k,\ \sqrt[3]{24+a_{k-1}}<\sqrt[3]{24+a_k},$$

所以，$a_k<a_{k+1}$，故由归纳法知 $a_n<a_{n+1}(n=1, 2, \cdots)$.

因此，由极限存在准则 2 知：数列 $\{a_n\}$ 单调有界，因此其极限存在. 设 $\lim\limits_{n\to\infty}a_n=A$，在等式 $a_{n+1}=\sqrt[3]{24+a_n}$ 两边取极限得 $A=\sqrt[3]{24+A}$，则有

$$A^3-A-24=0,$$

即

$$(A^3-27)-(A-3)=0,\ (A-3)(A^2+3A+8)=0,$$

故 $A=3$，即 $\lim\limits_{n\to\infty}a_n=3$.

例 4 设 $f(x)=\begin{cases}2, & x=0,\ x=\pm 2\\ 4-x^2, & 0<|x|<2\\ 4, & |x|>2\end{cases}$，求出 $f(x)$ 的间断点，并指出是哪一类间断点，若为可去间断点，则补充定义，使其在该点连续.

解 (1)由 $\lim\limits_{x\to 0}f(x)=4$，$f(0)=2$，故 $x=0$ 为可去间断点，改变 $f(x)$ 在 $x=0$ 的定义为 $f(0)=4$，即可使 $f(x)$ 在 $x=0$ 连续.

(2)由 $\lim\limits_{x\to 2^+}f(x)=4$，$\lim\limits_{x\to 2^-}f(x)=0$，故 $x=2$ 为第一类间断点.

(3)类似地易得 $x=-2$ 为第一类间断点.

例 5 设 $x_n=\frac{1^2+2^2+\cdots+n^2}{n^2}-\frac{n}{3}$，求 $\lim\limits_{n\to\infty}x_n$.

解 $$\lim_{n\to\infty}\left(\frac{1^2+2^2+\cdots+n^2}{n^2}-\frac{n}{3}\right)=\lim_{n\to\infty}\left(\frac{\frac{n(n+1)(2n+1)}{6}}{n^2}-\frac{n}{3}\right)$$

$$=\lim_{n\to\infty}\left(\frac{\left(1+\frac{1}{n}\right)(2n+1)-2n}{6}\right)=\lim_{n\to\infty}\frac{2+1+\frac{1}{n}}{6}=\frac{1}{2}.$$

例 6 若 $f(x)=\frac{1}{x^2}$，求 $\lim\limits_{\Delta x\to 0}\frac{f(x+\Delta x)-f(x)}{\Delta x}$.

解 $$\lim_{\Delta x\to 0}\frac{\frac{1}{(x+\Delta x)^2}-\frac{1}{x^2}}{\Delta x}=\lim_{\Delta x\to 0}\frac{x^2-x^2-2x\cdot\Delta x-\Delta^2 x}{x^2\Delta x(x+\Delta x)^2}$$

$$=\lim_{\Delta x\to 0}\frac{-2x-\Delta x}{x^2(x+\Delta x)^2}=\frac{-2}{x^3}.$$

例 7 设 $f(x)=\begin{cases}x^2-1, & 0\leqslant x\leqslant 1\\ x+3, & x>1\end{cases}$，(1)求出 $f(x)$ 的定义域并作出图形；(2)当 $x=\frac{1}{2}$，1，2 时，$f(x)$ 连续吗？(3)写出 $f(x)$ 的连续区间.

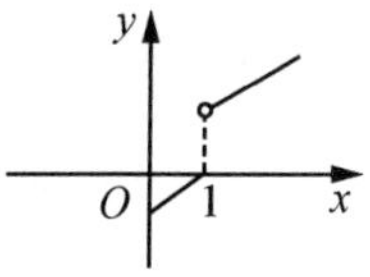

图 2-2

解 (1)定义域为$[0,+\infty)$，如图 2-2 所示.

(2)$x=\frac{1}{2}$，$x=2$ 时，$f(x)$ 连续；而 $x=1$ 时，$f(x)$ 不连续.

(3)$f(x)$ 的连续区间为$[0,1)\cup(1,+\infty)$.

例 8 根据连续函数的性质，验证方程 $x^5-3x=1$ 至少有一个根介于 1 和 2 之间.

证 设 $f(x)=x^5-3x-1$，易知 $f(x)$ 在$[1,2]$上连续，且 $f(1)=-3<0$，$f(2)=2^5-6-1=25>0$，故 $\exists\xi\in(1,2)$，使 $f(\xi)=0$.

五、高职升本科本章相关知识简介

(一)考试内容与要求

1. 理解极限的概念，理解函数左、右极限的概念以及极限存在与左、右极限之间的关系. 掌握利用两个重要极限求极限的方法. 理解无穷小、无穷大以及高、低、同阶的概念，会用等价无穷小求极限.

2. 理解函数连续性的概念，会判别函数间断点的类型. 了解初等函数的连续性和闭区间上连续函数的性质(最大值、最小值定理和介值定理)，并会应用这些性质.

3. 重点是数列极限与函数极限的概念，两个重要的极限，连续函数的概念及闭区间上连续函数的性质；难点是分段函数、复合函数、极限的概念及用定义证明极限的等式. 此部分试题分值为 14～28 分，多为容易题和中等难度题.

(二)历年真题

1. (2015)下列各式中正确的是(B).

A. $\lim\limits_{x\to 0}\frac{\sin x^2}{x}=1$　　B. $\lim\limits_{x\to 0}\frac{\tan x}{x}=1$

C. $\lim\limits_{x\to 0}(1+x)^x=\mathrm{e}$　　D. $\lim\limits_{x\to 0}(1-x)^{\frac{1}{x}}=\mathrm{e}$

2. (2015)极限 $\lim\limits_{x\to 0}(1+\sin x)^{\frac{1}{x}}=$ __e__.

3. (2014)极限 $\lim\limits_{x\to\infty}\left(\frac{x-2}{x+1}\right)^{2x-1}=$ __e^{-6}__.

4.(2010)求极限：$\lim\limits_{x\to\infty}\left(\dfrac{2x+5}{2x+1}\right)^{x+\frac{1}{2}}=$ $\underline{\quad e^2\quad}$.

5.(2007)设$\lim\limits_{x\to 0}(1-kx)^{\frac{2}{x}}=\lim\limits_{x\to 0}\dfrac{\sin 3x}{x}$，则常数 k 的值为(D).

A. $\dfrac{1}{3}\ln 2$　　B. $-\dfrac{1}{3}\ln 2$　　C. $\dfrac{1}{2}\ln 3$　　D. $-\dfrac{1}{2}\ln 3$

6.(2005)设函数 $f(x)=\begin{cases}\dfrac{\sin x}{x}, & x>0\\ 3, & x=0\\ e^{\frac{1}{x}}+1, & x<0\end{cases}$，则$\lim\limits_{x\to 0}f(x)=$(B).

A. ∞　　B. 1　　C. 2　　D. 3

7.(2004)若$\lim\limits_{x\to\frac{\pi}{2}}(1+\cos x)^{3k\sec x}=e$，则 $k=$ $\underline{\quad\dfrac{1}{3}\quad}$.

8.(2016)设当 $x\to x_0$ 时，$\alpha(x)$和$\beta(x)$[$\beta(x)\neq 0$]都是无穷小量，则当 $x\to x_0$ 时，下列表达式不一定为无穷小量的是(A).

A. $\dfrac{\alpha(x)}{\beta(x)}$　　B. $\alpha(x)+\beta(x)\sin\dfrac{1}{x}$

C. $\alpha(x)+\beta(x)$　　D. $\ln[1+\alpha(x)\beta(x)]$

9.(2013)下列等式成立的是(D).

A. $\lim\limits_{x\to 3}\dfrac{x-3}{|x-3|}=1$　　B. $\lim\limits_{x\to-\infty}e^x=\infty$

C. $\lim\limits_{x\to\infty}\dfrac{1}{x}\sin x=1$　　D. $\lim\limits_{x\to-\infty}\left(1+\dfrac{1}{x}\right)^{|x|}=e^{-1}$

10.(2013)已知$\lim\limits_{x\to\infty}\left(\dfrac{x+c}{x-c}\right)^x=\lim\limits_{x\to 0}\dfrac{2\sin x-\sin 2x}{x^3\cos x}$，求常数 c 的值.

解 $\lim\limits_{x\to\infty}\left(\dfrac{x+c}{x-c}\right)^x=\lim\limits_{x\to\infty}\left(1+\dfrac{2c}{x-c}\right)^{\frac{(x-c)2cx}{2c(x-c)}}=e^{2c}$，

$$\lim_{x\to 0}\frac{2\sin x-\sin 2x}{x^3\cos x}=\lim_{x\to 0}\frac{2\sin x(1-\cos x)}{x^3}=\lim_{x\to 0}\frac{2x\cdot\frac{1}{2}x^2}{x^3}=1,$$

故 $e^{2c}=1$，从而 $c=0$.

11.(2011)求极限$\lim\limits_{x\to\infty}\dfrac{5x^2+7x+9}{x^3\sin\dfrac{1}{x}}=$ $\underline{\quad 5\quad}$.

12.(2010)下列极限存在的是(D).

A. $\lim\limits_{x\to 0}(1+|x|)^{\frac{1}{x}}$　　B. $\lim\limits_{x\to 1}5^{\frac{1}{x-1}}$

C. $\lim\limits_{x\to\infty}\arctan x$　　D. $\lim\limits_{x\to 1}\dfrac{x^3-1}{x-1}$

13.(2007)当 $x\to 0$ 下列变量中为无穷大量的是(C).

A. $e^{\frac{1}{x}}$　　B. $e^{-\frac{1}{x}}$　　C. $\dfrac{-2x}{\ln(1+x^2)}$　　D. $\cos\dfrac{1}{x^2}$

14.(2006)当 $x\to 0$ 时，$\arctan kx^2$ 与 x^3+2x^2 是等价无穷小量，则常数 k 的值为：__2__.

15.(2004)下列式子中正确的是(D).

A. $\lim\limits_{x\to 0}\left(\dfrac{1}{x}-\dfrac{1}{\sin x}\right)=\lim\limits_{x\to 0}\dfrac{1}{x}-\lim\limits_{x\to 0}\dfrac{1}{\sin x}=\infty-\infty=0$

B. $\lim\limits_{x\to 1}\dfrac{x}{\ln(1+x)}=\lim\limits_{x\to 1}\dfrac{x}{x}=1$

C. $\lim\limits_{x\to 0}x\sin\dfrac{1}{x}=\lim\limits_{x\to 0}\dfrac{\sin\frac{1}{x}}{\frac{1}{x}}=1$

D. $\lim\limits_{x\to \infty}x\sin\dfrac{1}{x}=\lim\limits_{x\to \infty}\dfrac{\sin\frac{1}{x}}{\frac{1}{x}}=1$

16.(2014)已知函数 $f(x)=\begin{cases}\dfrac{e^{ax}-1}{x}, & x<0\\ \dfrac{5}{2}, & x=0\\ \dfrac{e^x-b\cos 2x-x}{x^2}, & x>0\end{cases}$ 在 $x=0$ 处连续，求常数 a，b 的值.

解　因为 $\lim\limits_{x\to 0^-}f(x)=\lim\limits_{x\to 0^-}\dfrac{e^{ax}-1}{x}=\lim\limits_{x\to 0^-}\dfrac{ax}{x}=a$，

$$\lim_{x\to 0^+}f(x)=\lim_{x\to 0^+}\frac{e^x-b\cos 2x-x}{x^2}=\lim_{x\to 0^+}\frac{e^x+2b\sin 2x-1}{2x}$$

$$=\lim_{x\to 0^+}\frac{e^x-1}{2x}+\lim_{x\to 0^+}\frac{b\sin 2x}{x}=\frac{1}{2}+2b.$$

由已知，函数 $f(x)$ 在 $x=0$ 处连续，故有 $\lim\limits_{x\to 0^-}f(x)=\lim\limits_{x\to 0^+}f(x)=f(0)=\dfrac{5}{2}$，所以

$$a=\frac{5}{2},\ b=1.$$

17.(2013)设函数 $f(x)=\begin{cases}\dfrac{2}{3}x^2, & x\leqslant 1\\ x^2, & x>1\end{cases}$，则 $x=1$ 是 $f(x)$ 的(C).

A. 连续点　　B. 可去间断点　　C. 跳跃间断点　　D. 第二类间断点

18. (2012) $x=1$ 是函数 $f(x)=\dfrac{1-x^2}{\sin \pi x}$ 的(B).

A. 连续点　　B. 第一类可去间断点

C. 第一类非可去间断点　　D. 第二类间断点

19. (2007) 设常数 $a>0$，$f(x)=\begin{cases} \dfrac{\cos x}{x+2}, & x\geqslant 0 \\ \dfrac{\sqrt{a}-\sqrt{a-x}}{x}, & x<0 \end{cases}$ 在 $x=0$ 处连续，则 $a=$ __1__.

20. (2005) 函数 $f(x)=\dfrac{\ln(x+1)}{x(x-1)(x+2)}$ 无穷间断点的个数是(A).

A. 2　　B. 1　　C. 3　　D. 0

练习题答案

第一节练习题

1. (1)B；(2)D；(3)D.

2. (1) $x\to-\infty$；(2)无穷大量；(3)1.

3. (1) $\lim\limits_{x\to 1}f(x)=2$；(2) $\lim\limits_{x\to 0}f(x)=0$.

第二节练习题

1. (1)A；(2)C；(3)A.

2. (1) $\dfrac{1}{4}$；(2) $\dfrac{1}{2}$；(3) $\dfrac{1}{\mathrm{e}}$.

3. (1)等价无穷小；(2)同阶无穷小；(3)同阶无穷小.

第三节练习题

1. (1)C；(2)A；(3)B.

2. (1) $x=0$；(2) $(1, +\infty)$；(3) $\dfrac{1}{4}$.

3. 略.

第三章　微分学及其应用

一、知识结构与内容要点

(一)知识结构

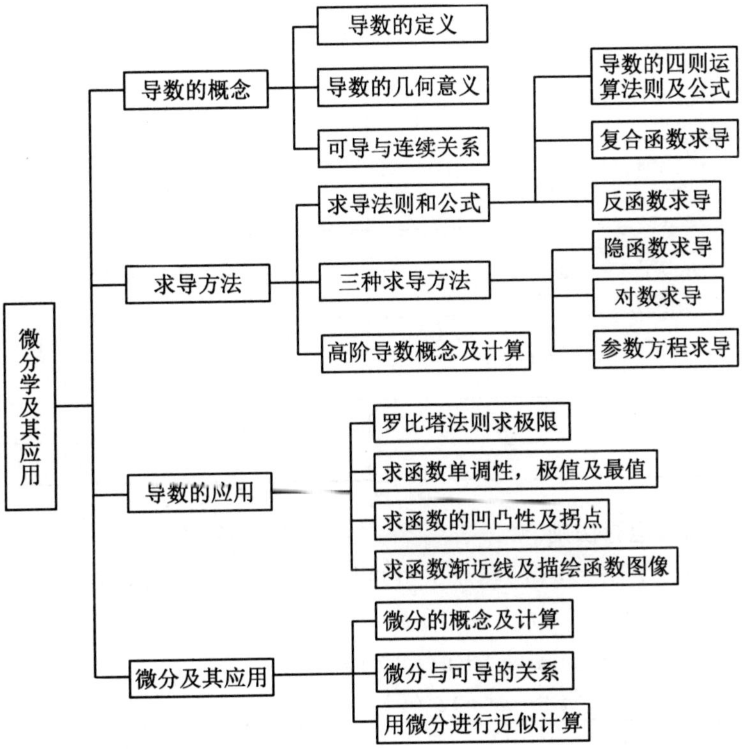

(二)内容要点

1. 导数的概念

(1)导数的定义.

$$f'(x_0)=\lim_{\Delta x\to 0}\frac{f(x_0+\Delta x)-f(x_0)}{\Delta x}=\lim_{x\to x_0}\frac{f(x)-f(x_0)}{x-x_0}.$$

(2)导数的几何意义.

a. 若 $f'(x_0)$存在，则切线方程为 $y-f(x_0)=f'(x_0)(x-x_0)$.

b. 若 $f'(x_0)$存在，则法线方程为 $y-f(x_0)=-\frac{1}{f'(x_0)}(x-x_0)$.

c. 若 $f(x)$在点 x_0 处连续，但 $f'(x_0)=\infty$，则切线方程为 $x=x_0$.

(3)可导与连续的关系.

$y=f(x)$在点 x_0 处可导，则 $y=f(x)$在点 x_0 处必连续，反之则不成立.

2. 求导方法

(1)基本初等函数的求导公式.

基本初等函数求导公式	
$(C)'=0$	$(a^x)'=a^x\cdot\ln a$
$(x^\mu)'=\mu\cdot x^{\mu-1}$	$(e^x)'=e^x$
$(\sin x)'=\cos x$	$(\log_a x)'=\dfrac{1}{x\cdot\ln a}$
$(\cos x)'=-\sin x$	$(\ln x)'=\dfrac{1}{x}$
$(\tan x)'=\sec^2 x$	$(\arcsin x)'=\dfrac{1}{\sqrt{1-x^2}}$
$(\cot x)'=-\csc^2 x$	$(\arccos x)'=-\dfrac{1}{\sqrt{1-x^2}}$
$(\sec x)'=\sec x\cdot\tan x$	$(\arctan x)'=\dfrac{1}{1+x^2}$
$(\csc x)'=-\csc x\cdot\cot x$	$(\text{arccot } x)'=-\dfrac{1}{1+x^2}$

(2)导数的四则运算法则.

设函数 $u=u(x)$，$v=v(x)$在点 x 处可导，k_1，k_2 为常数，则下列各等式成立.

a. $[k_1u(x)\pm k_2v(x)]'=k_1u'(x)\pm k_2v'(x)$.

b. $[u(x)v(x)]'=u'(x)v(x)+u(x)v'(x)$.

c. $\left[\dfrac{u(x)}{v(x)}\right]'=\dfrac{u'(x)v(x)-u(x)v'(x)}{v^2(x)}\quad (v(x)\neq 0)$.

(3)复合函数求导法则.

若 $u=\varphi(x)$在点 x 处可导，而 $y=f(u)$在相应点 $u=\varphi(x)$处可导，则复合函数 $y=f[\varphi(x)]$在点 x 处可导，且$\dfrac{dy}{dx}=\dfrac{dy}{du}\cdot\dfrac{du}{dx}$，或记为$\{f[\varphi(x)]\}'=f'(u)\cdot\varphi'(x)$.

(4)反函数求导法则.

设函数 $y=f(x)$与 $x=\varphi(y)$互为反函数，$f(x)$在点 x 处可导，$\varphi(y)$在相应点 y 处可导，且$\dfrac{dx}{dy}=\varphi'(y)\neq 0$，则$\dfrac{dx}{dy}=\dfrac{1}{\dfrac{dy}{dx}}$，或 $f'(x)=\dfrac{1}{\varphi'(y)}$.

简单地说：反函数的导数是其直接函数的导数的倒数.

(5)隐函数求导法.

若方程 $F(x, y)=0$ 确定了隐函数 $y=y(x)$，则将它代入方程中，得

$$F[x, y(x)]\equiv 0.$$

上式两边同时对 x 求导，并注意运用复合函数求导法则，就可以求出 $y'(x)$.

(6)对数求导法.

形如 $y=u(x)^{v(x)}(u(x)>0)$ 的函数，称为幂指函数．对于这类函数的求导运算，既不能看成幂函数求导，也不能看成指数函数求导，解决这类函数需要用到对数求导方法：在 $y=u(x)^{v(x)}$ 两边同时取自然对数则有 $\ln y=v(x)\ln u(x)$，然后转化为隐函数求导.

(7)参数方程求导.

设有参数方程 $\begin{cases}x=\varphi(t)\\y=\psi(t)\end{cases}$，$t\in(\alpha, \beta)$，所确定的函数 $y=f(x)$ 的导数为：

$$\frac{\mathrm{d}y}{\mathrm{d}x}=\frac{\frac{\mathrm{d}y}{\mathrm{d}t}}{\frac{\mathrm{d}x}{\mathrm{d}t}}=\frac{\psi'(t)}{\varphi'(t)}\quad[\varphi'(t)\neq 0].$$

(8)高阶导数的计算.

求一个函数的高阶导数，只需按照一阶求导数的方法，连续求导 n 次，即得到 n 阶导数.

3. 导数的应用

(1)用洛比达法则求极限.

设 $f(x)$ 和 $g(x)$ 满足：

①$\lim\limits_{x\to x_0}\dfrac{f(x)}{g(x)}$ 是“$\dfrac{0}{0}$”型或“$\dfrac{\infty}{\infty}$”型；

②在 x_0 的某一去心邻域内可导，且 $g'(x)\neq 0$；

③$\lim\limits_{x\to x_0}\dfrac{f'(x)}{g'(x)}$ 存在(或为∞)；

则 $\lim\limits_{x\to x_0}\dfrac{f(x)}{g(x)}=\lim\limits_{x\to x_0}\dfrac{f'(x)}{g'(x)}$.

在上述定理中，将极限过程 $x\to x_0$ 换成 $x\to x_0^+$，$x\to x_0^-$ 以及 $x\to\infty$，$x\to+\infty$，$x\to-\infty$ 等形式，结论仍然成立.

(2)拉格朗日中值定理.

若函数 $f(x)$ 满足下列条件：

①在闭区间 $[a, b]$ 上连续；

②在开区间 (a, b) 内可导；

则在 (a, b) 内至少存在一点 $\xi(a<\xi<b)$，使得 $f(b)-f(a)=f'(\xi)(b-a)$.

(3)罗尔定理.

若函数 $f(x)$ 满足下列条件：

①在闭区间$[a, b]$上连续；

②在开区间(a, b)内可导；

③在区间$[a, b]$的端点处函数值相等，即 $f(a)=f(b)$；

则在(a, b)内至少存在一点$\xi(a<\xi<b)$，使得 $f'(\xi)=0$.

(4)用导数判定函数的单调性.

设 $f(x)$在$[a, b]$上连续，在(a, b)内可导，若对于任意 $x\in(a, b)$，有 $f'(x)>0$，则 $f(x)$在$[a, b]$上单调增加；若对于任意 $x\in(a, b)$，有 $f'(x)<0$，则 $f(x)$在$[a, b]$上单调减少.

(5)求函数的极值.

方法一：设 $f(x)$在 x_0 处连续，在 $U^{\circ}(x_0)$内可导，可按照下列步骤求函数 $f(x)$的极值点和极值.

①求出定义域、导数 $f'(x)$，找出 $f(x)$的所有驻点和不可导点.

② 考查 $f'(x)$在每一个驻点、不可导点的左右两侧附近的符号.

③ 根据以下判别极值点的情况，求出极值.

a. 若 $x<x_0$ 时，$f'(x)>0$，而 $x>x_0$ 时，$f'(x)<0$，则 $f(x)$在 x_0 处取得极大值；

b. 若 $x<x_0$ 时，$f'(x)<0$，而 $x>x_0$ 时，$f'(x)>0$，则 $f(x)$在 x_0 处取得极小值；

c. 如果 $f'(x)$在 $U^{\circ}(x_0)$内符号不变，则 $f(x)$在 x_0 处就不取得极值.

方法二：设函数 $f(x)$在点 x_0 处具有二阶导数且 $f'(x_0)=0$，$f''(x_0)\neq 0$，则当 $f''(x_0)<0$ 时，函数 $f(x)$在 x_0 处取得极大值；当 $f''(x_0)>0$ 时，函数 $f(x)$在 x_0 处取得极小值.

(6)求函数的最值.

$f(x)$在$[a, b]$上的最值可按照如下步骤求得.

①求出 $f(x)$的所有驻点和不可导点.

②计算出驻点、不可导点及端点处的函数值.

③比较以上函数值，最大的即为最大值，最小的即为最小值.

为了简便，我们将 $f(x)$在某区间上的最大值和最小值分别记为 $f_{\max}$ 和 $f_{\min}$.

(7)求函数曲线的凹凸区间和拐点.

①曲线的凹凸性与拐点.

设 $f(x)$在$[a, b]$上连续，在(a, b)内具有一阶和二阶导数，那么若在(a, b)内 $f''(x)>0$，则 $f(x)$在$[a, b]$上的图形是凹的；若在(a, b)内 $f''(x)<0$，则 $f(x)$在$[a, b]$上的图形是凸的，一般地，曲线 $y=f(x)$上的凹弧和凸弧的分界点称为该曲线的拐点.

②求曲线的凹凸区间和拐点，步骤如下：

a. 确定 $f(x)$的定义域；

b. 求 $f'(x)$，$f''(x)$，解出 $f''(x)=0$ 的点和 $f''(x)$不存在的点；

c. 用这些点将定义域分成若干小区间，列表判断在这些小区间内 $f''(x)$的符号；

d. 写出函数 $y=f(x)$的凹凸区间和拐点坐标.

(8)函数图形描绘.

①水平渐近线.

当自变量 $x\to\infty$(有时仅当 $x\to+\infty$或 $x\to-\infty$)时，函数 $f(x)$以常量 b 为极限，即$\lim\limits_{x\to\infty}f(x)=b$，那么直线 $y=b$ 就是曲线 $y=f(x)$的水平渐近线.

②垂直渐近线.

当自变量 $x\to x_0$(有时仅当 $x\to x_0^-$ 或 $x\to x_0^+$)时，函数 $f(x)$为无穷大量，即$\lim\limits_{x\to x_0}f(x)=\infty$，那么直线 $x=x_0$ 就是曲线 $y=f(x)$的垂直渐近线.

③作函数 $y=f(x)$的图形，可按下列步骤进行：

a. 确定 $f(x)$的定义域，并讨论其奇偶性、周期性、连续性等；

b. 求出 $f(x)$的单调区间、凹凸区间、极值和拐点；

c. 确定 $f(x)$有无水平或垂直的渐近线；

d. 必要时，补充一些适当的点，如与坐标轴的交点等；

e. 结合上面讨论，连点描出图形.

4. 微分及其应用

(1)微分的概念. 函数 $y=f(x)$在任意点 x 的微分，称为函数的微分，记为 $\mathrm{d}y=f'(x)\Delta x$.

(2)微分与可导和连续的关系.

函数 $y=f(x)$在点 x_0 处可微的充要条件是函数 $y=f(x)$在点 x_0 处可导，且

$$\mathrm{d}y=f'(x_0)\Delta x.$$

该定理说明函数的可微性与可导性是等价的；函数 $y=f(x)$在点 x_0 处可微，则 $f(x)$必在点 x_0 处连续.

(3)用微分进行近似计算.

①利用微分计算函数增量的近似值.

由微分的概念可知，当$|\Delta x|$很小时，有 $\Delta y\approx\mathrm{d}y=f'(x_0)\Delta x$，利用这个公式，可以求函数增量的近似值.

②利用微分近似计算函数值.

当$|\Delta x|$很小时，由 $\Delta y=f(x_0+\Delta x)-f(x_0)\approx f'(x_0)\Delta x$，得 $f(x_0+\Delta x)\approx f(x_0)+f'(x_0)\Delta x$，利用这个公式，可以求 $y=f(x)$在 x_0 附近的近似值.

二、教学基本要求与重点、难点

1. 教学基本要求

(1)理解导数和微分的定义，清楚它们之间的关系.

(2)理解导数的几何意义和作为变化率的实际意义.

(3)理解函数可导和连续之间的关系.

(4)掌握函数求导的各种法则，特别是复合函数的求导法则，掌握基本初等函数的求导公式，了解高阶导数的定义.

(5)掌握微分的基本公式和运算法则.

(6)了解罗尔定理和拉格朗日中值定理的条件和结论，掌握用洛比达法则求极限.

2. 重点、难点

(1)重点.

用求导法则求初等函数的导数，用导数判别函数的单调性、求极值和最值，用导数判别函数的凹凸性与拐点，用洛比达法则求“$\frac{0}{0}$”和“$\frac{\infty}{\infty}$”型未定式的极限值.

(2)难点.

隐函数求导，求函数的渐近线及图形的描绘.

三、典型例题与习题

第一节 导数的概念

(一)典型例题

例 1 求函数 $f(x)=c$(c 是常数)的导数.

解 因为 $\Delta y=f(x+\Delta x)-f(x)=c-c=0$,

所以$\frac{\Delta y}{\Delta x}=0$,

故$\lim\limits_{\Delta x\to 0}\frac{\Delta y}{\Delta x}=0$，即

$$c'=0.$$

例 2 求函数 $f(x)=x^2+1$ 的导数.

解 因为 $\Delta y=(x+\Delta x)^2+1-(x^2+1)=x^2+2x\Delta x+(\Delta x)^2+1-x^2-1=2x\Delta x+(\Delta x)^2$,

所以$\frac{\Delta y}{\Delta x}=2x+\Delta x$,

故$\lim\limits_{\Delta x\to 0}\frac{\Delta y}{\Delta x}=2x$，即

$$(x^2)'=(x^2+1)'=2x.$$

例 3 求函数 $f(x)=\ln x$ 的导数.

解 因为 $\Delta y=\ln(x+\Delta x)-\ln x=\ln\left(1+\frac{\Delta x}{x}\right)$,

所以$\frac{\Delta y}{\Delta x}=\frac{1}{x}\ln\left(1+\frac{\Delta x}{x}\right)^{\frac{x}{\Delta x}}$,

故 $\lim\limits_{\Delta x\to 0}\dfrac{\Delta y}{\Delta x}=\dfrac{1}{x}\ln \mathrm{e}=\dfrac{1}{x}$，即

$$(\ln x)'=\frac{1}{x}.$$

例 4 求函数 $f(x)=\sin x$ 的导函数.

解 因为 $\Delta y=\sin(x+\Delta x)-\sin x=2\sin\dfrac{\Delta x}{2}\cos\left(x+\dfrac{\Delta x}{2}\right)$，

所以 $\dfrac{\Delta y}{\Delta x}=\dfrac{\sin\dfrac{\Delta x}{2}}{\dfrac{\Delta x}{2}}\cos\left(x+\dfrac{\Delta x}{2}\right)$，

故 $\lim\limits_{\Delta x\to 0}\dfrac{\Delta y}{\Delta x}=\cos x$，即

$$(\sin x)'=\cos x.$$

例 5 求曲线 $f(x)=\sin x$ 在点 $\left(\dfrac{\pi}{3},\dfrac{\sqrt{3}}{2}\right)$ 处的切线.

解 设切线的斜率为 k，则

$$k=f'\left(\frac{\pi}{3}\right)=\cos\frac{\pi}{3}=\frac{1}{2},$$

则切线为 $y-\dfrac{\sqrt{3}}{2}=\dfrac{1}{2}\left(x-\dfrac{\pi}{3}\right)$，

即

$$3x-6y+3\sqrt{3}-\pi=0.$$

例 6 设函数 $f(x)=|x|$，问 $f(x)$ 在 $x=0$ 处是否可导？

解 因为 $\lim\limits_{\Delta x\to 0^+}\dfrac{\Delta f(x)}{\Delta x}=\lim\limits_{\Delta x\to 0^+}\dfrac{|0+\Delta x|-|0|}{\Delta x}=1$，

$$\lim_{\Delta x\to 0^-}\frac{\Delta f(x)}{\Delta x}=\lim_{\Delta x\to 0^-}\frac{|0+\Delta x|-|0|}{\Delta x}=\lim_{\Delta x\to 0^-}\frac{-\Delta x}{\Delta x}=-1,$$

所以

$$\lim_{\Delta x\to 0^+}\frac{\Delta f(x)}{\Delta x}\neq\lim_{\Delta x\to 0^-}\frac{\Delta f(x)}{\Delta x}.$$

故 $\lim\limits_{\Delta x\to 0}\dfrac{\Delta f(x)}{\Delta x}$ 不存在，即 $f(x)$ 在 $x=0$ 处不可导.

例 7 设函数 $y=\begin{cases}\dfrac{1}{x}\sin^2 x & x\neq 0\\ 0 & x=0\end{cases}$，试求 $f(x)$ 在 $x=0$ 处的导数.

解 本题是分段函数，对于分段函数在分界点处的导数，必须由定义来求.

$$f'(0)=\lim_{\Delta x\to 0}\frac{f(0+\Delta x)-f(0)}{\Delta x}$$

$$=\lim_{\Delta x\to 0}\frac{\dfrac{\sin^2\Delta x}{\Delta x}-0}{\Delta x}=\lim_{\Delta x\to 0}\left(\frac{\sin\Delta x}{\Delta x}\right)^2=1.$$

(二)练习题

1. 选择题

(1)已知 $f'(3)=2$，则$\lim\limits_{h\to 0}\dfrac{f(3-h)-f(3)}{2h}$的值为(　　).

A. 1　　B. 3　　C. -1　　D. $\dfrac{1}{2}$

(2)若 $f(x)$在 $x=x_0$ 处不连续，则 $f(x)$在该点处(　　).

A. 必不可导　　B. 必可导　　C. 可能可导　　D. 必无极限

(3)曲线 $y=\ln x$ 在点(　　)处的切线平行于直线 $y=2x-3$.

A. $\left(\dfrac{1}{2},\ -\ln 2\right)$　　B. $\left(\dfrac{1}{2},\ -\ln\dfrac{1}{2}\right)$　　C. $(2,\ \ln 2)$　　D. $(2,\ -\ln 2)$

2. 解答题

(1)用导数的定义求 $y=3x+4$ 的导数.

(2)用导数的定义求 $y=\cos x$ 的导数.

(3)设函数 $f(x)=\begin{cases}\dfrac{2}{x^2+1}, & x\leqslant 1\\ ax+b, & x>1\end{cases}$在 $x=1$ 处可导，求 a，b 的值.

(4)求曲线 $y=\dfrac{1}{x}$在点$\left(\dfrac{1}{2},\ 2\right)$处的切线方程.

第二节　求导方法

(一)典型例题

例 1　求函数 $f(x)=x^2+\sin x$ 的导数.

解　$f'(x)=(x^2)'+(\sin x)'=2x+\cos x$.

例 2　求函数 $f(x)=e^x\cos x$ 的导数.

解　$f'(x)=(e^x)'\cos x+e^x(\cos x)'=e^x\cos x-e^x\sin x$.

例 3　求函数 $f(x)=\dfrac{1+x}{1-x}$的导数.

解　$f'(x)=\dfrac{(1+x)'(1-x)-(1+x)(1-x)'}{(1-x)^2}=\dfrac{2}{(1-x)^2}$.

例 4　求函数 $y=e^{x^3}$ 的导数.

解　设 $y=e^u$，$u=x^3$，

则有　　$y'=y'_u\cdot u'_x=(e^u)'_u\cdot(x^3)'_x=e^u\cdot 3x^2=3x^2e^{x^3}$.

例 5　求函数 $y=\sin\sqrt{x^2-1}$ 的导数.

解　$y'=(\sin\sqrt{x^2-1})'=\cos\sqrt{x^2-1}\cdot(\sqrt{x^2-1})'$

$$=\cos\sqrt{x^2-1}\cdot\frac{1}{2\sqrt{x^2-1}}\cdot(x^2-1)'=\cos\sqrt{x^2-1}\cdot\frac{1}{2\sqrt{x^2-1}}\cdot 2x$$

$$=\frac{x}{\sqrt{x^2-1}}\cos\sqrt{x^2-1}.$$

例 6 已知 $f'(x)=\frac{1}{x}$，$y=f(\sin x)$，求$\frac{\mathrm{d}y}{\mathrm{d}x}$.

解 $\frac{\mathrm{d}y}{\mathrm{d}x}=f'(\sin x)\cdot(\sin x)'=f'(\sin x)\cdot\cos x$，

因为 $f'(x)=\frac{1}{x}$，所以 $f'(\sin x)=\frac{1}{\sin x}$，

则
$$\frac{\mathrm{d}y}{\mathrm{d}x}=\frac{1}{\sin x}\cdot\cos x=\cot x.$$

例 7 求函数 $y=\sin x+\frac{1}{3}\sin^3 x$ 的导数.

解 $y'=(\sin x)'+\left(\frac{1}{3}\sin^3 x\right)'=\cos x+\frac{1}{3}\cdot(3\sin^2 x\cdot\cos x)$

$=\cos x+\sin^2 x\cdot\cos x.$

例 8 求函数 $y=\cos^n x\cdot\sin nx$ 的导数.

解 $y'=(\cos^n x)'\cdot\sin nx+\cos^n x\cdot(\sin nx)'$

$=-n\cos^{n-1}x\cdot\sin x\cdot\sin nx+n\cos^n x\cdot\cos nx.$

例 9 求函数 $y=\ln(x+\sqrt{1+x^2})$的导数.

解 $y'=\frac{1}{x+\sqrt{1+x^2}}\cdot(x+\sqrt{1+x^2})'$

$$=\frac{1}{x+\sqrt{1+x^2}}\cdot\left(1+\frac{2x}{2\sqrt{1+x^2}}\right)=\frac{1}{\sqrt{1+x^2}}.$$

例 10 证明：$(\arcsin x)'=\frac{1}{\sqrt{1-x^2}}$.

证 因为 $y=\arcsin x\ (-1<x<1)$的反函数是 $x=\sin y\ \left(-\frac{\pi}{2}<y<\frac{\pi}{2}\right)$，

而
$$(\sin y)'=\cos y\neq 0\quad\left(-\frac{\pi}{2}<y<\frac{\pi}{2}\right),$$

所以
$$y'=(\arcsin x)'=\frac{1}{(\sin y)'}=\frac{1}{\cos y}=\frac{1}{\pm\sqrt{1-\sin^2 y}}=\frac{1}{\pm\sqrt{1-x^2}}.$$

由于 $\cos y$ 在$\left(-\frac{\pi}{2},\frac{\pi}{2}\right)$内恒为正值，故上述根式前取正号，即$(\arcsin x)'=\frac{1}{\sqrt{1-x^2}}$.

例 11 求 $x^2y+\mathrm{e}^y=0$ 所确定的隐函数的导数 y'.

解 将等式两边对 x 求导，得 $2xy+x^2y'+\mathrm{e}^y y'=0$ 解得 $y'=-\frac{2xy}{x^2+\mathrm{e}^y}$.

例 12 求函数 $y=x^x$ 的导数.

解 在方程的两端取对数，得 $\ln y=x\ln x$，

等式两边对 x 求导，得 $\frac{1}{y}y'=\ln x+x\cdot\frac{1}{x}=\ln x+1$，所以 $y'=x^x(\ln x+1)$.

例 13 求函数 $y=\sqrt{\frac{(x+1)(x+2)}{(x+3)(x+5)}}$ 的导数.

解 在方程的两端取对数，得

$$\ln y=\frac{1}{2}[\ln(x+1)+\ln(x+2)-\ln(x+3)-\ln(x+5)].$$

等式两端对 x 求导 $\frac{1}{y}y'=\frac{1}{2}\left(\frac{1}{x+1}+\frac{1}{x+2}-\frac{1}{x+3}-\frac{1}{x+5}\right)$，

得 $$y'=\frac{1}{2}\left(\frac{1}{x+1}+\frac{1}{x+2}-\frac{1}{x+3}-\frac{1}{x+5}\right)\sqrt{\frac{(x+1)(x+2)}{(x+3)(x+5)}}.$$

例 14 求曲线 $\begin{cases}x=\sin t\\y=\cos t\end{cases}$ 在 $t=\frac{\pi}{3}$ 处的切线方程和法线方程.

解 当 $t=\frac{\pi}{3}$ 时，$x=\frac{\sqrt{3}}{2}$，$y=\frac{1}{2}$.

因为 $\frac{dy}{dx}=\frac{(\cos t)'}{(\sin t)'}=-\frac{\sin t}{\cos t}=-\tan t$，$\left.\frac{dy}{dx}\right|_{t=\frac{\pi}{3}}=-\sqrt{3}$，

所以切线方程为 $y-\frac{1}{2}=-\sqrt{3}\left(x-\frac{\sqrt{3}}{2}\right)$，即 $y=-\sqrt{3}x+2$；

法线方程为 $y-\frac{1}{2}=\frac{1}{\sqrt{3}}\left(x-\frac{\sqrt{3}}{2}\right)$，即 $y=\frac{\sqrt{3}}{3}x$.

例 15 已知 $y=x^3+e^{2x}$，求 y'''.

解 $y'=3x^2+2e^{2x}$，

$y''=6x+4e^{2x}$，

$y'''=6+8e^{2x}$.

例 16 已知 $y=\ln(x+\sqrt{x^2+1})$，求 $y''(0)$.

解 $y'=\frac{1}{x+\sqrt{x^2+1}}\cdot(x+\sqrt{x^2+1})'=\frac{1}{\sqrt{x^2+1}}$，

$y''=-\frac{1}{2}(x^2+1)^{-\frac{3}{2}}\cdot(2x)=-\frac{x}{\sqrt{(x^2+1)^3}}$，

则有 $y''(0)=0$.

例 17 求 $y=x^n$ 的 n 阶导数 $y^{(n)}$.

解 $y'=nx^{n-1}$，

$y''=n(n-1)x^{n-2}$，

$y'''=n(n-1)(n-2)x^{n-3}$,

$\vdots$

$y^{(n)}=n(n-1)(n-2)\cdots 2\cdot 1=n!$.

显然，x^n 的 $n+1$ 阶导数为零，如 $(x^4)^{(5)}=0$.

例 18 求 $y=\dfrac{1}{x-1}$ 的 n 阶导数 $y^{(n)}$.

解 $y'=[(x-1)^{-1}]'=-(x-1)^{-2}$,

$y''=[-(x-1)^{-2}]'=1\cdot 2(x-1)^{-3}$,

$y'''=[1\cdot 2(x-1)^{-3}]'=-1\cdot 2\cdot 3(x-1)^{-4}$,

$y^{(4)}=[-1\cdot 2\cdot 3(x-1)^{-4}]'=1\cdot 2\cdot 3\cdot 4(x-1)^{-5}$,

$\vdots$

$y^{(n)}=(-1)^{(n)}\cdot n!\ (x-1)^{-(n+1)}=\dfrac{(-1)^n n!}{(x-1)^{n+1}}$,

即

$$\left(\frac{1}{x-1}\right)^{(n)}=\frac{(-1)^n n!}{(x-1)^{n+1}}.$$

(二)练习题

1. 选择题

(1)设 $f(x)=x\ln x$，则 $f(x)$ 在 $x=1$ 处的导数为(　　).

A. 1　　B. -1　　C. 0　　D. 不存在

(2)设 $y=x\ln x$，则 $y^{(10)}=$(　　).

A. $-\dfrac{1}{x^9}$　　B. $\dfrac{1}{x^9}$　　C. $\dfrac{8!}{x^9}$　　D. $-\dfrac{8!}{x^9}$

(3)设 $x^2y-e^{2y}=\sin y$，则 $\dfrac{dy}{dx}=$(　　).

A. $\dfrac{2xy}{\cos y+2e^{2y}}$　　B. $\dfrac{2xy+e^{2y}}{\cos y-x^2}$　　C. 0　　D. $\dfrac{2xy}{\cos y+2e^{2y}-x^2}$

(4)$f(x)=\sin x^2$，则 $y'=$(　　).

A. $\cos x^2$　　B. $-\cos x^2$　　C. $2x\cos x^2$　　D. $-2x\cos x^2$

2. 解答题

(1)求下列函数的导数.

①$f(x)=\tan x$；　②$y=\ln\sin 2x$；　③$y=\tan x^2$.

(2)求曲线 $y=\sin(x+y)$ 在点 $(\pi, 0)$ 处的切线方程.

(3)求 $y=\sin x$ 的 n 阶导数 $y^{(n)}$.

(4)已知 $y=\ln(1+x^2)$，求 y''.

(5)求函数 $y=x^{\sin x}(x>0)$ 的导数.

(6)设函数 $y=y(x)$ 由方程 $e^{x+y}+\sin(xy)=1$ 确定，求 $y'(x)$ 及 $y'(0)$.

(7)设函数 $f(x)$ 由参数方程 $\begin{cases}x=\dfrac{t^2}{2}\\ y=1-t\end{cases}$ 所确定，求 $\dfrac{dy}{dx}$.

第三节　导数的应用

(一)典型例题

例1　设 $f(x)$ 在 $[a, b]$ 上连续，在 (a, b) 内可导，且 $f(a)>f(b)$，证明存在 $\xi\in(a, b)$，使得 $f'(\xi)<0$.

证　因为 $f(x)$ 在 $[a, b]$ 上连续，在 (a, b) 内可导，所以 $f(x)$ 在 $[a, b]$ 上满足拉格朗日中值定理的条件. 因此，至少存在一点 $\xi\in(a, b)$ 使

$$f(b)-f(a)=f'(\xi)(b-a),$$

由已知 $f(a)>f(b)$ 得 $f(b)-f(a)<0$　又 $b-a>0$，所以

$$f'(\xi)<0.$$

例2　求 $\lim\limits_{x\to1}\dfrac{x^2-2x+1}{x^3-x^2-x+1}$ 的值.

解　所求极限为 $\dfrac{0}{0}$ 型的未定式，故有

$$\lim_{x\to1}\frac{x^2-2x+1}{x^3-x^2-x+1}=\lim_{x\to1}\frac{2x-2}{3x^2-2x-1}=\lim_{x\to1}\frac{2}{6x-2}=\frac{1}{2}.$$

例3　求 $\lim\limits_{x\to+\infty}\dfrac{\dfrac{\pi}{2}-\arctan x}{\dfrac{1}{x}}$ 的值.

解　这是 $x\to+\infty$ 时的 $\dfrac{0}{0}$ 型未定式.

$$\lim_{x\to+\infty}\frac{\dfrac{\pi}{2}-\arctan x}{\dfrac{1}{x}}=\lim_{x\to+\infty}\frac{-\dfrac{1}{1+x^2}}{-\dfrac{1}{x^2}}=\lim_{x\to+\infty}\frac{x^2}{1+x^2}=1.$$

例4　求 $\lim\limits_{x\to+\infty}\dfrac{\ln x}{x^n}(n>0)$ 的值.

解　这是 $x\to+\infty$ 时的 $\dfrac{\infty}{\infty}$ 型未定式.

$$\lim_{x\to+\infty}\frac{\ln x}{x^n}=\lim_{x\to+\infty}\frac{\dfrac{1}{x}}{nx^{n-1}}=\lim_{x\to+\infty}\frac{1}{nx^n}=0.$$

例5　求 $\lim\limits_{x\to0}\dfrac{x-\sin x}{\tan x^3}$ 的值.

解　所求问题是 $\dfrac{0}{0}$ 型未定式.

由于 $x\to0$ 时 $\tan x^3\sim x^3$，$1-\cos x\sim\dfrac{1}{2}x^2$，可用等价无穷小量替换，然后再用洛

必达法则，即

$$\lim_{x\to0}\frac{x-\sin x}{\tan x^3}=\lim_{x\to0}\frac{x-\sin x}{x^3}=\lim_{x\to0}\frac{1-\cos x}{3x^2}=\lim_{x\to0}\frac{\frac{1}{2}x^2}{3x^2}=\frac{1}{6}.$$

例 6 讨论函数 $y=e^x$ 的单调性.

解 因为在函数 $y=e^x$ 定义域$(-\infty, +\infty)$内 $y'=e^x>0$，所以由函数单调性的判别法，可知函数 $y=e^x$ 在其定义域$(-\infty, +\infty)$内单调增加.

例 7 讨论函数 $y=e^x-x-1$ 的单调性.

解 函数 $y=e^x-x-1$ 的定义域为$(-\infty, +\infty)$，$y'=e^x-1$.

因为在$(-\infty, 0)$内 $y'<0$，所以函数 $y=e^x-x-1$ 在$(-\infty, 0)$上单调减少；

因为在$(0, +\infty)$内 $y'>0$，所以函数 $y=e^x-x-1$ 在$(0, +\infty)$上单调增加(如图 3-1 所示).

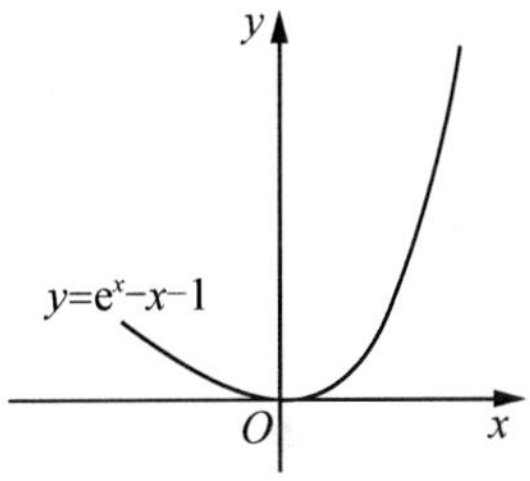

图 3-1

例 8 确定函数 $f(x)=(x-2)x^{\frac{2}{3}}$ 的单调区间.

解 函数 $f(x)=(x-2)x^{\frac{2}{3}}$ 的定义域为$(-\infty, +\infty)$，

$$f'(x)=\frac{2}{3}x^{-\frac{1}{3}}(x-2)+x^{\frac{2}{3}}=\frac{5x-4}{3x^{\frac{1}{3}}}.$$

令 $f'(x)=0$ 得 $x=\frac{4}{5}$，此外，在 $x=0$ 处 $f(x)$不可导，

用 $x=0$，$x=\frac{4}{5}$分定义域为三个子区间$(-\infty, 0)$，$\left(0, \frac{4}{5}\right)$，$\left(\frac{4}{5}, +\infty\right)$.

列表讨论 $f(x)$的单调性.

x	$(-\infty, 0)$	0	$\left(0, \frac{4}{5}\right)$	$\frac{4}{5}$	$\left(\frac{4}{5}, +\infty\right)$
$f'(x)$	$+$	不存在	$-$	0	$+$
$f(x)$	↗		↘		↗

注：表中用“↘”表示单调减少，用“↗”表示单调增加，下同.

所以，函数在$(-\infty, 0)$和$\left(\frac{4}{5}, +\infty\right)$内单调增加，在$\left(0, \frac{4}{5}\right)$内单调减少.

由例 8 可知，使导数为零的点(驻点)和导数不存在的点都可能是函数增减区间的分界点.

例 9 求函数 $y=2x^3-6x^2-18x+7$ 的极值.

解 函数 $f(x)$的定义域为$(-\infty, +\infty)$，

$$y'=6x^2-12x-18=6(x+1)(x-3).$$

令 $y'=0$，得驻点 $x_1=-1$，$x_2=3$.

列表考查.

x	$(-\infty, -1)$	-1	$(-1, 3)$	3	$(3, \infty)$
y'	+	0	−	0	+
y	↗	极大值 17	↘	极小值−47	↗

因此，函数的极大值为 $y\Big|_{x=-1}=17$；极小值为 $y\Big|_{x=3}=-47$(如图 3-2 所示).

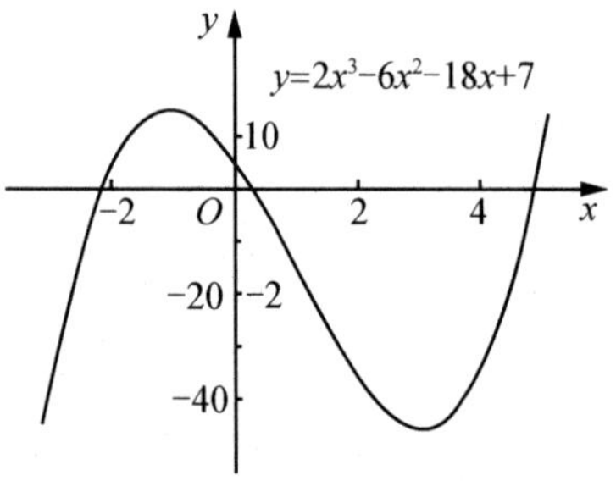

图 3-2

例 10 求函数 $f(x)=x^3\mathrm{e}^{-2x}$ 的极值.

解 函数 $f(x)$的定义域为$(-\infty, +\infty)$，

$$f'(x)=x^2\mathrm{e}^{-2x}(3-2x).$$

令 $f'(x)=0$，得驻点 $x_1=0$，$x_2=\dfrac{3}{2}$.

列表考查.

x	$(-\infty, 0)$	0	$\left(0, \dfrac{3}{2}\right)$	$\dfrac{3}{2}$	$\left(\dfrac{3}{2}, +\infty\right)$
$f'(x)$	+	0	+	0	−
$f(x)$	↗	不是极值	↗	极大值$\dfrac{27}{8}\mathrm{e}^{-3}$	↘

由表可知，函数的极大值是 $f\left(\dfrac{3}{2}\right)=\dfrac{27}{8}\mathrm{e}^{-3}$，由于在 $x=0$ 的两侧 $f'(x)$的符号相同，所以 $f(0)$不是极值.

例 11 求函数 $f(x)=\cos x$ 在区间$[0, 2\pi]$上的极值.

解 $f'(x)=-\sin x$，$f''(x)=-\cos x$.

令 $f'(x)=0$，得驻点 $x_1=0$，$x_2=\pi$，
又 $f''(0)<0$，$f''(\pi)>0$，
故函数 $f(x)$的极大值是 $f(0)=1$；极小值是 $f(\pi)=-1$.

例 12 求函数 $f(x)=4x^3-12x^2+1$ 在$[-3, 3]$上的最大值和最小值.

解 $f'(x)=12x^2-24x=12x(x-2)$.

令 $f'(x)=0$，得驻点 $x_2=0$，$x_3=2$；

计算可得 $f(0)=1$，$f(2)=-15$，$f(-3)=-215$，$f(3)=1$.

比较上述函数值的大小，可见 $f(x)$在$[-3, 3]$上的最大值是 $f(3)=f(0)=1$，最小值是 $f(-3)=-215$.

如果函数 $f(x)$在一个开区间内可导且有唯一的极值点 x_0，则当 $f(x_0)$是极大值时，$f(x_0)$就是函数 $f(x)$在该区间上的最大值；当 $f(x_0)$是极小值时，$f(x_0)$就是函数 $f(x)$在该区间上的最小值.

例 13 函数 $y=2x^2-\dfrac{108}{x}(x<0)$在何处取得最小值？

解 $y'=4x+\dfrac{108}{x^2}=\dfrac{4x^3+108}{x^2}$，

令 $y'=0$，得驻点 $x=-3\in(-\infty, 0)$，不可导点 $x=0\notin(-\infty, 0)$，

又 $y''=4-\dfrac{216}{x^3}$，$y''(-3)=4+\dfrac{216}{27}>0$.

故 $x=-3$ 是函数在$(-\infty, 0)$内的唯一的极小值点，同时也是最小值点，即 y 在 $x=-3$ 处取得最小值，最小值是 $y(-3)=54$.

在实际问题中，如果函数 $f(x)$在某区间内只有一个驻点 x_0，而且从实际问题本身又可以判断 $f(x)$在该区间内必定有最大值或最小值，则 $f(x_0)$就是所要求的最大值或最小值.

例 14 从长为 12 cm、宽为 8 cm 的矩形纸板的四个角上剪去相同的小正方形，折成一个无盖的盒子，要使盒子容积最大，剪去的小正方形的边长应为多少？(如图 3-3 所示)

解 设剪去的小正方形的边长为 x cm，盒子的容积为 V cm^2，则

$$V=x(12-2x)(8-2x)\quad(0<x<4),$$

因此 $V'=(12-4x)(8-2x)+(12x-2x^2)(-2)$

$=12x^2-80x+96=4(3x^2-20x+24)$，

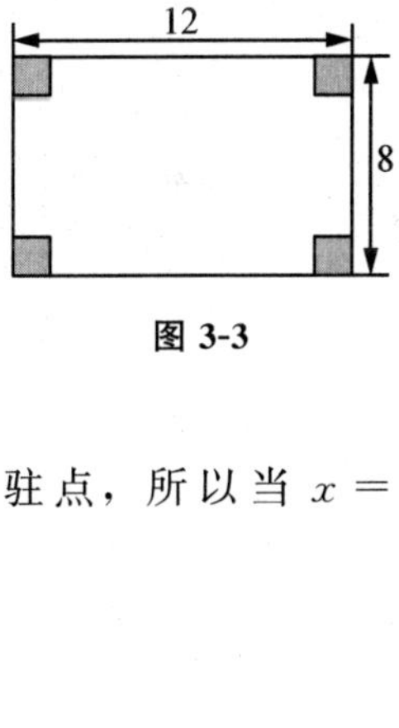

图 3-3

令 $V'=0$ 得驻点，$x=\dfrac{10-2\sqrt{7}}{3}$.

由于盒子必存在最大容积，而函数在$(0, 4)$内只有一个驻点，所以当 $x=\dfrac{10-2\sqrt{7}}{3}$时，盒子的容积最大.

例 15 判断曲线 $y=\ln x$ 的凹凸性.

解 $y'=\dfrac{1}{x}$，$y''=-\dfrac{1}{x^2}$，

由于函数在定义域$(0, +\infty)$上恒有 $y''<0$，故曲线 $y=\ln x$ 在$(0, +\infty)$上是凸的.

例 16 求曲线 $y=\dfrac{1}{2}x^4-x^3+2$ 的凹凸区间和拐点.

解 函数的定义域为$(-\infty, +\infty)$，

又 $y'=2x^3-3x^2$，$y''=6x^2-6x=6x(x-1)$，

令 $y''=0$，得 $x_1=0$，$x_2=1$.

列表考查.

x	$(-\infty, 0)$	0	$(0, 1)$	1	$(1, +\infty)$
y''	+	0	−	0	+
y	∪	拐点(0，2)	∩	拐点$\left(1, \frac{3}{2}\right)$	∪

由表可知，曲线在区间$(-\infty, 0)$及$(1, +\infty)$内是凹的，在区间$(0, 1)$内是凸的，拐点为$(0, 2)$，$\left(1, \frac{3}{2}\right)$.

例 17 讨论曲线 $y=(x-1)^{\frac{5}{3}}$ 的凹凸区间和拐点.

解 函数的定义域为$(-\infty, +\infty)$，

又 $y'=\frac{5}{3}(x-1)^{\frac{2}{3}}$，$y''=\frac{10}{9}(x-1)^{-\frac{1}{3}}$，

令 $y''=0$，无解；但在 $x=1$ 处 y''不存在，

列表考查.

x	$(-\infty, 1)$	1	$(1, +\infty)$
y''	−	不存在	+
y	∩	拐点(1，0)	∪

由表可知，曲线在区间$(-\infty, 1)$内是凸的，在区间$(1, +\infty)$内是凹的. 当 $x=1$ 时 y''不存在，但 $x=1$ 时函数有定义，且两侧 y''异号，所以$(1, 0)$为拐点.

由例 17 可见，二阶导数 $y''(x)$不存在的点处，仍有可能是函数 $y=f(x)$的拐点.

例 18 求下列曲线的水平渐近线或垂直渐近线.

(1)$y=e^{-x^2}$；　　(2)$y=\frac{x^2}{(x+2)(x-1)}$.

解 (1)因为$\lim\limits_{x\to\infty}e^{-x^2}=\lim\limits_{x\to\infty}\frac{1}{e^{x^2}}=0$，

所以，直线 $y=0$ 为曲线 $y=e^{-x^2}$ 的水平渐近线.

(2)因为 $\lim\limits_{x\to-2}\frac{x^2}{(x+2)(x-1)}=\infty$，$\lim\limits_{x\to1}\frac{x^2}{(x+2)(x-1)}=\infty$，

所以，直线 $x=1$ 和 $x=-2$ 为曲线 $y=\frac{x^2}{(x+2)(x-1)}$的两条垂直渐近线.

又因为 $\lim\limits_{x\to\infty}\frac{x^2}{(x+2)(x-1)}=1$，

所以，直线 $y=1$ 为曲线的水平渐近线.

例 19 作函数 $y=e^{-x^2}$ 的图像.

解 函数 $y=e^{-x^2}$ 的定义域为$(-\infty, +\infty)$，且为偶函数，因此只要作出函数$(0, +\infty)$内的图形，即可根据对称性得到它的全部图形.

$y'=e^{-x^2}(-2x)$，令 $y'=0$，解得驻点 $x=0$.

$y''=2e^{-x^2}(2x^2-1)$，令 $y''=0$，解得 $x=\pm\frac{\sqrt{2}}{2}$.

列表考查.

x	0	$\left(0, \frac{\sqrt{2}}{2}\right)$	$\frac{\sqrt{2}}{2}$	$\left(\frac{\sqrt{2}}{2}, +\infty\right)$
y'	0	−	−	−
y''	−	−	0	+
y	极大值 1	↘（凸）	拐点$\left(\frac{\sqrt{2}}{2}, e^{-\frac{1}{2}}\right)$	↘（凹）

因为$\lim\limits_{x\to\infty}e^{-x^2}=\lim\limits_{x\to\infty}\frac{1}{e^{x^2}}=0$，所以曲线有水平渐近线 $y=0$.

综合上面的讨论结果，即可描绘出函数 $y=e^{-x^2}$ 的图形(如图 3-4 所示).

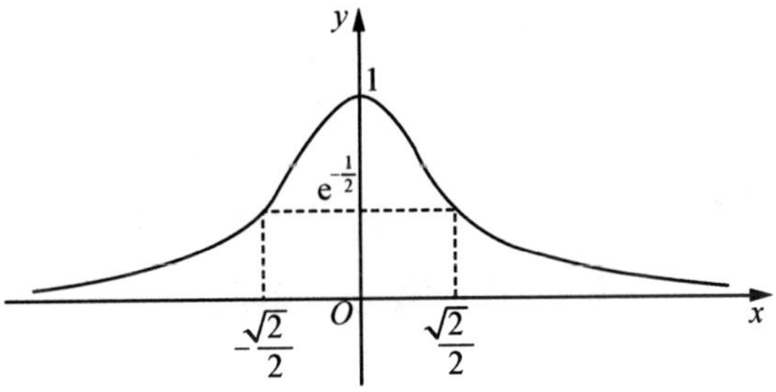

图 3-4

(二)练习题

1. 选择题

(1)满足方程 $f'(x)=0$ 的 x 是函数 $y=f(x)$的(　　).

A. 极大值点　　B. 极小值点　　C. 驻点　　D. 间断点

(2)函数 $y=x-\ln(1+x)$的极小值为(　　).

A. 0　　B. 1　　C. 2　　D. 不存在

(3)曲线 $f(x)=x^3-6x^2+9x+1$ 的凹区间是(　　).

A. $(-\infty, 2)$　　B. $(-\infty, -2)$　　C. $(-2, +\infty)$　　D. $(2, +\infty)$

(4)函数 $y=x+\sqrt{x}$ 在区间$[0, 4]$上的最小值为(　　).

A. 4　　B. 0　　C. 1　　D. 3

(5)曲线 $y=\dfrac{4x-1}{(x-2)^2}$ 的渐近线情况为(　　).

A. 只有水平渐近线　　B. 只有垂直渐近线

C. 没有渐近线　　D. 既有水平渐近线又有垂直渐近线

2. 填空题

(1)函数 $y=e^x-x-1$ 的单调增加区间为________.

(2)曲线 $y=\dfrac{e^x}{3+x}$ 的凸区间为________.

(3)$y=2x^3-3x^2$ 的极大值为________.

(4)函数 $y=2x^3-3x^2$ 在$[-1, 4]$上的最大值________，最小值________.

(5)曲线 $y=e^{\frac{1}{x}}+5$ 的水平渐近线为________.

3. 解答题

(1)求极限 $\lim\limits_{x\to 0}\dfrac{\sqrt{4+x}-2}{\sin 2x}$.

(2)求 $\lim\limits_{x\to 0}\dfrac{e^{ax}-e^{bx}}{\sin ax-\sin bx}\quad(a\neq b)$.

(3)求函数 $y=x+\sqrt{1-x}$ 在$[-5, 1]$上的最小值和最大值.

(4)求曲线 $y=x^3-3x^2-2$ 的拐点及凹凸区间.

(5)绘制函数 $y=3x-x^3$ 的图像.

4. 证明题

利用拉格朗日中值定理证明不等式：$\dfrac{a-b}{a}<\ln\dfrac{a}{b}<\dfrac{a-b}{b}$，$0<b<a$.

第四节　微分及其应用

(一)典型例题

例 1　求函数 $y=x^2+1$ 当 $x=1$，$\Delta x=0.1$ 时的微分和增量.

解　因为　$dy=y'\Delta x=2x\Delta x$，

所以 $dy\Big|_{x=1,\Delta x=0.1}=2\times 1\times 0.1=0.2$，

$\Delta y=f(x+\Delta x)-f(x)=(x+\Delta x)^2+1-(x^2+1)=1.1^2+1-(1+1)=0.21$.

例 2　求函数 $y=\ln\sin x$ 的微分.

解　因为 $y'=\dfrac{\cos x}{\sin x}$，所以 $dy=\dfrac{\cos x}{\sin x}dx$.

例 3　求 $\sqrt[4]{1.01}$ 的近似值.

解　设 $f(x)=\sqrt[4]{x}$；$\sqrt[4]{x_0+\Delta x}\approx\sqrt[4]{x_0}+\dfrac{1}{4\sqrt[4]{x_0^3}}\Delta x$；

取 $x_0=1$，$\Delta x=0.01$，有$\sqrt[4]{1.01}\approx 1.0025$.

例 4 有一批半径为 1 cm 的球，为了提高球表面的光洁度，要镀上一层厚度为 0.01 cm 的铜，已知铜的密度为 8.9 g/cm³，试估计一下每个球需用多少铜？

解 因为球体积 $V=\dfrac{4}{3}\pi R^3$，

所以
$$\mathrm{d}V=\left(\frac{4}{3}\pi R^3\right)'\mathrm{d}R=4\pi R^2\mathrm{d}R.$$

已知
$$R=1\text{ cm},\ \mathrm{d}R=\Delta R=0.01\text{ cm},$$
于是
$$\Delta V\approx \mathrm{d}V\approx 0.13\text{ cm}^3.$$

因此，每个球大约需用铜 $0.13\times 8.9=1.16(\mathrm{g})$.

(二)练习题

1. 填空题

(1) $\ln 0.9\approx$________.

(2)设 $y=x\sin x$，则 $\mathrm{d}y=$________.

(3)设 $y=3\sin x-\dfrac{1}{x}$，则 $\mathrm{d}y=$________.

2. 解答题

(1) $y=\mathrm{e}^5+\ln(x+\sqrt{1+x^2})$，求 $\mathrm{d}y$.

(2)求 $y=x^2+1$，当 $x=1$，$\Delta x=0.01$ 的增量与微分.

(3)半径为 R 的金属圆片，加热后伸长了 ΔR，则面积 S 大约增加了多少？

四、综合与提高例题精讲

例 1 当 $x>1$ 时，证明 $\ln x>\dfrac{2(x-1)}{x+1}$.

证 令 $f(x)=(x+1)\ln x-2(x-1)\ (x>1)$，则
$$f'(x)=\frac{x+1}{x}+\ln x-2=\frac{1}{x}+\ln x-1.$$

要证明$\dfrac{1}{x}+\ln x-1>0$，只需证明 $g(x)=\dfrac{1}{x}+\ln x>1$ 即可，则有
$$g'(x)=-\frac{1}{x^2}+\frac{1}{x}=\frac{1}{x^2}(x-1)>0\quad(x>1),$$

得 $g(x)$在 $x>1$ 时严格单调增加，又 $g(1)=1$，故 $g(x)>1$，则 $f'(x)=\dfrac{1}{x}+\ln x-1>0$. 所以，$f(x)$在 $x>1$ 时严格单调增加. 又 $f(1)=0$，故 $x>1$ 时 $f(x)>f(1)=0$，即$(x+1)\ln x-2(x-1)>0$，或 $\ln x>\dfrac{2(x-1)}{x+1}$.

例 2 求极限$\lim\limits_{x\to 1}\left(\dfrac{x}{x-1}-\dfrac{1}{\ln x}\right)$.

解 所求极限为$\infty-\infty$型未定式，通过通分可将其转化为$\dfrac{0}{0}$型未定式.

$$\lim_{x\to 1}\left(\frac{x}{x-1}-\frac{1}{\ln x}\right)=\lim_{x\to 1}\frac{x\ln x-(x-1)}{(x-1)\ln x}$$

$$=\lim_{x\to 1}\frac{x\dfrac{1}{x}+\ln x-1}{\ln x+\dfrac{x-1}{x}}=\lim_{x\to 1}\frac{\ln x}{1-\dfrac{1}{x}+\ln x}=\lim_{x\to 1}\frac{\dfrac{1}{x}}{\dfrac{1}{x^2}+\dfrac{1}{x}}=\frac{1}{2}.$$

例 3 求极限$\lim\limits_{x\to 0}(\cos x)^{\frac{1}{x^2}}$.

解 所求极限为1^{∞}型未定式，可利用取对数法解.

令$y=(\cos x)^{\frac{1}{x^2}}$，因为

$$\lim_{x\to 0}\ln y=\lim_{x\to 0}\left(\frac{1}{x^2}\ln\cos x\right)=\lim_{x\to 0}\frac{\ln\cos x}{x^2}=\lim_{x\to 0}\frac{\dfrac{1}{\cos x}(-\sin x)}{2x}$$

$$=-\frac{1}{2}\lim_{x\to 0}\left(\frac{1}{\cos x}\,\frac{\sin x}{x}\right)=-\frac{1}{2},$$

所以，$\lim\limits_{x\to 0}(\cos x)^{\frac{1}{x^2}}=e^{-\frac{1}{2}}$.

对于0^0，1^{∞}，∞^0型的未定式，可先用对数恒等式$N=e^{\ln N}(N>0)$或取对数法将函数变形，然后再用初等函数的连续性及洛必达法则即可求出结果.

例 4 设函数$y=y(x)$由方程$y^3+x^3-3x+3y=2$所确定，试求$y=y(x)$的极值.

解 由$3y^2y'+3x^2-3+3y'=0$得，$y'=\dfrac{1-x^2}{1+y^2}$.

令$y'=0$，得$x=\pm 1$. 此时，$y(-1)=0$，$y(1)=1$.

由
$$y''=\frac{-2x(1+y^2)-2yy'(1-x^2)}{(1+y^2)^2},$$

知$y''(-1)=2>0$，$y''(1)=\dfrac{-4}{4}=-1<0$.

从而$y(-1)=0$为极小值，$y(1)=1$为极大值.

例 5 求由参数方程$\begin{cases}x=t^3+3t\\ y=t^3-3t^2+1\end{cases}$表示的函数$y=y(x)$的极值.

解 $\dfrac{dy}{dx}=\dfrac{3t^2-6t}{3t^2+3}=\dfrac{t(t-2)}{t^2+1}$，令

$$\frac{dy}{dx}=0，得 t_1=0，t_2=2.$$

列表考查.

t	$(-\infty, 0)$	0	$(0, 2)$	2	$(2, \infty)$
x	$(-\infty, 0)$	0	$(0, 14)$	14	$(14, \infty)$
y'	$+$	0	$-$	0	$+$
y	↗	极大值 1	↘	极小值 -3	↗

故函数的极大值为 $y(0)=1$，极小值为 $y(14)=-3$.

例 6 有一立方体的铁箱，它的边长为(70 ± 0.1)cm，试估计其体积的绝对误差和相对误差.

解 设立方体的边长为 l，体积为 V.

因为 $V=l^3$，所以 $dV=3l^2dl$，$\frac{dV}{V}=\frac{3dl}{l}$.

已知 $l=70$ cm，$dl=\pm0.1$ cm，则

$$|dV|=1470\ \text{cm}^3,\quad \left|\frac{dV}{V}\right|=0.43\%.$$

因此，绝对误差为 1470 cm^2，相对误差为 0.43%.

五、高职升本科本章相关知识简介

(一)考试内容与要求

理解导数和微分的概念，理解导数的几何意义及函数的可导性与连续性之间的关系；能用导数描述一些物理量；掌握导数四则运算法则和复合函数求导法. 掌握基本初等函数、双曲函数的导数公式. 了解微分的四则运算法则和一阶微分形式不变性；了解高阶导数的概念；了解几个常见的函数的 n 阶导数的一般表达式；掌握初等函数一阶、二阶导数的求法；会求隐函数和参数式所确定的函数的一阶、二阶导数，会求反函数的导数；理解罗尔定理和拉格朗日中值定理；理解函数的极值概念，并掌握用导数判断函数的单调性和求函数极值的方法；会用导数判断函数凹凸性；会求拐点；会描绘函数的图形(包括水平和垂直渐近线). 会求解较简单的最大值和最小值应用问题；会用洛比达法则求不定式的极限. 此部分试题分值为 12～18 分，多为容易题和中等难度题.

(二)历年真题

1. (2019)函数 $y=2x^3$ 在 $x=1$ 处的微分 $dy\Big|_{x=1}=$(B).

A. $2dx$　　B. $6dx$　　C. $2x^3dx$　　D. $6x^2dx$

2.(2018)已知函数 $y=f(u)$ 可导，若 $y=f(-x^2)$，则微分 $\mathrm{d}y=$(B).

A. $-2xf'(-x^2)$　　B. $-2xf'(-x^2)\mathrm{d}x$

C. $f'(-x^2)$　　D. $f'(-x^2)\mathrm{d}x$

3.(2016)已知函数 $y=f(x)$ 在 x_0 点处可导，且 $f'(x_0)=1$，则 $\lim\limits_{x\to 0}\dfrac{f(x_0+h)-f(x_0-h)}{h}=$(D).

A. -2　　B. -1　　C. 1　　D. 2

4.(2016)函数 $y=x-\arctan x$ 在 $(-\infty, +\infty)$ 内(A).

A. 单调递增　　B. 单调递减　　C. 不单调　　D. 不连续

5.(2015)若函数 $y=ax^3+bx^2-x$ 在 $x=1$ 和 $x=-1$ 处取得极值，则(A).

A. $a=\dfrac{1}{3}$，$b=0$　　B. $a=\dfrac{1}{2}$，$b=-\dfrac{1}{6}$

C. $a=-\dfrac{2}{3}$，$b=0$　　D. $a=0$，$b=\dfrac{1}{3}$

6.(2014)已知函数 $y=f(x)$ 在 x_0 点处可导，且 $f'(1)=\dfrac{1}{2}$，则 $\lim\limits_{x\to 0}\dfrac{f(1-2h)-f(1)}{h}=$(B).

A. -2　　B. -1　　C. $\dfrac{1}{2}$　　D. 1

7.(2016)若函数 $y=\sin(\ln x)$，则 $f(x)$ 在 $x=1$ 点处的微分 $\mathrm{d}f(x)\Big|_{x=1}=$ __$\mathrm{d}x$__.

8.(2016)求极限 $\lim\limits_{x\to 0}\dfrac{(1-\cos x)\sin x}{x^3}=$ __$\dfrac{1}{2}$__.

9.(2015)$y=y(x)$ 是由方程 $e^y=\cos x-y$ 所确定的隐函数，则 $y'(x)=$ __$-\dfrac{\sin x}{e^y+1}$__.

10.(2015)求极限 $\lim\limits_{x\to 0}(1+\sin x)^{\frac{1}{x}}=$ __e__.

11.(2018)求函数 $y=x^3-x^2-x+7$ 的单调减区间 __$\left(-\dfrac{1}{3}, 1\right)$__.

12.(2019)曲线 $y=\dfrac{1}{2}e^{2x}$ 在点 $\left(0, \dfrac{1}{2}\right)$ 处切线的斜率 $k=$ __1__.

13.(2016)求极限 $\lim\limits_{x\to 0}\left(\dfrac{1}{x^2}-\dfrac{1}{x\tan x}\right)$. 提示：通分后利用洛必达法则可得原式为 $\dfrac{1}{3}$.

14.(2015)求极限 $\lim\limits_{x\to 0}\dfrac{\sin x(1-\cos x)}{x-\sin x}$. 提示：利用等价无穷小和洛必达法则可得原式为 3.

练习题答案

第一节练习题

1. (1)C；(2)A；(3)A.

2. (1)①$y'=3$；(2)$y'=-\sin x$；(3)$a=-1$，$b=2$；(4)$4x+y-4=0$.

第二节练习题

1. (1)A；(2)C；(3)D；(4)C.

2. ①$f'(x)=\sec^2 x$；②$y'=2\cot 2x$；③$y'=2x\sec^2 x^2$.

(2)$x+2y-\pi=0$；(3)$y^{(n)}=\sin\left(x+n\cdot\frac{\pi}{2}\right)n=1, 2, \cdots$；(4)$\frac{2-2x^2}{(1+x^2)^2}$；

(5)$x^{\sin x}\left(\frac{\sin x}{x}+\cos x\ln x\right)$；(6)$y'(x)=-\frac{e^{x+y}+y\cos(xy)}{e^{x+y}+x\cos(xy)}$　$y'(0)=-1$；

(7)$-\frac{1}{t}$.

第三节练习题

1. (1)C；(2)A；(3)D；(4)B；(5)D.

2. (1)$(0, +\infty)$；(2)$(-\infty, -3)$；(3)0；(4)80，-5；(5)$y=6$.

3. (1)$\frac{1}{8}$；(2)1；(3)最大值$\frac{5}{4}$最小值$\sqrt{6}-5$；

(4)拐点$(1, -4)$凹区间$(1, +\infty)$凸区间$(-\infty, 1)$；(5)略.

4. 证：设$f(x)=\ln x$，在$[b, a]$上应用拉格朗日中值定理，有

$$\ln a-\ln b=(a-b)\frac{1}{\xi}, (b<\xi<a).$$

$$\text{当 } b<\xi<a \text{ 时，有} \frac{1}{a}<\frac{1}{\xi}<\frac{1}{b},$$

从而有

$$\frac{a-b}{a}<\ln a-\ln b<\frac{a-b}{b}, \text{即} \frac{a-b}{a}<\ln\frac{a}{b}<\frac{a-b}{b}.$$

第四节练习题

1. (1)-0.1；(2)$dy=(\sin x+x\cos x)dx$；(3)$dy=\left(3\cos x+\frac{1}{x^2}\right)dx$.

2. (1)$dy=\frac{1}{\sqrt{1+x^2}}dx$；(2)$dy=0.02$，$\Delta y=0.0201$；(3)$2\pi R\Delta R$.

第四章　积分学及其应用

一、知识结构与内容要点

(一)知识结构

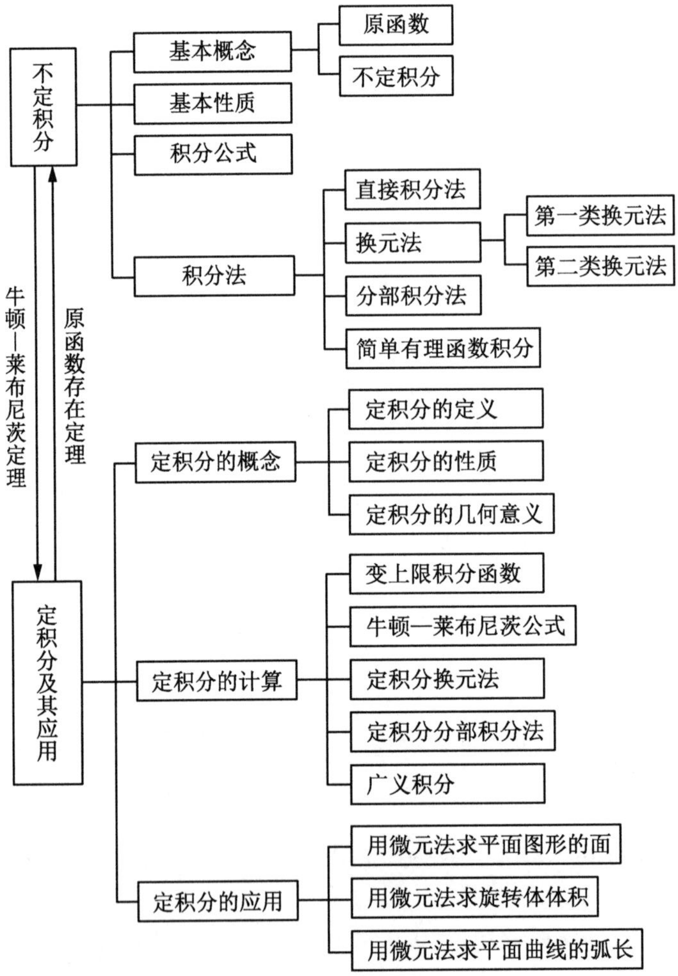

(二)内容要点

1. 不定积分的性质

(1)$\left(\int f(x)\mathrm{d}x\right)'=f(x)$ 或 $\mathrm{d}\left(\int f(x)\mathrm{d}x\right)=f(x)\mathrm{d}x$.

(2)$\int f'(x)\mathrm{d}x=f(x)+C$ 或 $\int \mathrm{d}f(x)=f(x)+C$.

(3)$\int [f(x)\pm g(x)]\mathrm{d}x=\int f(x)\mathrm{d}x\pm\int g(x)\mathrm{d}x$,

$\int [f_1(x)\pm f_2(x)\pm\cdots\pm f_n(x)]\mathrm{d}x=\int f_1(x)\mathrm{d}x\pm\int f_2(x)\mathrm{d}x\pm\cdots\pm\int f_n(x)\mathrm{d}x$.

(4)$\int kf(x)\mathrm{d}x=k\int f(x)\mathrm{d}x \quad (k\neq 0)$.

2. 不定积分的基本公式

(1)$\int k\mathrm{d}x=kx+C$ (k 为常数).

(2)$\int x^{\alpha}\mathrm{d}x=\dfrac{x^{\alpha+1}}{\alpha+1}+C \quad (\alpha\neq -1)$.

(3)$\int \dfrac{1}{x}\mathrm{d}x=\ln|x|+C$.

(4)$\int a^x\mathrm{d}x=\dfrac{a^x}{\ln a}+C$，特别地 $\int \mathrm{e}^x\mathrm{d}x=\mathrm{e}^x+C$.

(5)$\int \sin x\mathrm{d}x=-\cos x+C$.

(6)$\int \cos x\mathrm{d}x=\sin x+C$.

(7)$\int \sec^2 x\mathrm{d}x=\tan x+C$.

(8)$\int \csc^2 x\mathrm{d}x=-\cot x+C$.

(9)$\int \sec x\tan x\mathrm{d}x=\sec x+C$.

(10)$\int \csc x\cot x\mathrm{d}x=-\csc x+C$.

(11)$\int \dfrac{1}{\sqrt{1-x^2}}\mathrm{d}x=\arcsin x+C$.

(12)$\int \dfrac{1}{1+x^2}\mathrm{d}x=\arctan x+C$.

(13)$\int \tan x\mathrm{d}x=-\ln|\cos x|+C$.

(14)$\int \cot x\mathrm{d}x=\ln|\sin x|+C$.

(15)$\int \sec x\mathrm{d}x=\ln|\sec x+\tan x|+C$.

(16)$\int \csc x\mathrm{d}x=\ln|\csc x+\cot x|+C$.

(17)$\int \dfrac{1}{x^2+a^2}\mathrm{d}x=\dfrac{1}{a}\arctan\dfrac{x}{a}+C$.

(18)$\int \dfrac{1}{x^2-a^2}\mathrm{d}x=\dfrac{1}{2a}\ln\left|\dfrac{x-a}{x+a}\right|+C$.

(19)$\int \dfrac{1}{a^2-x^2}\mathrm{d}x=\dfrac{1}{2a}\ln\left|\dfrac{a+x}{a-x}\right|+C$.

(20)$\int \dfrac{1}{\sqrt{a^2-x^2}}\mathrm{d}x=\arcsin\dfrac{x}{a}+C$.

(21)$\int \dfrac{1}{\sqrt{x^2+a^2}}\mathrm{d}x=\ln(x+\sqrt{x^2+a^2})+C$.

(22)$\int \dfrac{1}{\sqrt{x^2-a^2}}\mathrm{d}x=\ln\left|x+\sqrt{x^2-a^2}\right|+C$.

3. 不定积分的积分法

(1)直接利用基本公式求不定积分.

(2)利用代数变形求不定积分.

(3)利用三角变形求不定积分.

(4)第一类换元积分法(凑微分法).

凑微分法常用的微分式有:(a, b 为常数, $a\neq 0$)

$\mathrm{d}x=\frac{1}{a}\mathrm{d}(ax+b)$; $x\mathrm{d}x=\frac{1}{2}\mathrm{d}(x^2)$; $\frac{\mathrm{d}x}{\sqrt{x}}=2\mathrm{d}(\sqrt{x})$;

$\mathrm{e}^x\mathrm{d}x=\mathrm{d}(\mathrm{e}^x)$; $\frac{1}{x}\mathrm{d}x=\mathrm{d}\ln|x|$; $\sin x\mathrm{d}x=-\mathrm{d}(\cos x)$;

$\frac{1}{\sqrt{1-x^2}}\mathrm{d}x=\mathrm{d}(\arcsin x)$; $\frac{1}{1+x^2}\mathrm{d}x=\mathrm{d}(\arctan x)$.

(5)第二类换元积分法.

第二类换元积分法的常见题型.

a. 根式换元.

若被积函数中含有根式且被开方因式为一次式时($\sqrt[n]{ax+b}$),可令$\sqrt[n]{ax+b}=t$.

b. 三角代换.

含有$\sqrt{a^2-x^2}$,可作代换 $x=a\sin t$.

含有$\sqrt{x^2+a^2}$,可作代换 $x=a\tan t$.

含有$\sqrt{x^2-a^2}$,可作代换 $x=a\sec t$.

(6)分部积分法.

分部积分公式:设 $u=u(x)$及 $v=v(x)$是连续函数,则$\int u\mathrm{d}v=uv-\int v\mathrm{d}u$. 应用分部积分法时恰当地选择 u 和 $\mathrm{d}v$ 是关键,一般考虑以下两点.

a. v 要容易求得;

b. $\int v\mathrm{d}u$ 要比$\int u\mathrm{d}v$ 容易积出.(优先选择 u 的顺序:反三角函数→对数函数→幂函数→指数函数→三角函数)

(7)有理分式的积分.

有理假分式可以化为一个多项式和一个真分式之和的形式,所以只讨论有理真分式的情况,后面的例题中会有相应类型的题.

4. 定积分的概念

(1)定义:$\int_a^b f(x)\mathrm{d}x=\lim\limits_{\lambda\to 0}\sum\limits_{i=1}^{n}f(\xi_i)\Delta x_i$.

(2)定积分的定义说明.

①如果定积分$\int_a^b f(x)\mathrm{d}x$ 存在,则定积分值是一个确定的常数,与积分变量用什么字母表示无关,即$\int_a^b f(x)\mathrm{d}x=\int_a^b f(t)\mathrm{d}t=\int_a^b f(u)\mathrm{d}u$.

②当 $a=b$ 时，$\int_a^b f(x)\mathrm{d}x=0$；当 $a>b$ 时，$\int_a^b f(x)\mathrm{d}x=-\int_b^a f(x)\mathrm{d}x$.

③初等函数在其定义区间内部都是可积的.

5. 定积分的性质

(1) $\int_a^b [f(x)\pm g(x)]\mathrm{d}x=\int_a^b f(x)\mathrm{d}x\pm\int_a^b g(x)\mathrm{d}x$.

(2) $\int_a^b kf(x)\mathrm{d}x=k\int_a^b f(x)\mathrm{d}x$ （k 为常数）.

(3) $\int_a^b f(x)\mathrm{d}x=\int_a^c f(x)\mathrm{d}x+\int_c^b f(x)\mathrm{d}x$.

(4)在$[a, b]$上若 $f(x)\geqslant g(x)$，则 $\int_a^b f(x)\mathrm{d}x\geqslant\int_a^b g(x)\mathrm{d}x$.

(5)如果函数 $f(x)$在$[a, b]$上的最大值为 M，最小值为 m，那么

$$m(b-a)\leqslant\int_a^b f(x)\mathrm{d}x\leqslant M(b-a).$$

(6)如果函数 $f(x)$在$[a, b]$上连续，那么在(a, b)内至少存在一点 ξ，使

$$\int_a^b f(x)\mathrm{d}x=f(\xi)(b-a).$$

6. 积分上限的函数及其导数

(1)定义：$\Phi(x)=\int_a^x f(t)\mathrm{d}t\,(a\leqslant x\leqslant b)$.

(2)积分上限的函数性质.

$$\Phi'(x)=\frac{\mathrm{d}}{\mathrm{d}x}\int_a^x f(t)\mathrm{d}t=f(x)\quad(a\leqslant x\leqslant b).$$

(3)如果函数 $f(x)$在区间$[a, b]$上连续，则变上限积分 $\Phi(x)=\int_a^x f(t)\mathrm{d}t$ 就是 $f(x)$在区间$[a, b]$上的一个原函数，即连续函数的原函数一定存在.

(4)常见公式：若 $f(x)$在$[a, b]$上连续，则有下列结论

a. $\left[\int_a^x f(t)\mathrm{d}t\right]'=f(x)$；

b. $\left[\int_x^b f(t)\mathrm{d}t\right]'=-f(x)$；

c. $\left[\int_a^{\varphi(x)} f(t)\mathrm{d}t\right]'=f[\varphi(x)]\varphi'(x)$ 　$[\varphi'(x)$ 存在$]$；

d. $\left[\int_{\Psi(x)}^{\varphi(x)} f(t)\mathrm{d}t\right]'=f[\varphi(x)]\varphi'(x)-f[\Psi(x)]\Psi'(x)$ 　$[\varphi'(x), \Psi'(x)$ 存在$]$.

7. 定积分的计算

(1)微积分基本公式.

如果函数 $f(x)$在闭区间$[a, b]$上连续，$F(x)$是 $f(x)$在$[a, b]$上的任一个原函数，则有

$$\int_a^b f(x)\mathrm{d}x=F(b)-F(a).$$

(2)定积分换元积分法.

$$\int_a^b f(x)\mathrm{d}x=\int_\alpha^\beta f[\varphi(t)]\varphi'(t)\mathrm{d}t.$$

注意：定积分换元法换元必换限.

结论：

a. 设 $f(x)$ 在区间 $[-a,a]$ 上连续，则

$$\int_{-a}^a f(x)\mathrm{d}x=\begin{cases}2\int_0^a f(x)\mathrm{d}x, & f(x)\text{ 为偶函数}\\ 0, & f(x)\text{ 为奇函数}\end{cases};$$

b. $\int_0^{\frac{\pi}{2}} f(\sin x)\mathrm{d}x=\int_0^{\frac{\pi}{2}} f(\cos x)\mathrm{d}x$.

(3)定积分的分部积分法.

$$\int_a^b u\mathrm{d}v=uv\Big|_a^b-\int_a^b v\mathrm{d}u.$$

结论：$I_n=\int_0^{\frac{\pi}{2}}\sin^n x\mathrm{d}x=\int_0^{\frac{\pi}{2}}\cos^n x\mathrm{d}x$，

a. 当 n 为奇数时，$I_n=\frac{n-1}{n}\cdot\frac{n-3}{n-2}\cdot\cdots\cdot\frac{4}{5}\cdot\frac{2}{3}\cdot 1$；

b. 当 n 为偶数时，$I_n=\frac{n-1}{n}\cdot\frac{n-3}{n-2}\cdot\cdots\cdot\frac{3}{4}\cdot\frac{1}{2}\cdot\frac{\pi}{2}$.

8. 广义积分

(1)定义：$\int_a^{+\infty} f(x)\mathrm{d}x=\lim\limits_{b\to+\infty}\int_a^b f(x)\mathrm{d}x$.

$\int_{-\infty}^b f(x)\mathrm{d}x=\lim\limits_{a\to-\infty}\int_a^b f(x)\mathrm{d}x$，

$\int_{-\infty}^{+\infty} f(x)\mathrm{d}x=\int_{-\infty}^c f(x)\mathrm{d}x+\int_c^{+\infty} f(x)\mathrm{d}x$.

(2)计算公式

$$\int_a^{+\infty} f(x)\mathrm{d}x=F(x)\Big|_a^{+\infty}=F(+\infty)-F(a),$$

$$\int_{-\infty}^b f(x)\mathrm{d}x=F(x)\Big|_{-\infty}^b=F(b)-F(-\infty),$$

$$\int_{-\infty}^{+\infty} f(x)\mathrm{d}x=F(x)\Big|_{-\infty}^{+\infty}=F(+\infty)-F(-\infty).$$

$F(x)$ 是 $f(x)$ 的一个原函数，$F(\pm\infty)=\lim\limits_{x\to\pm\infty}F(x)$.

9. 平面图形的面积

(1)直角坐标系情形.

a. 连续曲线 $y=f(x)[f(x)\geqslant 0]$，$x=a$，$x=b$ 及 x 轴所围图形(如图 4-1 所示)的面积微元 $\mathrm{d}A=f(x)\mathrm{d}x$，面积

$$A=\int_a^b f(x)\mathrm{d}x.$$

b. 由上、下两条连续曲线 $y=f(x)$，$y=g(x)[f(x)\geqslant g(x)]$及 $x=a$，$x=b$ 所围成的图形(如图 4-2 所示)的面积微元 $\mathrm{d}A=[f(x)-g(x)]\mathrm{d}x$，面积

$$A=\int_a^b[f(x)-g(x)]\mathrm{d}x.$$

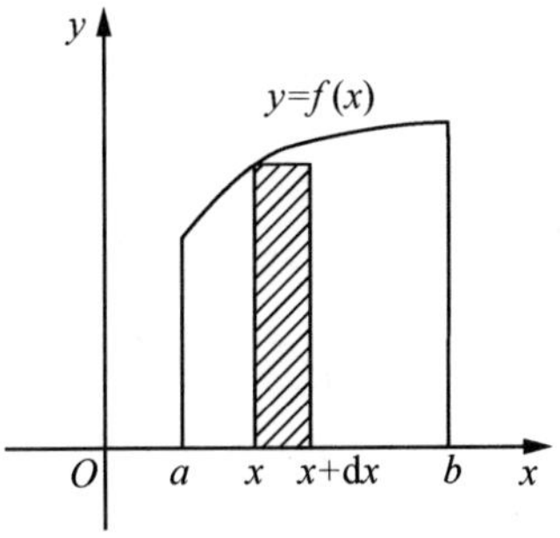

图 4-1

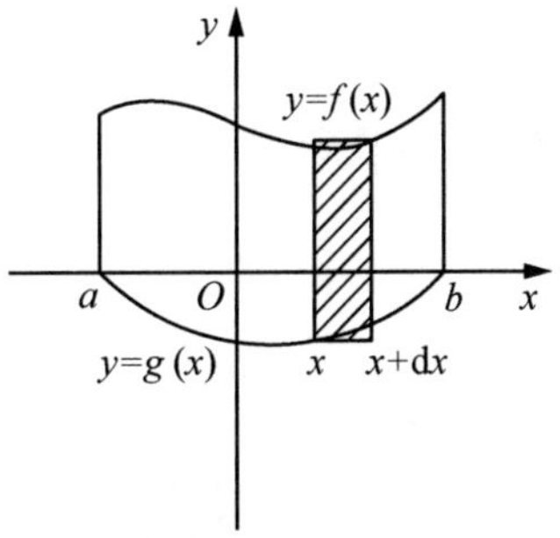

图 4-2

c. 由左、右两条连续曲线 $x=\Psi(y)$，$x=\varphi(y)[\varphi(y)\geqslant\Psi(y)]$及 $y=c$，$y=d$ 所围图形(如图 4-3 所示)面积微元(注意，这时应取横条矩形为 $\mathrm{d}A$，即取 y 为积分变量.)$\mathrm{d}A=[\varphi(y)-\psi(y)]\mathrm{d}y$，面积

$$A=\int_c^d[\varphi(y)-\psi(y)]\mathrm{d}y.$$

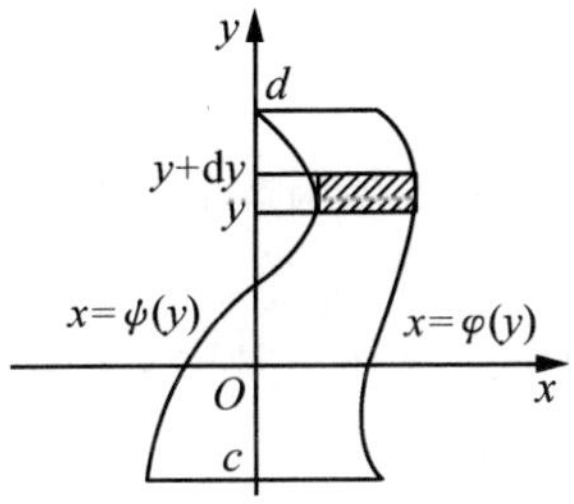

图 4-3

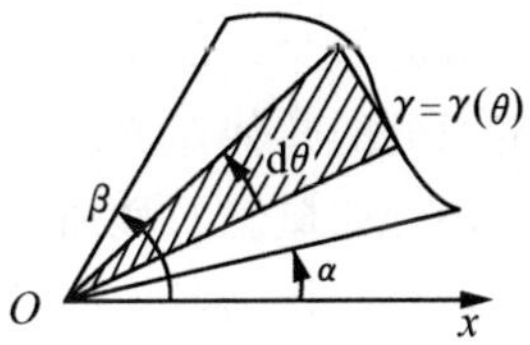

图 4-4

d. 平面图形的边界曲线由参数方程给出

$$\begin{cases}x=\varphi(t)\\y=\psi(t)\end{cases},$$

则平面图形的面积为

$$A=\int_a^b y\,\mathrm{d}x=\int_\alpha^\beta\psi(t)\varphi'(t)\,\mathrm{d}t,$$

其中，α，β 可由 $x=\varphi(t)$确定，即 $\varphi(\alpha)=a$，$\varphi(\beta)=b$.

(2)极坐标系(如图 4-4 所示).

$$A=\frac{1}{2}\int_\alpha^\beta r^2(\theta)\mathrm{d}\theta.$$

10. 旋转体的体积

(1)旋转体是由连续曲线 $y=f(x)$和直线 $x=a$，$x=b(a<b)$及 x 轴所围成的曲边梯形绕 x 轴旋转而成(如图 4-5 所示)，旋转体体积为

$$V=\pi\int_a^b f^2(x)\mathrm{d}x.$$

(2)旋转体由曲线 $x=\varphi(y)$，直线 $y=c$，$y=d(c<d)$及 y 轴所围成的曲边梯形绕 y 轴旋转，所得旋转体体积(如图 4-6 所示)为

$$V=\pi\int_c^d \varphi^2(y)\mathrm{d}y.$$

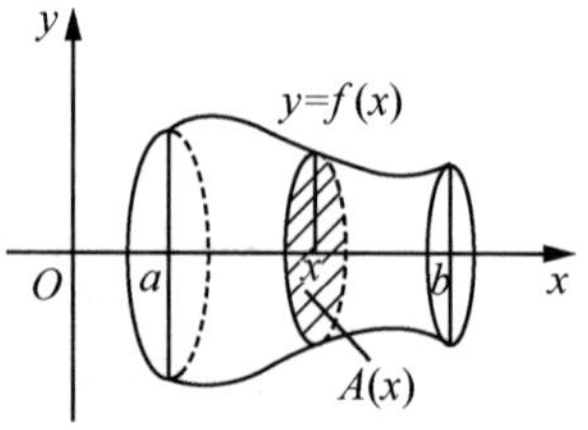

图 4-5

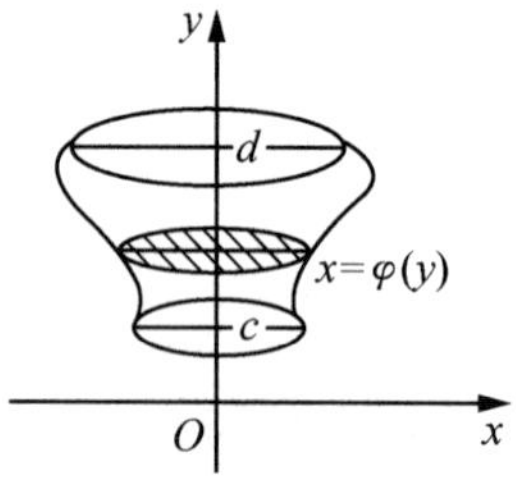

图 4-6

二、教学基本要求与重点、难点

1. 教学基本要求

(1)了解原函数的概念，原函数存在定理，简单有理函数的积分.

(2)了解不定积分的几何意义.

(3)理解不定积分的概念及性质，定积分的概念及其几何意义，定积分基本性质.

(4)理解变上限积分作为其上限的函数及其求导定理.

(5)理解微元法的思想及无穷区间上广义积分及其收敛、发散的概念.

(6)掌握不定积分的基本公式.

(7)掌握定积分的线性性质、区间可加性、积分中值定理.

(8)掌握微积分基本公式.

(9)掌握不定积分的直接积分法、换元积分法和分部积分法.

(10)掌握定积分的换元积分法和分部积分法.

(11)掌握定积分的微元法，并会用定积分的微元法求平面图形的面积和旋转体的体积.

2. 重点、难点

(1)重点.

原函数与不定积分概念，基本积分公式，换元积分法与分部积分法，定积分的概念及几何意义，定积分的微元法，利用微元法求平面图形的面积和旋转体的体积，牛

顿—莱布尼茨公式，定积分的换元法和分部积分法.

(2)难点.

不定积分的换元积分法与分部积分法的综合应用，广义积分，变上限的定积分，定积分的换元法和分部积分法，定积分的微元法，微元法在实际问题中的应用.

三、典型例题与习题

第一节 不定积分的概念、性质和公式

(一)典型例题

例 1 求 $\int \frac{1}{x\sqrt[3]{x}}\mathrm{d}x$.

解 $\int \frac{1}{x\sqrt[3]{x}}\mathrm{d}x = \int x^{-\frac{4}{3}}\mathrm{d}x = \frac{x^{-\frac{4}{3}+1}}{-\frac{4}{3}+1} + C = -3x^{-\frac{1}{3}} + C = -\frac{3}{\sqrt[3]{x}} + C.$

例 2 求 $\int\left(\cos x + \frac{2}{\sqrt{1-x^2}} + \mathrm{e}\right)\mathrm{d}x$.

解
$$\int\left(\cos x + \frac{2}{\sqrt{1-x^2}} + \mathrm{e}\right)\mathrm{d}x = \int\cos x\,\mathrm{d}x + 2\int\frac{1}{\sqrt{1-x^2}}\mathrm{d}x + \int \mathrm{e}\mathrm{d}x$$
$$= \sin x + 2\arcsin x + \mathrm{e}x + C.$$

例 3 求 $\int \mathrm{e}^{2+x}\mathrm{d}x$.

解 $\int \mathrm{e}^{2+x}\mathrm{d}x = \int \mathrm{e}^2 \times \mathrm{e}^x\mathrm{d}x = \mathrm{e}^2\int \mathrm{e}^x\mathrm{d}x = \mathrm{e}^{2+x} + C.$

例 4 求 $\int \frac{\mathrm{e}^{2x}-1}{\mathrm{e}^x+1}\mathrm{d}x$.

解 $\int \frac{\mathrm{e}^{2x}-1}{\mathrm{e}^x+1}\mathrm{d}x = \int \frac{(\mathrm{e}^x+1)(\mathrm{e}^x-1)}{\mathrm{e}^x+1}\mathrm{d}x = \int(\mathrm{e}^x-1)\mathrm{d}x = \mathrm{e}^x - x + C.$

例 5 求 $\int \frac{(1+2x^2)^2}{x^2(1+x^2)}\mathrm{d}x$.

解 因为
$$\frac{(1+2x^2)^2}{x^2(1+x^2)} = \frac{1+4x^2+4x^4}{x^2(1+x^2)} = \frac{1+4x^2(x+x^2)}{x^2(1+x^2)} = 4 + \frac{1}{x^2(1+x^2)}$$
$$= 4 + \frac{1}{x^2} - \frac{1}{1+x^2},$$

所以 $\int \frac{(1+2x^2)^2}{x^2(1+x^2)}\mathrm{d}x = \int\left(4 + \frac{1}{x^2} - \frac{1}{1+x^2}\right)\mathrm{d}x = 4x - \frac{1}{x} - \arctan x + C.$

例 6 求 $\int \frac{\cos 2x}{\cos x - \sin x} dx$.

解 $\int \frac{\cos 2x}{\cos x - \sin x} dx = \int \frac{\cos^2 x - \sin^2 x}{\cos x - \sin x} dx = \int (\cos x + \sin x) dx$

$= \sin x - \cos x + C.$

例 7 求 $\int \cot^2 x \, dx$.

解 $\int \cot^2 x \, dx = \int (\csc x^2 x - 1) dx = \int \csc x^2 dx - \int dx = -\cot x - x + C.$

(二)练习题

1. 选择题

(1)若 $f(x)$的导数是 $\sin x$，则 $f(x)$的一个原函数为(　　).

A. $1+\cos x$　　B. $1-\cos x$　　C. $1+\sin x$　　D. $1-\sin x$

(2)设 x^3 是 $f(x)$的一个原函数，则 $\int f'(x) dx =$(　　).

A. x^2　　B. $3x^3+1$　　C. $3x^2$　　D. $3x^2+C$

(3)不定积分 $\int 5^x e^x dx$ (　　).

A. $\frac{5^x e^x}{1+\ln 5}+C$　　B. $\frac{5^x e^x}{1+\ln 5}$　　C. $\frac{5^x e^x}{1+\ln 3}+C$　　D. $\frac{5^x e^x}{1+\ln 3}+C$

(4)求 $\int \frac{x^2}{1+x^2} dx =$(　　).

A. $x-\arctan x+C$　　B. $2x-2\arctan x+C$

C. $x+\arctan x+C$　　D. $2x+2\arctan x+C$

(5)若 $f'(x^2)=\frac{1}{x}(x>0)$，则 $f(x)=$(　　).

A. $\frac{1}{\sqrt{x}}+C$　　B. $2\sqrt{x}+C$　　C. $\sqrt{x}+C$　　D. $\ln|x|+C$

(6) $\int \frac{1}{1-\cos 2x} dx =$(　　).

A. $-2\cot x+C$　　B. $-\frac{1}{2}\cot x+C$　　C. $-\frac{1}{\sin^2 x}+C$　　D. $-\frac{1}{2\sin 2x}+C$

2. 填空题

(1)设 $\int f(x) dx = 3\sin\frac{x^2}{3}+C$，则 $f(x)=$________.

(2)一阶导数 $\left(\int 5^x \sin x \, dx\right)' =$________.

(3) $\int d\sin(2-3x) =$________.

(4)若$\int f(x)\mathrm{d}x=F(x)+c$，则$\int \frac{f(\cos x)}{\sin^2 x}\mathrm{d}x=$________.

(5)在积分曲线族$\int \frac{\mathrm{d}x}{x\sqrt{x}}$中，过(1，1)点的积分曲线是________.

(6)$\int \frac{1}{x^2(1+x^2)}\mathrm{d}x=$________.

3. 求下列不定积分

(1)$\int\left(\sqrt[3]{x\sqrt{x}}-\frac{3}{x}+3^{x+1}\right)\mathrm{d}x$； (2)$\int \frac{1+x+x^2}{x+x^3}\mathrm{d}x$；

(3)$\int(\cos^2 x-1)\mathrm{d}x$； (4)$\int \frac{\sec x-\tan x}{\cos x}\mathrm{d}x$.

第二节 不定积分的换元积分法

(一)典型例题

例 1 求$\int(2x-1)^4\mathrm{d}x$.

解 $\int(2x-1)^4\mathrm{d}x=\frac{1}{2}\int(2x-1)^4\mathrm{d}(2x-1)=\frac{1}{10}(2x-1)^5+C.$

例 2 求$\int \frac{\cos\sqrt{x}}{\sqrt{x}}\mathrm{d}x$.

解 $\int \frac{\cos\sqrt{x}}{\sqrt{x}}\mathrm{d}x=2\int\cos\sqrt{x}\,\mathrm{d}(\sqrt{x})=2\sin\sqrt{x}+C.$

例 3 求$\int \frac{\sqrt[3]{x}}{x(\sqrt{x}+\sqrt[3]{x})}\mathrm{d}x$.

解 令$\sqrt[6]{x}=t$，即$x=t^6$，则$\mathrm{d}x=6t^5\mathrm{d}t$.

$$\begin{aligned}\int \frac{\sqrt[3]{x}}{x(\sqrt{x}+\sqrt[3]{x})}\mathrm{d}x&=\int \frac{t^2}{t^6(t^3+t^2)}\cdot 6t^5\mathrm{d}t=6\int \frac{1}{t(t+1)}\mathrm{d}t=6\int\left(\frac{1}{t}-\frac{1}{t+1}\right)\mathrm{d}t\\&=6\ln t-6\ln|t+1|+C=6\ln\sqrt[6]{x}-6\ln|\sqrt[6]{x}+1|+C\\&=\ln\frac{x}{(\sqrt[6]{x}+1)^6}+C.\end{aligned}$$

例 4 求$\int\cos^4 x\sin^3 x\,\mathrm{d}x$.

解
$$\begin{aligned}\int\cos^4 x\sin^3 x\,\mathrm{d}x&=\int\cos^4 x\sin^2 x\sin x\,\mathrm{d}x\\&=-\int\cos^4 x(1-\cos^2 x)\mathrm{d}(\cos x)\\&=-\int(\cos^4 x-\cos^6 x)\mathrm{d}(\cos x)\end{aligned}$$

$$=-\frac{1}{5}\cos^5 x+\frac{1}{7}\cos^7 x+C.$$

例 5 求 $\int\sqrt{a^2-x^2}\,\mathrm{d}x\quad(a>0)$.

解 令 $x=a\sin t$，则 $\sqrt{a^2-x^2}=a\cos t$ 且 $\mathrm{d}x=a\cos t\,\mathrm{d}t$，

$$\int\sqrt{a^2-x^2}\,\mathrm{d}x=\int a^2\cos^2 t\,\mathrm{d}t=\frac{a^2}{2}\int(1+\cos 2t)\mathrm{d}t$$
$$=\frac{a^2}{2}\int\mathrm{d}t+\frac{a^2}{4}\int\cos 2t\,\mathrm{d}(2t)$$
$$=\frac{a^2}{2}t+\frac{a^2}{4}\sin 2t+C.$$

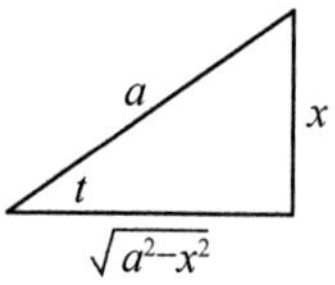

图 4-7

根据 $\sin t=\frac{x}{a}$，作直角三角形(如图 4-7 所示)，得

$$\cos t=\frac{\sqrt{a^2-x^2}}{a},$$

因此，原式$=\frac{a^2}{2}\arcsin\frac{x}{a}+\frac{1}{4}\sqrt{a^2-x^2}+C$.

例 6 求 $\int\frac{1}{\sqrt{(x^2+1)^3}}\mathrm{d}x$.

解 利用 $1+\tan^2 t=\sec^2 t$，令 $x=\tan t$，则 $\sqrt{(x^2+1)^3}=\sec^3 t$，$\mathrm{d}x=\sec^2 t\,\mathrm{d}t$，

$$\int\frac{1}{\sqrt{(x^2+1)^3}}\mathrm{d}x=\int\frac{\sec^2 t}{\sec^3 t}\mathrm{d}t=\int\cos t\,\mathrm{d}t=\sin t+C.$$

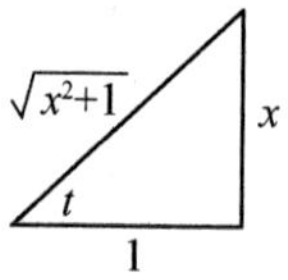

图 4-8

根据 $x=\tan t$，作直角三角形(如图 4-8 所示)，则

$$\sin t=\frac{x}{\sqrt{x^2+1}},$$

因此，原式$=\int\frac{1}{\sqrt{(x^2+1)^3}}\mathrm{d}x=\frac{x}{\sqrt{x^2+1}}+C$.

例 7 求 $\int\frac{1}{\sqrt{9x^2+25}}\mathrm{d}x$.

解 $\int\frac{1}{\sqrt{9x^2+25}}\mathrm{d}x=\int\frac{1}{\sqrt{(3x^2)+5^2}}\mathrm{d}x=\frac{1}{3}\int\frac{1}{\sqrt{(3x)^2+5^2}}\mathrm{d}(3x)$

$$=\frac{1}{3}\ln[(3x)+\sqrt{(3x)^2+5^2}]+C.$$

例 8 求 $\int\frac{\mathrm{d}x}{x^2+2x-3}$.

解 $\int\frac{\mathrm{d}x}{x^2+2x-3}=\int\frac{1}{(x+1)^2-4}\mathrm{d}(x+1)=\frac{1}{4}\ln\left|\frac{x-1}{x+3}\right|+C.$

(二)练习题

1. 选择题

(1) $\int \cos 3x\,\mathrm{d}x$ (　　).

A. $\sin 3x+C$　　B. $\frac{1}{3}\sin 3x+C$　　C. $-\sin 3x+C$　　D. $-\frac{1}{3}\sin 3x+C$

(2) $\int \frac{1}{7+x^2}\mathrm{d}x$ (　　).

A. $\arctan 7x+C$　　B. $\arctan \frac{x}{7}+C$

C. $\frac{1}{\sqrt{7}}\arctan \frac{x}{\sqrt{7}}+C$　　D. $\frac{1}{7}\arctan \frac{x}{7}+C$

(3)设 $f(x)=\mathrm{e}^x$，则 $\int \frac{f'(\ln x)}{x^2}\mathrm{d}x=$(　　).

A. $-\frac{1}{x^2}+C$　　B. $\frac{1}{x^2}+C$　　C. $-\ln x+C$　　D. $\ln|x|+C$

(4) $\int \frac{g'(x)}{g(x)}\mathrm{d}x=$(　　).

A. $\ln|g(x)|+C$　　B. $\frac{1}{2}[g'(x)]^2+C$　　C. $\frac{g'(x)}{g(x)}+C$　　D. $\frac{1}{2}[g(x)]^2+C$

(5)若 $\int f(x)\mathrm{d}x - x^2+C$，则 $\int xf(1-x^2)\mathrm{d}x=$(　　).

A. $2(1-x^2)^2+C$　　B. $-2(1-x^2)^2+C$

C. $\frac{1}{2}(1-x^2)^2+C$　　D. $-\frac{1}{2}(1-x^2)^2+C$

2. 填空题

(1)设 $F'(x)=f(x)$，则 $\int f'(cx+d)\mathrm{d}x=$________.

(2) $\int xf(x)\mathrm{d}x=\arctan x+C$，则 $\int \frac{1}{f(x)}\mathrm{d}x=$________.

(3) $\int \frac{1}{\sqrt{3x-1}}\mathrm{d}x$ ________.

(4) $\int \frac{1}{25+9x^2}\mathrm{d}x$ ________.

3. 计算下列各不定积分

(1) $\int \frac{2x-1}{\sqrt{1-x^2}}\mathrm{d}x$；　　(2) $\int \frac{1}{\sqrt{(2x+1)^3}}\mathrm{d}x$；

(3) $\int x^2\sin(2x^3-1)\mathrm{d}x$；　　(4) $\int \frac{1}{\sqrt{x}}\mathrm{e}^{\sqrt{x}}\mathrm{d}x$；

(5) $\int \frac{2x}{x^2-2x+5}\mathrm{d}x$；　　(6) $\int \frac{\mathrm{e}^x-\mathrm{e}^{-x}}{\mathrm{e}^x+\mathrm{e}^{-x}}\mathrm{d}x$.

第三节　不定积分的分部积分法

(一)典型例题

例 1　求 $\int x\cos x\,\mathrm{d}x$.

解　$\int x\cos x\,\mathrm{d}x=\int x\,\mathrm{d}\sin x=x\sin x-\int \sin x\,\mathrm{d}x=x\sin x+\cos x+C$.

例 2　求 $\int x\,\mathrm{e}^{2x}\mathrm{d}x$.

解　$\int x\,\mathrm{e}^{2x}\mathrm{d}x=\int x\,\mathrm{d}\left(\frac{1}{2}\mathrm{e}^{2x}\right)=\frac{1}{2}x\,\mathrm{e}^{2x}-\frac{1}{2}\int \mathrm{e}^{2x}\mathrm{d}x=\frac{1}{2}x\,\mathrm{e}^{2x}-\frac{1}{4}\mathrm{e}^{2x}+C$.

例 3　求 $\int x^2\ln x\,\mathrm{d}x$.

解　$\int x^2\ln x\,\mathrm{d}x=\int \ln x\,\mathrm{d}\left(\frac{1}{3}\right)x^3=\frac{x^3}{3}\ln x-\frac{1}{3}\int x^2\mathrm{d}x=\frac{x^3}{3}\ln x-\frac{x^3}{9}C$.

例 4　求 $\int \arccos x\,\mathrm{d}x$.

解　
$$\begin{aligned}\int \arccos x\,\mathrm{d}x&=x\arccos x-\int x\,\mathrm{d}\arccos x=x\arccos x+\int \frac{x}{\sqrt{1-x^2}}\mathrm{d}x\\&=x\arccos x-\frac{1}{2}\int \frac{1}{\sqrt{1-x^2}}\mathrm{d}(1-x^2)\\&=x\arccos x-\sqrt{1-x^2}+C.\end{aligned}$$

例 5　求 $\int \mathrm{e}^x\cos x\,\mathrm{d}x$.

解　
$$\begin{aligned}\int \mathrm{e}^x\cos x\,\mathrm{d}x&=\int \cos x\,\mathrm{d}\mathrm{e}^x=\mathrm{e}^x\cos x-\int \mathrm{e}^x(-\sin x)\mathrm{d}x\\&=\mathrm{e}^x\cos x+\int \sin x\,\mathrm{d}(\mathrm{e}^x)\\&=\mathrm{e}^x\cos x+\mathrm{e}^x\sin x-\int \mathrm{e}^x\cos x\,\mathrm{d}x.\end{aligned}$$

将再次出现的 $\int \mathrm{e}^x\cos x\,\mathrm{d}x$ 移至左端，合并后除以 2 得所求积分为

$$\int \mathrm{e}^x\cos x\,\mathrm{d}x=\frac{1}{2}\mathrm{e}^x(\sin x+\cos x)+C.$$

例 6　求 $\int \arctan\sqrt{x}\,\mathrm{d}x$.

解　设 $\sqrt{x}=t$，则 $x=t^2$，$\mathrm{d}x=2t\,\mathrm{d}t$，则

$$\begin{aligned}\int \arctan\sqrt{x}\,dx &= \int \arctan t\,d(t^2)\\ &= t^2\arctan t - \int t^2\,d(\arctan t)\\ &= t^2\arctan t - \int \frac{t^2}{1+t^2}dt\\ &= t^2\arctan t - \int\left(1-\frac{1}{1+t^2}\right)dt\\ &= t^2\arctan t - t + \arctan t + C\\ &= (x+1)\arctan\sqrt{x} - \sqrt{x} + C.\end{aligned}$$

说明：分部积分法的解题方法.

a. 形如$\int x^n \sin \alpha x\,dx$，$\int x^n \cos \alpha x\,dx$，$\int x^n e^{\alpha x}\,dx$ 的不定积分，即当被积函数是幂函数与三角函数或指数函数的乘积时，应设 $u=x^n$.

b. 形如$\int x^n \ln x\,dx$，$\int x^n \arcsin x\,dx$，$\int x^n \arctan x\,dx$ 的不定积分，即当被积函数是幂函数与对数函数或反三角函数的乘积时，应设 $u=\ln x$，或 $u=\arcsin x$，$u=\arctan x$.

c. 形如$\int e^x \sin \alpha x\,dx$，$\int e^x \cos \alpha x\,dx$ 的不定积分，即当被积函数是指数函数与三角函数的乘积时，可以任意选择 u，但一经选定，再次分部积分时，必须仍按原来的规律.

(二)练习题

1. 选择题

(1)已知$\int f(x)dx=F(x)+C$，则$\int xf'(x)dx=$(　　).

A. $xF'(x)$　　B. $xF(x)+C$

C. $xF(x)$　　D. $xF'(x)-F(x)+C$

(2)$\int \ln\frac{x}{3}dx=$(　　).

A. $x\ln\frac{x}{3}-3x+C$　　B. $x\ln\frac{x}{3}-6x+C$

C. $x\ln\frac{x}{3}-x+C$　　D. $x\ln\frac{x}{3}+x+C$

(3)设 $\sin x$ 是 $f(x)$的一个原函数，则$\int xf(x)dx=$(　　).

A. $x\cos x-\cot x+C$　　B. $-x\cot x+\cos x+C$

C. $-x\cot x-\cos x+C$　　D. $x\sin x+\cos x+C$

(4)设 $f(x)=\sin \pi x$，则 $\int x f''(x)\mathrm{d}x=($　　$)$.

A. $\frac{x}{\pi}\cos \pi x-\sin \pi x+C$　　B. $\pi x\cos \pi x-\sin \pi x+C$

C. $\frac{x}{\pi}\sin \pi x-\pi\cos \pi x+C$　　D. $\pi x\sin \pi x-\pi\cos \pi x+C$

2. 填空题

(1) $\int 3x\mathrm{e}^{-x}\mathrm{d}x=$________.

(2) $\int \sin\sqrt{x}\,\mathrm{d}x=$________.

(3) 已知 $uv=x\cos x$，$\int u'v\mathrm{d}x=\sin x+C$，则 $\int uv'\mathrm{d}x=$________.

3. 求下列不定积分

(1) $\int \frac{\ln x}{x^2}\mathrm{d}x$；　　(2) $\int x\cos(x+1)\mathrm{d}x$；

(3) $\int x^2\mathrm{e}^{-x}\mathrm{d}x$；　　(4) $\int \frac{\arcsin\sqrt{x}}{\sqrt{x}}\mathrm{d}x$.

(5)已知 $f(x)$ 二阶连续可导，试求 $\int x f''(2x+3)\mathrm{d}x$.（提示：令 $u=2x+3$）

第四节　有理函数的积分

(一)典型例题

例 1　求 $\int \frac{2x+1}{x^2+x-2}\mathrm{d}x$.

解　$\int \frac{2x+1}{x^2+x-2}\mathrm{d}x=\int \frac{1}{x+2}\mathrm{d}x+\int \frac{1}{x-1}\mathrm{d}x=\ln|x+2|+\ln|x-1|+C.$

例 2　求 $\int \frac{x^2+2}{x^3-2x^2+x}\mathrm{d}x$.

解　
$$\int \frac{x^2+2}{x^3-2x^2+x}\mathrm{d}x=\int\left(\frac{2}{x}-\frac{1}{x-1}+\frac{3}{(x-1)^2}\right)\mathrm{d}x$$
$$=2\ln|x|-\ln|x-1|-\frac{3}{x-1}+C$$
$$=\ln\left|\frac{x^2}{x-1}\right|-\frac{3}{x-1}+C.$$

例 3　求 $\int \frac{x+4}{x^3+2x-3}\mathrm{d}x$.

解　$\int \frac{x+4}{x^3+2x-3}\mathrm{d}x=\int \frac{1}{x-1}\mathrm{d}x-\int \frac{x+1}{x^2+x+3}\mathrm{d}x$

$$=\ln|x-1|-\frac{1}{2}\int\frac{2x+1}{x^2+x+3}dx-\frac{1}{2}\int\frac{1}{x^2+x+3}dx$$

$$=\ln|x-1|-\frac{1}{2}\int\frac{d(x^2+x+3)}{x^2+x+3}-\frac{1}{2}\int\frac{dx}{\left(x+\frac{1}{2}\right)^2+\left(\frac{\sqrt{11}}{2}\right)^2}$$

$$=\ln|x-1|-\frac{1}{2}\ln|x^2+x+3|-\frac{1}{2}\cdot\frac{2}{\sqrt{11}}\arctan\frac{x+\frac{1}{2}}{\frac{\sqrt{11}}{2}}+C$$

$$=\ln|x-1|-\frac{1}{2}\ln|x^2+x+3|-\frac{\sqrt{11}}{11}\arctan\frac{2x+1}{\sqrt{11}}+C.$$

例 4 求$\int\frac{x^3+2x^2+3}{x^2+x-2}dx$.

解 因为$\frac{x^3+2x^2+3}{x^2+x-2}=x+1+\frac{2}{x-1}-\frac{1}{x+2}$，所以

$$\int\frac{x^3+2x^2+3}{x^2+x-2}dx=\int\left(x+1+\frac{2}{x-1}-\frac{1}{x+2}\right)dx$$

$$=\frac{1}{2}x^2+x+2\ln|x-1|-\ln|x+2|+C.$$

例 5 求$\int\frac{x^4}{x^2-3x+2}dx$.

解 $$\int\frac{x^4}{x^2-3x+2}dx=\int(x^2+3x+7)dx+\int\frac{15x-14}{x^2-3x+2}dx$$

$$=\frac{1}{3}x^3+\frac{3}{2}x^2+7x+16\int\frac{1}{x-2}dx-\int\frac{1}{x-1}dx$$

$$=\frac{1}{3}x^3+\frac{3}{2}x^2+7x+16\ln|x-2|-\ln|x-1|+C.$$

例 6 求$\int\frac{x^4}{x^2-3x+2}dx$.

解 $$\int\frac{x^4}{x^2-3x+2}dx=\int(x^2+3x+7)dx+\int\frac{15x-14}{x^2-3x+2}dx$$

$$=\frac{1}{3}x^3+\frac{3}{2}x^2+7x+16\int\frac{1}{x-2}dx-\int\frac{1}{x-1}dx$$

$$=\frac{1}{3}x^3+\frac{3}{2}x^2+7x+16\ln|x-2|-\ln|x-1|+C.$$

(二)练习题

1. 选择题

(1)不定积分 $\int \frac{1-2x^2}{1+x^2}dx=$(　　).

A. $-3x+3\arctan x+C$　　B. $-2x+2\arctan x+C$

C. $-2x+3\text{arccot}\, x+C$　　D. $-2x+3\arctan x+C$

(2)不定积分 $\int \frac{x-2}{1+x^2}dx=$(　　).

A. $\frac{1}{2}\ln(1+x)-2\arctan x+C$　　B. $\frac{1}{2}\ln(1+x^2)-2\arctan x+C$

C. $\frac{1}{2}\ln(1+x^2)-2\text{arccot}\, x+C$　　D. $\frac{1}{2}\ln(1+x^2)+2\arctan x+C$

(3)将 $\frac{x^2+1}{x^3-2x^2+x}$ 分解为部分分式，正确做法是假设它为(　　).

A. $\frac{a}{x}+\frac{b}{x-1}$　　B. $\frac{a}{x}+\frac{b}{(x-1)^2}$

C. $\frac{a}{x}+\frac{b}{x-1}+\frac{c}{(x-1)^2}$　　D. $\frac{a}{x}+\frac{bx}{x-1}+\frac{cx+d}{(x-1)^2}$

(4)将 $\int \frac{1}{\sqrt[3]{x}+\sqrt[4]{x}}dx$ 化为有理函数的积分，应做变换 $x=$(　　).

A. t^3　　B. t^4　　C. t^7　　D. t^{12}

2. 填空题

(1) 不定积分 $\int \frac{dx}{x(1+x^3)}=$________.

(2) 不定积分 $\int \frac{x+2}{x^2-4x+6}dx=$________.

(3) 不定积分 $\int \frac{x^3}{x-1}dx=$________.

3. 求下列各不定积分

(1) $\int \frac{x^2}{x^2-2x+4}dx$；　　(2) $\int \frac{1-x}{1+x^3}dx$；

(3) $\int \frac{x}{(x-1)(x^2+1)}dx$；　　(4) $\int \frac{x^3-4x^2+2x+9}{x^2-5x+6}dx$.

第五节　定积分的概念、性质

(一)典型例题

例 1　利用定积分的几何意义，证明 $\int_{-\pi}^{\pi}\sin x\,dx=0$.

证 $\int_{-\pi}^{\pi}\sin x\,\mathrm{d}x$ 表示正弦曲线 $y=\sin x$ 与 x 轴在 $x=-\pi$，$x=\pi$ 之间所围成图形面积的代数和，在 y 轴左、右两边图形的大小一样，但左边的在 x 轴下方，右边的在 x 轴上方，记右边图形的面积为 A，则 $\int_{-\pi}^{\pi}\sin x\,\mathrm{d}x=(-A)+A=0$.

例 2 利用定积分的几何意义，求 $\int_0^1\sqrt{1-x^2}\,\mathrm{d}x$ 的值.

解 定积分 $\int_0^1\sqrt{1-x^2}\,\mathrm{d}x$ 在几何上表示以 $O(0,0)$为圆心，半径为 1 的$\frac{1}{4}$圆的面积(如图 4-9 所示)，所以

$$\int_0^1\sqrt{1-x^2}\,\mathrm{d}x=\frac{\pi}{4}.$$

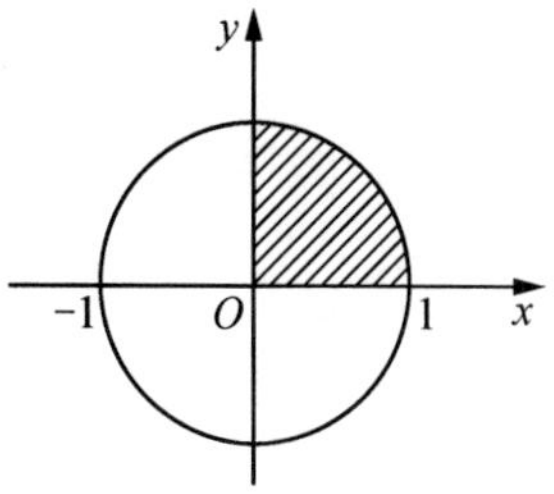

图 4-9

例 3 求 $\int_0^1\sqrt{2x-x^2}\,\mathrm{d}x$.

解 被积函数 $y=\sqrt{2x-x^2}$，即$(x-1)^2+y^2=1$ 的上半圆周，由定积分的几何意义，知 $\int_0^1\sqrt{2x-x^2}\,\mathrm{d}x$ 是以点(1，0)为圆心，以 1 为半径的圆面积的$\frac{1}{4}$，即 $\int_0^1\sqrt{2x-x^2}\,\mathrm{d}x=\frac{\pi}{4}$.

例 4 比较 $\int_1^2\ln x\,\mathrm{d}x$ 与 $\int_1^2(1+x)\mathrm{d}x$ 的大小.

解 令 $f(x)=1+x-\ln x$，因为 $f(x)$在$[1,2]$上连续，且 $f'(x)=1-\frac{1}{x}=\frac{x-1}{x}$，又当 $1<x<2$ 时，$f'(x)>0$，所以 $f(x)$在$[1,2]$上单调增加. 故当 $x>1$ 时，$f(x)>f(1)=2>0$，即 $1+x>\ln x$，所以

$$\int_1^2\ln x\,\mathrm{d}x<\int_1^2(1+x)\mathrm{d}x.$$

(二)练习题

1. 选择题

(1)函数 $f(x)$在区间$[a,b]$上连续是 $\int_a^b f(x)\mathrm{d}x$ 存在的(　　).

A. 充分条件　　B. 必要条件

C. 充要条件　　D. 既非充分又非必要条件

(2)设函数 $f(x)$在$(-\infty,+\infty)$内连续，且 $c<d$，则积分值不为零的是(　　).

A. $\int_c^d 0\,\mathrm{d}x$　　B. $\int_c^c f(x)\mathrm{d}x$

C. $\int_c^d\mathrm{d}x$　　D. $\int_c^d f(x)\mathrm{d}x+\int_d^c f(x)\mathrm{d}x$

(3)设 $f(x)$在$[a, b]$上连续，且$\int_a^b f(x)\mathrm{d}x = 0$，则关于$\int_a^b [f(x)+1]\mathrm{d}x = b-a$，说法正确的是(　　).

A. 对一切 $f(x)$及 a，b 都成立　　B. 当 $a>b$ 时才成立

C. 在 $f(x)\equiv 0$ 时才成立　　D. 当 $a<b$ 时才成立

2. 填空题

(1)根据定积分的几何意义$\int_{-1}^{1}\sqrt{1-x^2}\,\mathrm{d}x$ ________.

(2)比较定积分的大小：$\int_0^1 \mathrm{e}^x\,\mathrm{d}x$ ________$\int_0^1 \mathrm{e}^{x^2}\,\mathrm{d}x$.

(3)比较定积分的大小：$\int_0^{\frac{\pi}{6}} \sin^{10}x\,\mathrm{d}x$ ________$\int_0^{\frac{\pi}{6}} \sin^{15}x\,\mathrm{d}x$.

第六节　微积分的基本公式

(一)典型例题

例 1　计算 $\Phi(x)=\int_0^x \sin t^2\,\mathrm{d}t$ 在 $x=0$，$x=\frac{\sqrt{\pi}}{2}$ 处的导数.

解　因为 $\Phi'(x)=\frac{\mathrm{d}}{\mathrm{d}x}\int_0^x \sin t^2\,\mathrm{d}t=\sin x^2$，故 $\Phi'(0)=\sin 0^2=0$，

$$\Phi'\left(\frac{\sqrt{\pi}}{2}\right)=\sin\frac{\pi}{4}=\frac{\sqrt{2}}{2}.$$

例 2　求 $F(x)=\int_x^a \ln(2+t^3)\mathrm{d}t$ 函数的导数.

解　$F'(x)=\frac{\mathrm{d}}{\mathrm{d}x}\int_x^a \ln(2+t^3)\mathrm{d}t=-\frac{\mathrm{d}}{\mathrm{d}x}\int_a^x \ln(2+t^3)\mathrm{d}t=-\ln(2+x^3)$.

例 3　求$\lim\limits_{x\to 0}\frac{\int_0^x \sin t^2\,\mathrm{d}t}{x^3}$.

解　$\lim\limits_{x\to 0}\frac{\int_0^x \sin t^2\,\mathrm{d}t}{x^3}=\lim\limits_{x\to 0}\frac{\left(\int_0^x \sin t^2\,\mathrm{d}t\right)'}{(x^3)'}=\lim\limits_{x\to 0}\frac{\sin x^2}{3x^2}=\frac{1}{3}$.

例 4　求$\int_{-1}^{1}\frac{\mathrm{e}^x}{1+\mathrm{e}^x}\mathrm{d}x$

解　$\int_{-1}^{1}\frac{\mathrm{e}^x}{1+\mathrm{e}^x}\mathrm{d}x=\int_{-1}^{1}\frac{1}{1+\mathrm{e}^x}\mathrm{d}(1+\mathrm{e}^x)=\ln(1+\mathrm{e}^x)\Big|_{-1}^{1}=1$.

例 5　设 $f(x)=\begin{cases}x+1, & x\geqslant 0\\ \mathrm{e}^{-x}, & x<0\end{cases}$ 求$\int_{-1}^{2}f(x)\mathrm{d}x$.

解　$\int_{-1}^{2}f(x)\mathrm{d}x=\int_{-1}^{0}f(x)\mathrm{d}x+\int_0^2 f(x)\mathrm{d}x=\int_{-1}^{0}\mathrm{e}^{-x}\mathrm{d}x+\int_0^2(x+1)\mathrm{d}x$

$$=-\mathrm{e}^{-x}\Big|_{-1}^{0}+\left(\frac{1}{2}x^{2}+x\right)\Big|_{0}^{2}=\mathrm{e}+3.$$

例 6 求 $\int_{-1}^{1}\sqrt{x^{2}}\,\mathrm{d}x$.

解 $\sqrt{x^{2}}=|x|$ 在$[-1,1]$上写成分段函数的形式 $f(x)=\begin{cases}-x, & -1\leqslant x<0\\ x, & 0\leqslant x\leqslant 1\end{cases}$，则

$$\int_{-1}^{1}\sqrt{x^{2}}\,\mathrm{d}x=\int_{-1}^{0}(-x)\,\mathrm{d}x+\int_{0}^{1}x\,\mathrm{d}x=-\frac{x^{2}}{2}\Big|_{-1}^{0}+\frac{x^{2}}{2}\Big|_{0}^{1}=1.$$

(二)练习题

1. 选择题

(1)设 $F(x)=\int^{x+2\pi}x\,\mathrm{e}^{\cos t}\cos t\,\mathrm{d}t$，则 $F(x)$ 为(　　).

A. 正常数　　B. 负常数　　C. 恒为零　　D. 不为常数

(2) $\lim\limits_{x\to 0}\frac{1}{x}\int_{0}^{x}\sin t\,\mathrm{d}t$ (　　).

A. $\frac{1}{2}$　　B. ∞　　C. 2　　D. 0

(3)设 $f(x)=\begin{cases}3x, & x<0\\ x^{2}, & x\geqslant 0\end{cases}$，则 $\int_{-1}^{1}f(x)\,\mathrm{d}x=$(　　).

A. $\int_{-1}^{1}x^{2}\,\mathrm{d}x$　　B. $\int_{-1}^{1}3x\,\mathrm{d}x$

C. $\int_{-1}^{0}x^{2}\,\mathrm{d}x+\int_{0}^{1}3x\,\mathrm{d}x$　　D. $\int_{-1}^{0}3x\,\mathrm{d}x+\int_{0}^{1}x^{2}\,\mathrm{d}x$

(4)设函数 $y=\int_{0}^{x}(h-1)(h-2)\,\mathrm{d}h$，则$\frac{\mathrm{d}y}{\mathrm{d}x}\Big|_{x=0}=$(　　).

A. 0　　B. 1　　C. 3　　D. 2

2. 填空题

(1) 设函数 $f(x)$ 在区间 $[c,d]$ 上连续，则 $\left[\int_{c}^{d}f(x)\,\mathrm{d}x\right]'=$________，$\mathrm{d}\left[\int_{c}^{x}f(t)\,\mathrm{d}t\right]=$________.

(2)设函数 $f(x)=\int_{1}^{\frac{x}{2}}\frac{1}{\ln\left(1+\frac{t}{2}\right)}\mathrm{d}t$，则 $f''(1)=$________.

(3)已知 $\int_{0}^{x}f(u)\,\mathrm{d}u=x^{2}$，则$\int_{0}^{b}2xf(x^{2})\,\mathrm{d}x=$________.

3. 解答题

(1)求曲线 $y=\int_{-x}^{x}\mathrm{e}^{-t^{2}}\,\mathrm{d}t$ 上对应于 $x=0$ 处的切线方程.

(2)计算$\int_0^{\frac{\pi}{4}} \frac{1}{1+\tan^2 x} dx$.

(3) 计算$\int_0^3 \sqrt{x^3-2x^2+x}\, dx$.

(4) 计算$\int_{-1}^2 \sqrt{|x|}\, dx$.

第七节　定积分的换元法与分部积分法

(一)典型例题

例 1　求$\int_0^1 \sqrt{1-x^2}\, dx$.

解　令 $x=\sin t$，则 $dx=\cos t\, dt$，当 $x=0$ 时，$t=0$；当 $x=1$ 时，$t=\frac{\pi}{2}$. 则有

$$\int_0^1 \sqrt{1-x^2}\, dx = \int_0^{\frac{\pi}{2}} \cos^2 t\, dt = \left(\frac{1}{2}t+\frac{1}{4}\sin 2t\right)\Big|_0^{\frac{\pi}{2}} = \frac{\pi}{4}.$$

例 2　求$\int_0^9 \frac{1}{1+\sqrt{x}} dx$.

解　设$\sqrt{x}=t$，即 $x=t^2(t\geqslant 0)$，$dx=2t\, dt$.

当 $x=0$ 时，$t=0$；当 $x=9$ 时，$t=3$. 则有

$$\int_0^9 \frac{1}{1+\sqrt{x}} dx = \int_0^3 \frac{2t\, dt}{1+t} = 2\int_0^3 \left(1-\frac{1}{1+t}\right) dt = 2[t-\ln|1+t|]\Big|_0^3 = 2(3-2\ln 2).$$

例 3　求$\int_0^{\frac{\pi}{2}} 3\sin^2 x \cos x\, dx$.

解　$\int_0^{\frac{\pi}{2}} 3\sin^2 x\cos x\, dx = \int_0^{\frac{\pi}{2}} 3\sin^2 x\, d\sin x = \sin^3 x\Big|_0^{\frac{\pi}{2}} = 1.$

例 4　求$\int_{-2}^2 (1+3x^2+5x^4) dx$.

解

$$\begin{aligned}\int_{-2}^2 (1+3x^2+5x^4) dx &= 2\int_0^2 (1+3x^2+5x^4) dx \\ &= 2(x+x^3+x^5)\Big|_0^2 \\ &= 2(2+2^3+2^5) = 84.\end{aligned}$$

例 5　求$\int_2^e \ln x\, dx$.

解　$\int_2^e \ln x\, dx = (x\ln x)\Big|_2^e - \int_2^e x\cdot \frac{dx}{x} = e-2\ln 2-(e-2) = 2-2\ln 2.$

例 6　求$\int_0^1 x\arctan x\, dx$.

解　$\int_0^1 x\arctan x\, dx = \frac{1}{2}\int \arctan x\, dx^2$

$$=\left(\frac{x^2}{2}\arctan x\right)\Big|_0^1-\frac{1}{2}\int_0^1\frac{x^2}{1+x^2}\mathrm{d}x$$

$$=\frac{\pi}{8}-\frac{1}{2}\int_0^1\left(1-\frac{1}{1+x^2}\right)\mathrm{d}x$$

$$=\frac{\pi}{8}-\frac{1}{2}(x-\arctan x)\Big|_0^1$$

$$=\frac{\pi}{4}-\frac{1}{2}.$$

(二)练习题

1. 选择题

(1)如果 $f(x)$在$[a, b]$上连续，x 为$[a, b]$上任一点，则$\int f(x)\mathrm{d}x=($　　$)$.

A. $\int_a^x f(t)\mathrm{d}t$　　B. $f(x)+C$　　C. $\int_a^x f(t)\mathrm{d}t+C$　　D. $\int_a^b f(x)\mathrm{d}x$

(2)下列各式中积分值为零的是(　　).

A. $\int_{-1}^1\frac{1}{x^4}\mathrm{d}x$　　B. $\int_{-1}^1\frac{1}{2+x^3}\mathrm{d}x$　　C. $\int_{-1}^1 x^2\mathrm{d}x$　　D. $\int_{-1}^1 x|x|\mathrm{d}x$

(3)设 $f(u)$为连续函数，则$\int_0^1 f(\mathrm{e}^x)\mathrm{d}x=($　　$)$.

A. $\int_0^a x^2\mathrm{d}x$　　B. $\int_1^{\mathrm{e}} tf(t)\mathrm{d}t$　　C. $\int_0^1\frac{1}{t}f(t)\mathrm{d}t$　　D. $\int_1^{\mathrm{e}}\frac{1}{t}f(t)\mathrm{d}t$

(4) $\int_0^{\frac{\pi}{2}}\sin^n x\,\mathrm{d}x-\int_0^{\frac{\pi}{2}}\cos^n x\,\mathrm{d}x$ (　　).

A. >0　　B. $=0$　　C. <0　　D. $=-1$

2. 填空题

(1)设$\int_0^m x^2\mathrm{d}x=4$，则 $m=$________.

(2) $\int_{\frac{\pi}{2}}^{\frac{3\pi}{2}}\sqrt{1-\cos^2 x}\,\mathrm{d}x=$________，$\int_0^2\sqrt{1-\frac{1}{4}x^2}\,\mathrm{d}x=$________.

(3)已知 $f(x)$连续，$\int_0^x tf(x-t)\mathrm{d}t=1-\cos x$，则$\int_0^{\frac{\pi}{2}}f(x)\mathrm{d}x$ 的值为________.

(4)设 $f(x)=\int_0^x\frac{\cos u}{1+\sin^2 u}\mathrm{d}u$，则$\int_0^{\frac{\pi}{2}}\frac{f'(x)}{1+f^2(x)}\mathrm{d}x=$________.

3. 解答题

(1) 计算$\int_0^1 x(1-x^4)^{\frac{3}{2}}\mathrm{d}x$.

(2) 计算$\int_{-\frac{\pi}{2}}^{\frac{\pi}{2}}x^2\left(\ln\frac{2+x}{2-x}+\cos x\right)\mathrm{d}x$.

(3) 设 $f(x)\int_x^1 e^{t^2}dt$，求$\int_0^1 f(x)dx$.

第八节　广义积分

(一)典型例题

例 1　计算广义积分$\int_1^{+\infty} x e^{-x^2}dx$.

解　$\int_1^{+\infty} x e^{-x^2}dx = -\frac{1}{2}\int_1^{+\infty} e^{-x^2}d(-x^2) = -\frac{1}{2}e^{-x^2}\Big|_1^{+\infty} = \frac{1}{2e}$.

例 2　讨论$\int_2^{+\infty}\frac{dx}{x\ln x}$的敛散性.

解　$\int_2^{+\infty}\frac{dx}{x\ln x} = \int_2^{+\infty}\frac{d(\ln x)}{\ln x} = \ln|\ln x|\Big|_2^{+\infty} = \ln|\ln(+\infty)| - \ln|\ln 2| = +\infty$，所以$\int_2^{+\infty}\frac{dx}{x\ln x}$发散.

例 3　计算广义积分$\int_{-\infty}^{+\infty}\frac{dx}{1+x^2}$.

解　$\int_{-\infty}^{+\infty}\frac{dx}{1+x^2} = \arctan x\Big|_{-\infty}^{+\infty} = \frac{\pi}{2} - \left(-\frac{\pi}{2}\right) = \pi$.

(二)练习题

1. 选择题

(1)下列广义积分发散的是(　　).

A. $\int_{-1}^{1}\frac{1}{\sin x}dx$　　B. $\int_{-1}^{1}\frac{1}{\sqrt{1-x^2}}dx$　　C. $\int_0^{+\infty} e^{-x^2}dx$　　D. $\int_2^{+\infty}\frac{1}{x\ln^2 x}dx$

(2)广义积分$\int_2^{+\infty}\frac{1}{x^2+x-2}dx$(　　).

A. 收敛于$\frac{2}{3}\ln 2$　　B. 收敛于$\frac{3}{2}\ln 2$　　C. 收敛于$\frac{1}{3}\ln 4$　　D. 发散

(3)已知$\int_{-\infty}^{+\infty}\frac{A}{1+x^2}dx = 2$，则 $A=$(　　).

A. π　　B. $\frac{\pi}{2}$　　C. $\frac{1}{\pi}$　　D. $\frac{2}{\pi}$

2. 填空题

(1)讨论广义积分$\int_{-\infty}^{0} e^{-tx}dx$ 的敛散性，当 t ________时收敛，且其值为________；当 t ________时发散.

(2) $\int_{-1}^{+\infty}\frac{1}{x^2+6x+10}dx =$ ________.

3. 解答题

(1) 计算$\int_{e}^{+\infty}\frac{1}{x(\ln x)^2}dx$.

(2) 计算$\int_{1}^{+\infty}\frac{\arctan x}{x^2}dx$.

(3) 计算$\int_{-\infty}^{+\infty}\frac{1}{x^2+2x+2}dx$.

第九节　定积分的应用

(一)典型例题

例 1　求由抛物线 $y=x^2$ 与直线 $y=2x$ 围成的图形的面积(如图 4-10 所示).

解　联立两曲线方程：$\begin{cases}y=x^2\\y=2x\end{cases}$，解出它们的交点 $O(0, 0)$，$A(2, 4)$. 则面积

$$A=\int_0^2(2x-x^2)dx=\left[x^2-\frac{1}{3}x^3\right]\Big|_0^2=\frac{4}{3},$$

或
$$A=\int_0^4\left(\sqrt{y}-\frac{y}{2}\right)dy=\frac{4}{3}.$$

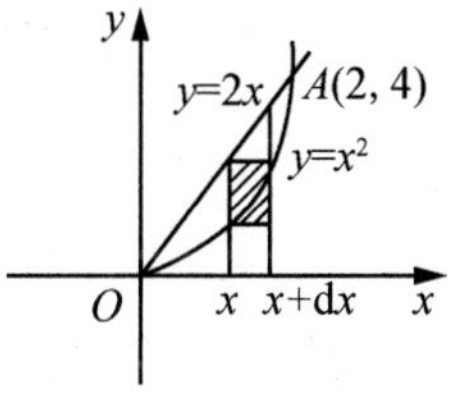

图 4-10

例 2　求由曲线 $y^2=2x$ 及 $y=x-4$ 所围成的图形面积.

解 1　如图 4-11(a)所示，方程组$\begin{cases}y^2=2x\\y=x-4\end{cases}$的交点坐标为 $A(2, -2)$，$B(8, 4)$，从而

$$\begin{aligned}A&=\int_{-2}^4\left(4+y-\frac{y^2}{2}\right)dy\\&=\left(4y+\frac{y^2}{2}-\frac{y^3}{6}\right)\Big|_{-2}^4\\&=18.\end{aligned}$$

解 2　取 x 为积分变量，积分区间为[0, 8]，以直线 $x=2$ 把图形分成 A_1 和 A_2 两部分，如图 4-11(b)所示，分别求出它面积为

$$\begin{aligned}A_1&=\int_0^2[\sqrt{2x}-(-\sqrt{2x})]dx=2\sqrt{2}\int_0^2\sqrt{x}\,dx\\&=\frac{4\sqrt{2}}{3}x^{\frac{3}{2}}\Big|_0^2=\frac{16}{3},\end{aligned}$$

$$A_2=\int_2^8[\sqrt{2x}-(x-4)]\mathrm{d}x=\left[\frac{2\sqrt{2}}{3}x^{\frac{3}{2}}-\frac{x^2}{2}+4x\right]\Big|_2^8=\frac{38}{3},$$

$$A=A_1+A_2=\frac{16}{3}+\frac{38}{3}=18.$$

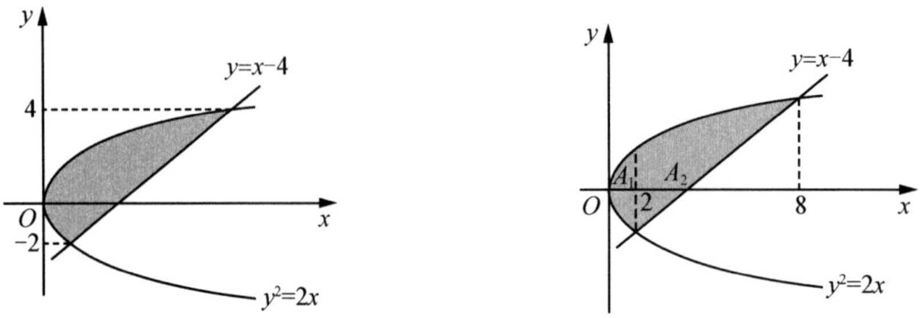

（a）　　（b）

图 4-11

例 3　求摆线$\begin{cases}x=a(t-\sin t)\\y=a(1-\cos t)\end{cases}$，$0\leqslant t\leqslant 2\pi$ 的一拱与 x 轴所围成的面积.

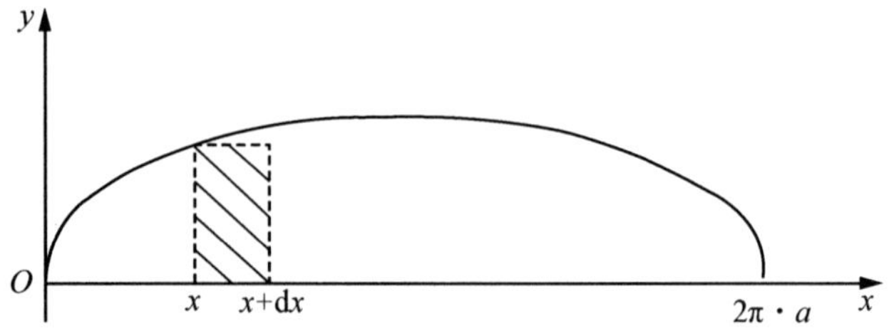

图 4-12

解　设所求面积为 A，我们在参数 t 取值区间$[0,\ 2\pi]$相应的 x 所在区间$[0,\ 2\pi a]$内任取一个区间$[x,\ x+\mathrm{d}x]$，如图 4-12 所示，阴影部分表示对应的面积部分量的微元. 显然，微元

$$\mathrm{d}A=y\mathrm{d}x=a(1-\cos t)\mathrm{d}[a(t-\sin t)]=a^2(1-2\cos t+\cos^2 t)\mathrm{d}t,$$

于是，所求面积

$$A=\int_0^{2\pi a}y\mathrm{d}x=a^2\int_0^{2\pi}(1-2\cos t+\cos^2 t)\mathrm{d}t=3\pi a^2.$$

例 4　求由曲线 $y=\sin x$，$y=\cos x$，$x=0$，$x=\frac{\pi}{2}$所围成的平面图形的面积.

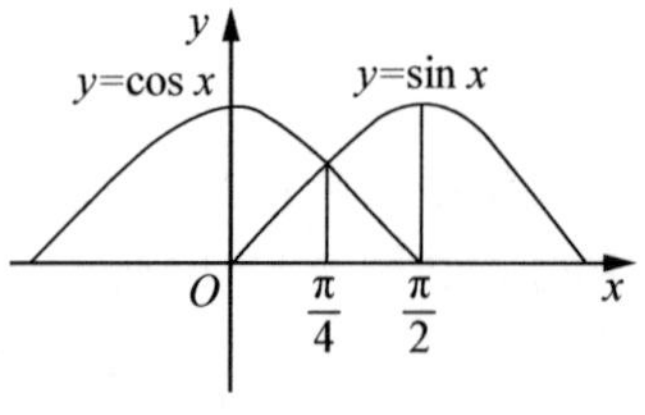

图 4-13

解　当 $0<x<\frac{\pi}{4}$时，$\cos x>\sin x>0$；

当$\frac{\pi}{4}<x<\frac{\pi}{2}$时，$0<\cos x<\sin x$（如图 4-13 所示），

因此，所求图形的面积为

$$
\begin{aligned}
A &= \int_0^{\frac{\pi}{2}} |\cos x - \sin x|\,dx \\
&= \int_0^{\frac{\pi}{4}} (\cos x - \sin x)\,dx + \int_{\frac{\pi}{4}}^{\frac{\pi}{2}} (-\cos x + \sin x)\,dx \\
&= (\sin x + \cos x)\Big|_0^{\frac{\pi}{4}} + (-\sin x - \cos x)\Big|_{\frac{\pi}{4}}^{\frac{\pi}{2}} \\
&= \frac{\sqrt{2}}{2} + \frac{\sqrt{2}}{2} - 1 + \left(-1 + \frac{\sqrt{2}}{2} + \frac{\sqrt{2}}{2}\right) = 2\sqrt{2} - 2.
\end{aligned}
$$

(二)练习题

1. 选择题

(1)由曲线 $y=\sin x(-\pi\leqslant x\leqslant\pi)$ 与 x 轴所围成的平面图形的面积为(　　).

A. 0　　B. 2　　C. 4　　D. 1

(2)由抛物线 $y^2=x-1$ 和直线 $y=\frac{1}{2}x$ 及 $y=0$ 所围成的平面图形的面积为(　　).

A. $\frac{1}{4}$　　B. $\frac{1}{3}$　　C. $\frac{2}{3}$　　D. $\frac{1}{12}$

(3)由抛物线 $y^2=x$ 和直线 $y=x$ 所围成的平面图形绕 x 轴旋转所形成的旋转体的体积为(　　).

A. $\frac{\pi}{2}$　　B. $\frac{\pi}{3}$　　C. π　　D. $\frac{\pi}{6}$

2. 填空题

(1)由曲线 $y^2=x$，$y=-1$，$y=2$，$y=x+5$ 所围成的平面图形的面积为________.

(2)由曲线 $y^2=4x$ 及直线 $x=x_0(x_0>0)$ 所围成的图形绕 x 轴旋转而成的立体体积 $V=$________.

(3)由抛物线 $y^2=x$ 和直线 $y=2$ 及 $x=0$ 所围成的平面图形绕 y 轴旋转所形成的旋转体的 $V=$________.

(4)曲线 $y=x^2-4x$，$y=2x$ 所围成的平面图形的面积为________.

四、综合与提高例题精讲

例 1　设 $f(x)=\begin{cases}x, & x\leqslant 1\\ 1, & x>1\end{cases}$，求 $\int f(x)\,dx$.

解　$\int f(x)\,dx=\begin{cases}\frac{1}{2}x^2+C, & x\leqslant 1,\\ x+C_1, & x>1\end{cases}$

由于 $f(x)$是连续函数，则其原函数必定存在，由于原函数在 $x=1$ 处应连续，从而

$$\frac{1}{2}+C=1+C_1,\ \text{即}\ C_1=C-\frac{1}{2},$$

所以

$$\int f(x)\mathrm{d}x=\begin{cases}\frac{1}{2}x^2+C\\ x+C-\frac{1}{2}\end{cases}.$$

例 2 求 $\int\frac{1}{1-x^2}\ln\frac{1+x}{1-x}\mathrm{d}x$.

解

$$\begin{aligned}\int\frac{1}{1-x^2}\ln\frac{1+x}{1-x}\mathrm{d}x&=\int\frac{1}{2}\left(\frac{1}{1+x}+\frac{1}{1-x}\right)\ln\frac{1+x}{1-x}\mathrm{d}x\\&=\frac{1}{2}\int\ln\frac{1+x}{1-x}\mathrm{d}\ln\frac{1+x}{1-x}\\&=\frac{1}{4}\left(\ln\left|\frac{1+x}{1-x}\right|\right)^2+C.\end{aligned}$$

例 3 求 $\int\frac{x^2-1}{x^4+1}\mathrm{d}x$.

解

$$\begin{aligned}\int\frac{x^2-1}{x^4+1}\mathrm{d}x&=\int\frac{1-\frac{1}{x^2}}{x^2+\frac{1}{x^2}}\mathrm{d}x=\int\frac{\mathrm{d}\left(x+\frac{1}{x}\right)}{\left(x+\frac{1}{x}\right)^2-2}=\frac{1}{2\sqrt{2}}\ln\left|\frac{x+\frac{1}{x}-\sqrt{2}}{x+\frac{1}{x}+\sqrt{2}}\right|+C\\&=\frac{1}{2\sqrt{2}}\ln\left|\frac{x^2-\sqrt{2}x+1}{x^2+\sqrt{2}x+1}\right|+C.\end{aligned}$$

例 4 求 $\int\frac{\arctan\frac{1}{x}}{1+x^2}\mathrm{d}x$.

解 1 （第一换元法）

$$\begin{aligned}\int\frac{\arctan\frac{1}{x}}{1+x^2}\mathrm{d}x&=\int\frac{\arctan\frac{1}{x}}{1+\left(\frac{1}{x}\right)^2}\times\frac{1}{x^2}\mathrm{d}x=-\int\frac{\arctan\frac{1}{x}}{1+\left(\frac{1}{x}\right)^2}\mathrm{d}\left(\frac{1}{x}\right)\\&=\int\arctan\frac{1}{x}\mathrm{d}\arctan\frac{1}{x}=-\frac{1}{2}\left(\arctan\frac{1}{x}\right)^2+C.\end{aligned}$$

解 2 （第二换元法）

设 $t=\arctan\frac{1}{x}$，则 $x=\cot t$，$\mathrm{d}x=-\csc^2t\,\mathrm{d}t$，

$$\int\frac{\arctan\frac{1}{x}}{1+x^2}\mathrm{d}x=-\int\frac{t}{1+\cot^2t}\csc^2t\,\mathrm{d}t=-\int t\,\mathrm{d}t$$

$$=-\frac{t^2}{2}+C=-\frac{1}{2}\left(\arctan\frac{1}{x}\right)^2+C.$$

例 5 求 $\int x^3 e^{x^2}dx$.

解 1 （第一换元法和分部积分法综合运用）

$$\int x^3 e^{x^2}dx=\frac{1}{2}\int x^2 e^{x^2}dx^2=\frac{1}{2}\int x^2 d(e^{x^2})=\frac{1}{2}x^2e^{x^2}-\frac{1}{2}\int e^{x^2}dx^2$$

$$=\frac{1}{2}x^2e^{x^2}-\frac{1}{2}e^{x^2}+C.$$

解 2 （第二换元法和分部积分法综合运用）

设 $x=\sqrt{t}$，$dx=\frac{dt}{2\sqrt{t}}$，于是

$$\int x^3 e^{x^2}dx=\int \sqrt{t}\,t\,e^t\,\frac{dt}{2\sqrt{t}}=\frac{1}{2}\int t\,e^t dt=\frac{1}{2}de^t=\frac{1}{2}t\,e^t-\frac{1}{2}\int e^t dt$$

$$=\frac{1}{2}t\,e^t-\frac{1}{2}e^t+C=\frac{1}{2}x^2e^{x^2}-\frac{1}{2}e^{x^2}+C.$$

例 6 求 $\int e^{2x}(\tan x+1)^2dx$.

解
$$\int e^{2x}(\tan x+1)^2dx=\int e^{2x}\sec^2 x\,dx+2\int e^{2x}\tan x\,dx$$

$$=\int e^{2x}d\tan x+2\int e^{2x}\tan x\,dx$$

$$=e^{2x}\tan x-2\int e^{2x}\tan x\,dx+2\int e^{2x}\tan x\,dx$$

$$=e^{2x}\tan x+C.$$

例 7 求 $\int\frac{x^3}{(x-1)^{10}}dx$.

解
$$\int\frac{x^3}{(x-1)^{10}}dx\xlongequal{\text{令 }x-1=u}\int\frac{(u+1)^3}{u^{10}}du=\int\frac{u^3+3u^2+3u+1}{u^{10}}du$$

$$=\int(u^{-7}+3u^{-8}+3u^{-9}+u^{-10})du$$

$$=-\frac{1}{6}u^{-6}-\frac{3}{7}u^{-7}-\frac{3}{8}u^{-8}-\frac{1}{9}u^{-9}+C$$

$$=-\frac{1}{6}(x-1)^{-6}-\frac{3}{7}(x-1)^{-7}-\frac{3}{8}(x-1)^{-8}-\frac{1}{9}(x-1)^{-9}+C.$$

例 8 求 $\int\frac{e^{2x}}{\sqrt{e^x+1}}dx$

解 1 （凑微分）

$$\int\frac{e^{2x}}{\sqrt{e^x+1}}dx=\int\frac{e^x}{\sqrt{e^x+1}}de^x=\int\frac{e^x+1-1}{\sqrt{e^x+1}}d(e^x+1)$$

$$=\int\left(\sqrt{e^x+1}-\frac{1}{\sqrt{e^x+1}}\right)d(e^x+1)$$

$$=\frac{2}{3}(e^x+1)^{3/2}-2\sqrt{e^x+1}+C.$$

解 2 （第二类换元法）

设$\sqrt{e^x+1}=t$，$x=\ln(t^2-1)$，$dx=\frac{2t}{t^2-1}dt$

$$\int\frac{e^{2x}}{\sqrt{e^x+1}}dx=\int\frac{(t^2-1)^2}{t}\times\frac{2t}{t^2-1}dt=2\int(t^2-1)dt$$

$$=2\left(\frac{1}{3}t^3-t\right)+C=\frac{2}{3}(t^2-3)t+C$$

$$=\frac{2}{3}(e^x-2)\sqrt{e^x+1}+C.$$

解 3 （分部积分）

$$\int\frac{e^{2x}}{\sqrt{e^x+1}}dx=\int\frac{e^x}{\sqrt{e^x+1}}de^x=2\int e^x d\sqrt{e^x+1}$$

$$=2e^x\sqrt{e^x+1}-2\int e^x\sqrt{e^x+1}dx$$

$$=2e^x\sqrt{e^x+1}-2\int\sqrt{e^x+1}d(e^x+1)$$

$$=2e^x\sqrt{e^x+1}-\frac{4}{3}(e^x+1)^{3/2}+C.$$

例 9 求$\int\frac{x}{\sqrt{1+x}}dx$.

解 1 $\int\frac{x}{\sqrt{1+x}}dx=\int\frac{x+1-1}{\sqrt{1+x}}dx=\int\sqrt{1+x}dx-\int\frac{1}{\sqrt{1+x}}dx$

$$=\int\sqrt{1+x}d(1+x)-\int\frac{1}{\sqrt{1+x}}d(1+x)$$

$$=\frac{2}{3}(1+x)^{\frac{3}{2}}-2(1+x)^{\frac{1}{2}}+C.$$

解 2 令$t=1+x$，则$x=t-1$，$dx=dt$，则有

$$\int\frac{x}{\sqrt{1+x}}dx=\int\frac{t-1}{\sqrt{t}}dt=\int\sqrt{t}dt-\int\frac{1}{\sqrt{t}}dt=\frac{2}{3}t^{\frac{3}{2}}-2t^{\frac{1}{2}}+C$$

$$=\frac{2}{3}(1+x)^{\frac{3}{2}}-2(1+x)^{\frac{1}{2}}C.$$

解 3 令$t=\sqrt{1+x}$，则$x=t^2-1$，$dx=2tdt$，则有

$$\int\frac{x}{\sqrt{1+x}}dx=\int\frac{t^2-1}{t}2tdt=2\int(t^2-1)dt=\frac{2}{3}t^3-2t+C$$

$$=\frac{2}{3}(1+x)^{\frac{3}{2}}-2(1+x)^{\frac{1}{2}}+C.$$

解 4 令 $x=\tan^2 t$，$\mathrm{d}x=2\tan t\sec^2 t\,\mathrm{d}t$，则有

$$\int\frac{x}{\sqrt{1+x}}\mathrm{d}x=\int\frac{\tan^2 t}{\sec t}2\tan t\sec^2 t\,\mathrm{d}t=2\int(\sec^2 t-1)\mathrm{d}\sec t$$

$$=\frac{2}{3}\sec^3 t-2\sec t+C.$$

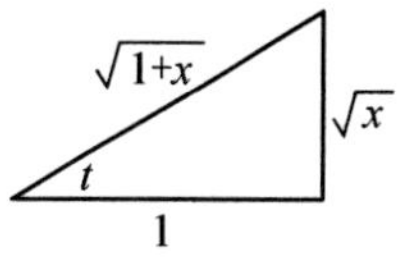

图 4-14

由辅助三角形(如图 4-14 所示)可以得到 $\sec t=\sqrt{1+x}$，所以

$$\int\frac{x}{\sqrt{1+x}}\mathrm{d}x=\frac{2}{3}(1+x)^{\frac{3}{2}}-2(1+x)^{\frac{1}{2}}+C.$$

解 5 $\displaystyle\int\frac{x}{\sqrt{1+x}}\mathrm{d}x=\int x\,\mathrm{d}(2\sqrt{1+x})=2x\sqrt{1+x}-2\int\sqrt{1+x}\,\mathrm{d}x$

$$=2x\sqrt{1+x}-\frac{4}{3}(1+x)^{\frac{3}{2}}+C.$$

例 10 求 $\displaystyle\int\frac{1}{x^3(1+x)}\mathrm{d}x$.

解 1 (有理函数分解)

设
$$\frac{1}{x^3(1+x)}=\frac{A}{x}+\frac{B}{x^2}+\frac{C}{x^3}+\frac{D}{1+x},$$

则
$$1=Ax^2(1+x)+Bx(1+x)+C(1+x)+Dx^3.$$

令 $x=0$，得 $C=1$；

令 $x=-1$，得 $D=-1$；

令 $x=1$，得 $A+B=0$；

令 $x=2$，得 $2A+B=1$，解得 $A=1$，$B=-1$.

于是
$$\int\frac{1}{x^3(1+x)}\mathrm{d}x=\int\left(\frac{1}{x}-\frac{1}{x^2}+\frac{1}{x^3}-\frac{1}{1+x}\right)\mathrm{d}x$$

$$=\ln|x|+\frac{1}{x}-\frac{1}{2x^2}-\ln|1+x|+C.$$

解 2 (分子加项减项)

$$\int\frac{1}{x^3(1+x)}\mathrm{d}x=\int\frac{1+x^3-x^3}{x^3(1+x)}\mathrm{d}x=\int\left(\frac{x^2-x+1}{x^3}-\frac{1}{1+x}\right)\mathrm{d}x$$

$$=\int\left(\frac{1}{x}-\frac{1}{x^2}+\frac{1}{x^3}-\frac{1}{1+x}\right)\mathrm{d}x$$

$$=\ln|x|+\frac{1}{x}-\frac{1}{2x^2}-\ln|1+x|+C.$$

解 3 (第二类换元法)

设 $x=\frac{1}{t}$，则 $\mathrm{d}x=-\frac{1}{t^2}\mathrm{d}t$，于是

$$\int \frac{1}{x^3(1+x)}dx = \int \frac{t^4}{t+1}\left(-\frac{1}{t^2}\right)dt$$
$$= -\int \frac{t^2}{t+1}dt = -\int\left(t-1+\frac{1}{t+1}\right)dt$$
$$= -\left(\frac{1}{2}t^2 - t + \ln|t+1|\right)+C$$
$$= -\frac{1}{2x^2}+\frac{1}{x}-\ln\left|\frac{1}{x}+1\right|+C.$$

例 11 设 $f(x)=\begin{cases}1+x^2, & x<0\\ e^{-x}, & x\geqslant 0\end{cases}$，求 $\int_1^3 f(x-2)dx$.

解 被积函数是复合函数，故先用换元法将 $f(x-2)$ 化为 $f(t)$，再用分段函数的积分方法计算. 令 $t=x-2$，则

$$\int_1^3 f(x-2)dx = \int_{-1}^1 f(t)dt = \int_{-1}^0 (1+t^2)dt + \int_0^1 e^{-t}dt$$
$$= t\Big|_{-1}^0 + \frac{1}{3}t^3\Big|_{-1}^0 - e^{-t}\Big|_0^1 = \frac{7}{3}-e^{-1}.$$

例 12 设 $H(x)=\int_x^{\sin x}\frac{\ln t}{t}dt$，求 $H'(x)$.

解 $H'(x)=\left(\int_x^{\sin x}\frac{\ln t}{t}dt\right)'=\left(\int_x^a \frac{\ln t}{t}dt+\int_a^{\sin x}\frac{\ln t}{t}dt\right)'$

$$=\left(-\int_a^x \frac{\ln t}{t}dt+\int_a^{\sin x}\frac{\ln t}{t}dt\right)'=-\frac{\ln x}{x}+\frac{\ln(\sin x)}{\sin x}\cos x.$$

例 13 设 $F(x)=\int_0^{\sqrt{x}} tf(x+t^2)dt$，求 $F'(x)$.

解 令 $x+t^2=u$，则 $du=2t\,dt$(因为积分时，x 固定不变).

当 $t=0$ 时，$u=x$；$t=\sqrt{x}$ 时，$u=2x$. 于是

$$F(x)=\int_x^{2x}\frac{1}{2}f(u)du,$$

$$F'(x)=\frac{1}{2}[f(2x)\cdot 2-f(x)]=f(2x)-\frac{1}{2}f(x).$$

例 14 求 $\int_0^2 x^3\sqrt{4-x^2}dx$.

解 1 令 $x=2\sin t$，$t=\arcsin\frac{x}{2}$，$x=0$ 时，$t=0$，$x=2$ 时，$t=\frac{\pi}{2}$. 于是

$$\int_0^2 x^3\sqrt{4-x^2}dx=\int_0^{\frac{\pi}{2}} 8\sin^3 t\cdot 4\cos^2 t\,dt = 32\int_0^{\frac{\pi}{2}}(1-\cos^2 t)\cos^2 t(-d\cos t)$$
$$=32\left(-\frac{1}{3}\cos^3 t+\frac{1}{5}\cos^5 t\right)\Big|_0^{\frac{\pi}{2}}=\frac{64}{15}.$$

解 2 $\int_0^2 x^3\sqrt{4-x^2}dx=\int_0^2 x^2\sqrt{4-x^2}\cdot\frac{1}{2}d(x^2)$，令 $\sqrt{4-x^2}=u$，$x^2=4-u^2$，

$d(x^2)=-2u\,du$，$x=0$ 时，$u=2$，$x=2$ 时，$u=0$. 于是

$$\int_0^2 x^3\sqrt{4-x^2}\,dx=\frac{1}{2}\int_0^2 x^2\sqrt{4-x^2}\,d(x^2)=\frac{1}{2}\int_2^0(4-u^2)u(-2u)\,du$$

$$=\int_0^2(4u^2-u^4)\,du=\left(\frac{4}{3}u^3-\frac{1}{5}u^5\right)\Big|_0^2=\frac{64}{15}.$$

解 3 $\displaystyle\int_0^2 x^3\sqrt{4-x^2}\,dx=\frac{1}{2}\int_0^2 x^2\sqrt{4-x^2}\,d(x^2)$

$$=\frac{1}{2}\int_0^2[4-(4-x^2)]\sqrt{4-x^2}(-1)\,d(4-x^2)$$

$$=\frac{1}{2}\int_0^2\left[(4-x^2)^{\frac{3}{2}}-4(4-x^2)^{\frac{1}{2}}\right]d(4-x^2)$$

$$=\frac{1}{2}\left[\frac{2}{5}(4-x^2)^{\frac{5}{2}}-\frac{8}{3}(4-x^2)^{\frac{3}{2}}\right]\Big|_0^2=\frac{64}{15}.$$

例 15 已知 $f(x)=2x+3\int_0^1 f(x)\,dx$，求 $f(x)$.

解 令 $\int_0^1 f(x)\,dx=c$，$f(x)=2x+3c$，两边积分，得

$$\int_0^1 f(x)\,dx=\int_0^1(2x+3c)\,dx=(x^2+3cx)\Big|_0^1=1+3c,$$

即

$$c=1+3c\Rightarrow c=-\frac{1}{2},$$

则

$$f(x)=2x-\frac{3}{2}.$$

例 16 求 $\displaystyle\int\frac{\arcsin\sqrt{x}}{\sqrt{1-x}}\,dx$.

解 $\displaystyle\int\frac{\arcsin\sqrt{x}}{\sqrt{1-x}}\,dx=-2\int\arcsin\sqrt{x}\,d\sqrt{1-x}$

$$=-2\sqrt{1-x}\arcsin\sqrt{x}+2\int\sqrt{1-x}\,d\arcsin\sqrt{x}$$

$$=-2\sqrt{1-x}\arcsin\sqrt{x}+2\int\frac{\sqrt{1-x}}{2\sqrt{x}\sqrt{1-x}}\,dx$$

$$=-2\sqrt{1-x}\arcsin\sqrt{x}+\int\frac{1}{\sqrt{x}}\,dx$$

$$=-2\sqrt{1-x}\arcsin\sqrt{x}+2\sqrt{x}+C.$$

例 17 设 $f(\ln x)=\dfrac{\ln(1+x)}{x}$，求 $\int f(x)\,dx$.

解 设 $\ln x=t$，则 $x=e^t$，$f(t)=\dfrac{\ln(1+e^t)}{e^t}$，即 $f(x)=\dfrac{\ln(1+e^x)}{e^x}$，

于是

$$\int f(x)\,dx=\int\frac{\ln(1+e^x)}{e^x}\,dx=-\int\ln(1+e^x)\,de^{-x}$$

$$=-e^{-x}\ln(1+e^x)+\int\frac{e^x dx}{(1+e^x)e^x}$$

$$=-e^{-x}\ln(1+e^x)+\int\left(\frac{1}{e^x}-\frac{1}{1+e^x}\right)de^x$$

$$=x-e^{-x}\ln(1+e^x)-\ln(1+e^x)+C$$

$$=x-(1+e^{-x})\ln(1+e^x)+C.$$

例 18 已知$\frac{\sin x}{x}$是函数 $f(x)$ 的一个原函数，求$\int x^3f'(x)dx$.

解 由题设 $f(x)=\left(\frac{\sin x}{x}\right)'=\frac{x\cos x-\sin x}{x^2}$，则有

$$\int x^3f'(x)dx=\int x^3df(x)=x^3f(x)-\int 3x^2f(x)dx$$

$$=x^3f(x)-3\int x^2d\left(\frac{\sin x}{x}\right)$$

$$=x^3f(x)-3\left(x^2\frac{\sin x}{x}-\int\frac{\sin x}{x}2x\,dx\right)$$

$$=x^3\frac{x\cos x-\sin x}{x^2}-3x\sin x-6\cos x+C$$

$$=x^2\cos x-4x\sin x-6\cos x+C.$$

例 19 求$\int e^{\sin x}\frac{x\cos^3x-\sin x}{\cos^2x}dx$.

解
$$\int e^{\sin x}\frac{x\cos^3x-\sin x}{\cos^2x}dx=\int e^{\sin x}x\cos x\,dx-\int e^{\sin x}\frac{\sin x}{\cos^2x}dx$$

$$=\int x\,de^{\sin x}-\int e^{\sin x}d\frac{1}{\cos x}$$

$$=x\,e^{\sin x}-\int e^{\sin x}dx-\frac{e^{\sin x}}{\cos x}+\int\frac{1}{\cos x}e^{\sin x}\cos x\,dx$$

$$=x\,e^{\sin x}-\sec x\,e^{\sin x}+C.$$

例 20 求$\int\frac{x^5}{(2x^2+3)^3}dx$.

解 设 $t=2x^2+3$，即 $x^2=\frac{t-3}{2}$，$4x\,dx=dt$，则有

$$\int\frac{x^5}{(2x^2+3)^3}dx=\int\frac{(t-3)^2}{4\times 4t^3}dt$$

$$=\frac{1}{16}\int\left(\frac{1}{t}-\frac{6}{t^2}+\frac{9}{t^3}\right)dt$$

$$=\frac{1}{16}\left(\ln|t|+\frac{6}{t}-\frac{9}{2t^2}\right)+C$$

$$=\frac{1}{16}\left[\ln(2x^2+3)+\frac{3(8x^2+9)}{2(2x^2+3)^2}\right]+C.$$

例 21 计算$\int\frac{x^{3}}{(1+x^{8})^{2}}\mathrm{d}x$.

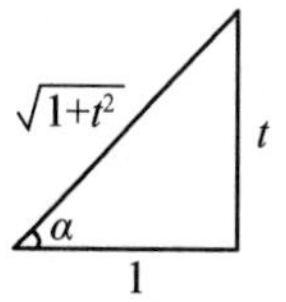

图 4-14

解 $\int\frac{x^{3}}{(1+x^{8})^{2}}\mathrm{d}x=\frac{1}{4}\int\frac{\mathrm{d}(x^{4})}{(1+x^{8})^{2}}$

$$\xlongequal{x^4=t}\frac{1}{4}\int\frac{\mathrm{d}t}{(1+t^{2})^{2}}$$

$$\xlongequal{t=\tan\alpha}\frac{1}{4}\int\cos^{2}\alpha\,\mathrm{d}\alpha=\frac{1}{8}\int(1+\cos 2\alpha)\mathrm{d}\alpha$$

$$=\frac{1}{8}\alpha+\frac{1}{16}\sin 2\alpha+C=\frac{1}{8}\alpha+\frac{1}{8}\sin\alpha\cos\alpha+C$$

$$=\frac{1}{8}\arctan t+\frac{1}{8}\frac{t}{\sqrt{1+t^{2}}}\frac{1}{\sqrt{1+t^{2}}}+C\quad\text{（利用图 4-14）}$$

$$=\frac{1}{8}\arctan x^{4}+\frac{x^{4}}{8(1+x^{8})}+C.$$

例 22 求过曲线 $y=-x^{2}+1$ 上的一点，使过该点的切线与这条曲线及 x，y 轴在第一象限围成图形的面积最小，最小面积是多少？

解 设切点为$(x_0，y_0)$，则切线方程为 $y-y_0=-2x_0(x-x_0)$，

切线在 x 轴上的截距为：$a=x_0+\frac{y_0}{2x_0}=x_0+\frac{-x_0^2+1}{2x_0}=\frac{x_0^2+1}{2x_0}$；

切线在 y 轴上的截距为：$b=y_0+2x_0^2=-x_0^2+1+2x_0^2=x_0^2+1$.

于是所求面积为

$$A=\frac{1}{2}\frac{x_0^2+1}{2x_0}\cdot(x_0^2+1)-\int_0^1(-x^2+1)\mathrm{d}x$$

$$=\frac{1}{4}x_0^3+\frac{1}{2}x_0+\frac{1}{4x_0}+\frac{1}{3}-1=\frac{1}{4}x_0^3+\frac{1}{2}x_0+\frac{1}{4x_0}-\frac{2}{3}.$$

令 $A'(x_0)=\frac{3}{4}x_0^2+\frac{1}{2}-\frac{1}{4x_0^2}=\frac{1}{4x_0^2}(3x_0^2-1)(x_0^2+1)=0$，得驻点 $x_0=\frac{1}{\sqrt{3}}$，又

$$A''(x_0)=\frac{3}{2}x_0+\frac{1}{2x_0^3}，A''\left(\frac{1}{\sqrt{3}}\right)>0，$$

所以，$A\left(\frac{1}{\sqrt{3}}\right)$为极小值，即最小值，

$$A\left(\frac{1}{\sqrt{3}}\right)=\frac{1}{4}\frac{1}{3\sqrt{3}}+\frac{1}{2\sqrt{3}}+4\sqrt{3}-\frac{2}{3}=\frac{4}{9}\sqrt{3}-\frac{2}{3}.$$

五、高职升本科本章相关知识简介

(一)考试内容与要求

了解原函数的概念，原函数存在定理，简单有理函数的积分；理解不定积分的概

念及性质，定积分的概念及其几何意义，定积分基本性质，变上限函数及导数，旋转体的体积；掌握平面图形的面积；灵活运用第一、第二类换元积分法，分部积分法，牛顿-莱布尼茨公式，定积分的换元法和分部积分法．依历年考试题来看，本章考核重点主要包括：不定积分基本积分公式，换元积分法与分部积分法，牛顿-莱布尼茨公式，定积分的换元法和分部积分法，平面图形的面积和旋转体的体积．此部分试题分值为20～50分，多为容易题、中等难度题．

(二)历年真题

1.(2010)求$\int \frac{\ln x-1}{x^2}\mathrm{d}x=$(B).

A. $\frac{2}{x}-\frac{\ln x}{x^2}+C$　　B. $-\frac{\ln x}{x}+C$　　C. $-\frac{2}{x}-\frac{\ln x}{x^2}+C$　　D. $\frac{\ln x}{x}+C$

2.(2009)设实数 $a>0$，函数 $f(x)$在区间$[-a, a]$上连续，则 $\int_{-a}^{a}x^4[f(x)-f(-x)]\mathrm{d}x=$(A).

A. 0　　B. $2a$　　C. $4a$　　D. $8a$

3.(2009) $\int_0^{\pi}\sqrt{1+\cos 2x}\,\mathrm{d}x=$(B).

A. $\sqrt{2}$　　B. $2\sqrt{2}$　　C. 0　　D. 2

4.(2019)定积分 $\int_0^2|1-x^2|\,\mathrm{d}x=$(D).

A. $\int_0^1(1-x^2)\mathrm{d}x+\int_1^2(1-x^2)\mathrm{d}x$　　B. $\int_0^1(x^2-1)\mathrm{d}x+\int_1^2(1-x^2)\mathrm{d}x$

C. $\int_0^1(x^2-1)\mathrm{d}x+\int_1^2(x^2-1)\mathrm{d}x$　　D. $\int_0^1(1-x^2)\mathrm{d}x+\int_1^2(x^2-1)\mathrm{d}x$

5.(2019) $\frac{\mathrm{d}}{\mathrm{d}x}\int_0^x\cos t^2\mathrm{d}x=$(C).

A. $-\sin x^2$　　B. $-2x\sin x$　　C. $\cos x^2$　　D. $2x\cos x$

6.(2018)下列等式正确的是(D).

A. $\int f'(x)\mathrm{d}x=f(x)$　　B. $\mathrm{d}\left(\int f(x)\mathrm{d}x\right)=f(x)$

C. $\left(\int f(x)\mathrm{d}x\right)'=f(x)+C$　　D. $\mathrm{d}\left(\int f(x)\mathrm{d}x\right)=f(x)\mathrm{d}x$

7.(2018)定积分 $\int_0^{2\pi}|\sin x|\mathrm{d}x$(B).

A. $\int_0^{\pi}\sin x\mathrm{d}x+\int_{\pi}^{2\pi}\sin x\mathrm{d}x$　　B. $\int_0^{\pi}\sin x\mathrm{d}x+\int_{\pi}^{2\pi}-\sin x\mathrm{d}x$

C. $\int_0^{\pi}-\sin x\mathrm{d}x+\int_{\pi}^{2\pi}-\sin x\mathrm{d}x$　　D. $\int_0^{\pi}-\sin x\mathrm{d}x+\int_{\pi}^{2\pi}\sin x\mathrm{d}x$

8. (2017)定积分 $\int_0^2 |1-x|\,dx =$ (B).

A. $\int_0^1 (1-x)dx + \int_1^2 (1-x)dx$　　B. $\int_0^1 (1-x)dx + \int_1^2 (x-1)dx$

C. $\int_0^1 (x-1)dx + \int_1^2 (x-1)dx$　　D. $\int_0^1 (x-1)dx + \int_1^2 (1-x)dx$

9. (2019) $\int \ln x\,dx = \underline{x\ln x - x + C}$.

10. (2018)已知 $f(x)$ 的一个原函数为 $\sqrt{x+1}$，则 $\int f(x)dx = \underline{\sqrt{x+1}+C}$.

11. (2018) $\frac{d}{dx}\left(\int_0^x e^{t^2}dt\right) = \underline{e^{x^2}}$.

12. (2017)不定积分 $\int x\cos x^2 dx = \underline{\frac{1}{2}\sin x^2 + C}$.

13. (2017)已知 $f(x) = \int_0^x t\sin t\,dt$，则 $f'(x) = \underline{x\sin x}$.

14. (2010)计算广义积分 $\int_1^{\infty} \frac{1}{x(1+3x)}dx = \underline{\frac{1}{3}}$.

15. (2009)设 $f(x) = \begin{cases} \sqrt{x}, & x \geqslant 0 \\ \frac{1}{x-1}, & x < 0 \end{cases}$，则 $\int_{-2}^0 f(x+1)dx$ 的值为 $\underline{\frac{2}{3} - \ln 2}$.

16. (2019)设直线 $y=2-x$，$y=0$ 与曲线 $y=x^2(x\geqslant 0)$ 所围成的平面图形为 D.

(Ⅰ)求 D 的面积 S；

(Ⅱ)求 D 绕 x 轴旋转一周所得旋转体的体积 V.

解　(Ⅰ) $S = \int_0^1 (2-y-\sqrt{y})dy = \left(2y - \frac{y^2}{2} - \frac{2}{3}y^{\frac{3}{2}}\right)\Big|_0^1 = \frac{5}{6}$.

(Ⅱ) $V = \pi\int_0^1 x^4 dx + \pi\int_0^1 (2-x)^2 dx = \frac{\pi}{5} + \pi\left(4x - 2x^2 + \frac{x^3}{3}\right)\Big|_0^1 = \frac{38}{15}\pi$.

17. (2018)设直线 $y=x$，$x=2$，$y=0$ 与曲线 $y=\frac{1}{x}(x>0)$ 所围成的平面图形为 D.

(Ⅰ)求 D 的面积 S；

(Ⅱ)求 D 绕 x 轴旋转一周所得旋转体的体积 V.

解　(Ⅰ) $S = \int_0^1 x\,dx + \int_1^2 \frac{1}{x}dx = \frac{x^2}{2}\Big|_0^1 + (\ln x)\Big|_0^1 = \frac{1}{2} + \ln 2$.

(Ⅱ) $V = \pi\int_0^1 x^2 dx + \pi\int_1^2 \frac{1}{x^2}dx = \frac{11}{6}\pi$.

18. (2017)已知 $f(\ln x) = \frac{\ln(1+x)}{x}$，计算定积分 $\int_{-1}^0 f(x)dx$.

解　令 $\ln x = t$，$x = e^t$，$f(t) = \frac{\ln(1+e^t)}{e^t}$，$f(x) = \frac{\ln(1+e^x)}{e^x}$，

$$\int_{-1}^{0} f(x)\mathrm{d}x = \int_{-1}^{0} \frac{\ln(1+\mathrm{e}^x)}{\mathrm{e}^x}\mathrm{d}x \xlongequal{令\ \mathrm{e}^x = p,\ x=\ln p} \int_{\frac{1}{\mathrm{e}}}^{1} \frac{\ln(1+p)}{p}\mathrm{d}\ln p$$

$$= -\int_{\frac{1}{\mathrm{e}}}^{1} \ln(1+p)\mathrm{d}\,\frac{1}{p}$$

$$= -\left[\frac{1}{p}\ln(1+p)\right]\Bigg|_{\frac{1}{\mathrm{e}}}^{1} + \int_{\frac{1}{\mathrm{e}}}^{1} \frac{1}{p(1+p)}\mathrm{d}p$$

$$= \left[-\frac{1}{p}\ln(1+p) + \ln p - \ln(1+p)\right]\Bigg|_{\frac{1}{\mathrm{e}}}^{1}$$

$$= \ln\left(1+\frac{1}{\mathrm{e}}\right) + \mathrm{e}\ln\left(1+\frac{1}{\mathrm{e}}\right) - 2\ln 2 + 1.$$

练习题答案

第一节练习题

1. (1)D；(2)D；(3)A；(4)A；(5)A；(6)B.

2. (1)$(-4x^2\sin x^2 + 2\cos x^2)\mathrm{d}x$；(2)$5^x \sin x$；(3)$\sin(2-3x)+C$；

(4)$-F(\cot x)+C$；(5)$3-\dfrac{2}{\sqrt{x}}$；(6)$-\dfrac{1}{x}-\arctan x+C$.

3. (1)$\dfrac{2}{3}x^{\frac{3}{2}} - 3\ln|x| + \dfrac{3^{x+1}}{\ln 3}+C$；(2)$\arctan x + \ln|x|+C$；

(3)$-\cot x - 2x + C$；(4)$\tan x - \sec x + C$.

第二节练习题

1. (1)B；(2)C；(3)D；(4)A；(5)D.

2. (1)$\dfrac{1}{c}f(cx+d)$；(2)$\dfrac{(1+x^2)^2}{4}+C$；(3)$\dfrac{2}{3}\sqrt{3x-1}+C$；(4)$\dfrac{1}{15}\arctan\dfrac{3}{5}x+C$.

3. (1)$-2\sqrt{1-x^2}+C$；(2)$-\dfrac{1}{\sqrt{2x+1}}+C$；(3)$-\dfrac{1}{6}\cos(2x^3-1)+C$；

(4)$2\mathrm{e}^{\sqrt{x}}+C$；(5)$\ln(x^2-2x+5)+\arctan\dfrac{x-1}{2}+C$；

(6)$\ln|\mathrm{e}^x+\mathrm{e}^{-x}|+C$.

第三节练习题

1. (1)D；(2)C；(3)D；(4)B.

2. (1)$-3x\mathrm{e}^{-x}-3\mathrm{e}^{-x}+C$；(2)$-2(\sqrt{x}\cos\sqrt{x}-\sin\sqrt{x})+C$；

(3)$x\cos x - \sin x + C$.

3. (1)$-\dfrac{\ln x}{x}-\dfrac{1}{x}+C$；(2)$x\sin(x+1)+\cos(x+1)+C$；

(3)$-x^2\mathrm{e}^{-x}-2x\mathrm{e}^{-x}-2\mathrm{e}^{-x}+C$；(4)$2\arcsin\sqrt{x}+2\sqrt{1-x}+C$；

(5)$\dfrac{1}{2}xf'(2x+3)-\dfrac{1}{4}f(2x+3)+C$.

第四节练习题

1. (1)D；(2)B；(3)C；(4)D.

2. (1)$\ln|x|-\frac{1}{3}\ln|x^3+1|+C$；(2)$\frac{1}{2}\ln|x^2-4x+6|+2\sqrt{2}\arctan\frac{x-2}{\sqrt{2}}+C$；

(3)$\frac{1}{3}x^3+\frac{1}{2}x^2+x+\ln|x-1|+C$.

3. (1)$x+\ln|x^2-2x+4|+\frac{2}{\sqrt{3}}\arctan\frac{x-1}{\sqrt{3}}+C$；(2)$\ln|1+x|-\frac{1}{3}\ln|x^3+1|+C$；

(3)$\frac{1}{2}\ln|x-1|-\frac{1}{4}\ln(x^2+1)+\frac{1}{2}\arctan x+C$；(4)$\frac{x^2}{2}+x+\ln\frac{(x-3)^6}{|x-2|^5}+C$.

第五节练习题

1. (1)A；(2)；C(3)D.

2. (1)$\frac{\pi}{2}$；(2)$>$；(3)$>$.

第六节练习题

1. (1)A；(2)D；(3)D；(4)D.

2. (1)0；$f(x)\mathrm{d}x$；(2)$\frac{-1}{10(\ln 5-2\ln 2)^2}$；(3)$b^4$.

3. (1)$y=2x$，(2)$\frac{\pi}{8}+\frac{1}{4}$；(3)$\frac{8}{15}+\frac{8}{5}\sqrt{3}$；(4)$\frac{2}{5}(4\sqrt{2}-1)$.

第七节练习题

1. (1)C；(2)D；(3)D；(4)B.

2. (1)2；(2)0，$\frac{\pi}{2}$；(3)1；(4)$\arctan\frac{\pi}{4}$.

3. (1)$\frac{3\pi}{32}$；(2)$\frac{\pi^2}{2}-4$；(3)$\frac{1}{2}(\mathrm{e}-1)$.

第八节练习题

1. (1)A；(2)C；(3)D.

2. (1)$t<0$，$-\frac{1}{t}$，$t\geqslant 0$；(2)$\frac{\pi}{2}-\arctan 2$.

3. (1)1；(2)$\frac{\pi}{4}+\frac{1}{2}\ln 2$；(3)$\pi$.

第九节练习题

1. (1)C；(2)B；(3)D.

2. (1)$\frac{13}{2}$；(2)$2\pi x_0^2$；(3)$\frac{32}{5}\pi$；(4)36.

第五章　常微分方程及其应用

一、知识结构与内容要点

(一)知识结构

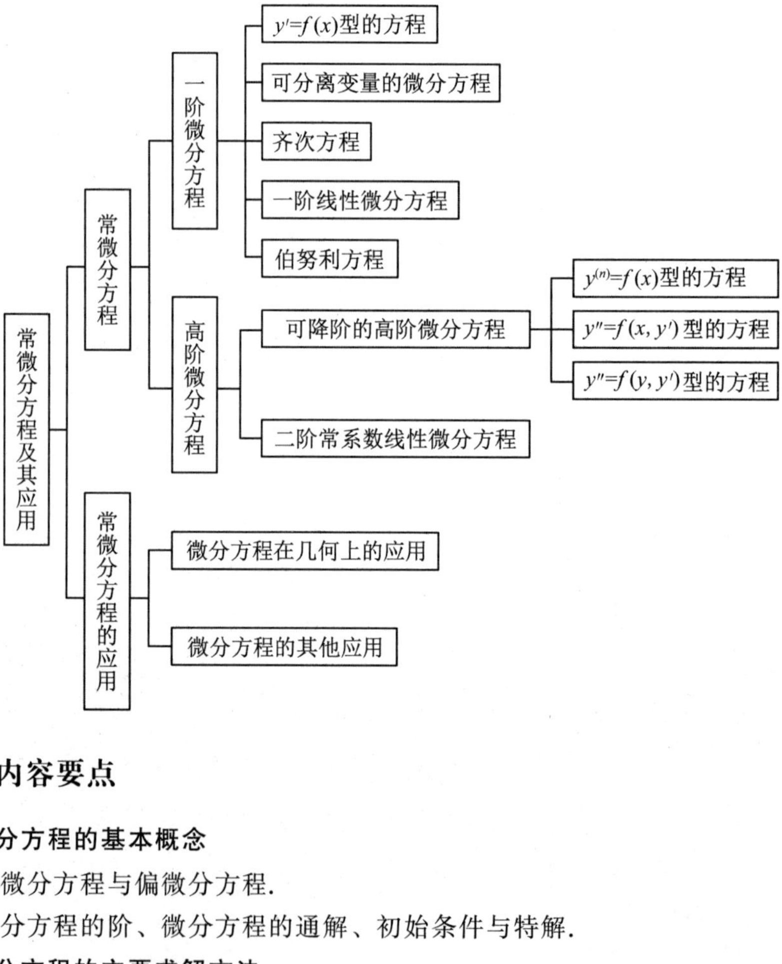

(二)内容要点

1. 微分方程的基本概念

(1)常微分方程与偏微分方程.

(2)微分方程的阶、微分方程的通解、初始条件与特解.

2. 微分方程的主要求解方法

(1)直接积分法. 通过积分逐步降阶，最后化为一阶微分方程求解，每积分一次加一个任意常数，连续 n 次积分即可求出方程的通解.

(2)分离变量法. 将微分方程变形，使等式的一端只含函数 y 的微分，其系数为 y 的函数；而等式的另一端只含自变量 x 的微分，其系数为 x 的函数. 两边积分得微分方程的解.

(3)常数变易法. 例如，齐次方程 $y'+p(x)y=0$ 的解为 $y=Ce^{-\int p(x)dx}$，把常数 C 替换成待定函数 $u(x)$，即 $y=u(x)e^{-\int p(x)dx}$，代入非齐次方程 $y'+p(x)y=Q(x)$，可确定 $u(x)$，从而得到 $y=u(x)e^{-\int p(x)dx}$.

(4)公式法. 由微分方程的通解公式求解对应类型方程的通解. 例如，$y'+P(x)y=Q(x)$ 的通解公式为 $y=e^{-\int P(x)dx}\left[\int Q(x)e^{\int P(x)dx}dx+C\right]$.

(5)特征根法. $y''+py'+qy=0$ 型，求解其特征方程 $r^2+pr+q=0$，通解公式如下表.

$r^2+pr+q=0$ 的根 r_1，r_2	方程 $y''+py'+qy=0$ 的通解公式
$r_1\neq r_2$	$y=C_1e^{r_1x}+C_2e^{r_2x}$
$r_1=r_2=r$	$y=C_1e^{rx}+C_2xe^{rx}=(C_1+C_2x)e^{rx}$
$r_{1,2}=\alpha\pm i\beta(\beta\neq 0)$	$y=e^{\alpha x}(C_1\cos\beta x+C_2\sin\beta x)$

(6)待定系数法. $y''+py'+qy=f(x)$型，根据下表设出待定特解 y^*，将 y^* 代入微分方程求出待定系数，得到的特解 y^*，对应齐次方程 $y''+py'+qy=0$ 的通解 Y，则非齐次方程的通解 $y=y^*+Y$.

特征方程 $r^2+pr+q=0$ 的两个根 r_1r_2	方程 $y''+py'+qy=e^{\lambda x}P_m(x)$ 的特解形式
$\lambda\neq r_{1,2}$	$y^*=Q_m(x)e^{\lambda x}$
$\lambda=r_1$，但 $\lambda\neq r_2$	$y^*=xQ_m(x)e^{\lambda x}$
$\lambda=r_1=r_2$	$y^*=x^2Q_m(x)e^{\lambda x}$

其中，$P_m(x)$为 x 的 m 次多项式，$Q_m(x)$为 x 的 m 次待定多项式.

特征方程 $r^2+pr+q=0$ 的两个根 r_1，r_2	方程 $y''+py'+qy=e^{\lambda x}[P_L(x)\cos\omega x+P_n(x)\sin\omega x]$ 的特解形式
$r_{1,2}\neq\lambda\pm i\omega$	$y^*=e^{\lambda x}[R_m^{(1)}(x)\cos\omega x+R_m^{(2)}\sin\omega x]$
$r_{1,2}=\lambda\pm i\omega$	$y^*=xe^{\lambda x}[R_m^{(1)}(x)\cos\omega x+R_m^{(2)}\sin\omega x]$

其中，$P_L(x)$为 x 的 L 次多项式，$P_n(x)$为 x 的 n 次多项式，$m=\max(L, n)$，$R_m(x)$为 x 的 m 次待定多项式(即 x 的 m 次多项式的一般式).

3. 微分方程的主要变量代换(降阶)式

(1)齐次方程：$y'=f\left(\frac{y}{x}\right)$型. 令 $u=\frac{y}{x}$，则 $y=ux$，$y'=u'x+u$，有 $u'x+u=f(u)$.

(2)伯努利方程：$y'+P(x)y=Q(x)y^n(n\neq 0, 1)$型. 令 $y^{1-n}=z$，则

$$(1-n)y^{-n}y'=z',\ 有\ z'+(1-n)P(x)z=(1-n)Q(x).$$

(3)$y''=f(x, y')$型. 令 $y'=P(x)$，则 $y''=P'(x)$，有 $P'=f(x, P)$.

(4)$y''=f(y, y')$型. 令 $y'=P(y)$，$y''=P\frac{\mathrm{d}P}{\mathrm{d}y}$，则 $p\frac{\mathrm{d}p}{\mathrm{d}y}=f(y, p)$.

4. 线性微分方程解的结构

(1)若 y_1 与 y_2 是齐次线性方程的两个线性无关的特解，则 $y=C_1y_1+C_2y_2$ 是线性齐次线方程的通解，其中 C_1、C_2 为任意常数.

(2)设 y^* 是线性非齐次方程的一个特解，Y 是对应的齐次线性方程的通解，则 $y=Y+y^*$ 就是线性非齐次方程的通解.

(3)设有非齐次线性微分方程 $y''+P(x)y'+Q(x)y=f_1(x)+f_2(x)$. 如果 y_1 与 y_2 分别是方程 $y''+P(x)y'+Q(x)y=f_1(x)$与 $y''+P(x)y'+Q(x)y=f_2(x)$的特解，则 $y^*=y_1+y_2$ 就是原方程 $y''+P(x)y'+Q(x)y=f_1(x)+f_2(x)$的一个特解.

二、教学基本要求与重点、难点

1. 教学基本要求

(1)理解微分方程，方程的阶、解、通解、初始条件和特解等概念.

(2)掌握可分离变量的微分方程、齐次微分方程、一阶线性微分方程的解法.

(3)会用降阶法求解特殊的高阶微分方程.

(4)了解线性微分方程解的结构.

(5)掌握二阶常系数线性齐次微分方程的解法.

(6)会求自由项为 $P_m(x)$，$\mathrm{e}^{\lambda x}P_m(x)$，$\mathrm{e}^{\lambda x}[P_L(x)\cos\omega x+P_n(x)\sin\omega x]$的二阶常系数线性非齐次微分方程的解.

2. 重点、难点

(1)重点.

可分离变量的微分方程、齐次方程、一阶线性微分方程、二阶常系数微分方程的求解.

(2)难点.

一阶微分方程类型的识别，可降阶的二阶微分方程的解法，二阶常系数非齐次线性微分方程特解的求法.

三、典型例题与习题

第一节　微分方程的概念

(一)典型例题

例 1　下列等式中不属于微分方程的是(　　).

A. $(y')^2=x\sin y$　　　　B. $\mathrm{d}y=x$

C. $xy\mathrm{d}y+y^2\mathrm{d}x=x$　　　　D. $x^2+4y^2=16$

解　答案选 B 和 D.

因为等式 B 中只有 y 的微分没有自变量的微分，不是一个含有函数微分的表达式；等式 D 中，既没有函数的导数也没有函数的微分. 所以等式 B 和 D 都不属于微分方程.

等式 A 中含有函数的一阶导数 y'；等式 C 中含有函数的微分 $\mathrm{d}y$(注意：$y'=\dfrac{\mathrm{d}y}{\mathrm{d}x}$)和自变量的微分 $\mathrm{d}x$.

例 2　指出下列各微分方程的阶数.

(1)$(y'')^2-xy=0$.

(2)$xy''-y'=xy$.

(3)$xy\mathrm{d}y+(y+q)\mathrm{d}x=0$.

(4)$\dfrac{\mathrm{d}^2\theta}{\mathrm{d}t^2}+3\dfrac{\mathrm{d}\theta}{\mathrm{d}t}=\theta+t^3$.

(5)$y^4+y^{(5)}+y''=0$.

解　微分方程(3)的阶数为一阶；微分方程(1)(2)(4)的阶数为二阶；微分方程(5)的阶数为五阶.

规定四阶及以上，n 阶导数的表达方法为 $y^{(n)}$.

例 3　下列方程中属于线性微分方程的是(　　).

A. $(y'')^3-x=0$　　　　B. $xy'-yy''=xy$

C. $xyy'''+y''+1=0$　　　　D. $y^{(5)}+y^{(4)}+y'''=0$

解　答案选 D.

因为方程 A 中含有$(y'')^3$ 是未知函数导数的三次项；方程 B，C 中 yy''，yy'''函数与它的导数的关系是非线性的；方程 D 中每一项均为函数导数的一次项.

例 4　验证函数 $y=5x^2$ 是一阶微分方程 $xy'=2y$ 的特解.

解　由 $y=5x^2$，则 $y'=10x$，把 y 及 y'代入微分方程，得

$$xy'=x\cdot 10x=2\cdot 5x^2=2y,$$

所以，函数 $y=5x^2$ 是一阶微分方程 $xy'=2y$ 的特解.

例 5　已知函数 $y=C\mathrm{e}^{x^2}$ 是一阶微分方程 $y'=2xy$ 的通解. 求该微分方程满足初

始条件 $y\Big|_{x=-1}=\mathrm{e}$ 的特解.

解 将 $y\Big|_{x=-1}=\mathrm{e}$ 代入一阶微分方程 $y'=2xy$ 的通解，即代入函数 $y=C\mathrm{e}^{x^2}$ 得 $C=1$，故所求特解为 $y=\mathrm{e}^{x^2}$.

例 6 函数 $y=C_1\mathrm{e}^{C_2-2x}-1$ 是微分方程 $y''-4y=4$ 的(　　).

A. 特解　　B. 通解

C. 是解但不是通解也不是特解　　D. 不是解

解 答案选 C.

因为 $y'=C_1\mathrm{e}^{C_2-2x}(-2)$，$y''=C_1\mathrm{e}^{C_2-2x}4$，代入方程左式得

$$y''-4y=C_1\mathrm{e}^{C_2-2x}4-4(C_1\mathrm{e}^{C_2-2x}-1)=4,$$

所以，它是微分方程的解. 但由于 $y=C_1\mathrm{e}^{C_2}\cdot\mathrm{e}^{-2x}-1$，其中 $C_1\mathrm{e}^{C_2}$ 实际只是一个任意常数，

因此，答案只能选 C.

(二)练习题

1. 选择题

(1)微分方程 $x^3(y'')^4-yy'=0$ 的阶数是(　　).

A. 一阶　　B. 二阶　　C. 三阶　　D. 四阶

(2)下列方程中不是线性方程的是(　　).

A. $y'+xy=\mathrm{e}^x$　　B. $y''+2y'+y=\sin x$

C. $y''+xy^2=\mathrm{e}x$　　D. $y''+xy'=\mathrm{e}^x$

(3)下列函数组线性相关的是(　　).

A. e^x 与 e^{2x}　　B. $\sin x$ 与 $\sin 2x$

C. x 与 $\sin x$　　D. $x\ln 2$ 与 $\ln 2^x$

(4)下列函数属于微分方程 $y''=\mathrm{e}^{-x}$ 通解的是(　　).

A. $y=-\mathrm{e}^{-x}$　　B. $y=-\mathrm{e}^{-x}+C_1x+C_2$

C. $y=-\mathrm{e}^{-x}+x+C$　　D. $y=\mathrm{e}^{-x}+C_1x+C_2$

2. 填空题

(1)微分方程 $(7x-6y)\mathrm{d}x+(x+y)\mathrm{d}y=0$ 的阶数为________.

(2)函数 $y'=\sin x$ 的一个特解为________.

3. 解答题

验证函数 $y=x\sin x+C$ 是微分方程 $y'-\sin x=x\cos x$ 的通解(C 为任意常数)，并求该方程满足初始条件 $y\Big|_{x=\frac{\pi}{2}}=0$ 的特解.

第二节　一阶微分方程及其解法

(一)典型例题

例 1　求微分方程 $y'=y$ 的通解.

解　把方程$\frac{dy}{dx}=y$ 分离变量为　$\frac{dy}{y}=dx$,

等式两端求积分得
$$\int\frac{dy}{y}=\int dx,$$
则有
$$\ln|y|=x+C_1,$$
$$y=\pm e^{x+C_1}=\pm e^{C_1}e^x.$$

设 $C=\pm e^{C_1}$，得方程的通解为 $y=Ce^x$.

以后为了简便起见，可把 $\ln|y|$ 写成 $\ln y$，只要记住最后得到的任意常数 C 是可正可负的就行了.

例 2　求微分方程 $y\ln x\,dx+x\ln y\,dy=0$ 的通解.

解　把方程分离变量为
$$\frac{\ln y}{y}dy=-\frac{\ln x}{x}dx,$$
等式两端求积分得
$$\int\frac{\ln y}{y}dy=-\int\frac{\ln x}{x}dx.$$
则有
$$\int\ln y\,d(\ln y)=-\int\ln x\,d(\ln x),$$
$$\frac{1}{2}(\ln y)^2=-\frac{1}{2}(\ln x)^2+C_1,$$
化简，得方程的通解
$$(\ln y)^2+(\ln x)^2=2C_1=C.$$

例 3　求微分方程 $\cos x\sin y\,dy=\cos y\sin x\,dx$ 满足 $y\big|_{x=0}=\frac{\pi}{4}$的特解.

解　把方程分离变量为
$$\frac{\sin y}{\cos y}dy=\frac{\sin x}{\cos x}dx,$$
等式两端求积分得
$$-\ln\cos y=-\ln\cos x-\ln C,$$
$$\ln\cos y=\ln\cos x+\ln C=\ln(C\cdot\cos x),$$
$$\cos y=C\cdot\cos x.$$

将 $y\big|_{x=0}=\frac{\pi}{4}$代入方程得 $C=\frac{\sqrt{2}}{2}$，所以微分方程的特解为
$$\cos y=\frac{\sqrt{2}}{2}\cos x.$$

例 4 求微分方程 $xy'-x\sec\dfrac{y}{x}-y=0$ 的通解.

解 把方程变为 $y'=\sec\dfrac{y}{x}+\dfrac{y}{x}$，令 $u=\dfrac{y}{x}$，则 $y=ux$，$y'=u'x+u$，故

$$u'x+u=\sec u+u\Rightarrow u'x=\sec u,$$

分离变量为
$$\cos u\,du=\frac{dx}{x},$$

等式两端积分得
$$\int\cos u\,du=\int\frac{dx}{x}\Rightarrow\sin u=\ln x+\ln C=\ln(Cx),$$

所求方程通解为 $\sin\dfrac{y}{x}=\ln(cx)$.

例 5 求微分方程 $y'+y=e^{-x}$ 的通解.

解 1 （常数变易法）先求 $y'+y=0$ 的通解，

分离变量得
$$\frac{dy}{y}=-dx,$$

两端积分得
$$\ln y=-x+C_1,$$
$$y=e^{-x+C_1}=e^{C_1}e^{-x}=Ce^{-x}.$$

再设 $y=C(x)e^{-x}$ 为原方程的通解，代入原方程得

$$[C(x)e^{-x}]'+C(x)e^{-x}=e^{-x},$$
$$C'(x)e^{-x}-C(x)e^{-x}+C(x)e^{-x}=e^{-x},$$

即
$$C'(x)=1.$$

积分得
$$C(x)=x+C,$$

故得所求方程的通解为
$$y=e^{-x}(x+C).$$

解 2 （公式法）直接利用公式 $y=e^{-\int P(x)dx}\left[\int Q(x)e^{\int P(x)dx}dx+C\right]$ 求解.

因为 $P(x)=1$，$Q(x)=e^{-x}$，所以通解为

$$y=e^{-\int dx}\left(\int e^{-x}e^{\int dx}dx+C\right)=e^{-x}\left(\int e^{-x}e^{x}dx+C\right)$$
$$=e^{-x}(x+C).$$

例 6 求微分方程 $y'+\dfrac{1}{x}y=\dfrac{\sin x}{x}$的通解.

解 因为 $P(x)=\dfrac{1}{x}$，$Q(x)=\dfrac{\sin x}{x}$，所以通解为

$$y=e^{-\int\frac{1}{x}dx}\left(\int\frac{\sin x}{x}e^{\int\frac{1}{x}dx}dx+C\right)=e^{-\ln x}\left(\int\frac{\sin x}{x}e^{\ln x}dx+C\right)$$
$$=\frac{1}{x}\left(\int\sin x\,dx+C\right)=\frac{1}{x}(-\cos x+C).$$

例 7 求微分方程 $y'-y\tan x=\sec x$ 满足条件 $y\big|_{x=0}=0$ 的特解.

解 因为 $P(x)=-\tan x$，$Q(x)=\sec x$，所以通解为

$$y=e^{\int \tan x\,dx}\left(\int \sec x\,e^{-\int \tan x\,dx}dx+C\right)=e^{-\ln\cos x}\left(\int \sec x\,e^{\ln\cos x}dx+C\right)$$
$$=\frac{1}{\cos x}\left(\int \sec x\cdot\cos x\,dx+C\right)=\frac{1}{\cos x}(x+C),$$

把条件 $y\big|_{x=0}=0$ 代入得 $C=0$，所以得方程的特解为 $y=\dfrac{x}{\cos x}$.

例 8 求一曲线的方程，此曲线通过原点，并且它在点(x, y)处的切线斜率等于 $2x-y$.

解 根据已知可得 $y'=2x-y$，即

$$y'+y=2x.$$

此方程为一阶非齐次线性方程，因 $P(x)=1$，$Q(x)=2x$，所以通解为

$$y=e^{-\int dx}\left(\int 2x\,e^{\int dx}dx+C\right)=e^{-x}\left(2\int x\,e^{x}dx+C\right)$$
$$=e^{-x}\left(2\int x\,d(e^{x})+C\right)=e^{-x}\left(2x\,e^{x}-2\int e^{x}dx+C\right)$$
$$=e^{-x}(2x\,e^{x}-2e^{x}+C)=2x-2+Ce^{-x}.$$

因为曲线通过原点，所以 $y\big|_{x=0}=0$，把此条件代入得 $C=2$，

所以，所求曲线为 $y=2x-2+2e^{-x}$.

例 9 求微分方程$\dfrac{dy}{dx}=5\dfrac{y}{x}-xy^{2}$ 的通解.

解 因为方程变形为$\dfrac{dy}{dx}-\dfrac{5}{x}y=-xy^{2}$，所以是伯努利方程.

同除 y^2 得 $$y^{-2}y'-\frac{5}{x}y^{-1}=-x,$$

令 $y^{-1}=z$，则 $$-y^{-2}y'=z',$$

代入方程得 $$-z'-\frac{5}{x}z=-x，即\ z'+\frac{5}{x}z=x.$$

于是 $$z=e^{-\int\frac{5}{x}dx}\left(\int x\,e^{\int\frac{5}{x}dx}dx+C\right)=e^{-5\ln x}\left(\int x\,e^{5\ln x}dx+C\right)$$
$$=\frac{1}{x^{5}}\left(\int x^{6}dx+C\right)=\frac{1}{x^{5}}\left(\frac{1}{7}x^{7}+C\right),$$

则方程的通解为 $$y=\frac{1}{\left(\dfrac{x^{2}}{7}+\dfrac{C}{x^{5}}\right)}.$$

(二)练习题

1. 选择题

(1)微分方程 $xy'=4y$ 的通解是(　　).

A. $y=Cx^3$　　B. $y=Cx^4$　　C. $y=Cx$　　D. $y=4\ln x$

(2)微分方程$(7x-6y)\mathrm{d}x+(x+y)\mathrm{d}y=0$是(　　).

A. 可分离变量的微分方程　　B. 伯努利方程

C. 一阶线性微分方程　　D. 齐次微分方程

(3)一阶线性微分方程$y'+P(x)y=Q(x)$的通解是(　　).

A. $y=\mathrm{e}^{-\int P(x)\mathrm{d}x}\left[Q(x)\mathrm{e}^{\int P(x)\mathrm{d}x}\mathrm{d}x+C\right]$　　B. $y=\mathrm{e}^{\int P(x)\mathrm{d}x}\left[Q(x)\mathrm{e}^{\int P(x)\mathrm{d}x}\mathrm{d}x+C\right]$

C. $y=\mathrm{e}^{-\int P(x)\mathrm{d}x}\left[Q(x)\mathrm{e}^{-\int P(x)\mathrm{d}x}\mathrm{d}x+C\right]$　　D. $y=\mathrm{e}^{\int P(x)\mathrm{d}x}\left[Q(x)\mathrm{e}^{-\int P(x)\mathrm{d}x}\mathrm{d}x+C\right]$

2. 填空题

(1)微分方程$x\mathrm{d}y=(y+x^2\sin x)\mathrm{d}x$的类型是________. 其通解为________.

(2)微分方程$xy'+y=0$满足初始条件$y\big|_{x=1}=2$的特解为________.

3. 计算题

(1)求微分方程$xy'=y(\ln y-\ln x)$的通解.

(2)求微分方程$y'-4xy=x^2\mathrm{e}^{2x^2}$的通解.

(3)求微分方程$3y^2y'+\dfrac{2x}{1+x^2}y^3=\dfrac{\cos 2x}{1+x^2}$的通解.

4. 解答题

一曲线过点(1, 1)，且曲线上任一点$M(x,\ y)$处的切线与过原点的直线OM垂直，求此曲线方程.

第三节　可降阶的高阶微分方程及其解法

(一)典型例题

例1　求微分方程$y''=\sin 2x+x^2$的通解.

解　因为方程$y''=f(x)$的右边只有x，所以可以通过两次积分直接求解.

积分
$$y'=-\frac{1}{2}\cos 2x+\frac{1}{3}x^3+C_1,$$

再积分，得
$$y=-\frac{1}{4}\sin 2x+\frac{1}{12}x^4+C_1x+C_2.$$

例2　求微分方程$x^2y''+xy'=2$的通解.

解　方程是不显含y的二阶微分方程，令$y'=P$，$y''=P'$，代入方程得$x^2P'+xP=2$，变形为$P'+\dfrac{1}{x}P=\dfrac{2}{x^2}$，这是关于$x$和$P$的一阶线性方程，用公式法得

$$P=\mathrm{e}^{-\int\frac{1}{x}\mathrm{d}x}\left[\int\frac{2}{x^2}\cdot\mathrm{e}^{\int\frac{1}{x}\mathrm{d}x}\mathrm{d}x+C_1\right]=\frac{1}{x}\left[\int\frac{2}{x^2}\cdot x\,\mathrm{d}x+C_1\right]=\frac{1}{x}(2\ln x+C_1),$$

于是
$$y'=\frac{1}{x}(2\ln x+C_1),$$

则有
$$y=\int\frac{1}{x}(2\ln x+C_1)\mathrm{d}x=(\ln x)^2+C_1\ln x+C_2.$$

例 3 求微分方程$\begin{cases} y''(1+x^2)=2xy' \\ y\big|_{x=0}=1,\ y'\big|_{x=0}=3 \end{cases}$的特解.

解 方程是不显含 y 的二阶微分方程，令 $y'=P$，$y''=P'$，代入方程得 $P'(1+x^2)=2xP$，变形为$\frac{dP}{dx}(1+x^2)=2xP$，这是关于 x 和 P 的可分离变量方程，即

$$\frac{dP}{P}=\frac{2x}{1+x^2}dx,$$

两边积分

$$\ln P=\ln(1+x^2)+\ln C_1,$$

则

$$P=C_1(1+x^2).$$

因为 $y'=P$，所以$\int C_1(1+x^2)dx+C_2=C_1\left(x+\frac{1}{3}x^3\right)+C_2$.

因为 $y\big|_{x=0}=1$，$y'\big|_{x=0}=3$，所以 $C_2=1$，$C_1=3$，则所求特解为

$$y=3\left(x+\frac{1}{3}x^3\right)+1=x^3+3x+1.$$

例 4 求微分方程 $2yy''=1+(y')^2$ 的通解.

解 方程是不显含 x 的二阶微分方程，令 $y'=P$，$y''=\frac{dP}{dx}=\frac{dP}{dy}\frac{dy}{dx}=P\frac{dP}{dy}$，代入方程得 $2yP\frac{dP}{dy}=1+P^2$，这是关于 y 和 P 的可分离变量方程，即

$$\frac{2P\,dP}{1+P^2}=\frac{1}{y}dy,$$

两边积分

$$\ln(1+P^2)=\ln y+\ln C_1,$$

则

$$1+P^2=C_1y\Rightarrow P=\pm\sqrt{C_1y-1}.$$

因为 $y'=P$，所以

$$\frac{dy}{dx}=\pm\sqrt{C_1y-1},$$

再分离变量

$$\frac{dy}{\sqrt{C_1y-1}}=\pm dx,$$

则微分方程的通解为

$$\frac{2}{C_1}\sqrt{C_1y-1}=\pm x+C_2.$$

例 5 求微分方程 $y''-3y'+2y=0$ 的通解.

解 所给微分方程的特征方程为

$$r^2-3r+2=0,$$

其根为 $r_1=1$，$r_2=2$，故所求通解为

$$y=C_1e^x+C_2e^{2x}.$$

例 6 求微分方程 $4y''+4y'+y=0$ 的通解.

解 所给微分方程的特征方程为

$$4r^2+4r+1=0,$$

其根为 $r_1=r_2=-\frac{1}{2}$，故所求通解为

$$y=(C_1+C_2x)e^{-\frac{1}{2}x}.$$

例 7 求微分方程 $y''-2y'+5y=0$ 的通解.

解 因为所给微分方程的特征方程为

$$r^2-2r+5=0,$$

所以 $$r_{1,2}=\frac{2\pm\sqrt{4-20}}{2}=1\pm 2i,$$

故所求通解为 $$y=e^x(C_1\cos 2x+C_2\sin 2x).$$

例 8 求微分方程 $y''-20y'+100y=0$ 的满足 $y\big|_{x=0}=1$，$y'\big|_{x=0}=12$ 特解.

解 特征方程是 $r^2-20r+100=0$ 特征根为 $r_1=r_2=10$，于是微分方程的通解为

$$y=(C_1x+C_2)e^{10x},$$

于是 $$y'=C_1e^{10x}+(C_1x+C_2)10e^{10x},$$

因为 $y\big|_{x=0}=1$，$y'\big|_{x=0}=12$，所以 $C_2=1$，$C_1=2$，所以所求特解为

$$y=(2x+1)e^{10x}.$$

例 9 设微分方程 $y''+4y=0$ 的一条积分曲线过点$(\pi,-1)$，且在该点与直线 $y+1=x-\pi$ 相切，求此曲线的方程.

解 由题意知该问题有初始条件 $y\big|_{x=\pi}=-1$，$y'\big|_{x=\pi}=1$，由于特征方程是 $r^2+4=0$，得

$$r=\pm 2i,$$

于是微分方程的通解为 $$y=C_1\cos 2x+C_2\sin 2x,$$
$$y'=-2C_1\sin 2x+2C_2\cos 2x.$$

由 $y\big|_{x=\pi}=-1$，$y'\big|_{x=\pi}=1$，得 $C_1=-1$，$C_2=\frac{1}{2}$，

所求曲线的方程为 $$y=-\cos 2x+\frac{1}{2}\sin 2x.$$

例 10 求方程 $y''+y'-20y=3e^{4x}$ 的通解.

解 特征方程 $r^2+r-20=0$，特征根 $r_1=-5$，$r_2=4$，它对应的齐次方程的通解为

$$Y=C_1e^{-5x}+C_2e^{4x}.$$

由于 $\lambda=4$ 是单特征根，所以设

$y^*=x\cdot a\cdot e^{4x}$(其中 a 为零次待定多项式).

由于 $y^{*\prime}=a(e^{4x}+4xe^{4x})$，$y^{*\prime\prime}=a(4e^{4x}+4e^{4x}+16xe^{4x})=a(8e^{4x}+16xe^{4x})$，

代入方程有 $$a(8e^{4x}+16xe^{4x})+a(e^{4x}+4xe^{4x})-20x\cdot a\cdot e^{4x}=3e^{4x},$$

则有 $$9ae^{4x}=3e^{4x}\Rightarrow 9a=3\Rightarrow a=\frac{1}{3},$$

则方程的一个特解为 $$y^*=\frac{1}{3}xe^{4x},$$

所以该方程的通解为 $$y=y^*+Y=\frac{1}{3}xe^{4x}+C_1e^{-5x}+C_2e^{4x}.$$

例 11 求微分方程 $y''-2y'-3y=x^2+2x+1$ 的通解.

解 其对应的齐次方程的特征方程为 $r^2-2r-3=0$，特征根为 $r_1=-1$，$r_2=3$. 所以其对应的齐次方程的通解为

$$Y=C_1e^{-x}+C_2e^{3x}.$$

所求方程为方程 $y''-2y'-3y=(x^2+2x+1)e^{\lambda x}$ 当 $\lambda=0$ 时的情形.

由于 $\lambda=0$ 与 r_1，r_2 都不相等，故取 $k=0$. 因此设原方程的特解为

$$y^*=Q_2(x)=ax^2+bx+c,$$

把 y^* 代入原方程得

$$(ax^2+bx+c)''-2(ax^2+bx+c)'-3(ax^2+bx+c)=x^2+2x+1,$$

整理得 $$-3ax^2-(4a+3b)x+(2a-2b-3c)=x^2+2x+1.$$

比较上式两端 x 同次幂项的系数得

$$\begin{cases}-3a=1\\-4a-3b=2\\2a-2b-3c=1\end{cases},$$

从而求出 $a=-\frac{1}{3}$，$b=-\frac{2}{9}$，$c=-\frac{11}{27}$，于是

$$y^*=-\frac{1}{3}x^2-\frac{2}{9}x-\frac{11}{27}.$$

因此，所求方程的通解为

$$y=Y+y^*=C_1e^{-x}+C_2e^{3x}-\frac{1}{3}x^2-\frac{2}{9}x-\frac{11}{27}.$$

例 12 求微分方程 $y''+y'-20y=3e^{4x}\cos x$ 的一个解.

解 1 因为 $3e^{4x}\cos x$ 是 $3e^{(4+i)x}$ 的实部，所以先求 $y''+y'-20y=3e^{(4+i)x}$ 的一个解.

因为 $\alpha+i\beta=4+i$ 不是特征根，所以设 $y^*=ae^{(4+i)x}$，则

$$y^{*\prime}=a(4+i)e^{(4+i)x},\ y^{*\prime\prime}=a(4+i)^2e^{(4+i)x}.$$

代入方程得 $a(4+i)^2e^{(4+i)x}+a(4+i)e^{(4+i)x}-20ae^{(4+i)x}\equiv3e^{(4+i)x}$，

化简得 $$a=\frac{-3}{82}(1+9i).$$

于是 $$y^*=\frac{-3}{82}(1-9i)e^{(4+i)x}=\frac{-3}{82}e^{4x}(1+9i)(\cos x+i\sin x)$$

$$=\frac{-3}{82}e^{4x}[(\cos x-9\sin x)+i(9\cos x+\sin x)].$$

因为方程自由项 $3e^{4x}\cos x$ 是 $3e^{(4+i)x}$ 的实部，所以 y^* 的实部是原方程的一个特解，

所求微分方程的特解为 $y^*=\frac{-3}{82}e^{4x}(\cos x-9\sin x)$.

解 2 由于 $\alpha+i\beta=4+i$ 不是特征根，且自由项中多项式为零次多项式，所以设

$$y^*=e^{4x}(a\cos x+b\sin x),$$

$$y^{*\prime}=e^{4x}(4a\cos x+4b\sin x-a\sin x+b\cos x),$$

$$y^{*\prime\prime}=e^{4x}(16a\cos x+16b\sin x-4a\sin x+4b\cos x-4a\sin x+4b\cos x-a\cos x-b\sin x),$$

代入方程得 $y''+y'-20y=e^{4x}[(9b-a)\cos x-(9a+b)\sin x]\equiv 3e^{4x}\cos x$，联立

$$\begin{cases}9b-a=3\\9a+b=0\end{cases},$$

得
$$a=-\frac{3}{82},\ b=\frac{27}{82}.$$

则方程的一个特解为 $y^*=e^{4x}\left(-\frac{3}{82}\cos x+\frac{27}{82}\sin x\right)$.

例 13 求解微分方程 $y''+4y=\frac{1}{2}\cos 2x$.

解 特征方程 $r^2+4=0$，特征根 $r_{1,2}=\pm 2i$，故此微分方程所对应的齐次方程的通解为

$$Y=C_1\cos 2x+C_2\sin 2x.$$

设原方程的特解为

$$y^*=x(a\cos 2x+b\sin 2x),$$

则
$$\begin{aligned}y^{*\prime}&=(a\cos 2x+b\sin 2x)+x[2a(-\sin 2x)+2b\cos 2x]\\&=(a+2bx)\cos 2x+(b-2ax)\sin 2x,\\y^{*\prime\prime}&=(4b\cos 2x-4a\sin 2x)+x[4b(-\sin 2x)+4a(-)\cos 2x]\\&=(4b-4ax)\cos 2x-(4a+4bx)\sin 2x.\end{aligned}$$

代入方程并化简得

$$4b\cos 2x-4a\sin 2x=\frac{1}{2}\cos 2x,$$

解得 $b=\frac{1}{8}$，$a=0$，所以 $y^*=\frac{1}{8}x\sin 2x$.

故原方程的通解为 $y=C_1\cos 2x+C_2\sin 2x+\frac{1}{8}x\sin 2x$.

例 14 选择题：用待定系数法求解微分方程 $y''+4y'-5y=e^x+x^2$ 时，它的特解应设为(　　).

A. ae^x+bx^2+cx+d　　B. axe^x+bx^2+cx+d

C. ae^x+bx+c　　D. ax^2e^x+bx+c

解 该方程的特解分别由 $y''+4y'-5y=e^x$ 和 $y''+4y'-5y=x^2$ 的特解构成.

对于方程 $y''+4y'+5y=e^x$，因为 $\lambda=1$，特征根为 $r=-5$，$r=1$，λ 是单特征根，且方程右边的多项式为零次多项式，所以应设 $y_1^*=xae^x$；对于方程 $y''+4y'-5y=$

x^2，因为 $\lambda=0$，特征根为 $r=-5$，$r=1$，λ 不是特征根，且方程右边的多项式为二次多项式，所以应设 $y_2^*=ax^2+bx+c$. 因此原方程的特解应设

$$y^*=y_1^*+y_2^*=axe^x+bx^2+cx+d,$$

答案故选 B.

在此例题中用到解的结构定理：当自由项是由两个函数相加时，即 f_1+f_2 时，分别求出 $y''+py'+qy=f_1$ 的特解和 y_1^* 和 $y''+py'+qy=f_2$ 的特解 y_2^*，它们的和 $y_1^*+y_2^*$ 是方程 $y''+py'+qy=f_1+f_2$ 的特解.

(二)练习题

1. 选择题

(1)微分方程 $y''-2y'+y=0$ 的解是(　　).

A. $y=e^x$　　B. $y=x^2e^x$　　C. $y=x^3e^x$　　D. $y=e^{-x}$

(2)微分方程 $y'''=xe^x$ 的通解是(　　).

A. $y=xe^x-e^x+C$　　B. $y=xe^x-2e^x+C_1x+C_2$

C. $y=xe^x-3e^x+\frac{C_1}{2}x+C_2x+C_3$　　D. $y=xe^x-2e^x+C_1x+C_2x+C_3$

(3)微分方程 $y''=\frac{1}{x}y'+xe^x$ 下列说法正确的是(　　).

A. 此方程为二阶常系数线性非齐次微分方程

B. 此方程为二阶常系数线性齐次微分方程

C. 解此方程应　令 $y'=P(x)$

D. 解此方程应　令 $y'=P(y)$

(4)微分方程 $y''+y'-2y=x^2+x$ 的特解形式可设为(　　).

A. $y^*=C_1e^{-2x}+C_2e^x$　　B. $y^*=ax^2+bx+c$

C. $y^*=C_1e^{-2x}(ax^2+bx+c)$　　D. $y^*=C_1e^x(ax^2+bx+c)$

2. 填空题

(1)微分方程 $3y''-4y'+y=0$ 的类型是________. 其通解为________.

(2)微分方程 $y''+2y'+4y=0$ 满足初始条件 $y\big|_{x=0}=1$，$y'\big|_{x=0}=2$ 的特解为________.

3. 计算题

(1)求微分方程 $y''+9y=0$ 的通解.

(2)求微分方程 $2yy''-(y')^2=0$ 的通解.

(3)求微分方程 $y''-2y'=\sin x$ 的一个特解.

(4)求微分方程 $y''-20y'+100y=(3x+1)e^{10x}$ 的通解.

四、综合与提高例题精讲

怎样求解微分方程是微分方程的中心问题，上面给出了可分离变量的方程，齐次

方程，一阶、二阶线性微分方程等常见微分方程的形式和一般求解方法. 每一类型的方程都有固定的求解模式，灵活运用，方法得当，则解法更简便. 有些微分方程从表面上看不出方程的类型，需要进行恒等变形；或根据导数、微分、积分公式进行变换；甚至变换角度，视 x 为因变量视 y 为自变量，把它变成我们熟悉的方程类型，从而求得方程的解. 也可以已知方程的解，求满足该解的微分方程.

例 1 求微分方程 $(xy^2+x)\mathrm{d}x+(y-x^2y)\mathrm{d}y=0$ 的通解.

解 由于方程可变形为 $x(y^2+1)\mathrm{d}x+y(1-x^2)\mathrm{d}y=0$. 该方程是可分离变量的微分方程，分离变量得

$$\frac{x}{1-x^2}\mathrm{d}x=-\frac{y}{y^2+1}\mathrm{d}y,$$

两边积分

$$\int\frac{x}{1-x^2}\mathrm{d}x=-\int\frac{y}{y^2+1}\mathrm{d}y,$$

$$-\frac{1}{2}\ln|1-x^2|=-\frac{1}{2}\ln(y^2+1)+C,$$

整理得

$$\frac{y^2+1}{|1-x^2|}=\mathrm{e}^{2C},$$

方程的通解为 $y^2+1=C_1(1-x^2)$ （其中 $C_1=\pm\mathrm{e}^{2C}$）.

例 2 求微分方程 $y^3y'=x\mathrm{e}^{y^4+x^2}$ 满足初始条件 $y\big|_{x=0}=0$ 的特解.

解 方程变形为

$$y^3y'=x\mathrm{e}^{y^4}\cdot\mathrm{e}^{x^2},$$

是可分离变量的方程

$$y^3\mathrm{e}^{-y^4}\mathrm{d}y=x\mathrm{e}^{x^2}\mathrm{d}x,$$

两边积分

$$\int y^3\mathrm{e}^{-y^4}\mathrm{d}y=\int x\mathrm{e}^{x^2}\mathrm{d}x,$$

得

$$-\frac{1}{4}\mathrm{e}^{-y^4}=\frac{1}{2}\mathrm{e}^{x^2}+C,$$

整理得

$$2\mathrm{e}^{x^2}+\mathrm{e}^{-y^4}=C_1.$$

因为 $y\big|_{x=0}=0$，所以 $C_1=3$.

则满足初始条件 $y\big|_{x=0}=0$ 的特解为 $2\mathrm{e}^{x^2}+\mathrm{e}^{-y^4}=3$.

例 3 求微分方程 $3xy^2y'-3y^3=2x^3y'$ 的通解.

解 因为方程可变形得 $(3xy^2-2x^3)y'=3y^3$，所以它是齐次方程，则

$$y'=\frac{3y^3}{3xy^2-2x^3}=\frac{3\left(\frac{y}{x}\right)^3}{3\left(\frac{y}{x}\right)^2-2},$$

令 $\frac{y}{x}=u$，则 $y=x\cdot u$，$y'=u+x\cdot u'$，

代入方程得

$$u+x\cdot u'=\frac{3u^3}{3u^2-2},$$

即 $$x\frac{du}{dx}=\frac{2u}{3u^2-2},$$

分离变量 $$\frac{3u^2-2}{2u}du=\frac{dx}{x},$$

两边积分 $$\int\left(\frac{3}{2}u-\frac{1}{u}\right)du=\int\frac{dx}{x},$$

得 $$\frac{3}{4}u^2-\ln u=\ln x+\ln C.$$

将$\frac{y}{x}=u$代入 $$\frac{3}{4}\left(\frac{y}{x}\right)^2-\ln\frac{y}{x}=\ln x+\ln C,$$

化简得方程的通解为 $$\frac{3}{4}\left(\frac{y}{x}\right)^2=\ln Cy\quad 或\quad Cy=e^{\frac{3}{4}\left(\frac{y}{x}\right)^2}.$$

说明：在上面解题的过程中，之所以将常数直接写成 $\ln C$，是为了方程整理的方便，另外 $\ln x$ 没有写绝对值，是因为符号可以含在常数 C 中.

形如 $y'=f\left(\frac{y}{x}\right)$ 的方程是齐次方程，有时方程是 $y'=\frac{ax+by}{cx+dy}$，$y'=\frac{ax^2+by^2+cxy}{dx^2+ey^2+fxy}$ 等形式，需要变形才能看出该类型.

例 4 求解微分方程$\frac{dy}{dx}=\frac{y-x}{y+x}$.

解 这是可化为齐次方程的微分方程，方程右端分子分母同除以 x，变形为

$$\frac{dy}{dx}=\frac{\frac{y}{x}-1}{\frac{y}{x}+1},$$

即成为齐次方程. 令 $u=\frac{y}{x}$，则

$$u+x\frac{du}{dx}=\frac{u-1}{u+1},$$

即 $$\frac{u+1}{u^2+1}du=-\frac{1}{x}dx.$$

两边积分得

$$\frac{1}{2}\ln(u^2+1)+\arctan u=-\ln|x|+C,$$

即原方程的通解为

$$\frac{1}{2}\ln\left(\frac{y^2}{x^2}+1\right)+\arctan\frac{y}{x}=-\ln|x|+C.$$

例 5 求解微分方程$\frac{dy}{dx}=\frac{y-x+1}{y+x+5}$.

解 此题只要将常数 1 和 5 处理为零，便可以求解.

引入新变量 ε 和 θ，令 $x=\varepsilon+a$，$y=\theta+b$，有

$$\frac{\mathrm{d}\theta}{\mathrm{d}\varepsilon}=\frac{\theta-\varepsilon+b-a+1}{\theta+\varepsilon+b+a+5},$$

只要令$\begin{cases}b-a+1=0\\b+a+5=0,\end{cases}$有 $a=-2$，$b=-3$.

即 $x=\varepsilon-2$，$y=\theta-3$，原方程化为

$$\frac{\mathrm{d}\theta}{\mathrm{d}\varepsilon}=\frac{\theta-\varepsilon}{\theta+\varepsilon},$$

于是

$$\frac{1}{2}\ln\left(\frac{\theta^2}{\varepsilon^2}+1\right)+\arctan\frac{\theta}{\varepsilon}=-\ln|\varepsilon|+C.$$

将 $\varepsilon=x+2$，$\theta=y+3$ 代入的原方程的解

$$\frac{1}{2}\ln\left(\frac{(y+3)^2}{(x+2)^2}+1\right)+\arctan\frac{y+3}{x+2}=-\ln|x+2|+C.$$

例 6 求微分方程 $2x(-ye^{x^2}+2x^2)\mathrm{d}x=e^{x^2}\mathrm{d}y$ 满足初始条件 $y\big|_{x=0}=2$ 的特解.

解 方程变形为 $$e^{x^2}\frac{\mathrm{d}y}{\mathrm{d}x}=-2xe^{x^2}y+4x^3,$$

它是一阶线性方程 $$\frac{\mathrm{d}y}{\mathrm{d}x}+2xy=4x^3e^{-x^2},$$

用公式法
$$\begin{aligned}y&=e^{-\int 2x\mathrm{d}x}\left(\int 4x^3e^{-x^2}\cdot e^{\int 2x\mathrm{d}x}\mathrm{d}x+C\right)\\&=e^{-x^2}\left(\int 4x^3\mathrm{d}x+C\right)\\&=e^{-x^2}(x^4+C),\end{aligned}$$

因为 $\big|_{x=0}=2$，所以 $C=2$.

则满足初始条件 $y\big|_{x=0}=2$ 的特解为 $y=e^{-x^2}(x^4+2)$.

有的微分方程不是典型类型，但当把 y 看作自变量，x 看作因变量时，可变成一阶线性方程.

例 7 求微分方程$\dfrac{\mathrm{d}y}{\mathrm{d}x}=\dfrac{y^2}{xy^2+y^5e^y}$满足 $y\big|_{x=0}=0$ 的特解.

该方程既不是可分离变量方程，也不是齐次方程，更不是一般的线性方程. 但是当我们换个角度，把 y 看作是自变量，x 看作因变量时，就会发现它是把 y 看作是自变量的一阶线性方程，可以用公式来求解.

解 方程变形为$\dfrac{\mathrm{d}x}{\mathrm{d}y}=x+y^3e^y$，即$\dfrac{\mathrm{d}x}{\mathrm{d}y}-x=y^3e^y$，

用公式
$$\begin{aligned}x&=e^{\int 1\mathrm{d}y}\left(\int y^3e^ye^{-\int 1\mathrm{d}y}\mathrm{d}y+C\right)\\&=e^y\left(\int y^3\mathrm{d}y+C\right)=e^y\left(\frac{y^4}{4}+C\right).\end{aligned}$$

因为 $y\big|_{x=0}=0$，代入得 $C=0$.

所以，方程满足 $y\big|_{x=0}=0$ 的特解为 $x=\frac{1}{4}y^4e^y$.

例 8 求微分方程 $xy\,dx=(x^2+y^4)dy$ 的通解.

解 当将方程变为 $xy=(x^2+y^4)\frac{dy}{dx}$，它不是典型类型的方程. 同样，当把 y 看作是自变量时，$xy\frac{dx}{dy}=x^2+y^4$，$\frac{dx}{dy}-\frac{1}{y}x=y^3\cdot x^{-1}$，这是将 y 看作是自变量的伯努利方程.

将方程同乘 x，则有 $x\frac{dx}{dy}-\frac{1}{y}x^2=y^3$；令 $x^2=z$，则有 $2x\frac{dx}{dy}=\frac{dz}{dy}$.

代入方程得
$$\frac{1}{2}\frac{dz}{dy}-\frac{1}{y}z=y^2,$$
即
$$\frac{dz}{dy}-\frac{2}{y}z=2y^3,$$
$$z=e^{\int\frac{2}{y}dy}\left(\int 2y^3e^{\int-\frac{2}{y}dy}dy+C\right)=y^2\left(\int 2y\,dy+C\right)=y^2(y^2+C),$$
因此，方程的通解为
$$x^2=y^4+Cy^2$$

例 9 求微分方程 $y'=(x+y)^2$ 的通解.

解 首先它不是典型的类型，可以尝试做个换元，令 $x+y=u$，求导得
$$1+\frac{dy}{dx}=\frac{du}{dx}，即\frac{dy}{dx}=\frac{du}{dx}-1,$$
代入得
$$\frac{du}{dx}-1=u^2，即\frac{du}{dx}=u^2+1.$$
这是可分离变量的方程
$$\frac{du}{u^2+1}=dx,$$
因此
$$\int\frac{du}{u^2+1}=\int dx,$$
则
$$\arctan u=x+C\Rightarrow u=\tan(x+C),$$
微分方程的通解为
$$y=\tan(x+C)-x.$$

例 10 求微分方程 $\cos y\frac{dy}{dx}-\frac{1}{x\ln x}\sin y=(\ln x)^2$ 的通解.

解 首先它不是典型的类型，可以尝试做个换元 $z=\sin y$，方程变为
$$\frac{dz}{dx}-\frac{1}{x\ln x}z=(\ln x)^2,$$
$$z=e^{\int\frac{1}{x\ln x}dx}\left(\int\ln^2x\cdot e^{\int-\frac{1}{x\ln x}dx}dx+C\right)$$
$$=e^{\ln\ln x}\left(\int\ln^2x\cdot e^{-\ln\ln x}dx+C\right)$$

$$=\ln x\left(\int \ln x\,\mathrm{d}x+C\right)$$
$$=\ln x\cdot(x\ln x-x+C).$$

则微分方程的通解为 $\sin y=\ln x\cdot(x\ln x-x+C)$.

有些微分方程的解法不是唯一的. 比如，有的方程既可以看作一阶线性方程也可看作可分离变量的方程；有的方程既可以看作是伯努利方程，也可以将看作是将 y 当作自变量的线性方程；对于一阶线性方程也可以有多种灵活的解法.

例 11 求微分方程$(1-x^2)y'+xy=5x$ 的通解.

解 1 该方程可以变形为 $y'+\dfrac{x}{1-x^2}y=\dfrac{5x}{1-x^2}$，是一阶线性方程.

$$y=\mathrm{e}^{\int -\frac{x}{1-x^2}\mathrm{d}x}\left(\int \frac{5x}{1-x^2}\mathrm{e}^{\int \frac{x}{1-x^2}\mathrm{d}x}+C\right)$$
$$=\mathrm{e}^{\frac{1}{2}\ln(1-x^2)}\left(\int \frac{5x}{1-x^2}\mathrm{e}^{-\frac{1}{2}\ln(1-x^2)}\mathrm{d}x+C\right)$$
$$=\sqrt{1-x^2}\left(\int \frac{5x}{1-x^2}\cdot\frac{1}{\sqrt{1-x^2}}\mathrm{d}x+C\right)$$
$$=\sqrt{1-x^2}\left[\int -\frac{5}{2}\cdot\frac{1}{(1-x^2)^{\frac{3}{2}}}\mathrm{d}(1-x^2)+C\right]$$
$$=\sqrt{1-x^2}\left[\left(-\frac{5}{2}\right)(-2)\frac{1}{\sqrt{1-x^2}}+C\right]$$
$$=5+C\sqrt{1-x^2}.$$

解 2 它还可以变形为$(1-x^2)\dfrac{\mathrm{d}y}{\mathrm{d}x}=x(5-y)$，是可分离变量的方程.

分离变量
$$\frac{\mathrm{d}y}{5-y}=\frac{x}{1-x^2}\mathrm{d}x,$$
两边积分
$$\int\frac{\mathrm{d}y}{5-y}=\int\frac{x}{1-x^2}\mathrm{d}x+C_1,$$
设$-\ln C=C_1$，则
$$-\ln(5-y)=-\frac{1}{2}\ln(1-x^2)-\ln C,$$
则
$$5-y=C\sqrt{1-x^2},$$
微分方程的通解为
$$y=5-C\sqrt{1-x^2}.$$

例 12 求微分方程 $x^2y'-xy=y^2$ 的通解.

解 1 它可以认为是齐次方程，变形为 $y'=\dfrac{xy+y^2}{x^2}=\dfrac{y}{x}+\left(\dfrac{y}{x}\right)^2$.

令$\dfrac{y}{x}=u$，则 $y=xu$，$y'=u+xu'$.

代入得
$$u+xu'=u+u^2,$$

则 $$x\frac{du}{dx}=u^2,\quad \frac{1}{u^2}du=\frac{1}{x}dx.$$

积分得 $$-\frac{1}{u}=\ln x+C,$$

回代得 $$-\frac{x}{y}=\ln x+C,$$

则 $$y=-\frac{x}{\ln x+C}.$$

解 2 它也可以认为是伯努利方程，变形为 $y'-\frac{1}{x}y=\frac{1}{x^2}y^2$.

同除 y^2 $$y^{-2}y'-\frac{1}{x}y^{-1}=\frac{1}{x^2},$$

令 $y^{-1}=z$，$-y^{-2}y'=z'$，代入得

$$-z'-\frac{1}{x}z=\frac{1}{x^2},$$

即 $$z'+\frac{1}{x}z=-\frac{1}{x^2}.$$

于是 $$\begin{aligned} z&=e^{\int-\frac{1}{x}dx}\left(\int-\frac{1}{x^2}e^{\int\frac{1}{x}dx}dx+C\right)\\ &=e^{-\ln x}\left(\int-\frac{1}{x^2}e^{\ln x}dx+C\right)\\ &=\frac{1}{x}(-\ln x+C),\end{aligned}$$

则有 $$y=-\frac{x}{\ln x-C}.$$

对于一阶线性方程，实际上也有多种解法.

例 13 求微分方程 $xy'+y=x\sin x^2$ 的通解.

解 它除了用公式法求解或用常数变易法求解以外，也可以用凑导数的方法.

因为 $$(xy)'=xy'+y,$$

所以 $$(xy)'=x\sin x^2.$$

积分得 $$xy=\int x\sin x^2dx\Rightarrow xy=-\frac{1}{2}\cos x^2+C,$$

原方程的解为 $$y=-\frac{1}{2x}\cos x^2+\frac{C}{x}.$$

总之，要反复思考练习，不断总结方法，根据自己熟悉的公式，灵活变形求解. 有一些带有积分上限函数的积分方程，在求解 $f(x)$时需要用到解微分方程. 通常是先求导，即去掉积分号，变成微分方程问题来解决.

例 14 设 $f(x)$是可导函数，且满足 $\int_0^x f(x-t)dt=f(x)+e^x\sin x$，求 $f(x)$.

解 给等式左边的定积分做换元，令 $x-t=u$，$\mathrm{d}t=-\mathrm{d}u$(在定积分中 x 是个定数)．$t=0$，$u=x$；$t=x$，$u=0$，于是等式左边 $\int_0^x f(x-t)\mathrm{d}t=-\int_x^0 f(u)\mathrm{d}u=\int_0^x f(u)\mathrm{d}u$，

则有
$$\int_0^x f(u)\mathrm{d}u=f(x)+\mathrm{e}^x\sin x.$$

两边对 x 求导(用到对上限求导公式)，得
$$f(x)=f'(x)+\mathrm{e}^x\sin x+\mathrm{e}^x\cos x,$$
即
$$y'-y=-\mathrm{e}^x(\sin x+\cos x).$$

这是一阶线性方程
$$y=\mathrm{e}^{\int 1\mathrm{d}x}\left[\int-\mathrm{e}^x(\sin x+\cos x)\mathrm{e}^{\int -1\mathrm{d}x}\mathrm{d}x+C\right]$$
$$=\mathrm{e}^x(\cos x-\sin x+C).$$

从题目可以得到 $f(0)=0$，所以 $C=-1$.

所求函数为
$$f(x)=\mathrm{e}^x(\cos x-\sin x-1).$$

例 15 设 $f(x)$二阶可导，且满足 $\int_0^x(x-t)f(t)\mathrm{d}t=x\mathrm{e}^x-f(x)$，求 $f(x)$.

解 方程变形为
$$x\int_0^x f(t)\mathrm{d}t-\int_0^x tf(t)\mathrm{d}t=x\mathrm{e}^x-f(x),$$
求导得
$$\int_0^x f(t)\mathrm{d}t+xf(x)-xf(x)=\mathrm{e}^x+x\mathrm{e}^x-f'(x),$$
再求得
$$f(x)=2\mathrm{e}^x+x\mathrm{e}^x-f''(x).$$

这是一个二阶微分方程，即
$$y''+y=(x+2)\mathrm{e}^x.$$

特征方程为 $r^2+1=0$，特征根为 $r=\pm\mathrm{i}$，齐次方程通解为 $\overline{y}=C_1\cos x+C_2\sin x$.

$\lambda=1$ 不是特征根，设 $y^*=(ax+b)\mathrm{e}^x$，$y^{*\prime}=(ax+b+a)\mathrm{e}^x$，$y^{*\prime\prime}=(ax+b+2a)\mathrm{e}^x$，

代入方程得
$$2ax+2a+2b=x+2,$$
则
$$a=\frac{1}{2},\ b=\frac{1}{2},\ y^*=\frac{1}{2}(x+1)\mathrm{e}^x,$$
因此
$$y=\frac{1}{2}(x+1)\mathrm{e}^x+C_1\cos x+C_2\sin x,$$
$$y'=\frac{1}{2}(x+2)\mathrm{e}^x-C_1\sin x+C_2\cos x.$$

由题目可找到条件 $y\big|_{x=0}=0$，$y'\big|_{x=0}=1$，得 $C_1=-\frac{1}{2}$，$C_2=0$，

则所求函数为
$$f(x)=\frac{1}{2}(x+1)\mathrm{e}^x-\frac{1}{2}\cos x.$$

例 16 已知微分方程的通解为 $y=C\mathrm{e}^{2x}+3x$，求它所满足的一阶微分方程.

解 因为 $y'=2C\mathrm{e}^{2x}+3$，由 y 和 y'消去 C，得 $\frac{y-3x}{\mathrm{e}^{2x}}=\frac{y'-3}{2\mathrm{e}^{2x}}$.

于是 $y'-3=2y-6x$，

所以，它满足的一阶微分方程是 $y'-2y=3-6x$.

例 17 已知二阶常系数齐次线性方程的一个特征根为 $3+2\mathrm{i}$，求它所对应的二阶微分方程.

解 因为方程是实系数方程，一个特征根是 $r_1=3+2\mathrm{i}$，所以另一个特征根是 $r_2=3-2\mathrm{i}$.

对于特征方程 $r^2+pr+q=0$，根据韦达定理 $p=-(r_1+r_2)=-6$，$r=r_1\cdot r_2=13$.

因此特征方程为 $r^2-6r+13=0$，则对应的二阶微分方程为 $y''-6y'+13y=0$.

二阶常系数线性非齐次方程解法固定，在利用特征方程求解时，特别需要注意解的结构.

例 18 求微分方程 $y''-2y'-3y=x^2+2x+1+\mathrm{e}^{3x}$ 的通解.

解 特征方程 $r^2-2r-3=0$ 的特征根 $r_1=3$，$r_2=-1$，对应齐次方程的通解为

$$Y=C_1\mathrm{e}^{3x}+C_2\mathrm{e}^{-x}.$$

方程 $y''-2y'-3y=x^2+2x+1$ 的特解可设为 $y_1^*=bx^2+cx+d$.

方程 $y''-2y'-3y=\mathrm{e}^{3x}$ 的特解可设为 $y_2^*=xa\mathrm{e}^{3x}$.

所以，原方程的特解应设 $y^*=y_1^*+y_2^*=bx^2+cx+d+ax\mathrm{e}^{3x}$.

将 y^*，$y^{*\prime}$，$y^{*\prime\prime}$代入原方程求得待定系数

$$a=\frac{1}{4},\ b=-\frac{1}{3},\ c=-\frac{2}{9},\ d=-\frac{11}{27}.$$

由二阶常系数线性非齐次方程解的结构可得所求方程的通解为

$$y=C_1\mathrm{e}^{3x}+C_2\mathrm{e}^{-x}-\frac{1}{3}x^2-\frac{2}{9}x-\frac{11}{27}+\frac{1}{4}x\mathrm{e}^{3x}.$$

根据应用问题建立微分方程是学习的一个难点，解决的方法是根据题目的意义建立自变量、因变量、因变量的导数之间的关系.

例 19 设曲线上任意点 $P(x,y)$的法线与 x 轴的交点为 Q，且线段 PQ 被 y 轴平分，求曲线所满足的微分方程.

解 设所求的曲线方程为 $y=y(x)$(如图 5-1 所示).

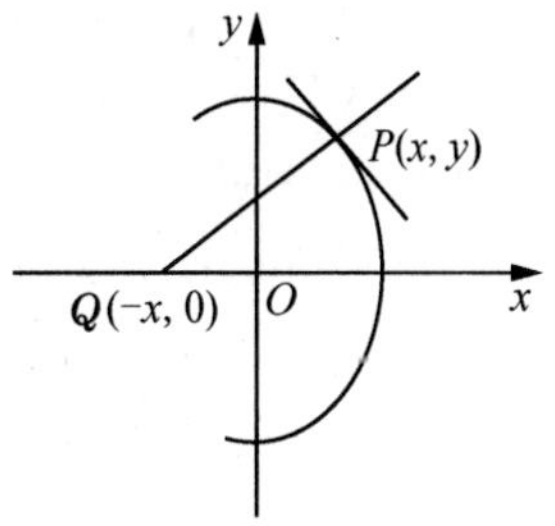

图 5-1

因为曲线上任意点的切线斜率为 y'，所以法线斜率为 $k_{PQ}=-\frac{1}{y'}$.

因为点 P 的坐标为 $P(x,y)$，线段 PQ 被 y 轴平分，所以点 Q 的坐标应为$(-x,0)$，由 P，Q 两点的坐标写出斜率为 $k_{PQ}=\frac{y-0}{x-(-x)}=\frac{y}{2x}$.

根据题意 $$-\frac{1}{y'}=\frac{y}{2x},$$

则曲线所满足的微分方程为 $yy'+2x=0$.

五、高职升本科本章相关知识简介

(一)考试内容与要求

考试内容与要求：了解常微分方程的解、通解、初始条件和特解的概念；熟练掌握一阶可分离变量的微分方程、一阶线性微分方程、二阶常系数线性齐次方程的求解方法；理解二阶线性微分方程解的结构并应用其求解二阶线性非齐次方程. 本章考核的重点主要包括：一阶可分离变量的微分方程、一阶线性微分方程、二阶常系数线性齐次方程的求解，此部分试题分值为 12～18 分，多为容易题和中等难度题，也可能与变上限函数积分及导数的意义结合，构成难题.

(二)历年真题

1.(2013)微分方程 $xy'+y-x\ln x=0$ 的通解为(A).

A. $\frac{x}{2}\ln x-\frac{x}{4}+\frac{C}{x}$　　B. $\frac{x^3}{2}\ln x-\frac{x^3}{4}+Cx$

C. $-\frac{x}{2}\ln x+\frac{x}{4}+\frac{C}{x}$　　D. $-\frac{x^3}{3}\ln x+\frac{x^3}{4}+Cx$

2.(2012)微分方程$\frac{\mathrm{d}y}{\mathrm{d}x}=\frac{y}{x}+\tan\frac{y}{x}$的通解为(D).

A. $x\sin\frac{y}{x}=C$　　B. $\sin\frac{y}{x}=x+C$

C. $\frac{1}{x}\sin\frac{x}{y}=C$　　D. $\sin\frac{y}{x}=Cx$

3.(2010)微分方程 $y''+4y'+4y=0$ 的通解为(A).

A. $(C_1+C_2x)\mathrm{e}^{-2x}$　　B. $(C_1+C_2x)\mathrm{e}^{2x}$

C. $(C_1\cos x+C_2\sin x)\mathrm{e}^{-2x}$　　D. $(C_1\cos x+C_2x\sin x)\mathrm{e}^{2x}$

4.(2008)下列微分方程中，通解是 $y=\mathrm{e}^x(C_1\cos 2x+C_2\sin 2x)$的方程为(B).

A. $y''-2y'-3y=0$　　B. $y''-2y'+5y=0$

C. $y''+y'-2y=0$　　D. $y''+6y'+13y=0$

5.(2006)微分方程 $y''-4y'+5y=0$ 的通解为(C).

A. $y=\mathrm{e}^x(C_1-\cos x+C_2\sin x)$　　B. $y=\mathrm{e}^x(C_1\cos 2x+C_2\sin 2x)$

C. $y=\mathrm{e}^{2x}(C_1\cos x+C_2\sin x)$　　D. $y=\mathrm{e}^{2x}(C_1\cos2x+C_2\sin 2x)$

6.(2016)微分方程 $y'-\frac{1}{x}y+=-\frac{2}{x}$满足初始条件 $y(1)=3$ 的特解为 $\underline{y=2+x}$.

7.(2009)微分方程 $y''-2y'+10y=0$ 的通解为 $\underline{y=\mathrm{e}^x(C_1\cos 3x+C_2\sin 3x)}$.

8.(2014)微分方程$(\mathrm{e}^{x+y}-\mathrm{e}^x)\mathrm{d}x+(\mathrm{e}^{x+y}+\mathrm{e}^y)\mathrm{d}y=0$ 的通解是$\underline{\mathrm{e}^x-\mathrm{e}^{x+y}+\mathrm{e}^y=C}$.

9.(2011)设 $y=(C_1\cos 2x+C_2\sin 2x)\mathrm{e}^{-x}$ 是二阶常系数线性齐次微分方程 $y''+$

$ay'+by=0$ 的通解，则常数 a，b 的值分别为 $\underline{a=0，b=5}$.

10.(2013)微分方程$\frac{\mathrm{d}y}{\mathrm{d}x}=(x+y)^2$ 的通解为 $\underline{y=\tan(x+C)-x}$.

11.(2012)设函数 $f(x)$在$(-\infty，+\infty)$内可导，且 $f(x)=\mathrm{e}^x+\int_0^x f(t)\mathrm{d}t$，则 $f(x)=\underline{\mathrm{e}^x(x+1)}$.

12.(2015)已知连续函数 $f(x)$满足 $f(x)=\int_0^{3x} f\left(\frac{t}{3}\right)\mathrm{d}t+\mathrm{e}^{2x}$，则 $\underline{f(x)=2\mathrm{e}^{3x}-\mathrm{e}^{2x}}$.

13.(2019)(Ⅰ)求微分方程 $y'-(x+1)y=0$ 的通解；(Ⅱ)求微分方程 $y''-4y'+3y=0$ 满足初始条件 $y(0)=6$，$y'(0)=10$ 的特解.

答案：(Ⅰ)$y=C\mathrm{e}^{\frac{1}{2}x^2+x}$；(Ⅱ)所求特解为 $y=4\mathrm{e}^x+2\mathrm{e}^{3x}$.

14.(2018)(Ⅰ)求微分方程 $y'-y\cos x=0$ 的通解；(Ⅱ)求微分方程 $y''=6y'+8y=0$ 满足初始条件 $y(0)=2$，$y'(0)=6$ 的特解.

答案：(Ⅰ)$y=C\mathrm{e}^{\sin x}$；(Ⅱ)所求特解为 $y=\mathrm{e}^{2x}+\mathrm{e}^{4x}$.

15.(2017)(Ⅰ)求微分方程 $y'-xy=0$ 的通解；(Ⅱ)求微分方程 $y''-3y'-4y=0$ 的满足初始条件 $y(0)=0$，$y'(0)=5$ 特解.

答案：(Ⅰ)$y=C\mathrm{e}^{\frac{1}{2}x^2}$；(Ⅱ)所求特解为 $y=\mathrm{e}^{4x}-\mathrm{e}^{-x}$.

16.(2016)已知函数 $f(x)$在$(-\infty，+\infty)$内连续，且满足 $f(x)=1-\int_{\frac{\pi}{2}}^{x}(x-t)f(t)\mathrm{d}t$，求函数 $f(x)$的解析式.

解
$$f(x)=1-x\int_{\frac{\pi}{2}}^{x} f(t)\mathrm{d}t+\int_{\frac{\pi}{2}}^{x} tf(t)\mathrm{d}t, \tag{1}$$
对式(1)两边求导，得
$$f'(x)=-\int_{\frac{\pi}{2}}^{x} f(t)\mathrm{d}t-xf(x)+xf(x)=-\int_{\frac{\pi}{2}}^{x} f(t)\mathrm{d}t, \tag{2}$$
在对式(2)两边求导，得 $f''(x)=-f(x)$.

当 $x=\frac{\pi}{2}$时，由式(1)和式(2)分别得 $f\left(\frac{\pi}{2}\right)=1$，$f'\left(\frac{\pi}{2}\right)=0$.

于是，原问题转化为微分方程的初值问题$\begin{cases}f''(x)+f(x)=0\\ f\left(\frac{\pi}{2}\right)=1，f'\left(\frac{\pi}{2}\right)=0\end{cases}$.

方程 $f''(x)+f(x)=0$ 的特征方程 $r^2+1=0$，解得 $r=\pm\mathrm{i}$.

则方程的通解为 $f(x)=C_1\sin x+C_2\cos x$，其中 C_1，C_2 为任意常数.

从而，$f'(x)=C_1\cos x-C_2\sin x$，由 $f\left(\frac{\pi}{2}\right)=1$ 解得 $C_1=1$，由 $f'\left(\frac{\pi}{2}\right)=0$ 得 $C_2=0$.

因此，$f(x)=\sin x$.

17.(2014)已知函数 $f(x)$在$(-\infty，+\infty)$上连续，且满足 $f(x)=2+4\int_0^x tf(x-t)\mathrm{d}t$，求函数 $f(x)$ 的解析式.

解 令 $u=x-t$ 则 $t=x-u$，$\mathrm{d}t=1-\mathrm{d}u$.

当 $t=0$ 时，$u=0^x$；当 $t=x$ 时，$u=0$.

则 $\int_0^x tf(x-t)\mathrm{d}t=-\int_x^0 (x-u)f(u)\mathrm{d}u=x\int_0^x f(u)\mathrm{d}u-\int_0^x uf(u)\mathrm{d}u$，

$$f(x)=2+4x\int_0^x f(u)\mathrm{d}u-4\int_0^x uf(u)\mathrm{d}u,$$

上式两边对 x 求导，得到 $f'(x)=4\int_0^x f(u)\mathrm{d}u$，

两边继续对 x 求导得到 $f''(x)=4f(x)$.

于是可得 $\begin{cases} f''(x)-4f(x)=0 & (1) \\ f(0)=2,\ f'(0)=0 & (2) \end{cases}$.

(1)式的特征方程为 $\lambda^2-4=0$，故其特征根是 $\lambda_1=2$，$\lambda_2=-2$，所以(1)式的通解是

$$y=C_1\mathrm{e}^{2x}+C_2\mathrm{e}^{-2x}.$$

根据初始条件(2)式解得 $C_1=C_2=1$，

因此 $f(x)=\mathrm{e}^{2x}+\mathrm{e}^{-2x}$.

18.(2013)设函数 $f(x)$ 在 $(-\infty,+\infty)$ 内具有连续导数，且满足 $f(t)=\frac{2}{\pi}\iint_{x^2+y^2\leqslant t^2}(x^2+y^2)f(\sqrt{x^2+y^2})\mathrm{d}x\mathrm{d}y+t^4$，求 $f(x)$ 的解析式.

解 显然 $f(t)$ 为偶函数，不妨设 $t>0$，令 $\begin{cases} x=r\cos\theta \\ y=r\sin\theta \end{cases}$，

则

$$f(t)=\frac{2}{\pi}\int_0^{2\pi}\mathrm{d}\theta\int_0^t r^3 f(r)\mathrm{d}r+t^4=4\int_0^t r^3 f(r)\mathrm{d}r+t^4.$$

上式两边关于 t 求导，于是

$$f'(t)=4t^3 f(t)+4t^3,$$

即 $\frac{\mathrm{d}f(t)}{\mathrm{d}t}=4t^3[f(t)+1]$.

变量分离得 $\frac{\mathrm{d}f(t)}{f(t)+1}=4t^3\mathrm{d}t$，

两边积分得 $\ln(f(t)+1)=t^4+C_1$，

即 $f(t)+1=C\mathrm{e}^{t^4}$.

又因为 $f(0)=0$，所以 $C=1$.

因此 $f(t)=\mathrm{e}^{t^4}-1$.

19.(2011)设函数 $y=f(x)$ 在 $(-\infty,+\infty)$ 可导，且满足 $xf'(x)=f(x)-\frac{1}{3}x^2$，$f(1)>0$，又曲线 $y=f(x)$ 与直线 $x=1$，$y=0$ 所围成的平面图形绕 x 轴旋转一周所成的旋转体的体积为 $\frac{47}{90}\pi$，求函数 $f(x)$ 的表达式.

解 当 $x\neq 0$ 时，$f'(x)-\frac{1}{x}f(x)=-\frac{1}{3}x$，于是

$$f(x)=e^{\int\frac{1}{x}dx}\left[\int e^{-\int\frac{1}{x}dx}\left(-\frac{1}{3}x\right)dx+C\right]=-\frac{1}{3}x^2+Cx.$$

因为 $f(1)>0$，所以 $C>\frac{1}{3}$.

由旋转体体积 $$V=\int_0^1\pi\left(-\frac{1}{3}x^2+Cx\right)^2dx=\frac{47}{90}\pi,$$

得 $C=\frac{3}{2}$ 或 $C=-1$(舍).

故 $$f(0)=-\frac{1}{3}x^2+\frac{3}{2}x\quad(x\neq 0).$$

又由题设可知 $f(0)=0$，所以 $f(x)=-\frac{1}{3}x^2+\frac{3}{2}x$，$x\in(-\infty,+\infty)$.

20.(2009)求微分方程 $(x+y^4)dy=ydx$ 的通解.

解 原方程改写为 $\frac{dx}{dy}-\frac{1}{y}x=y^3$.

故所求通解为 $$x=e^{-\int\left(-\frac{1}{y}\right)dy}\left(\int y^3e^{\int\left(-\frac{1}{y}\right)dy}dy+C\right),$$

即 $$x=\frac{1}{3}y^4+Cy.$$

21.(2006)已知曲线 $y=f(x)$，$x>0$ 上任意一点 (x,y) 处的切线斜率为 $\frac{y}{x+2y^3}$，且曲线过点(8，2)，(1)求该曲线在点(8，2)处的切线方程；(2)求该曲线方程.

解 (1)因为 $y'=\frac{y}{x+2y^3}$，所以 $y'\Big|_{\substack{x=8\\y=2}}=\frac{1}{12}$ 故所求切线为

$$y-2=\frac{1}{12}(x-8)，即\ x-12y+16=0.$$

(2)由已知条件知 $\frac{dy}{dx}=\frac{y}{x+2y^3}$，于是 $\frac{dx}{dy}=\frac{x+2y^3}{y}$.

因此 $$x'-\frac{1}{y}x=2y^2,\quad x\Big|_{y=2}=8,$$

故 $$x=e^{\int\frac{1}{y}dy}\left(\int 2y^2e^{\int-\frac{1}{y}dy}dy+C\right)=y(y^2+C).$$

由 $x\Big|_{y=2}=8$，得 $C=0$.

因为 $x>0$，故所求曲线方程为：$x=y^3(x>0)$.

练习题答案

第一节练习题

1.(1)B；(2)C；(3)D；(4)D.

2.(1)一阶；(2)$y=\cos x$(或 $y=\cos x+1$ 答案不唯一).

3. 将 $y'=\sin x+x\cos x$ 和代入方程 $y'-\sin x=x\cos x$，得 $\sin x+x\cos x-\sin x\equiv x\cos x$，即函数 $y=x\sin x+C$ 满足方程且含有一个任意常数，所以是该微分方程的通解. 所求特解为 $y=x\sin x-\frac{\pi}{2}$.

第二节练习题

1.(1)B；(2)D；(3)A.

2.(1)一阶线性非齐次方程，$y=x(C-\cos x)$；(2)$y=\frac{2}{x}$.

3.(1)该方程为齐次方程，通解为 $\ln\frac{y}{x}=1+Cx$，或 $y=xe^{1+Cx}$；(2)该方程为一阶线性非齐次方程，通解为 $y=e^{2x^2}\left(\frac{x^3}{3}+C\right)$；(3)该方程伯努利方程，通解为 $y^3=\frac{1}{1+x^2}\left(\frac{1}{2}\sin 2x+C\right)$.

4. 由题意可得 $y'=-\frac{x}{y}$，解得曲线方程为 $x^2+y^2=2$.

第三节练习题

1.(1)A；(2)C；(3)C；(4)B.

2.(1)二阶常系数线性齐次微分方程，$y=C_1e^{\frac{1}{3}x}+C_2e^x$；(2)$y=\sqrt{3}\,e^{-x}\sin\sqrt{3}x+e^{-x}\cos\sqrt{3}x$.

3.(1)$y=C_1\sin 3x+C_2\cos 3x$；(2)$y=\frac{1}{4}(C_1x+C_2)^2$；(3)$y^*=\frac{2}{5}\cos x-\frac{1}{5}\sin x$；

(4)对应的齐次方程的通解为 $Y=(C_1+C_2x)e^{10x}$，

方程的一个特解为 $y^*=\frac{1}{2}x^2(x+1)e^{10x}$，

故该方程的通解为 $y=y^*+Y=\frac{1}{2}x^2(x+1)e^{10x}+(C_1+C_2x)e^{10x}$.

第六章 向量代数与空间解析

一、知识结构与内容要点

(一)知识结构

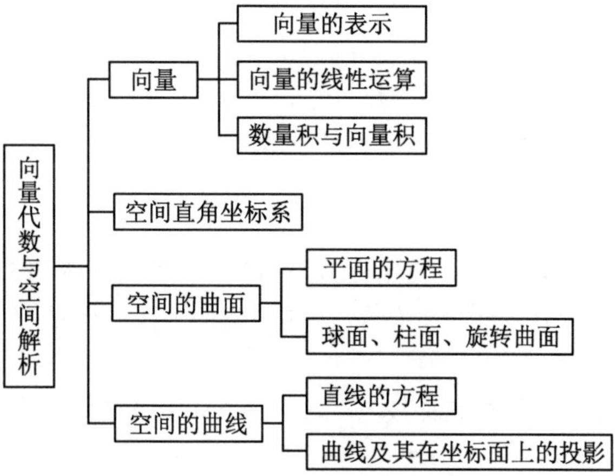

(二)内容要点

1. 向量

(1)设两向量 $\boldsymbol{a}=\{x_1, y_1, z_1\}$，$\boldsymbol{b}=\{x_2, y_2, z_2\}$，$\lambda$ 为常数，则有

$$\boldsymbol{a}\pm\boldsymbol{b}=\{x_1\pm x_2, y_1\pm y_2, z_1\pm z_2\}, \lambda\boldsymbol{a}=\{\lambda x_1, \lambda y_1, \lambda z_1\},$$

$\lambda\boldsymbol{a}$ 表示与 $\boldsymbol{a}$ 共线的向量.

(2)两个向量 $\boldsymbol{a}$ 和 $\boldsymbol{b}$ 的数量积：$\boldsymbol{a}\cdot\boldsymbol{b}=|\boldsymbol{a}||\boldsymbol{b}|\cos\angle(\boldsymbol{a}, \boldsymbol{b})$. 特别有 $\boldsymbol{a}\cdot\boldsymbol{a}=|\boldsymbol{a}||\boldsymbol{a}|\cos 0=|\boldsymbol{a}|^2$.

若 $\boldsymbol{a}=\{x_1, y_1, z_1\}$，$\boldsymbol{b}=\{x_2, y_2, z_2\}$，则 $\boldsymbol{a}\cdot\boldsymbol{b}=x_1x_2+y_1y_2+z_1z_2$.

两个向量 $\boldsymbol{a}$ 和 $\boldsymbol{b}$ 的夹角余弦为

$$\cos\angle(\boldsymbol{a}, \boldsymbol{b})=\frac{\boldsymbol{a}\cdot\boldsymbol{b}}{|\boldsymbol{a}|\cdot|\boldsymbol{b}|}=\frac{x_1x_2+y_1y_2+z_1z_2}{\sqrt{x_1^2+y_1^2+z_1^2}\cdot\sqrt{x_2^2+y_2^2+z_2^2}},$$

向量 $\boldsymbol{a}$ 在向量 $\boldsymbol{b}$ 上的投影为 $P_{\mathrm{rj}b}\boldsymbol{a}=|\boldsymbol{a}|\cos\angle(\boldsymbol{a}, \boldsymbol{b})$.

两个向量 $\boldsymbol{a}$ 和 $\boldsymbol{b}$ 垂直的充要条件是：$\boldsymbol{a}\perp\boldsymbol{b}\Leftrightarrow\boldsymbol{a}\cdot\boldsymbol{b}=0\Leftrightarrow x_1x_2+y_1y_2+z_1z_2=0$.

(3)两个向量 $\boldsymbol{a}$ 和 $\boldsymbol{b}$ 的向量积 $\boldsymbol{c}$ 由以下方式确定.

① $|\boldsymbol{c}|=|\boldsymbol{a}||\boldsymbol{b}|\sin\angle(\boldsymbol{a}, \boldsymbol{b})$.

②$\boldsymbol{c}$ 的方向同时垂直 $\boldsymbol{a}$ 和 $\boldsymbol{b}$，且 $\boldsymbol{a}$，$\boldsymbol{b}$，$\boldsymbol{c}$ 符合右手螺旋法则，记作

$\boldsymbol{a}\times\boldsymbol{b}$，即 $\boldsymbol{c}=\boldsymbol{a}\times\boldsymbol{b}$.

设 $\boldsymbol{a}=\{x_1, y_1, z_1\}$，$\boldsymbol{b}=\{x_2, y_2, z_2\}$，则

$$\boldsymbol{a}\times\boldsymbol{b}=\begin{vmatrix}\boldsymbol{i} & \boldsymbol{j} & \boldsymbol{k}\\ x_1 & y_1 & z_1\\ x_2 & y_2 & z_2\end{vmatrix}=\begin{vmatrix}y_1 & z_1\\ y_2 & z_2\end{vmatrix}\boldsymbol{i}-\begin{vmatrix}x_1 & z_1\\ x_2 & z_2\end{vmatrix}\boldsymbol{j}+\begin{vmatrix}x_1 & y_1\\ x_2 & y_2\end{vmatrix}\boldsymbol{k},$$

两个非零向量 $\boldsymbol{a}$ 和 $\boldsymbol{b}$ 互相平行的充要条件是：$\boldsymbol{a}/\!/\boldsymbol{b}\Leftrightarrow\boldsymbol{a}\times\boldsymbol{b}=\boldsymbol{0}\Leftrightarrow\dfrac{x_1}{x_2}=\dfrac{y_1}{y_2}=\dfrac{z_1}{z_2}$.

2. 直线与平面

(1)平面的方程.

a. 点法式方程：$A(x-x_0)+B(y-y_0)+C(z-z_0)=0$.

b. 一般式方程：$Ax+By+Cz+D=0$.

c. 截距式方程：$\dfrac{x}{a}+\dfrac{y}{b}+\dfrac{z}{c}=1$.

(2)特殊的平面方程.

过原点的平面方程 $Ax+By+Cz=0$，平行于 z 轴的平面方程 $Ax+By+D=0$，过 z 轴的平面方程 $Ax+By=0$，平行于 xOy 平面的平面方程 $Cz+D=0$，读者可以仿照上面情形写出其他情况.

(3)点 $M_0(x_0, y_0, z_0)$ 到平面 $Ax+By+Cz+D=0$ 的距离为

$$d=\frac{|Ax_0+By_0+Cz_0+D|}{\sqrt{A^2+B^2+C^2}}.$$

(4)直线的方程.

a. 直线的点向式方程：$\dfrac{x-x_0}{m}=\dfrac{y-y_0}{n}=\dfrac{z-z_0}{p}$.

b. 直线的参数式方程：$\begin{cases}x=x_0+mt\\ y=y_0+nt\\ z=z_0+pt\end{cases}$ （t 为参数）.

c. 直线的一般式方程：$\begin{cases}A_1x+B_1y+C_1z+D_1=0\\ A_2x+B_2y+C_2z+D_2=0\end{cases}$.

(5)直线平面间的位置关系.

它们之间的关系是利用直线的方向向量和平面的法向量分析的，后面的例题中会有相应的类型题.

(6)平面束的方程.

设直线 l 的方程为 $\begin{cases}A_1x+B_1y+C_1z+D_1=0\\ A_2x+B_2y+C_2z+D_2=0\end{cases}$,

则通过直线 l 的平面可表示为

$$A_x+B_1y+C_1z+D_1+\lambda(A_2x+B_2y+C_2z+D_2)=0.$$

注：该平面束不包括平面 $A_2x+B_2y+C_2z+D_2=0$.

3. 简单的二次曲面

(1)球面的方程.

a. 标准方程： $(x-x_0)^2+(y-y_0)^2+(z-z_0)^2=R^2$,

球心为 (x_0, y_0, z_0)，半径为 R.

b. 一般式方程： $x^2+y^2+z^2+Dx+Ey+Fz+G=0$,

球面的一般式方程可通过配方变成标准方程，从而知道球心和半径.

(2)母线平行于坐标轴的柱面.

一般地，只含 x，y 而缺 z 的方程 $F(x, y)=0$ 在空间直角坐标系中表示母线平行于 z 轴的柱面，其准线是 xOy 面上的曲线 $F(x, y)=0$，其他情况可以类似推出. 常见的母线平行于坐标轴的柱面有圆柱面、椭圆柱面、抛物柱面、双曲柱面等.

(3)绕坐标轴旋转而成的旋转曲面.

yOz 坐标面上的已知曲线 C 的方程为 $f(y, z)=0$，当曲线绕 z 轴旋转一周所成的旋转曲面的方程为 $f(\pm\sqrt{x^2+y^2}, z)=0$，其他情况可类似推出. 常见的绕坐标轴旋转而成的旋转曲面有圆锥面、旋转抛物面、椭球面、单叶双曲面和双叶双曲面等.

4. 空间的曲线及其方程

(1)空间曲线：称空间两曲面的交线为空间曲线.

(2)空间曲线的方程.

a. 空间曲线的一般式方程：

$$\begin{cases}F(x, y, z)=0\\G(x, y, z)=0\end{cases},$$

其中 $F(x, y, z)=0$ 和 $G(x, y, z)=0$ 表示两个不同的曲面.

b. 空间曲线的参数式方程：$\begin{cases}x=x(t)\\y=y(t)\\z=z(t)\end{cases}$ (其中 t 为参数).

(3)空间曲线的投影方程.

设空间曲线 C 的方程为 $\begin{cases}F(x, y, z)=0\\G(x, y, z)=0\end{cases}$，则 C 在 xOy 面上的投影方程为 $\begin{cases}H(x, y)=0\\z=0\end{cases}$，其中 $H(x, y)=0$ 为方程组 $\begin{cases}F(x, y, z)=0\\G(x, y, z)=0\end{cases}$ 消去 z 所得的投影柱面方程. 类似可得到 C 在 xOz 面上和 yOz 面上的投影方程.

二、教学基本要求与重点、难点

1. 教学基本要求

(1)掌握空间直角坐标系的概念及两点间的距离公式.

(2)掌握向量的概念及坐标表示法，并掌握向量的加法、减法、数乘、数量积、向量积的运算及其规律.

(3)会求平面和直线的方程，会判断两个平面、两条直线、直线和平面间的位置关系.

(4)掌握常见的二次曲面(球面、柱面、旋转曲面)的图形和方程.

(5)了解空间曲线的投影方程的求法.

2. 重点、难点

(1)重点.

空间直角坐标系中常见二次曲面的图形及方程，向量概念及向量的各种运算，直线和平面间的位置关系及方程的求法.

(2)难点.

直线和平面的综合题，常见的二次曲面的图形的描绘.

三、典型例题与习题

第一节　向量代数

(一)典型例题

例 1　求点(3，−5，4)到原点、y 轴、xOz 面的距离.

解　设点(3，−5，4)到原点、y 轴、xOz 面的距离分别为 d_1，d_2，d_3，则

$$d_1=\sqrt{(3-0)^2+(-5-0)^2+(4-0)^2}=5\sqrt{2},$$

$$d_2=\sqrt{3^2+(4)^2}=\sqrt{25}=5,$$

$$d_2=|-5|=5.$$

例 2　已知两点 $A(4,\sqrt{2},1)$ 和 $B(3,0,2)$，计算向量 $\overrightarrow{AB}$ 的模、方向角，以及和 $\overrightarrow{AB}$ 平行的单位向量.

解　向量 $\overrightarrow{AB}$ 的坐标为$\{3-4,0-\sqrt{2},2-1\}=\{-1,-\sqrt{2},1\}$，

$$|\overrightarrow{AB}|=\sqrt{(-1)^2+(-\sqrt{2})^2+1^2}=2.$$

设 $\overrightarrow{AB}$ 与 x 轴、y 轴、z 轴正向的夹角分别为 α，β，γ，则

$$\cos\alpha=-\frac{1}{2},\ \cos\beta=-\frac{\sqrt{2}}{2},\ \cos\gamma=\frac{1}{2},$$

因此

$$\alpha=\frac{2\pi}{3},\ \beta=\frac{3\pi}{4},\ \gamma=\frac{\pi}{3}.$$

和 $\overrightarrow{AB}$ 平行的单位向量为

$$\left\{-\frac{1}{2},-\frac{\sqrt{2}}{2},\frac{1}{2}\right\}\text{和}\left\{\frac{1}{2},\frac{\sqrt{2}}{2},-\frac{1}{2}\right\}.$$

说明：若向量 $\boldsymbol{a}=\{x, y, z\}$，则方向余弦 $\cos\alpha=\frac{x}{|\boldsymbol{a}|}$，$\cos\beta=\frac{y}{|\boldsymbol{a}|}$，$\cos\gamma=\frac{z}{|\boldsymbol{a}|}$，和 $\boldsymbol{a}$ 平行(共线)的单位向量可表示为 $\pm\frac{\boldsymbol{a}}{|\boldsymbol{a}|}$.

例 3 已知向量 $\boldsymbol{a}$ 与 x 轴、y 轴、z 轴正向的夹角分别为 α，β，γ，且 $\alpha=\frac{2\pi}{3}$，$\beta=\frac{\pi}{4}$，求 γ.

解 由方向余弦的知识可知

$$\cos^2\alpha+\cos^2\beta+\cos^2\gamma=1,$$

而 $\cos\alpha=-\frac{1}{2}$，$\cos\beta=\frac{\sqrt{2}}{2}$，于是

$$\left(-\frac{1}{2}\right)^2+\left(\frac{\sqrt{2}}{2}\right)^2+\cos^2\gamma=1,$$

$$\cos^2\gamma=\frac{1}{4},\ \cos\gamma=\pm\frac{1}{2},$$

从而知 $\gamma=\frac{\pi}{3}$，或 $\gamma=\frac{2\pi}{3}$.

例 4 已知向量 $\overrightarrow{AB}$ 终点的坐标为 $B(1, 1, 2)$，在 x 轴、y 轴、z 轴上的投影分别为 2，1，3，求向量的起点坐标 A.

解 由向量 $\overrightarrow{AB}$ 在 x 轴、y 轴、z 轴上的投影分别为 2，1，3 可得向量 $\overrightarrow{AB}$ 的坐标为 $\{2, 1, 3\}$，设向量 $\overrightarrow{AB}$ 的起点坐标为 $A(x, y, z)$，则

$$\{1-x, 1-y, 2-z\}=\{2, 1, 3\}.$$

求得
$$x=-1,\ y=0,\ z=-1,$$

则起点 A 的坐标为 $\{-1, 0, -1\}$.

例 5 已知向量 $\boldsymbol{a}$ 的坐标为 $\{3, -1, -2\}$，向量 $\boldsymbol{b}$ 的坐标为 $\{1, 2, -1\}$，求 $\boldsymbol{a}\cdot\boldsymbol{b}$ 和 $\boldsymbol{a}$，$\boldsymbol{b}$ 的夹角的余弦.

解 由向量数量积的计算公式可得

$$\boldsymbol{a}\cdot\boldsymbol{b}=3\times1-1\times2+(-2)\times(-1)=3.$$

由两向量夹角的余弦公式可得

$$\cos\angle(\boldsymbol{a}, \boldsymbol{b})=\frac{\boldsymbol{a}\cdot\boldsymbol{b}}{|\boldsymbol{a}|\cdot|\boldsymbol{b}|}=\frac{3}{\sqrt{14}\cdot\sqrt{6}}=\frac{3}{2\sqrt{21}}.$$

例 6 已知向量 $\boldsymbol{a}=\boldsymbol{i}+3\boldsymbol{j}-2\boldsymbol{k}$，$\boldsymbol{b}=2\boldsymbol{i}+6\boldsymbol{j}+m\boldsymbol{k}$，且 $\boldsymbol{a}$ 与 $\boldsymbol{b}$ 垂直，则 $m=$________.

解 由于 $\boldsymbol{a}=\{1, 3, -2\}$，$\boldsymbol{b}=\{2, 6, m\}$，且 $\boldsymbol{a}$ 与 $\boldsymbol{b}$ 垂直，因此 $\boldsymbol{a}\cdot\boldsymbol{b}=0$，即

$$1\cdot2+3\cdot6+(-2)\cdot m=0,$$

解得 $m=10$.

例 7 已知向量 $\boldsymbol{a}=\{-1, 1, 2\}$，$\boldsymbol{b}=\{3, 0, 4\}$，求向量 $\boldsymbol{a}$ 在向量 $\boldsymbol{b}$ 上的投影.

解 由于向量 $\boldsymbol{a}$ 在向量 $\boldsymbol{b}$ 上的投影为

$$P_{rj b}\boldsymbol{a}=|\boldsymbol{a}|\cos\angle(\boldsymbol{a},\ \boldsymbol{b})=|\boldsymbol{a}|\frac{\boldsymbol{a}\cdot\boldsymbol{b}}{|\boldsymbol{a}||\boldsymbol{b}|}=\frac{\boldsymbol{a}\cdot\boldsymbol{b}}{|\boldsymbol{b}|},$$

因此，$P_{rj b}\boldsymbol{a}=\dfrac{(-1)\cdot 3+1\cdot 0+2\cdot 4}{\sqrt{3^2+0^2+4^2}}=\dfrac{5}{5}=1.$

例 8 在 xOy 坐标面上求一单位向量与已知向量 $\boldsymbol{a}=\{-4,\ 3,\ 7\}$ 垂直.

解 设所求向量 $\boldsymbol{b}=\{x,\ y,\ 0\}$，由于 $\boldsymbol{a}$ 与 $\boldsymbol{b}$ 垂直，故 $-4x+3y=0$. 因为 $\boldsymbol{b}$ 为单位向量，所以 $x^2+y^2=1$. 解方程组

$$\begin{cases}-4x+3y=0\\ x^2+y^2=1\end{cases},$$

得 $x=\pm\dfrac{3}{5}$，$y=\pm\dfrac{4}{5}$，因此，所求向量为

$$\boldsymbol{b}=\left\{\frac{3}{5},\ \frac{4}{5},\ 0\right\}\text{或}\ \boldsymbol{b}=\left\{-\frac{3}{5},\ -\frac{4}{5},\ 0\right\}.$$

例 9 已知向量 $\boldsymbol{a}=\{2,\ 1,\ -1\}$，$\boldsymbol{b}=\{1,\ -1,\ 2\}$，计算 $\boldsymbol{a}\times\boldsymbol{b}$.

解
$$\boldsymbol{a}\times\boldsymbol{b}=\begin{vmatrix}\boldsymbol{i} & \boldsymbol{j} & \boldsymbol{k}\\ 2 & 1 & -1\\ 1 & -1 & 2\end{vmatrix}=\boldsymbol{i}-5\boldsymbol{j}-3\boldsymbol{k},$$

也可写成$\{1,\ -5,\ -3\}$.

例 10 已知三角形 ABC 的顶点坐标分别为点 $A(1,\ 2,\ 3)$，$B(3,\ 4,\ 5)$和 $C(3,\ 4,\ 7)$，求三角形 ABC 的面积.

解 由向量积的定义可得三角形 ABC 的面积为

$$\frac{1}{2}|\overrightarrow{AB}||\overrightarrow{AC}|\sin A=\frac{1}{2}|\overrightarrow{AB}\times\overrightarrow{AC}|,$$

由向量 $\overrightarrow{AB}=\{2,\ 2,\ 2\}$，$\overrightarrow{AC}=\{1,\ 2,\ 4\}$，可得

$$\overrightarrow{AB}\times\overrightarrow{AC}=\begin{vmatrix}\boldsymbol{i} & \boldsymbol{j} & \boldsymbol{k},\\ 2 & 2 & 2\\ 1 & 2 & 4\end{vmatrix}=4\boldsymbol{i}-6\boldsymbol{j}+2\boldsymbol{k},$$

因此，三角形 ABC 的面积为$\dfrac{1}{2}|\overrightarrow{AB}\times\overrightarrow{AC}|=\dfrac{1}{2}\sqrt{4^2+(-6)^2+2^2}=\sqrt{14}$.

例 11 求同时垂直于已知向量 $\boldsymbol{a}=\{2,\ 2,\ 1\}$，$\boldsymbol{b}=\{4,\ 5,\ 3\}$的单位向量.

解 和 $\boldsymbol{a}$，$\boldsymbol{b}$ 都垂直的向量

$$\boldsymbol{c}=\boldsymbol{a}\times\boldsymbol{b}=\begin{vmatrix}\boldsymbol{i} & \boldsymbol{j} & \boldsymbol{k},\\ 2 & 2 & 1\\ 4 & 5 & 3\end{vmatrix}=\boldsymbol{i}-2\boldsymbol{j}+2\boldsymbol{k},$$

因此，所求单位向量为

$$\pm\frac{\boldsymbol{c}}{|\boldsymbol{c}|}=\left\{\pm\frac{1}{3},\ \mp\frac{2}{3},\ \pm\frac{2}{3}\right\}.$$

例 12 求与已知向量 $\boldsymbol{a}=\{2,-1,2\}$ 共线(平行)，且满足 $\boldsymbol{a}\cdot\boldsymbol{b}=-9$ 的向量 $\boldsymbol{b}$.

解 因为向量 $\boldsymbol{a}$，$\boldsymbol{b}$ 共线，所以 $\boldsymbol{b}=\lambda\boldsymbol{a}=\{2\lambda,-\lambda,2\lambda\}$，又因为 $\boldsymbol{a}\cdot\boldsymbol{b}=-9$，所以

$$2\cdot 2\lambda+(-1)\cdot(-\lambda)+2\cdot 2\lambda=-9,$$

即 $9\lambda=9$，$\lambda=-1$，因此所求向量为

$$\boldsymbol{b}=\{-2,1,-2\}.$$

(二)练习题

1. 选择题

(1)点(2，1，3)到 x 轴的距离 $d=$(　　).

A. $\sqrt{14}$　　B. $\sqrt{5}$　　C. $\sqrt{10}$　　D. $\sqrt{13}$

(2)已知向量 $\boldsymbol{a}$ 的坐标为$\{-1,1,2\}$，向量 $\boldsymbol{b}$ 的坐标为$\{2,0,1\}$，则向量 $\boldsymbol{a}$ 与 $\boldsymbol{b}$ 的夹角为(　　).

A. 0　　B. $\dfrac{\pi}{6}$　　C. $\dfrac{\pi}{3}$　　D. $\dfrac{\pi}{2}$

(3)点(2，1，3)关于 x 轴对称的点的坐标为(　　).

A. (2，−1，3)　　B. (−2，1，3)　　C. (2，−1，−3)　　D. (−2，−1，−3)

2. 填空题

(1)已知向量 $\boldsymbol{a}$ 的坐标为$\{1,1,-1\}$，向量 $\boldsymbol{b}$ 的坐标为$\{0,-1,2\}$，则 $2\boldsymbol{a}-\boldsymbol{b}=$________.

(2)已知向量 $\boldsymbol{a}$ 的坐标为$\{3,0,-1\}$，向量 $\boldsymbol{b}$ 的坐标为$\{2,-3,2\}$，则 $\boldsymbol{a}\times\boldsymbol{b}=$________.

(3)已知向量 $\boldsymbol{a}$ 的坐标为$\{-1,1,2\}$，向量 $\boldsymbol{b}$ 的坐标为$\{3,0,4\}$，则 $P_{\text{rjb}}\boldsymbol{a}=$________.

3. 解答题

(1)求与已知向量 $\boldsymbol{a}=\{2,-1,2\}$ 共线，且满足 $\boldsymbol{a}\cdot\boldsymbol{b}=-9$ 的向量 $\boldsymbol{b}$.

(2)已知点 $A(1,-1,2)$，$B(3,3,1)$，$C(3,1,3)$，求以 AB 和 AC 为邻边的平行四边形的面积.

第二节　平面与直线

(一)典型例题

例 1 求过点 $A(2,3,0)$，$B(-2,-3,4)$，$C(0,6,0)$的平面方程.

解 向量 $\overrightarrow{AB}=\{-4,-6,4\}$，$\overrightarrow{AC}=\{-2,3,0\}$，取平面的法向量

$$\boldsymbol{n}=\overrightarrow{AB}\times\overrightarrow{AC}=\begin{vmatrix}\boldsymbol{i} & \boldsymbol{j} & \boldsymbol{k}\\ -4 & -6 & 4\\ -2 & 3 & 0\end{vmatrix}=-12\boldsymbol{i}-8\boldsymbol{j}-24\boldsymbol{k},$$

平面过点 $A(2, 3, 0)$，且法向量为$\{-12, -8, -24\}$，由点法式方程可知

$$-12(x-2)-8(y-3)-24(z-0)=0,$$

整理得

$$3x+2y+6z-12=0.$$

例 2 求过点$(2, 0, -1)$且与向量 $\boldsymbol{a}=\{2, 1, -1\}$，$\boldsymbol{b}=\{3, 0, 4\}$都平行的平面方程.

解 平面与向量 $\boldsymbol{a}=\{2, 1, -1\}$，$\boldsymbol{b}=\{3, 0, 4\}$都平行，由向量积的定义取平面的法向量

$$\boldsymbol{n}=\boldsymbol{a}\times\boldsymbol{b}=\begin{vmatrix} \boldsymbol{i} & \boldsymbol{j} & \boldsymbol{k} \\ 2 & 1 & -1 \\ 3 & 0 & 4 \end{vmatrix}=4\boldsymbol{i}-11\boldsymbol{j}-3\boldsymbol{k},$$

由平面的点法式方程可得

$$4(x-2)-11(y-0)-3(z+1)=0,$$

整理得

$$4x-11y-3z-11=0.$$

例 3 求过 x 轴和点 $A(1, -2, 1)$的平面方程.

解 1 设平面方程为

$$By+Cz=0,$$

将点 $A(1, -2, 1)$代入平面方程得

$$C=2B,$$

代入整理得平面方程为

$$y+2z=0.$$

解 2 平面过 x 轴可知该平面过原点，其法向量与 x 轴垂直，也和过原点 O 和点 $A(1, -2, 1)$的向量 $\overrightarrow{OA}$ 垂直.

取 x 轴上一个向量$\{1, 0, 0\}$，与向量 $\overrightarrow{OA}=\{1, -2, 1\}$共面，
则平面的法向量为

$$\boldsymbol{n}=\{1, 0, 0\}\times\{1, -2, 1\}=\begin{vmatrix} \boldsymbol{i} & \boldsymbol{j} & \boldsymbol{k} \\ 1 & 0 & 0 \\ 1 & -2 & 1 \end{vmatrix}=-\boldsymbol{j}-2\boldsymbol{k},$$

由平面的点法式方程可得

$$0(x-0)-1(y-0)-2(z-0)=0,$$

化简得

$$y+2z=0.$$

例 4 求过点 $M_0(-1, 2, 1)$，且垂直两个平面 π_1，π_2 的平面方程，其中

$$\pi_1: \quad x+y-2z-1=0,$$

$$\pi_2: \quad x+2y-z+1=0.$$

解 设所求平面的法向量为 $\boldsymbol{n}$，平面 π_1，π_2 的法向量分别为 $\boldsymbol{n}_1$，$\boldsymbol{n}_2$，由题意得

$$\boldsymbol{n}=\boldsymbol{n}_1\times\boldsymbol{n}_2=\begin{vmatrix}\boldsymbol{i} & \boldsymbol{j} & \boldsymbol{k}\\ 1 & 1 & -2\\ 1 & 2 & -1\end{vmatrix}=3\boldsymbol{i}-\boldsymbol{j}+\boldsymbol{k},$$

又因为平面过点 $M_0(-1, 2, 1)$，由点法式可得

$$3(x+1)-(y-2)+(z-1)=0,$$

整理得

$$3x-y+z+4=0.$$

例 5 两个平面的方程分别为 $2x-3y+z-1=0$，$x+y-2z+1=0$，则两个平面的位置关系是(　　).

A. 相交且垂直　　B. 相交但不垂直，不重合

C. 平行　　D. 重合

解 两个平面的法向量分别为 $\boldsymbol{n}_1=\{2, -3, 1\}$，$\boldsymbol{n}_2=\{1, 1, -2\}$，因为 $\boldsymbol{n}_1$，$\boldsymbol{n}_2$ 的分量不成比例，所以两平面不平行，又因为 $\boldsymbol{n}_1\cdot\boldsymbol{n}_2\neq 0$，可知两平面也不垂直，故选 B.

例 6 求过两点 $M_1(1, 0, 1)$，$M_2(3, 1, 4)$的直线方程.

解 直线的方向向量为 $\overrightarrow{M_1M_2}=\{2, 1, 3\}$，且过点 $M_1(1, 0, 1)$，由直线的点向式方程可得

$$\frac{x-1}{2}=\frac{y}{1}=\frac{z-1}{2}.$$

例 7 求过点 $M(1, 1, 2)$，且垂直于平面 $4x-3y+2z+1=0$ 的直线方程.

解 平面的法向量$\{4, -3, 2\}$可作为直线的方向向量，又因为直线过点 $M(1, 1, 2)$，由直线的点向式方程可得

$$\frac{x-1}{4}=\frac{y-1}{-3}=\frac{z-2}{2}.$$

例 8 求过点 $M(1, 1, 1)$，且与平面 $2x+y-3z+1=0$ 垂直的直线 l 的方程.

解 由题意可知，可取直线 l 的方向向量为$\{2, 1, -3\}$，又因为直线过点 $M(1, 1, 1)$，因此直线 l 的方程为

$$\frac{x-1}{2}=\frac{y-1}{1}=\frac{z-1}{-3}.$$

例 9 判断下列各组直线的位置关系

(1)l_1　$\dfrac{x-1}{2}=\dfrac{y-1}{1}=\dfrac{z-1}{-3}$，　l_2　$\dfrac{x-3}{4}=\dfrac{y+1}{2}=\dfrac{z-4}{-6}$；

(2)l_1　$\dfrac{x-1}{2}=\dfrac{y-1}{1}=\dfrac{z-1}{-3}$，　l_2　$\dfrac{x-2}{1}=\dfrac{y+1}{4}=\dfrac{z-3}{2}$；

(3)l_1　$\dfrac{x-1}{2}=\dfrac{y-1}{1}=\dfrac{z-1}{-3}$，　l_2　$\dfrac{x-3}{3}=\dfrac{y+1}{2}=\dfrac{z-4}{-2}$.

解 两直线的位置关系由它们的方向向量决定.

(1)l_1 的方向向量为$\{2, 1, -3\}$，l_2 的方向向量为$\{4, 2, -6\}$，因为$\dfrac{2}{4}=\dfrac{1}{2}=$

$\frac{-3}{-6}$，所以 $l_1 /\!/ l_2$.

(2)l_1 的方向向量为$\{2, 1, -3\}$，l_2 的方向向量为$\{1, 4, 2\}$，因为 $2\cdot 1+1\cdot 4-3\cdot 2=0$，所以 $l_1 \perp l_2$.

(3)l_1 的方向向量为$\{2, 1, -3\}$，l_2 的方向向量为$\{3, 2, -2\}$，因为 l_1 和 l_2 的方向向量不平行也不垂直，所以这两条直线既不平行也不垂直.

例 10 判断下列各组平面和直线的位置关系.

(1)π_1：$x+4y-2z+1=0$，l_1 $\frac{x-3}{2}=\frac{y+1}{1}=\frac{z-4}{3}$；

(2)π_2：$x+y-z+2=0$，l_2 $\frac{x-3}{2}=\frac{y+1}{-1}=\frac{z-4}{1}$；

(3)π_3：$2x+6y+4z+5=0$，l_3 $\frac{x-2}{1}=\frac{y+1}{3}=\frac{z-3}{2}$.

解 (1)π_1 的法向量 $\boldsymbol{n}_1=\{1, 4, -2\}$，$l_1$ 的方向向量 $\boldsymbol{s}_1=\{2, 1, 3\}$，因为 $\boldsymbol{n}_1\cdot\boldsymbol{s}_1=0$，所以 l_1 的方向向量与 π_1 的法向量垂直，故 $l_1 /\!/ \pi_1$.

(2)π_2 的法向量 $\boldsymbol{n}_2=\{1, 1, -1\}$，$l_2$ 的方向向量 $\boldsymbol{s}_1=\{2, -1, 1\}$，因为 $\boldsymbol{n}_2\cdot\boldsymbol{s}_2=0$，且 l_2 的点$(3, -1, 4)$满足 π_2 的方程，所以 l_2 在 π_2 上.

(3)π_3 的法向量 $\boldsymbol{n}_3=\{2, 6, 4\}$，$l_3$ 的方向向量 $\boldsymbol{s}_3=\{2, 1, 3\}$，因为$\frac{2}{1}=\frac{6}{3}=\frac{4}{2}$，所以 $\boldsymbol{n}_3 /\!/ \boldsymbol{s}_3$，故 $l_3\perp\pi_3$.

例 11 求直线$\frac{x-1}{1}=\frac{y+1}{1}=\frac{z-1}{2}$和平面 $x+y+z+3=0$ 的交点坐标.

解 令$\frac{x-1}{1}=\frac{y+1}{1}=\frac{z-1}{2}=t$，直线的参数式方程可化为

$$\begin{cases}x=1+t\\ y=-1+t,\\ z=1+2t\end{cases}$$

代入平面方程得

$$1+t-1+t+1+2t+3=0,$$

解方程得 $t=-1$，把 $t=-1$ 代入参数方程求得交点坐标为$(0, -2, 1)$.

例 12 求与两个平面 $x+y+z-1=0$ 和 $2x+y-z+3=0$ 的交线平行且过点$(1, -2, 1)$的直线方程.

解 由题意可知所求直线的方向向量 $\boldsymbol{s}$ 与两个平面的法向量 $\boldsymbol{n}_1$，$\boldsymbol{n}_2$ 都垂直，所以可取

$$\boldsymbol{s}=\boldsymbol{n}_1\times\boldsymbol{n}_2=\begin{vmatrix}\boldsymbol{i} & \boldsymbol{j} & \boldsymbol{k}\\ 1 & 1 & 1\\ 2 & 1 & -1\end{vmatrix}=-2\boldsymbol{i}+3\boldsymbol{j}-\boldsymbol{k},$$

又因为直线过点$(1, -2, 1)$，所以所求直线方程为

$$\frac{x-1}{-2}=\frac{y+2}{3}=\frac{z-1}{-1}.$$

(二)练习题

1. 选择题

(1)在空间直角坐标系下，$2y-3z+5=0$ 的图形是(　　).

A. 过 x 轴的平面　　B. 平行于 x 轴的平面

C. 平行于 yOz 面的平面　　D. 以上都不对

(2)两个平面的方程分别为 $2x-y+z-3=0$，$3x+y-2z+4=0$，则两个平面的位置关系是(　　).

A. 相交且垂直　　B. 相交但不垂直，不重合

C. 平行　　D. 重合

(3)平面 $2x+3y+4z+4=0$ 与直线 $\frac{x-3}{2}=\frac{y+1}{1}=\frac{z-4}{3}$ 的位置关系为(　　).

A. 互相垂直　　B. 互相平行

C. 斜交　　D. 直线在平面内

(4)点 $M(3,-1,3)$ 到平面 $x+2y+2z-1=0$ 的距离 $d=$(　　).

A. 1　　B. 2　　C. 3　　D. 4

2. 填空题

(1)过点 $M(1,1,1)$，且与平面 $2x+y-z+3=0$ 平行的平面方程为________.

(2)过点 $M(1,2,-1)$，且与向量 $\boldsymbol{a}=\{3,-1,2\}$ 平行的直线方程为________.

(3)过点 x 轴和点 $M(2,1,-1)$ 的平面方程为________.

(4)直线 $\frac{x-1}{2}=\frac{y+1}{-1}=\frac{z-2}{1}$ 与平面 $x+y+2z+3=0$ 的夹角为________.

3. 解答题

(1)求过点 $A(2,-1,4)$，$B(-1,3,-2)$，$C(0,2,3)$ 的平面方程.

(2)求过点 $A(1,-1,2)$ 且与两个平面 $x+4y-2z+1=0$ 和 $x+2y-z+3=0$ 都平行的直线方程.

(3)平面过点 $A(1,0,-2)$，$B(1,2,2)$，且与向量 $\boldsymbol{a}=\{1,1,1\}$ 平行，求该平面的方程.

(4)求点 $A(3,-1,2)$ 到直线 $\begin{cases}x+y-z+1=0\\2x-y+z-4=0\end{cases}$ 的距离.

第三节　简单的二次曲面

(一)典型例题

例 1　求以(1，3，2)为球心 3 为半径的球面方程.

解　由球面的标准方程可得

$$(x-1)^2+(y-3)^2+(z-2)^2=9.$$

例 2 方程 $x^2+y^2+z^2-2x+4y-6z-2=0$ 表示怎样的曲面？

解 通过配方，原方程可变为

$$(x-1)^2+(y+2)^2+(z-3)^2=16,$$

因此，方程表示以(1，−2，3)为球心 4 为半径的球面方程.

例 3 方程 $y^2=2x$ 表示怎样的曲面？

解 方程 $y^2=2x$ 在 xOy 面上表示顶点在原点、对称轴为 x 轴的抛物线，在空间直角坐标系里，方程不含坐标 z，所以表示母线平行于 z 轴，准线是 xOy 面上的抛物线 $y^2=2x$ 的抛物柱面.

例 4 求 xOz 面上的抛物线 $z^2=2x$ 绕 x 轴旋转一周所生成的旋转曲面的方程.

解 将方程 $z^2=2x$ 中的 z 改成 $\pm\sqrt{y^2+z^2}$ 轴得到曲线的方程为 $y^2+z^2=2x$.

例 5 设空间曲线 C 的方程为 $\begin{cases}x^2+y^2=4\\x+y+z=1\end{cases}$，将其化为参数式方程.

解 在方程 $x^2+y^2=4$ 中令 $x=2\cos t$，$y=2\sin t$，带入 $x+y+z=1$ 得

$$z=1-2\sin t-2\cos t.$$

因此，参数式方程为 $\begin{cases}x=2\cos t\\y=2\sin t\\z=1-2\cos t-2\sin t\end{cases}$ $t\in[0,\ 2\pi]$.

例 6 求空间曲线 $\begin{cases}x^2+y^2+z^2=1\\x^2+(y-1)^2+(z-1)^2=1\end{cases}$ 在 xOy 面上的投影方程.

解 由方程组 $\begin{cases}x^2+y^2+z^2=1\\x^2+(y-1)^2+(z-1)^2=1\end{cases}\Rightarrow z=1-y$，带入 $x^2+y^2+z^2=1$，得投影柱面方程为 $x^2+2y^2-2y=0$，所以在 xOy 面上的投影方程为

$$\begin{cases}x^2+2y^2-2y=0\\z=0\end{cases}.$$

(二)练习题

1. 选择题

(1)在空间直角坐标系下，$x^2+4y^2=16$ 的图形是(　　).

A. 圆柱面　　B. 双曲柱面　　C. 椭圆柱面　　D. 以上都不对

(2)方程 $x^2+y^2-z^2=0$ 表示的二次曲面是(　　).

A. 球面　　B. 旋转抛物面　　C. 圆锥面　　D. 圆柱面

(3)方程 $z=4x^2+4y^2$ 表示的二次曲面是(　　).

A. 椭球面　　B. 抛物面　　C. 圆锥面　　D. 柱面

(4)曲面 $x^2+y^2+z^2=4$ 与 $x^2+y^2=2z$ 的交线是(　　).

A. 抛物线　　B. 双曲线　　C. 圆　　D. 椭圆

2. 填空题

(1)球面 $x^2+y^2+z^2-2y+4z-4=0$ 的球心为________，半径为________.

(2)将 xOz 面上的抛物线 $z^2=2x$ 绕 x 轴旋转一周所生成的曲面方程为________.

(3)曲面 $2x^2+y^2+z^2=16$ 和 $x^2+z^2-y^2=0$ 的交线在 xOy 面上的投影为________.

3. 解答题

(1)求以点(2，−1，2)为球心，且通过坐标原点的球面方程.

(2)将曲线 $\begin{cases}x^2+y^2=4\\x+z=1\end{cases}$ 化为参数方程.

四、综合与提高例题精讲

例 1 已知空间直角坐标系内三个点的坐标分别为点 $A(5,3,-2)$，$B(4,1,-1)$，$C(2,-3,1)$，证明这三点共线.

解 证明这三点共线只要证明向量 $\overrightarrow{AB}$ 和 $\overrightarrow{AC}$ 共线即可.
因为 $\overrightarrow{AB}=(-1,-2,1)$，$\overrightarrow{AC}=(-3,-6,3)$，所以 $\overrightarrow{AC}=3\overrightarrow{AB}$，因此这三点共线.

例 2 已知 $|\boldsymbol{a}|=2$，$|\boldsymbol{b}|=1$，且 $\boldsymbol{a}\cdot\boldsymbol{b}=1$，求 $|\boldsymbol{a}\times\boldsymbol{b}|$ 和 $|(\boldsymbol{a}+\boldsymbol{b})\times(\boldsymbol{a}-\boldsymbol{b})|$.

解 由于 $\cos\angle(\boldsymbol{a},\boldsymbol{b})=\dfrac{\boldsymbol{a}\cdot\boldsymbol{b}}{|\boldsymbol{a}|\cdot|\boldsymbol{b}|}=\dfrac{1}{2\cdot 1}=\dfrac{1}{2}$，从而 $\angle(\boldsymbol{a},\boldsymbol{b})=\dfrac{\pi}{3}$，故

$$|\boldsymbol{a}\times\boldsymbol{b}|=|\boldsymbol{a}||\boldsymbol{b}|\sin\angle(\boldsymbol{a},\boldsymbol{b})=\sqrt{3},$$

而

$$|(\boldsymbol{a}+\boldsymbol{b})\times(\boldsymbol{a}-\boldsymbol{b})|=|\boldsymbol{a}\times\boldsymbol{a}-\boldsymbol{a}\times\boldsymbol{b}+\boldsymbol{b}\times\boldsymbol{a}-\boldsymbol{b}\times\boldsymbol{b}|=2\,|\boldsymbol{b}\times\boldsymbol{a}|=2\sqrt{3},$$

这里要注意 $\boldsymbol{a}\times\boldsymbol{a}=\boldsymbol{b}\times\boldsymbol{b}=\boldsymbol{0}$，$\boldsymbol{a}\times\boldsymbol{b}=-\boldsymbol{b}\times\boldsymbol{a}$.

例 3 已知 $\boldsymbol{a}=\{2,4,-4\}$，$\boldsymbol{b}=\{-1,2,-2\}$，求 $\boldsymbol{a}$，$\boldsymbol{b}$ 角分线上的单位向量.

解 设所求向量为 $\boldsymbol{c}$，则 $\boldsymbol{c}=\lambda\left(\dfrac{\boldsymbol{a}}{|\boldsymbol{a}|}+\dfrac{\boldsymbol{b}}{|\boldsymbol{b}|}\right)=\lambda\left(0,\dfrac{4}{3},-\dfrac{4}{3}\right)$，由 $|\boldsymbol{c}|=1$ 得

$$|\lambda|\sqrt{0^2+\left(\frac{4}{3}\right)^2+\left(-\frac{4}{3}\right)^2}=1,$$

因此 $\lambda=\pm\dfrac{3\sqrt{2}}{8}$，故 $\boldsymbol{c}=\pm\left\{0,\dfrac{\sqrt{2}}{2},-\dfrac{\sqrt{2}}{2}\right\}$.

说明：$\boldsymbol{a}$，$\boldsymbol{b}$ 角分线上的向量可表示为 $\lambda\left(\dfrac{\boldsymbol{a}}{|\boldsymbol{a}|}+\dfrac{\boldsymbol{b}}{|\boldsymbol{b}|}\right)$，其中 λ 为待定常数.

例 4 求过直线 $\dfrac{x-1}{2}=\dfrac{y-1}{-3}=\dfrac{z-2}{2}$ 且垂直于平面 $3x+2y-z+6=0$ 的平面方程.

解 直线的方向向量 $\boldsymbol{s}=\{2,-3,2\}$，平面的法向量 $\boldsymbol{n}=\{3,2,-1\}$，则所求平面的法向量为

$$\boldsymbol{n}'=\boldsymbol{s}\times\boldsymbol{n}=\begin{vmatrix}\boldsymbol{i} & \boldsymbol{j} & \boldsymbol{k}\\ 2 & -3 & 2\\ 3 & 2 & -1\end{vmatrix}=-\boldsymbol{i}+8\boldsymbol{j}+13\boldsymbol{k},$$

由于直线过点(1，1，2)，故所求平面也过点(1，1，2)，从而平面的方程为

$$-(x-1)+8(y-1)+13(z-2)=0,$$

即

$$x-8y-13z+33=0.$$

例 5 求过点(－1，0，4)且平行于平面 $3x-4y+z-10=0$，又与直线 $\frac{x+1}{1}=\frac{y-3}{1}=\frac{z}{2}$ 相交的直线方程.

解 设所求直线与已知直线的交点为(x_0, y_0, z_0)，因为所求直线过点(－1，0，4)，所以它的方向向量可设为 $\boldsymbol{s}=\{x_0+1, y_0, z_0-4\}$，由题意可知：已知直线的方向向量和平面的法向量垂直，点(x_0, y_0, z_0)在直线上，因此可列方程组

$$\begin{cases}3(x_0+1)-4y_0+(z_0-4)=0\\ \dfrac{x_0+1}{1}=\dfrac{y_0-3}{1}=\dfrac{z_0}{2}\end{cases},$$

解得 $x_0=15$，$y_0=19$，$z_0=32$，故 $\boldsymbol{s}=\{16, 19, 28\}$，所以直线方程为

$$\frac{x+1}{16}=\frac{y}{19}=\frac{z-4}{28}.$$

例 6 求直线 $\begin{cases}x+y-z-1=0\\ x-y+z+1=0\end{cases}$ 在平面 $x+y+z=0$ 上投影直线的直线方程.

解 设过已知直线的平面束方程为 $x+y-z-1+\lambda(x-y+z+1)=0$，整理得

$$(1+\lambda)x+(1-\lambda)y+(\lambda-1)z+\lambda-1=0,$$

求出这些平面中与 $x+y+z=0$ 垂直的平面，即

$$(1+\lambda)\cdot 1+(1-\lambda)\cdot 1+(\lambda-1)\cdot 1=0,$$

解得 $\lambda=-1$，则所求平面方程为 $y-z-1=0$，它与 $x+y+z=0$ 的交线即为所求. 因此所求直线方程为

$$\begin{cases}y-z-1=0\\ x+y+z=0\end{cases}.$$

例 7 求点 $M(1, 2, 3)$到直线 $\frac{x-1}{1}=\frac{y-1}{2}=\frac{z-1}{4}$ 的距离.

解 1 求过点 M 且和已知直线垂直的平面方程，即

$$1\cdot(x-1)+2\cdot(y-2)+4\cdot(z-3)=0,$$

整理得

$$x+2y+4z-17=0.$$

直线 $\frac{x-1}{1}=\frac{y-1}{2}=\frac{z-1}{4}$ 和平面 $x+2y+4z-17=0$ 联立求得交点为 $\left(\frac{31}{21}, \frac{41}{21}, \frac{61}{21}\right)$，

利用两点间距离公式求得点$\left(\frac{31}{21},\ \frac{41}{21},\ \frac{61}{21}\right)$与点$M(1,\ 2,\ 3)$的距离为$\frac{\sqrt{105}}{21}$.

解 2 如图 6-1 所示，设直线为 l，l 上点 N 的坐标为$(1,\ 1,\ 1)$，则向量 $\overrightarrow{MN}$ 的坐标为$\{0,\ -1,\ -2\}$，直线的方向向量为 $\boldsymbol{s}=\{1,\ 2,\ 4\}$，$\overrightarrow{MN}$ 在 $\boldsymbol{s}$ 上的投影 $|\overrightarrow{ON}|=\frac{|\overrightarrow{ON}|\cdot\boldsymbol{s}}{|\boldsymbol{s}|}=\frac{10}{\sqrt{21}}$，由勾股定理可得点 $M(1,\ 2,\ 3)$到直线$\frac{x-1}{1}=\frac{y-1}{2}=\frac{z-1}{4}$的距离为

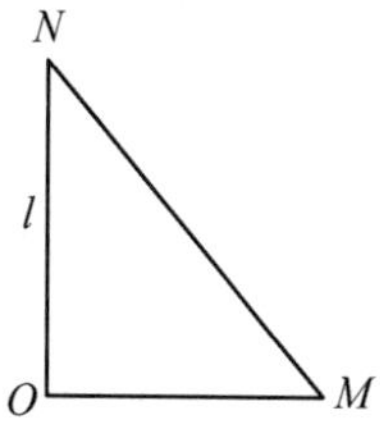

图 6-1

$$d=\sqrt{|\overrightarrow{MN}|^2-|\overrightarrow{ON}|^2}=\frac{\sqrt{105}}{21}.$$

解 3 点 $M(1,\ 2,\ 3)$到直线$\frac{x-1}{1}=\frac{y-1}{2}=\frac{z-1}{4}$的距离可以看成以 $\overrightarrow{MN}$ 和 $\boldsymbol{s}$ 为邻边的平行四边形 $\boldsymbol{s}$ 所在边上的高，由向量积的几何意义可得

$$d=\frac{|\boldsymbol{s}\times\overrightarrow{MN}|}{|\boldsymbol{s}|}\ \frac{\sqrt{105}}{21}.$$

例 8 求过点 $M(3,\ 1,\ 2)$且通过直线$\frac{x-1}{1}=\frac{y-1}{2}=\frac{z-1}{1}$的平面方程.

解 所求平面过已知直线$\frac{x-1}{1}=\frac{y-1}{2}=\frac{z-1}{1}$，则直线上的点 $N(1,\ 1,\ 1)$在平面上，因此平面的法向量 $\boldsymbol{n}$ 和直线的方向向量 $\boldsymbol{s}$、向量 $\overrightarrow{NM}$ 都垂直，故平面的法向量

$$\boldsymbol{n}=\boldsymbol{s}\times\overrightarrow{NM}=\begin{vmatrix}\boldsymbol{i} & \boldsymbol{j} & \boldsymbol{k}\\ 1 & 2 & 1\\ 2 & 0 & 1\end{vmatrix}=2\boldsymbol{i}+\boldsymbol{j}-4\boldsymbol{k},$$

由点法式方程得

$$2(x+1)+(y-1)-4(z-1)=0,$$

整理得

$$2x+y-4z+5=0.$$

五、高职升本科本章相关知识简介

(一)考试内容与要求

理解空间直角坐标系，向量的概念，向量的坐标表示法，平面、直线的位置关系(平行、垂直)；掌握向量的线性运算，数量级和向量积的运算，平面、空间直线的方程及其求法. 本章考核的重点主要包括：向量的运算，直线、平面的位置关系，直线、平面的方程. 依历年试题来看，本章考核的重点主要包括：向量的运算(线性运算、数量积、向量积)，直线、平面的位置关系，直线、平面的方程. 此部分试题分值为 12～28 分，多为容易题和中等难度题.

(二)历年真题

1.(2011)已知向量 $\boldsymbol{a}$，$\boldsymbol{b}$ 满足 $|\boldsymbol{a}|=5$，$|\boldsymbol{b}|=6$，$|\boldsymbol{a}\times\boldsymbol{b}|=15$，则 $\boldsymbol{a}\cdot\boldsymbol{b}=$(C).

A. $\pm 5\sqrt{3}$　　B. $5\sqrt{3}$　　C. $\pm 15\sqrt{3}$　　D. $15\sqrt{3}$

2.(2012)设向量 $\boldsymbol{a}$，$\boldsymbol{b}$ 的模分别为 $|\boldsymbol{a}|=2$，$|\boldsymbol{b}|=3$，且 $\boldsymbol{a}$ 与 $\boldsymbol{b}$ 的夹角为 $\frac{\pi}{3}$，则 $|\boldsymbol{a}-\boldsymbol{b}|=$(C).

A. 1　　B. $\sqrt{3}$　　C. $\sqrt{7}$　　D. $\sqrt{13}$

3.(2013)设向量 $\boldsymbol{a}$，$\boldsymbol{b}$ 的模分别为 $|\boldsymbol{a}|=3$，$|\boldsymbol{b}|=2$，且 $\boldsymbol{a}+\boldsymbol{b}=\boldsymbol{i}-2\boldsymbol{j}+\sqrt{2}\boldsymbol{k}$，则向量 $\boldsymbol{a}$，$\boldsymbol{b}$ 的夹角为(D).

A. $\frac{\pi}{6}$　　B. $\frac{\pi}{3}$　　C. $\frac{5\pi}{6}$　　D. $\frac{2\pi}{3}$

4.(2015)设向量 $\boldsymbol{a}$，$\boldsymbol{b}$ 满足 $|\boldsymbol{b}|=\sqrt{3}$，$|\boldsymbol{a}-\boldsymbol{b}|=1$，且 $\boldsymbol{a}$ 与 $\boldsymbol{b}$ 的夹角为 $\frac{\pi}{6}$，则 $|\boldsymbol{a}|=$(D).

A. 1　　B. $\sqrt{3}$　　C. 2　　D. 1 或 2

5.(2017)已知向量 $\boldsymbol{a}=\{2, -49, 1\}$，向量 $\boldsymbol{b}=\{-3, 10, -1\}$，若向量 $\{1, 0, -1\}$ 与 $\lambda\boldsymbol{a}+\mu\boldsymbol{b}$ 垂直，则有(C).

A. $2\lambda=\mu$　　B. $2\lambda=-\mu$　　C. $\lambda=2\mu$　　D. $\lambda=-2\mu$

6.(2010)已知向量 $\boldsymbol{a}$，$\boldsymbol{b}$ 满足 $\boldsymbol{a}\perp\boldsymbol{b}$ 且 $|\boldsymbol{a}|=3$，$|\boldsymbol{b}|=4$ 则 $|(\boldsymbol{a}+\boldsymbol{b})\times(\boldsymbol{a}-\boldsymbol{b})|=$(C).

A. 0　　B. 12　　C. 24　　D. 30

7.(2008)设向量 $\boldsymbol{x}$ 与向量 $\boldsymbol{a}=\{2, -1, 2\}$ 共线，且满足 $\boldsymbol{a}\cdot\boldsymbol{x}=18$，则 $\boldsymbol{x}=$(B).

A. $\{3, -6, 3\}$　　B. $\{4, -2, 4\}$　　C. $\{-4, 2, -4\}$　　D. $\{6, -3, 6\}$

8.(2019)向量 $\boldsymbol{a}=\{1, -1, \lambda\}$，向量 $\boldsymbol{b}=\{2, 1, -2\}$，若 $\boldsymbol{a}\cdot\boldsymbol{b}=3$，则实数 λ 的值为$\underline{-1}$.

9.(2011)设空间直线的方程为 $\frac{x}{0}=\frac{y}{4}=\frac{z}{-3}$，则该直线必定(A).

A. 过原点且垂直于 x 轴　　B. 不过原点但垂直于 x 轴

C. 过原点且垂直于 y 轴　　D. 不过原点但垂直于 y 轴

10.(2012)已知平面 π 通过点 $(1, 0, -1)$，且垂直于直线 L：$\begin{cases}x-y-z+3=0\\x-2y+4=0\end{cases}$，则平面 π 的方程是 $\underline{2x+y+z-1=0}$.

11.(2013)若直线 $\frac{x+1}{1}=\frac{y-2}{k}=\frac{z-3}{2}$ 与平面 $x-3y+4z-2=0$ 平行，则常数 $k=\underline{3}$.

12.(2014)过直线 l：$\frac{x-1}{1}=\frac{y+3}{-7}=\frac{z+2}{-5}$ 且平行于直线 $\begin{cases}x=-2\\y=t\\z=t-6\end{cases}$（$t$ 为参数）的平面方程是 $\underline{2x+y-z-1=0}$.

13.(2016)过直线 l_1：$\frac{x-3}{3}=\frac{y+1}{1}=\frac{z-1}{2}$ 和直线 l_2：$\begin{cases}x=-2\\y=t\\z=t-6\end{cases}$（$t$ 为参数）的平面方程为 $\underline{x+3y-3z+3=0}$.

14.(2014)直线 l_1：$\frac{x-1}{3}=\frac{y+2}{1}=\frac{z-1}{2}$ 和直线 l_2：$\begin{cases}x=3t-3\\y=t+2\\z=2t-3\end{cases}$（$t$ 为参数）的位置关系为(A).

A. 平行　　B. 相交　　C. 异面　　D. 重合

15.(2017)空间过点(−1，0，1)，且垂直于平面 $2x-y+3z=0$ 的直线方程为 $\underline{\frac{x+1}{2}=\frac{y}{-1}=\frac{z-1}{3}}$.

16.(2010)过点(3，−1，3)，且通过直线 $\frac{x-2}{3}=\frac{y+1}{1}=\frac{z-1}{2}$ 的平面方程是 $\underline{2x-4y-z-7=0}$.

提示：直线上的点(2，−1，1)也在平面内，过点(3，−1，3)和点(2，−1，1)的向量与直线方向向量{3，1，2}的向量积可作为所求平面的法向量，再用点法式可求得平面方程.

17.(2007)直线 $\frac{x+1}{2}=\frac{y-2}{0}=\frac{z}{-1}$ 与平面 $x-4y+2z+5=0$ 的位置关系为(A).

A. 平行　　B. 直线在平面内　　C. 垂直　　D. 相交但不垂直

18.(2018)直线 $\frac{x-1}{2}=\frac{y+2}{1}=\frac{z-1}{3}$ 与直线 $\begin{cases}x=2t-3\\y=t+2\\z=3t-3\end{cases}$ 的位置关系为(A).

A. 平行　　B. 相交　　C. 异面　　D. 重合

19.(2018)求过直线 l_1：$\begin{cases}x=2t-1\\y=3t+2\\z=2t-3\end{cases}$（$t$ 为参数）直线 l_2：$\frac{x-3}{2}=\frac{y+1}{3}=\frac{z-1}{2}$ 的平面 π 的方程.

提示：直线 l_1 上的点(−1，2，3)和直线 l_2 上的点(3，−1，1)连线所得的向量和这两条平行直线方向向量{2，3，2}的向量积可作为平面的法向量，又因为平面 π 过直线 l_1 上的点(−1，2，3)，利用点法式可求得平面方程为 $2y-3z+5=0$.

20.(2007)已知点 $A(-1，2，3)$，直线 l_1：$\frac{x-3}{7}=\frac{y+2}{8}=\frac{z-5}{9}$，直线 l_2：$\frac{x}{4}=$

$\frac{y}{5}=\frac{z}{6}$.

(1)求过点 A 且垂直于直线 l_1 的平面 π 的方程；

(2)求过点 A 和直线 l_2 垂直且平行于平面 π 的直线方程.

提示：(1)直线 l_1 的方向向量看成平面 π 的法向量，利用点法式可得平面 π 的方程为

$$7x+8y+9z-36=0.$$

(2)所求直线的方向向量可看成直线 l_2 的方向向量和平面 π 的法向量的向量积，再利用点向式可得直线方程为

$$\frac{x+1}{1}=\frac{y-2}{2}=\frac{z-3}{1}.$$

练习题答案

第一节练习题

1. (1)C；(2)D；(3)C.

2. (1)$\{2, 3, -4\}$；(2)$\{-3, -8, -9\}$；(3)1.

3. (1)$\boldsymbol{b}=\{-2, 1, -2\}$；(2)$2\sqrt{17}$.

第二节练习题

1. (1)B；(2)B；(3)C；(4)B.

2. (1)$2x+y-z+1=0$；(2)$\frac{x-1}{3}=\frac{y-2}{-1}=\frac{z+1}{2}$；(3)$y+z=0$；(4)$\frac{\pi}{6}$.

3. (1)$14x+9y-z-15=0$；(2)$\frac{x-1}{0}=\frac{y+1}{-1}=\frac{z-2}{-2}$；(3)$x-2y+z+1=0$；

(4)$\frac{3\sqrt{2}}{2}$.

第三节练习题

1. (1)C；(2)C；(3)B；(4)C.

2. (1)$(0, 1, -2)$，3；(2)$y^2+z^2=2x$；(3)$\begin{cases}x^2+2y^2=16\\z=0\end{cases}$.

3. (1)$(x-2)^2+(y+1)^2+(z-2)^2=9$；(2)$\begin{cases}x=2\cos t\\y=2\sin t\\z=1-2\cos t\end{cases}$，$t\in[0, 2\pi]$.

第七章　多元函数微分学及应用

一、知识结构与内容要点

(一)知识结构

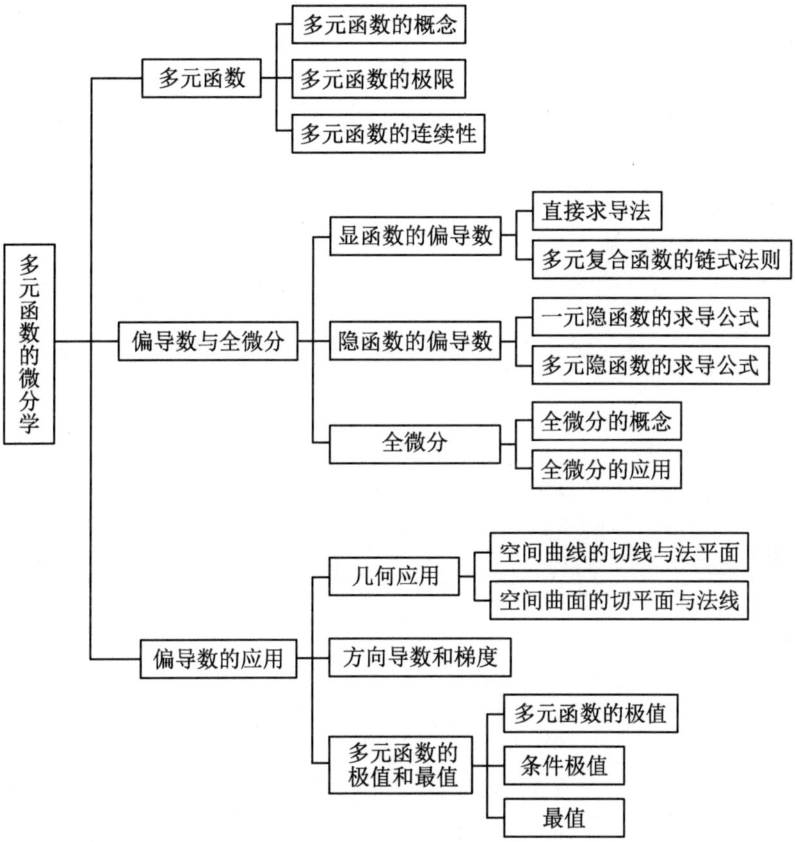

(二)内容要点

1. 多元函数的概念及其极限与连续

这里重点讨论二元函数.

(1)二元函数的定义域.

与一元函数相类似，如果不考虑函数的实际背景，二元函数的定义域就是使函数表达式有意义的自变量的取值范围.

(2)二元函数的极限.

设 $z=f(x, y)$在点 $P_0(x_0, y_0)$的某一邻域有定义(P_0 可除外)，若当点 $P(x, y)$以任何方式无限接近点 $P_0(x_0, y_0)$时，函数 $f(x, y)$无限趋于一个确定的常数 A，则称 A 为 $f(x, y)$当$(x, y)\to(x_0, y_0)$时的极限，记为 $\lim\limits_{(x,y)\to(x_0,y_0)} f(x, y)=A$ 或 $\lim\limits_{\substack{x\to x_0\\ y\to y_0}} f(x, y)=A$.

一元函数的极限运算法则及计算方法大多都可运用于二元函数求极限.

(3)二元函数的连续性.

设函数 $f(x, y)$在点 $P_0(x_0, y_0)$的某一邻域内有定义，若在该点极限存在，且 $\lim\limits_{(x,y)\to(x_0,y_0)} f(x, y)=f(x_0, y_0)$，则称函数 $f(x, y)$在点 $P_0(x_0, y_0)$处连续.

如果函数 $f(x, y)$在区域 D 内每一点都连续，则称函数 $f(x, y)$在区域 D 上连续，可以证明，二元初等函数在其定义区域内都是连续的.

如果 $f(x, y)$在点 $P_0(x_0, y_0)$处不连续，称 P_0 为不连续点或间断点.

2. 偏导数与全微分

(1)二元函数的偏导数.

二元函数 $z=f(x, y)$在点(x_0, y_0)的某一邻域内有定义，若下列极限存在，

则
$$\left.\frac{\partial z}{\partial x}\right|_{(x_0, y_0)}=z'_x(x_0, y_0)=\lim_{\Delta x\to 0}\frac{f(x_0+\Delta x, y_0)-f(x_0, y_0)}{\Delta x},$$
$$\left.\frac{\partial z}{\partial y}\right|_{(x_0, y_0)}=z'_y(x_0, y_0)=\lim_{\Delta y\to 0}\frac{f(x_0, y_0+\Delta y)-f(x_0, y_0)}{\Delta y}.$$

在求多元函数对某一个自变量的偏导数时，应把其余变量看作常量，而对该变量求导. 因此求多元函数的偏导数与求一元函数的导数方法类似，不需要建立新的运算方法. 将偏导函数中(x, y)代入(x_0, y_0)，便得到函数在(x_0, y_0)的偏导数.

(2)高阶偏导数.

二元函数 $z=f(x, y)$的二阶偏导数分别为
$$\frac{\partial}{\partial x}\left(\frac{\partial z}{\partial x}\right)=\frac{\partial^2 z}{\partial x^2}=f''_{xx}(x, y)=z''_{xx},\quad \frac{\partial}{\partial y}\left(\frac{\partial z}{\partial x}\right)=\frac{\partial^2 z}{\partial x\partial y}=f''_{xy}(x, y)=z''_{xy},$$
$$\frac{\partial}{\partial x}\left(\frac{\partial z}{\partial y}\right)=\frac{\partial^2 z}{\partial y\partial x}=f''_{yx}(x, y)=z''_{yx},\quad \frac{\partial}{\partial y}\left(\frac{\partial z}{\partial y}\right)=\frac{\partial^2 z}{\partial y^2}=f''_{yy}(x, y)=z''_{yy}.$$

同样可以得到三阶、四阶以及更高阶偏导数.

(3)多元复合函数的偏导数(链式法则).

多元复合函数的偏导数所涉及的情形很多，以下只列出其中几种情形.

a. 如果函数 $z=f(u, v)$在点(u, v)可导，而 $u=\varphi(x, y)$，$v=\Psi(x, y)$在点(x, y)都存在偏导数，则复合函数 $z=f[\varphi(x, y), \Psi(x, y)]$在点$(x, y)$的两个偏导数存在，且有
$$\frac{\partial z}{\partial x}=\frac{\partial z}{\partial u}\cdot\frac{\partial u}{\partial x}+\frac{\partial z}{\partial v}\cdot\frac{\partial v}{\partial x},\quad \frac{\partial z}{\partial y}=\frac{\partial z}{\partial u}\cdot\frac{\partial u}{\partial y}+\frac{\partial z}{\partial v}\cdot\frac{\partial v}{\partial y}.$$

b. 设 $z=f(u, v)$在(u, v)可导，$u=\varphi(t)$，$v=\Psi(t)$在 t 可导，则全导数$\frac{dz}{dt}=\frac{\partial z}{\partial u}\cdot\frac{du}{dt}+\frac{\partial z}{\partial v}\cdot\frac{dv}{dt}$.

c. 设 $z=f(u, v, w)$在(u, v, w)处可导，$u=\varphi(x, y)$，$v=\Psi(x, y)$，$w=w(x, y)$在点(x, y)可导，

则
$$\frac{\partial z}{\partial x}=\frac{\partial z}{\partial u}\cdot\frac{\partial u}{\partial x}+\frac{\partial z}{\partial v}\cdot\frac{\partial v}{\partial x}+\frac{\partial z}{\partial w}\cdot\frac{\partial w}{\partial x},$$
$$\frac{\partial z}{\partial y}=\frac{\partial z}{\partial u}\cdot\frac{\partial u}{\partial y}+\frac{\partial z}{\partial v}\cdot\frac{\partial v}{\partial y}+\frac{\partial z}{\partial w}\cdot\frac{\partial w}{\partial y}.$$

使用链式法则时要比较灵活，应根据自变量和中间变量的多样性而变化．一般的，因变量到达自变量有几条路径，链式法则就有几项相加；而一条路径中有几个环节，那么这项就有几个偏导数相乘，当其中某项是一元函数时，要把相应的符号写成导数符号.

(4)隐函数的偏导数.

a. 一元隐函数：设 $F(x, y)=0$，确定函数 $y=y(x)$.
$$\frac{dy}{dx}=-\frac{F'_x}{F'_y}.$$

b. 二元隐函数：设 $F(x, y, z)=0$，确定了 $z=z(x, y)$.
$$\frac{\partial z}{\partial x}=-\frac{F'_x}{F'_z},\quad \frac{\partial z}{\partial y}=-\frac{F'_y}{F'_z}.$$

(5)二元函数的全微分.

如果 $f(x, y)$在区域内可微，则 $dz=\frac{\partial z}{\partial x}dx+\frac{\partial z}{\partial y}dy$.

(6)全微分的应用.

a. 计算二元函数增量的近似值
$$\Delta z\approx dz=f'_x(x, y)\Delta x+f'_y(x, y)\Delta y.$$

b. 计算函数值的近似值
$$f(x+\Delta x, y+\Delta y)\approx f(x, y)+f'_x(x, y)\Delta x+f'_y(x, y)\Delta y.$$

3. 多元函数微分学的几何应用

(1)空间曲线的切线与法平面.

a. 设空间曲线 L 的参数方程为
$$\begin{cases}x=\varphi(t),\\ y=\Psi(t), \quad t\in[\alpha, \beta],\\ z=\omega(t).\end{cases}$$
其中，$\varphi(t)$，$\Psi(t)$，$\omega(t)$都在$[\alpha, \beta]$上可导，且三个导数不同时为零.

曲线 L 在点 $M_0(x_0, y_0, z_0)$处的切线方程为

$$\frac{x-x_0}{\varphi'(t_0)}=\frac{y-y_0}{\Psi'(t_0)}=\frac{z-z_0}{\omega'(t_0)},$$

曲线 L 在点 M_0 的法平面方程为

$$\varphi'(t_0)(x-x_0)+\Psi'(t_0)(y-y_0)+\omega'(t_0)(z-z_0)=0.$$

b. 如果空间曲线 L 的方程形式为

$$\begin{cases}F(x, y, z)=0\\G(x, y, z)=0\end{cases},$$

取 x 为参数，则其参数方程形式为

$$\begin{cases}x=x\\y=\varphi(x)\\z=\Psi(x)\end{cases}.$$

曲线 L 在点 $M_0(x_0, y_0, z_0)$处的切线方程为

$$\frac{x-x_0}{1}=\frac{y-y_0}{\varphi'(x_0)}=\frac{z-z_0}{\Psi'(x_0)}.$$

曲线 L 在点 M_0 的法平面方程为

$$(x-x_0)+\varphi'(x_0)(y-y_0)+\Psi'(x_0)(z-z_0)=0.$$

(2)空间曲面的切平面与法线.

a. 设曲面 S 的方程为 $F(x, y, z)=0$，点 $M_0(x_0, y_0, z_0)$是曲面上一点，函数 $F(x, y, z)$在点 M_0 处有连续的偏导数，且三个偏导数不全为零. 曲面 S 在点 M_0 处的切平面方程为

$$F'_x(x_0, y_0, z_0)(x-x_0)+F'_y(x_0, y_0, z_0)(y-y_0)+F'_z(x_0, y_0, z_0)(z-z_0)=0.$$

曲面 S 在点 $M_0(x_0, y_0, z_0)$处的法线方程为

$$\frac{x-x_0}{F'_x(x_0, y_0, z_0)}=\frac{y-y_0}{F'_y(x_0, y_0, z_0)}=\frac{z-z_0}{F'_z(x_0, y_0, z_0)}.$$

b. 设曲面 S 的方程为

$$z=f(x, y),$$

曲面 S 在点 $M_0(x_0, y_0, z_0)$的切平面方程为

$$f'_x(x_0, y_0)(x-x_0)+f'_y(x_0, y_0)(y-y_0)-(z-z_0)=0.$$

曲面 S 在点 $M_0(x_0, y_0, z_0)$的法线方程为

$$\frac{x-x_0}{f'_x(x_0, y_0)}=\frac{y-y_0}{f'_y(x_0, y_0)}=\frac{z-z_0}{-1}.$$

4. 方向导数与梯度

(1)方向导数.

函数 $z=f(x, y)$在点 P 处沿方向 l 的方向导数

$$\frac{\partial f}{\partial l}=\lim_{\rho\to 0}\frac{f(x+\Delta x, y+\Delta y)-f(x, y)}{\rho}\left(\rho=\sqrt{(\Delta x)^2+(\Delta y)^2}\right).$$

根据定义，函数 $z=f(x, y)$在点 P 处沿 x 轴和 y 轴正向的方向导数分别为

$$\frac{\partial f}{\partial x}=\lim_{\Delta x\to 0}\frac{f(x+\Delta x,\ y)-f(x,\ y)}{\Delta x},\ \frac{\partial f}{\partial y}=\lim_{\Delta y\to 0}\frac{f(x,\ y+\Delta y)-f(x,\ y)}{\Delta y}.$$

如果函数 $z=f(x,\ y)$在点 $P(x,\ y)$是可微的，那么函数在该点沿任一方向 l 的方向导数$\frac{\partial f}{\partial l}$都存在，且有

$$\frac{\partial f}{\partial l}=\frac{\partial f}{\partial x}\cos\varphi+\frac{\partial f}{\partial y}\sin\varphi,$$

其中，φ 为从 x 轴正向到 l 的转角.

(2)梯度.

$$\mathbf{grad}\,f(x,\ y)=\nabla f(x,\ y)=\frac{\partial f}{\partial x}\boldsymbol{i}+\frac{\partial f}{\partial y}\boldsymbol{j}.$$

5. 多元函数的极值和最值

(1)二元函数极值的求法.

定理(极值的必要条件)如果函数 $z=f(x,\ y)$在点 $P_0(x_0,\ y_0)$处有极值，且在该点的两个偏导数都存在，则有

$$f'_x(x_0,\ y_0)=0,\ f'_y(x_0,\ y_0)=0,$$

使 $f'_x(x_0,\ y_0)=0$，$f'_y(x_0,\ y_0)=0$ 的点$(x_0,\ y_0)$称为函数 $z=f(x,\ y)$的驻点.

定理(极值的充分条件)设函数 $z=f(x,\ y)$在点 $P_0(x_0,\ y_0)$的某邻域内具有连续的二阶偏导数，且 $f'_x(x_0,\ y_0)=0$，$f'_y(x_0,\ y_0)=0$[即点 $P_0(x_0,\ y_0)$是驻点]，记 $A=f''_{xx}(x_0,\ y_0)$，$B=f''_{xy}(x_0,\ y_0)$，$C=f''_{yy}(x_0,\ y_0)$，$\Delta=B^2-AC$，则有：

①当 $\Delta<0$ 时，函数 $z=f(x,\ y)$在点 $P_0(x_0,\ y_0)$处有极值，且当 $A<0$ 时，有极大值，当 $A>0$ 时，有极小值；

②当 $\Delta>0$ 时，函数 $z=f(x,\ y)$在点 $P_0(x_0,\ y_0)$处没有极值；

③当 $\Delta=0$ 时，函数 $z=f(x,\ y)$在点 $P_0(x_0,\ y_0)$处可能有极值，也可能没有极值.

综合运用以上两个定理，可以得到求具有二阶连续偏导数的二元函数的极值的步骤：

①求解方程组$\begin{cases}f'_x(x_0,\ y_0)=0\\ f'_y(x_0,\ y_0)=0\end{cases}$，得到函数 $z=f(x,\ y)$的全部驻点；

②对于每一个驻点$(x_0,\ y_0)$，求出二阶偏导数的值 A，B，C 及 $\Delta=B^2-AC$；

③根据极值的充分条件，判定 $f(x_0,\ y_0)$是否为极值，是极大值还是极小值.

(2)多元函数的最值.

类似于一元函数，有界闭区域 D 上的连续函数 $f(x,\ y)$在 D 上必有最大值和最小值. 其求法可先求出 D 内所有可能的极值，以及边界上的最大值、最小值，然后进行比较，得出 $f(x,\ y)$在 D 上的最大值和最小值.

对于实际应用中的最值问题，一般从问题本身就能断定它在定义域内必有最大值或最小值. 如果函数在定义域内只有唯一的驻点，则该驻点的函数值即为函数的最大

值或最小值.

(3)条件极值的解法.

a. 化条件极值为无条件极值求解.

在某些情况下，条件极值可以通过代入的方法化为无条件极值，再用前面介绍的方法加以解决.

b. 条件极值的拉格朗日乘数法.

在很多情形下，将条件极值转化为无条件极值并不简单．为此介绍一种直接求条件极值的方法，称为拉格朗日乘数法.

用拉格朗日乘数法求函数 $z=f(x, y)$ 在约束条件 $\varphi(x, y)=0$ 下的条件极值的具体步骤如下.

①构造辅助函数(称为拉格朗日函数)，即

$$L=L(x, y, \lambda)=f(x, y)+\lambda\varphi(x, y);$$

②求 $L(x, y, \lambda)$ 对 x，y，λ 的偏导数，并使之为零，建立方程组

$$\begin{cases} L'_x(x, y, \lambda)=f'_x(x+y)+\lambda\varphi'_x(x, y)=0 \\ L'_y(x, y, \lambda)=f'_y(x+y)+\lambda\varphi'_y(x, y)=0, \\ L'_\lambda(x, y, \lambda)=\varphi(x, y)=0 \end{cases}$$

求解该方程组得 x，y，λ，则驻点(x_0, y_0)即为函数 $z=f(x, y)$ 在约束条件 $\varphi(x, y)=0$ 下可能的极值点；

③判别驻点(x_0, y_0)是否为极值点，对于实际问题，通常根据其实际意义来确定.

二、教学基本要求与重点、难点

1. 教学基本要求

(1)理解多元函数的概念.

(2)了解二元函数极限、连续的概念.

(3)理解多元函数偏导数、全微分的概念.

(4)熟练掌握多元函数中的显函数、隐函数及其复合函数的求导法则.

(5)掌握多元函数极值的求法，了解求条件极值的拉格朗日乘数法，会解较简单的最值的应用题.

(6)了解空间曲线的切线与法平面的概念，会求简单的空间曲线的切线与法平面方程.

了解空间曲面的切平面与法线的概念，会求简单的空间曲面的切平面与法线方程.

2. 重点、难点

(1)重点.

多元函数的概念，偏导数和全微分的概念及求法，多元复合函数及隐函数求偏导数的各种法则，二元函数的极值、最值.

(2)难点.

多元复合函数求偏导数，隐函数的二阶偏导数，多元函数偏导数的应用.

三、典型例题与习题

第一节 多元函数的概念、极限与连续

(一)典型例题

例 1 求函数 $z=\arcsin 2x+\dfrac{\sqrt{4x-y^2}}{\ln(1-x^2-y^2)}$的定义域.

解 由$\begin{cases}-1\leqslant 2x\leqslant 1\\ 4x-y^2\geqslant 0\\ 1-x^2-y^2>0\end{cases}$，解得$\begin{cases}-\dfrac{1}{2}\leqslant x\leqslant\dfrac{1}{2}\\ y^2\leqslant 4x\\ x^2+y^2<1\end{cases}$，

此函数的定义域为：$\left\{(x,\ y)\ \middle|\ -\dfrac{1}{2}\leqslant x\leqslant\dfrac{1}{2},\ y^2\leqslant 4x,\ x^2+y^2<1\right\}$.

例 2 已知 $f(x,\ y)=\dfrac{x^2-y^2}{2xy}$，求 $f(y,\ 2x)$.

解
$$f(y,\ 2x)=\frac{y^2-(2x)^2}{2y\cdot 2x}=\frac{y^2-4x^2}{4xy}.$$

例 3 已知 $f(x+y,\ x-y)=x^2-y^2$，求 $f(x,\ y)$.

解 1 因为 $f(x+y,\ x-y)=x^2-y^2=(x+y)(x-y)$，

所以
$$f(x,\ y)=xy.$$

解 2 令 $x+y=u$，$x-y=v$，则 $x=\dfrac{u+v}{2}$，$y=\dfrac{u-v}{2}$，由已知

$$f(x+y,\ x-y)=f(u,\ v)=\left(\frac{u+v}{2}\right)^2-\left(\frac{u-v}{2}\right)^2=uv,$$

则
$$f(x,\ y)=xy.$$

例 4 求 $\lim\limits_{(x,y)\to(0,0)}\dfrac{\sqrt{xy+1}-1}{xy}$.

解 $\lim\limits_{(x,y)\to(0,0)}\dfrac{\sqrt{xy+1}-1}{xy}=\lim\limits_{(x,y)\to(0,0)}\dfrac{(xy+1)-1}{xy(\sqrt{xy+1}+1)}=\lim\limits_{(x,y)\to(0,0)}\dfrac{1}{\sqrt{xy+1}+1}=\dfrac{1}{2}$.

例 5 求$\lim\limits_{\substack{x\to 0\\ y\to 0}}(2+x)\dfrac{\sin(x^2+y^2)}{x^2+y^2}$.

解 $\lim\limits_{\substack{x\to 0\\ y\to 0}}(2+x)\dfrac{\sin(x^2+y^2)}{x^2+y^2}=\lim\limits_{\substack{x\to 0\\ y\to 0}}(2+x)\cdot\lim\limits_{\substack{x\to 0\\ y\to 0}}\dfrac{\sin(x^2+y^2)}{x^2+y^2}=2\cdot 1=2$.

例 6 证明 $\lim\limits_{(x,y)\to(0,0)}\dfrac{x+y}{x-2y}$不存在.

证明 当点(x,y)沿着$y=kx$，$\left(k\neq\dfrac{1}{2}\right)$趋向于原点时

$$\lim_{\substack{x\to0\\y=kx\to0}}\frac{x+y}{x-2y}=\lim_{x\to0}\frac{(1+k)x}{(1-2k)x}=\frac{1+k}{1-2k}.$$

由于k取不同值时，函数的趋向不同，故$\lim\limits_{(x,y)\to(0,0)}\dfrac{x+y}{x-2y}$不存在.

例 7 指出函数$z=\dfrac{1}{y-4x^2}$在何处间断.

解 根据初等函数在定义区间内都连续的结论，当$y-4x^2=0$时，函数z无定义，因此该函数的间断点是$y=4x^2$上的点.

(二)练习题

1. 选择题

(1)设$f(x+y,\ e^{x-y})=4xye^{x-y}$，则$f(x,y)=($　　$)$.

A. $y(x^2-\ln^2 y)$　　B. $x(y^2-\ln^2 x)$

C. $y^2-\ln^2 x$　　D. $\ln^2 x-y^2$

(2)函数$f(x,y)=\ln(x^2+y^2-1)$的连续区域是(　　).

A. $\{(x,y)\mid x^2+y^2\geqslant1\}$　　B. $\{(x,y)\mid x^2+y^2>1\}$

C. $\{(x,y)\mid x^2+y^2<1\}$　　D. $\{(x,y)\mid x^2+y^2\leqslant1\}$

(3)函数$z=\arcsin\dfrac{x^2+y^2}{4}+\arccos\dfrac{1}{x^2+y^2}$的定义域为(　　).

A. $\{(x,y)\mid 1\leqslant x^2+y^2\leqslant4\}$　　B. $\{(x,y)\mid 1<x^2+y^2<4\}$

C. $\{(x,y)\mid 0\leqslant x^2+y^2\leqslant4\}$　　D. $\{(x,y)\mid x^2+y^2\geqslant4\}$

2. 填空题

(1)函数$f(x,y)=\dfrac{1}{e^{x+y}-1}$的定义域是________.

(2)设$f(x,y)=\dfrac{x-y}{x^2y^2}$，则$f(y,x)=$________.

(3)设$f(x+y,\ xy)=x^2+y^2$，则$f(x,y)=$________.

3. 计算题

(1) $\lim\limits_{(x,y)\to(0,1)}\dfrac{x+y}{e^x\cos y}$.

(2) $\lim\limits_{\substack{x\to2\\y\to\infty}}\left(1+\dfrac{2x}{y}\right)^{xy}$.

(3) $\lim\limits_{\substack{x\to0\\y\to0}}\dfrac{1-\cos(x^2+y^2)}{x^2+y^2}$.

第二节　多元函数的偏导数和全微分

(一)典型例题

例 1　设 $z=\ln\tan\frac{y}{x}$，求$\frac{\partial z}{\partial x}$，$\frac{\partial z}{\partial y}$.

解　$$\frac{\partial z}{\partial x}=\frac{1}{\tan\frac{y}{x}}\sec^2\frac{y}{x}\cdot\left(-\frac{y}{x^2}\right)=-\frac{2y}{x^2\sin\frac{2y}{x}}=-\frac{2y}{x^2}\csc\frac{2y}{x},$$

$$\frac{\partial z}{\partial y}=\frac{1}{\tan\frac{y}{x}}\sec^2\frac{y}{x}\cdot\left(\frac{1}{x}\right)=\frac{2}{x\sin\frac{2y}{x}}=\frac{2}{x}\csc\frac{2y}{x}.$$

例 2　设 $u=\mathrm{e}^{xyz}$，求$\frac{\partial^3 u}{\partial x\partial y\partial z}$.

解　$\frac{\partial u}{\partial x}=yz\mathrm{e}^{xyz}$，$\frac{\partial^2 u}{\partial x\partial y}=z\mathrm{e}^{xyz}+yz\mathrm{e}^{xyz}\cdot xz=z(1+xyz)\mathrm{e}^{xyz}$，

$$\frac{\partial^3 u}{\partial x\partial y\partial z}=(1+xyz)\mathrm{e}^{xyz}+zxy\mathrm{e}^{xyz}+z(1+xyz)\mathrm{e}^{xyz}\cdot xy$$
$$=(1+3xyz+x^2y^2z^2)\mathrm{e}^{xyz}.$$

例 3　设 $z=\mathrm{e}^u\sin v$，$u=xy$，$v=x+y$，求$\frac{\partial z}{\partial x}$，$\frac{\partial z}{\partial y}$.

解 1　使用链式法则.

$$\frac{\partial z}{\partial x}=\frac{\partial z}{\partial u}\cdot\frac{\partial u}{\partial x}+\frac{\partial z}{\partial v}\cdot\frac{\partial v}{\partial x}=\mathrm{e}^u\sin v\cdot y+\mathrm{e}^u\cos v\cdot 1=\mathrm{e}^{xy}[y\sin(x+y)+\cos(x+y)],$$

$$\frac{\partial z}{\partial y}=\frac{\partial z}{\partial u}\cdot\frac{\partial u}{\partial y}+\frac{\partial z}{\partial v}\cdot\frac{\partial v}{\partial y}=\mathrm{e}^u\sin v\cdot x+\mathrm{e}^u\cos v\cdot 1=\mathrm{e}^{xy}[x\sin(x+y)+\cos(x+y)].$$

解 2　把 u，v 代入 z，则 $z=\mathrm{e}^{xy}\cdot\sin(x+y)$.

$$\frac{\partial z}{\partial x}=y\mathrm{e}^{xy}\cdot\sin(x+y)+\mathrm{e}^{xy}\cdot\cos(x+y)=\mathrm{e}^{xy}[y\sin(x+y)+\cos(x+y)],$$

$$\frac{\partial z}{\partial y}=x\mathrm{e}^{xy}\cdot\sin(x+y)+\mathrm{e}^{xy}\cdot\cos(x+y)=\mathrm{e}^{xy}[x\sin(x+y)+\cos(x+y)].$$

由上例可以看出，对某些多元复合函数求偏导数时，可以不用链式法则，去掉中间变量后直接求偏导数即可，但当多元复合函数中含有幂指函数或抽象函数时，一般使用链式法则会比较方便.

例 4　设 $z=(x^2+y^2)^{xy}$，求$\frac{\partial z}{\partial x}$，$\frac{\partial z}{\partial y}$.

分析　所求两个偏导数均为幂指的函数求导，可以用先取对数后求导的方法求解

解 1　两边取对数，得

$$\ln z=xy\cdot\ln(x^2+y^2).$$

两边对 x 求导数，得

$$\frac{1}{z}\cdot z'_x=y\cdot\ln(x^2+y^2)+xy\cdot\frac{2x}{x^2+y^2},$$

整理，得

$$\begin{aligned}z'_x&=z\cdot y\cdot\left[\ln(x^2+y^2)+\frac{2x^2}{x^2+y^2}\right]\\&=y(x^2+y^2)^{xy}\ln(x^2+y^2)+2x^2y(x^2+y^2)^{xy-1}.\end{aligned}$$

两边对 y 求导数，得

$$\frac{1}{z}\cdot z'_y=x\cdot\ln(x^2+y^2)+xy\cdot\frac{2y}{x^2+y^2},$$

整理，得

$$\begin{aligned}z'_y&=z\cdot x\cdot\left[\ln(x^2+y^2)+\frac{2y^2}{x^2+y^2}\right]\\&=x(x^2+y^2)^{xy}\ln(x^2+y^2)+2xy^2(x^2+y^2)^{xy-1}.\end{aligned}$$

上面的解法比较麻烦，如果令 $u=x^2+y^2$，$v=xy$，使用复合函数的链式法则求导，再利用函数的轮换对称性，便可以很方便地求得结果.

解 2 令 $u=x^2+y^2$，$v=xy$，则 $z=u^v$，由复合函数的求导法则可得

$$\begin{aligned}\frac{\partial z}{\partial x}&=\frac{\partial z}{\partial u}\frac{\partial u}{\partial x}+\frac{\partial z}{\partial v}\frac{\partial v}{\partial x}=vu^{v-1}\cdot 2x+u^v\ln u\cdot y\\&=2x^2y(x^2+y^2)^{xy-1}+y(x^2+y^2)^{xy}\ln(x^2+y^2).\end{aligned}$$

轮换上述结果中的 x，y，易知

$$\frac{\partial z}{\partial y}=2xy^2(x^2+y^2)^{xy-1}+x(x^2+y^2)^{xy}\ln(x^2+y^2).$$

例 5 设 $z=f(x^2-y^2,\ \mathrm{e}^{xy})$，求 $\frac{\partial z}{\partial x}$，$\frac{\partial z}{\partial y}$.

解 设 $u=x^2-y^2$，$v=\mathrm{e}^{xy}$，则 $z=f(u,\ v)$.

$$\frac{\partial z}{\partial x}=f'_u\cdot 2x+f'_v\cdot y\mathrm{e}^{xy}=2xf'_u+y\mathrm{e}^{xy}f'_v,$$

$$\frac{\partial z}{\partial y}=f'_u\cdot(-2y)+f'_v\cdot x\mathrm{e}^{xy}=-2yf'_u+x\mathrm{e}^{xy}f'_v.$$

上面结论中，f'_u，f'_v 表示对中间变量的导数；求抽象复合函数的偏导数时，偏导数的写法有时也可以不写出中间变量，而按照中间变量的顺序依次写成 f'_1，f'_2，…这种写法对于求多元复合函数高阶偏导数时更能体现其方便性. 上例可以如下表述.

$$\frac{\partial z}{\partial x}=f'_1\cdot 2x+f'_2\cdot y\mathrm{e}^{xy}=2xf'_1+y\mathrm{e}^{xy}f'_2,$$

$$\frac{\partial z}{\partial y}=f'_1\cdot(-2y)+f'_2\cdot x\mathrm{e}^{xy}=-2yf'_1+x\mathrm{e}^{xy}f'_2.$$

例 6 设 $u=xf\left(xy, \dfrac{y}{x}\right)$，求$\dfrac{\partial u}{\partial x}$，$\dfrac{\partial u}{\partial y}$，$\dfrac{\partial^2 u}{\partial y\partial x}$.

解
$$\frac{\partial u}{\partial x}=f\left(xy, \frac{y}{x}\right)+x\left(f'_1 y-f'_2\frac{y}{x^2}\right),$$
$$\frac{\partial u}{\partial y}=x\left(f'_1 x+f'_2\frac{1}{x}\right)=x^2 f'_1+f'_2,$$
$$\frac{\partial^2 u}{\partial y\partial x}=2xf'_1+x^2 f''_{11}y-yf''_{12}+f''_{21}y-f''_{22}\frac{y}{x^2}=2xf'_1+x^2 f''_{11}y-f''_{22}\frac{y}{x^2}.$$

例 7 设 $z=\sin(xy+u)$，$u=x^2\ln y$，求$\dfrac{\partial z}{\partial x}$，$\dfrac{\partial z}{\partial z}$.

解 令 $z=f(x, y, u)=\sin(xy+u)$，$u=x^2\ln y$，由复合函数的链式法则可得
$$\begin{aligned}\frac{\partial z}{\partial x}&=\frac{\partial f}{\partial x}+\frac{\partial f}{\partial u}\cdot\frac{\partial u}{\partial x}=y\cos(xy+u)+\cos(xy+u)\cdot 2x\ln y\\&=(y+2x\ln y)\cos(xy+x^2\ln y),\end{aligned}$$
$$\begin{aligned}\frac{\partial z}{\partial y}&=\frac{\partial f}{\partial y}+\frac{\partial f}{\partial u}\cdot\frac{\partial u}{\partial y}=x\cos(xy+u)+\cos(xy+u)\cdot\frac{x^2}{y}\\&=\left(x+\frac{x^2}{y}\right)\cos(xy+x^2\ln y).\end{aligned}$$

需要说明的是，上例中 x，y 即可以看成中间变量又可以看成自变量，因此使用链式法则时要注意每个符号的含义，避免出现错误.

例 8 设 $z=z(x, y)$是由$\dfrac{x}{z}=\ln\dfrac{z}{y}$确定的隐函数，求$\dfrac{\partial z}{\partial x}$，$\dfrac{\partial z}{\partial y}$.

解 1 设 $F(x, y, z)=\dfrac{x}{z}-\ln\dfrac{z}{y}$，则
$$F'_x=\frac{1}{z},\ F'_y=\frac{1}{y},\ F'_z=-\frac{x}{z^2}-\frac{1}{z},$$
$$\frac{\partial z}{\partial x}=-\frac{F'_x}{F'_z}=\frac{z}{x+z},\ \frac{\partial z}{\partial y}=-\frac{F'_y}{F'_z}=\frac{z^2}{y(x+z)}.$$

解 2 方程变形为
$$\frac{x}{z}=\ln z-\ln y,$$
两边关于 x 求导
$$\frac{z-xz'_x}{z^2}=\frac{z'_x}{z}.$$
得
$$z'_x=\frac{z}{z+x}.$$
两边关于 y 求导
$$-\frac{xy'_y}{z^2}=\frac{z'_y}{z}-\frac{1}{y},$$
得
$$z'_y=\frac{z^2}{y(z+x)}.$$

注意：解 2 中变量 z 看作是 x，y 的函数.

例 9 设 $z=z(x,y)$ 是由 $x^2+y^2+z^2-4z=0$ 确定的隐函数，求 $\dfrac{\partial^2 z}{\partial x^2}$.

解 设 $F(x,y,z)=x^2+y^2+z^2-4z$，则

$$F'_x=2x,\ F'_z=2z-4,$$

$$\frac{\partial z}{\partial x}=-\frac{F'_x}{F'_z}=\frac{-x}{z-2}=\frac{x}{2-z},$$

$$\frac{\partial^2 z}{\partial x^2}=\frac{\partial}{\partial x}\left(\frac{\partial z}{\partial x}\right)=\frac{\partial}{\partial x}\left(\frac{x}{2-z}\right).$$

注意：此时 z 看作是 x，y 的函数，$z=f(x,y)$.

于是

$$\frac{\partial^2 z}{\partial x^2}=\frac{\partial}{\partial x}\left(\frac{x}{2-z}\right)=\frac{(2-z)-x\left(-\dfrac{\partial z}{\partial x}\right)}{(2-z)^2}$$

$$=\frac{(2-z)+x\cdot\dfrac{x}{2-z}}{(2-z)^2}=\frac{(2-z)^2+x^2}{(2-z)^3}.$$

例 10 求 $z=\ln(2x+3y)$ 在点(1，1)的全微分.

解 $\left.\dfrac{\partial z}{\partial x}\right|_{(1,1)}=\left.\dfrac{2}{2x+3y}\right|_{(1,1)}=\dfrac{2}{5}$，$\left.\dfrac{\partial z}{\partial y}\right|_{(1,1)}=\left.\dfrac{3}{2x+3y}\right|_{(1,1)}=\dfrac{3}{5}$，

$$\left.\mathrm{d}z\right|_{(1,1)}=\left.\frac{\partial z}{\partial x}\right|_{(1,1)}\mathrm{d}x+\left.\frac{\partial z}{\partial y}\right|_{(1,1)}\mathrm{d}y=\frac{2}{5}\mathrm{d}x+\frac{3}{5}\mathrm{d}y.$$

例 11 设方程 $F(x^2+yz,y^2+xz)=0$ 确定函数 $z=z(x,y)$，求 $\mathrm{d}z$.

解

$$\frac{\partial z}{\partial x}=-\frac{F'_x}{F'_z}=-\frac{2xF'_1+zF'_2}{yF'_1+xF'_2},$$

$$\frac{\partial z}{\partial y}=-\frac{F'_y}{F'_z}=-\frac{zF'_1+2yF'_2}{yF'_1+xF'_2},$$

则

$$\mathrm{d}z=\frac{\partial z}{\partial x}\mathrm{d}x+\frac{\partial z}{\partial y}\mathrm{d}y=-\frac{2xF'_1+zF'_2}{yF'_1+xF'_2}\mathrm{d}x-\frac{zF'_1+2yF'_2}{yF'_1+xF'_2}\mathrm{d}y.$$

例 12 利用全微分求 $\sqrt[3]{(2.02)^2+(1.99)^2}$ 的近似值.

解 设函数 $f(x,y)=\sqrt[3]{x^2+y^2}$. 要计算的值就是函数在点(2.02，1.99)处的函数值 $f(2.02,1.99)$.

取 $x=2$，$y=2$，$\Delta x=0.02$，$\Delta y=-0.01$. 由于

$$f(2,2)=2,\ f'_x(2,2)=\left.\frac{2x}{3\sqrt[3]{(x^2+y^2)^2}}\right|_{\substack{x=2\\y=2}}=\frac{1}{3},\ f'_y(2,2)=\left.\frac{2y}{3\sqrt[3]{(x^2+y^2)^2}}\right|_{\substack{x=2\\y=2}}=\frac{1}{3},$$

代入近似公式得

$$\sqrt[3]{(2.02)^2+(1.99)^2}=f(2.02,1.99)\approx f(2,2)+f'_x(2,2)\Delta x+f'_y(2,2)\Delta y$$

$$=2+\frac{0.02}{3}-\frac{0.01}{3}\approx 2.0033.$$

例 13 设圆锥的底半径由 30 cm 增加到 30.1 cm，高 h 由 60 cm 减少到 59.5 cm，

试求体积变化的近似值.

解 圆锥体积计算公式为：$V=\frac{1}{3}\pi r^2 h$，取 $r_0=30$，$h_0=60$，$\Delta r=0.1$，$\Delta h=-0.5$，则

$$V'_r(30,\ 60)=\frac{2}{3}\pi rh\Big|_{(30,60)}=1200\pi,$$

$$V'_h(30,\ 60)=\frac{1}{3}\pi r^2\Big|_{(30,60)}=300\pi,$$

$$\Delta V\approx \mathrm{d}V\Big|_{30,60}=1200\pi\times 0.1+300\pi\times(-0.5)=-94.3(\mathrm{cm}^3).$$

(二)练习题

1. 选择题

(1)设 $f(x,\ y)=1+\ln(x^2+y^2)$，则 $\mathrm{d}z=($ $)$.

A. $\frac{x}{x^2+y^2}\mathrm{d}x+\frac{y}{x^2+y^2}\mathrm{d}y$　　B. $\frac{2x}{x^2+y^2}\mathrm{d}x+\frac{2y}{x^2+y^2}\mathrm{d}y$

C. $\frac{2x}{x^2+y^2}\mathrm{d}x+\frac{y}{x^2+y^2}\mathrm{d}y$　　D. $\frac{x}{x^2+y^2}\mathrm{d}x+\frac{2y}{x^2+y^2}\mathrm{d}y$

(2)设方程 $yz+x^2+z=0$ 确定了函数 $z=z(x,\ y)$，则$\frac{\partial z}{\partial y}=($ $)$.

A. $-\frac{2x}{y+1}$　　B. $-\frac{z}{y+1}$　　C. $\frac{z}{y+1}$　　D. $\frac{2x}{y+1}$

(3)设 $z=f(xy^2,\ 2xy)$，则$\frac{\partial z}{\partial x}=($ $)$.

A. $y^2f'_1+2yf'_2$　　B. $2yf'_1+2xf'_2$

C. $2xyf'_1+2yf'_2$　　D. $2xyf'_1+2xf'_2$

2. 填空题

(1)$z=x^y$ 的全微分 $\mathrm{d}z=$________.

(2)$f(x,\ y)$在点$(x,\ y)$的偏导数存在是 $f(x,\ y)$在该点可微分的________条件.

(3)函数 $f(x,\ y)$在点$(x,\ y)$连续是 $f(x,\ y)$在该点可微分的________条件.

(4)设 $f(xy,\ x-y)=x^2+y^2$，则$\frac{\partial f(x,y)}{\partial x}+\frac{\partial f(x,y)}{\partial y}=$________.

3. 证明题

设 $z=y+f(u)$，$u=x^2-y^2$，其中 f 可微，证明：$y\frac{\partial z}{\partial x}+x\frac{\partial z}{\partial y}=x$.

第三节　多元函数微分学的应用

(一)典型例题

例 1　求函数 $f(x, y)=x^3-2x^2+2xy+y^2$ 的极值.

解　$f'_x=3x^2-4x+2y$，$f'_y=2x+2y$，则

$$A=f''_{xx}=6x-4,\ B=f''_{xy}=2,\ C=f''_{yy}=2.$$

令 $\begin{cases}3x^2-4x+2y=0\\2x+2y=0\end{cases}$，求出驻点$(0, 0)$及$(2, -2)$.

列表考查如下.

驻点(x_0, y_0)	A	B	C	$\Delta=B^2-AC$ 的符号	结论
$(0, 0)$	-4	2	2	$+$	$f(0, 0)$不是极值
$(2, -2)$	8	2	2	$-$	$f(2, -2)=-4$ 是极小值

例 2　说明函数 $z=1-\sqrt{x^2+y^2}$ 在原点的偏导数不存在，但在原点有极大值.

解　根据偏导数的定义

$$f'_x(0, 0)=\lim_{\Delta x\to 0}\frac{f(0+\Delta x, 0)-f(0, 0)}{\Delta x}=\lim_{\Delta x\to 0}\frac{1-\sqrt{(\Delta x)^2+0}-1}{\Delta x}=\lim_{\Delta x\to 0}\frac{-|\Delta x|}{\Delta x},$$

故 $f'_x(0, 0)$不存在.

同理 $$f'_y(0, 0)=\lim_{\Delta y\to 0}\frac{f(0, 0+\Delta y)-f(0, 0)}{\Delta y}=\lim_{\Delta y\to 0}\frac{1-\sqrt{(\Delta y)^2}-1}{\Delta y}=\lim_{\Delta y\to 0}\frac{-|\Delta y|}{\Delta y},$$

故 $f'_y(0, 0)$不存在.

但在原点的去心邻域内，总有 $1-\sqrt{x^2+y^2}<1$，因此该函数在原点有极大值.

由此我们得出，函数在点(x_0, y_0)有无极值与函数在点(x_0, y_0)的偏导数是否存在并无直接关系.

例 3　做一体积为 2m^3 的长方体带盖儿铁箱，问如何设计尺寸使得用料最省?

解 1　转化为无条件极值. 设长方体的长、宽、高分别为 x，y，z，由已知得 $z=\frac{2}{xy}$，则铁箱的表面积为

$$S(x, y)=2\left(xy+x\cdot\frac{2}{xy}+y\cdot\frac{2}{xy}\right)=2\left(xy+\frac{2}{y}+\frac{2}{x}\right)\quad(x>0, y>0),$$

令 $$\begin{cases}f'_x(x, y)=2\left(y-\dfrac{2}{x^2}\right)=0\\f'_y(x, y)=2\left(x-\dfrac{2}{y^2}\right)=0\end{cases},$$

解方程组，得 $x=y=\sqrt[3]{2}$.

因为驻点唯一，而实际问题确实有最小值，所以该点即为最小值点，此时高为$\sqrt[3]{2}$. 故长方体的长、宽、高分别为$\sqrt[3]{2}$时用料最省.

解 2 应用条件极值的拉格朗日乘数法. 设长方体的长、宽、高分别为 x，y，z，则铁箱的表面积为

$$S(x,\ y,\ z)=2(xy+xz+yz)\quad (x>0,\ y>0,\ z>0),$$

约束条件：$xyz-2=0$.

引入 $F(x,\ y,\ z,\ \lambda)=2(xy+xz+yz)+\lambda(xyz-2)$，令

$$\begin{cases}F'_x=0\\F'_y=0\\F'_z=0\\F'_\lambda=0\end{cases},$$

解方程组

$$\begin{cases}2y+2z+\lambda yz=0\\2x+2z+\lambda xz=0\\2x+2y+\lambda xy=0\\xyz-2=0\end{cases},$$

得

$$x=y=z=\sqrt[3]{2}.$$

实际问题确有最小值，故该点即为最小值点，即长方体的长、宽、高分别为$\sqrt[3]{2}$时用料最省.

例 4 求平面 $3x+4y-z-26=0$ 上距离原点最近的点.

解 设 $P(x,\ y,\ z)$为平面上任一点，它到原点的距离为 d.

$$u=d^2=x^2+y^2+z^2=x^2+y^2+(3x+4y-26)^2,$$

$$\frac{\partial u}{\partial x}=2x+6(3x+4y-26),\ \frac{\partial u}{\partial y}=2y+8(3x+4y-26),$$

令

$$\frac{\partial u}{\partial x}=0,\ \frac{\partial u}{\partial y}=0,$$

解得唯一驻点(3，4)，代入平面方程，得 $z=-1$.

由问题的实际意义，必存在最短距离问题，所以平面上点(3，4，-1)到原点的距离最短.

例 5 求螺旋线$\begin{cases}x=2\cos t\\y=2\sin t\\z=t\end{cases}$在点 $M_0(2,\ 0,\ 0)$处的切线及法平面方程.

解 因为 $x'(t)=-2\sin t$，$y'(t)=2\cos t$，$z'(t)=1$，而点 $M_0(2,\ 0,\ 0,)$对应的参数值为 $t_0=0$，所以切向量为 $\boldsymbol{\tau}=\{0,\ 2,\ 1\}$，于是曲线在点 M_0 处的切线方程为

$$\frac{x-2}{0}=\frac{y}{2}=\frac{z}{1},$$

即
$$\begin{cases} x-2=0 \\ \dfrac{y}{2}=z \end{cases}.$$

法平面方程为
$$0\cdot(x-2)+2(y-0)+(z-0)=0,$$
即
$$2y+z=0.$$

例 6 求曲线 $x^2+y^2+z^2=6$，$x+y+z=0$ 在点$(1,-2,1)$处的切线及法平面方程.

解 所给方程两边对 x 求导并移项，得
$$\begin{cases} y\dfrac{\mathrm{d}y}{\mathrm{d}x}+z\dfrac{\mathrm{d}z}{\mathrm{d}x}=-x \\ \dfrac{\mathrm{d}y}{\mathrm{d}x}+\dfrac{\mathrm{d}z}{\mathrm{d}x}=-1 \end{cases},$$
解得$\begin{cases} \dfrac{\mathrm{d}y}{\mathrm{d}x}=\dfrac{z-x}{y-z} \\ \dfrac{\mathrm{d}z}{\mathrm{d}x}=\dfrac{x-y}{y-z} \end{cases}$，所以$\left.\dfrac{\mathrm{d}y}{\mathrm{d}x}\right|_{(1,-2,1)}=0$，$\left.\dfrac{\mathrm{d}z}{\mathrm{d}x}\right|_{(1,-2,1)}=-1$.

曲线在该点切线的切向量为 $\boldsymbol{\tau}=\{1,0,-1\}$，

所求切线方程为
$$\frac{x-1}{1}=\frac{y+2}{0}=\frac{z-1}{-1},$$
所求法平面方程为
$$(x-1)+0\cdot(y+2)-(z-1)=0,$$
即
$$x-z=0.$$

例 7 求曲面 $z=\sqrt{1-x^2-y^2}$ 在点$\left(\dfrac{1}{2},\dfrac{1}{2},\dfrac{\sqrt{2}}{2}\right)$处的切平面和法线方程.

解 设 $f(x,y)=\sqrt{1-x^2-y^2}$，则有
$$f'_x=\frac{-x}{\sqrt{1-x^2-y^2}},\ f'_y=\frac{-y}{\sqrt{1-x^2-y^2}},$$
$$f'_x\left(\frac{1}{2},\frac{1}{2},\frac{\sqrt{2}}{2}\right)=-\frac{\sqrt{2}}{2},\ f'_y\left(\frac{1}{2},\frac{1}{2},\frac{\sqrt{2}}{2}\right)=-\frac{\sqrt{2}}{2}.$$

因此，球面 $z=\sqrt{1-x^2-y^2}$ 在点$\left(\dfrac{1}{2},\dfrac{1}{2},\dfrac{\sqrt{2}}{2}\right)$处的切平面方程为
$$-\frac{\sqrt{2}}{2}\left(x-\frac{1}{2}\right)-\frac{\sqrt{2}}{2}\left(y-\frac{1}{2}\right)-\left(z-\frac{\sqrt{2}}{2}\right)=0,$$
即
$$x+y+\sqrt{2}z=2.$$

法线方程为
$$\frac{x-\dfrac{1}{2}}{-\dfrac{\sqrt{2}}{2}}=\frac{y-\dfrac{1}{2}}{-\dfrac{\sqrt{2}}{2}}=\frac{z-\dfrac{\sqrt{2}}{2}}{-1},$$

即
$$x-\frac{1}{2}=y-\frac{1}{2}=\frac{z-\frac{\sqrt{2}}{2}}{\sqrt{2}}.$$

例 8 求曲面 $x^2+2y^2+3z^2=21$ 上平行于平面 $x+4y+6z=0$ 的切平面和法线方程.

解 设 $F(x, y, z)=x^2+2y^2+3z^2-21$，则有 $F'_x=2x$，$F'_y=4y$，$F'_z=6z$.

设 $M_0(x_0, y_0, z_0)$是曲面 $x^2+2y^2+3z^2=21$ 上的点，该点处切平面与平面 $x+4y+6z=0$ 平行.

因为所求切平面的法向量为 $\boldsymbol{n}_1=\{2x_0, 4y_0, 6z_0\}$，

平面 $x+4y+6z=0$ 的法向量为 $\boldsymbol{n}_2=\{1, 4, 6\}$.

由 $\boldsymbol{n}_1/\!/\boldsymbol{n}_2$，得
$$\frac{2x_0}{1}=\frac{4y_0}{4}=\frac{6z_0}{6},$$
即 $y_0=2x_0$，$z_0=2x_0$，代入 $x^2+2y^2+3z^2=21$，

解得 $x_0=1$，$y_0=2$，$z_0=2$ 或 $x_0=-1$，$y_0=-2$，$z_0=-2$.

在点(1，2，2)处，切平面方程为
$$2(x-1)+8(y-2)+12(z-2)=0,$$
即
$$x+4y+6z-21=0.$$

法线方程为
$$\frac{x-1}{1}=\frac{y-2}{4}=\frac{z-2}{6}.$$

在点(−1，−2，−2)处，切平面方程为
$$-2(x+1)-8(y+2)-12(z+2)=0,$$
即
$$x+4y+6z+21=0.$$

法线方程为
$$\frac{x+1}{1}=\frac{y+2}{4}=\frac{z+2}{6}.$$

例 9 求函数 $u=xyz$ 在点(5，1，2)处沿从点(5，1，2)到点(9，4，14)方向的方向导数.

解 这里向量 $\boldsymbol{l}$ 的方向即为向量$\{9-5, 4-1, 14-2\}=\{4, 3, 12\}$的方向，则与 $\boldsymbol{l}$ 同向的单位向量为
$$\left\{\frac{4}{13}, \frac{3}{13}, \frac{12}{13}\right\},$$
又因为$\left.\frac{\partial u}{\partial x}\right|_{(5,1,2)}=\left.yz\right|_{(5,1,2)}=2$，$\left.\frac{\partial u}{\partial y}\right|_{(5,1,2)}=\left.xz\right|_{(5,1,2)}=10$，$\left.\frac{\partial u}{\partial z}\right|_{(5,1,2)}=\left.xy\right|_{(5,1,2)}=5$，

所以，所求的方向导数为
$$\left.\frac{\partial u}{\partial l}\right|_{(5,1,2)}=2\cdot\frac{4}{13}+10\cdot\frac{3}{13}+5\cdot\frac{12}{13}=\frac{98}{13}.$$

例 10 求 $\mathbf{grad}\,\frac{1}{x^2+y^2}$.

解 设 $f(x, y)=\frac{1}{x^2+y^2}$，因为

$$\frac{\partial f}{\partial x}=-\frac{2x}{(x^2+y^2)^2},\quad \frac{\partial f}{\partial y}=-\frac{2y}{(x^2+y^2)^2},$$

所以

$$\mathbf{grad}\,\frac{1}{x^2+y^2}=-\frac{2x}{(x^2+y^2)^2}\boldsymbol{i}-\frac{2y}{(x^2+y^2)^2}\boldsymbol{j}.$$

(二)练习题

1. 选择题

(1)曲线 $\begin{cases}x-y^2-z=0\\2x+y+z=-2\end{cases}$ 在点(0，1，−1)处的法平面方程为(　　).

A. $x+3y+z=0$　　B. $y+z=0$

C. $2x+y+z=0$　　D. $x+3y-5z-8=0$

(2)曲线 $\begin{cases}x=2t^2\\y=\cos\pi t\\z=2\ln t\end{cases}$ 在对应于点 $t=2$ 处的切线方程为(　　).

A. $\frac{x-8}{6}=\frac{y-1}{0}=\frac{z-2\ln 2}{1}$　　B. $\frac{x-8}{8}=\frac{y-1}{0}=\frac{z-2\ln 2}{1}$

C. $\frac{x-8}{8}=\frac{y-1}{0}=\frac{z-2\ln 2}{2}$　　D. $\frac{x-8}{8}=\frac{y-1}{2}=\frac{z-2\ln 2}{1}$

2. 填空题

(1)圆锥面 $z=\sqrt{x^2+y^2}$ 在点(3，4，5)处的切平面方程为________. 法线方程为________.

(2)曲面 $3x^2+y^2-z^2-27=0$ 在点(3，1，1)处的切平面方程为________. 法线方程为________.

(3)曲线 L：$\begin{cases}y=9x^2\\z=27x^2\end{cases}$ 在点 $x=\frac{1}{3}$ 处的切线方程为________. 法平面方程为________.

3. 解答题

(1)求函数 $f(x, y)=x^3+y^3-3xy$ 的极值.

(2)求函数 $f(x, y)=xy(1-x-y)$ 的极值.

(3)求对角线长度为 $5\sqrt{3}$ 的最大长方体的体积.

四、综合与提高例题精讲

例 1 函数 $f(x, y)$ 在点 (x_0, y_0) 偏导数存在是 $f(x, y)$ 在该点连续的( ).

A. 充分非必要条件　　B. 必要非充分条件

C. 充分必要条件　　D. 无关条件

解 选 D.

例如，函数 $g(x, y)=\begin{cases}\dfrac{xy}{x^2+y^2}, & x^2+y^2\neq 0\\ 0, & x^2+y^2=0\end{cases}$ 在点 $(0, 0)$ 处的两个偏导数都存在，由定义可求得 $g'_x(0, 0)=0$，$g'_y(0, 0)=0$，但我们知道：

当动点沿着 $y=kx$ 趋于原点时

$$\lim_{\substack{x\to 0\\ y=kx\to 0}}\frac{xy}{x^2+y^2}=\frac{k}{1+k^2},$$

随着 k 不同，函数的趋向不同，故 $\lim\limits_{(x,y)\to(0,0)} g(x, y)$ 不存在，说明 $g(x, y)$ 在 $(0, 0)$ 点不连续.

一般地，$f(x, y)$ 在某点偏导数存在与 $f(x, y)$ 在此点连续是无关条件，这点与一元函数的结论不同.

例 2 设 $u=f\left(x+y, \dfrac{y}{x}\right)$，求 $\dfrac{\partial u}{\partial x}$，$\dfrac{\partial u}{\partial y}$，$\dfrac{\partial^2 u}{\partial y\partial x}$.

解 $\dfrac{\partial u}{\partial x}=f'_1+f'_2\left(-\dfrac{y}{x^2}\right)=f'_1-\dfrac{y}{x^2}\cdot f'_2$，

$\dfrac{\partial u}{\partial y}=f'_1+\dfrac{1}{x}\cdot f'_2$，

$$\begin{aligned}\frac{\partial^2 u}{\partial y\partial x}&=f''_{11}-\frac{y}{x^2}f''_{12}-\frac{1}{x^2}f'_2+\frac{1}{x}\left(f''_{21}-f''_{22}\frac{y}{x^2}\right)\\&=f''_{11}-\frac{y}{x^2}f''_{12}-\frac{1}{x^2}f'_2+\frac{1}{x}f''_{21}-\frac{y}{x^3}f''_{22}.\end{aligned}$$

例 3 设 $z=(3x^2+y^2)^{3x^2+y^2}$，求 $\dfrac{\partial z}{\partial x}$，$\dfrac{\partial z}{\partial y}$.

解 1 两边取对数，得

$$\ln z=(3x^2+y^2)\cdot\ln(3x^2+y^2),$$

两边对 x 求导数，得

$$\frac{1}{z}\cdot z'_x=6x\cdot\ln(3x^2+y^2)+(3x^2+y^2)\cdot\frac{6x}{3x^2+y^2},$$

整理，得

$$\begin{aligned}z'_x&=z\cdot 6x\cdot[1+\ln(3x^2+y^2)]\\&=6x(3x^2+y^2)^{(3x^2+y^2)}\cdot[1+\ln(3x^2+y^2)].\end{aligned}$$

两边对 y 求导数，得

$$\frac{1}{z}\cdot z'_y=2y\cdot\ln(3x^2+y^2)+(3x^2+y^2)\cdot\frac{2y}{3x^2+y^2},$$

整理，得

$$\begin{aligned}z'_y&=z\cdot 2y\cdot[1+\ln(3x^2+y^2)]\\&=2y(3x^2+y^2)^{(3x^2+y^2)}\cdot[1+\ln(3x^2+y^2)].\end{aligned}$$

解 2 如果设 $u=(3x^2+y^2)$，$z=u^u$，需通过先取对数后求导的方法求解，通过解 1 看过程比较麻烦. 现在引入 $u=3x^2+y^2$，$v=3x^2+y^2$，记 $z=u^v$，再由复合函数的链式法则

$$\begin{aligned}\frac{\partial z}{\partial x}&=\frac{\partial z}{\partial u}\cdot\frac{\partial u}{\partial x}+\frac{\partial z}{\partial v}\cdot\frac{\partial u}{\partial x}=vu^{v-1}\cdot 6x+u^v\ln u\cdot 6x\\&=6x(3x^2+y^2)^{(3x^2+y^2)}[1+\ln(3x^2+y^2)],\\\frac{\partial z}{\partial y}&=\frac{\partial z}{\partial u}\cdot\frac{\partial u}{\partial y}+\frac{\partial z}{\partial v}\cdot\frac{\partial v}{\partial y}=vu^{v-1}\cdot 2y+u^v\ln u\cdot 2y\\&=2y(3x^2+y^2)^{(3x^2+y^2)}[1+\ln(3x^2+y^2)].\end{aligned}$$

由上例可见，多元复合函数中含有幂指函数时，一般使用链式法则求偏导数会比较方便，使用链式法则在引入中间变量时要灵活掌握技巧，这往往关系到运算的难易.

例 4 设 $z=z(x,y)$是由 $z+e^z=xy$ 所确定的二元函数，求$\frac{\partial z}{\partial x}$，$\frac{\partial z}{\partial y}$.

解 1 令 $F(x,y,z)=z+e^z-xy$，由隐函数求导公式则有

$$\frac{\partial z}{\partial x}=-\frac{F'_x}{F'_z}=\frac{y}{1+e^z},\quad \frac{\partial z}{\partial y}=-\frac{F'_y}{F'_z}=\frac{x}{1+e^z}.$$

解 2 直接将方程 $z+e^z=xy$ 两边分别对 x，y 求偏导数，得

$$\frac{\partial z}{\partial x}+e^z\frac{\partial z}{\partial x}=y,\quad \frac{\partial z}{\partial y}+e^z\frac{\partial z}{\partial y}=x,$$

解得

$$\frac{\partial z}{\partial x}=\frac{y}{1+e^z},\quad \frac{\partial z}{\partial y}=\frac{x}{1+e^z}.$$

解 3 利用一阶微分形式不变性，将方程两边微分，得

$$d(z+e^z)=d(xy),$$

即

$$dz+e^z dz=y dx+x dy.$$

于是

$$dz=\frac{y}{1+e^z}dx+\frac{x}{1+e^z}dy,$$

由全微分公式得

$$\frac{\partial z}{\partial x}=\frac{y}{1+e^z},\quad \frac{\partial z}{\partial y}=\frac{x}{1+e^z}.$$

例 5 设 $w=f(x+y+z,xyz)$，f 具有二阶连续偏导数，求$\frac{\partial w}{\partial x}$，$\frac{\partial w}{\partial y}$，$\frac{\partial^2 w}{\partial x\partial z}$.

解 令$\begin{cases}u=x+y+z\\v=xyz\end{cases}$，$w=f(u,v)$，则

$$\frac{\partial w}{\partial x}=\frac{\partial f}{\partial u}\cdot\frac{\partial u}{\partial x}+\frac{\partial f}{\partial v}\cdot\frac{\partial v}{\partial x}=f'_1+f'_2\cdot yz=f'_1+yzf'_2,$$

$$\frac{\partial w}{\partial y}=\frac{\partial f}{\partial u}\cdot\frac{\partial u}{\partial y}+\frac{\partial f}{\partial v}\cdot\frac{\partial v}{\partial y}=f'_1+f'_2\cdot xz=f'_1+xzf'_2,$$

$$\frac{\partial^2 w}{\partial x\partial z}=\frac{\partial}{\partial z}\left(\frac{\partial w}{\partial x}\right)=\frac{\partial}{\partial z}(f'_1+yzf'_2)=\frac{\partial f'_1}{\partial z}+yf'_2+yz\frac{\partial f'_2}{\partial z}.$$

而
$$\frac{\partial f'_1}{\partial z}=\frac{\partial f'_1}{\partial u}\cdot\frac{\partial u}{\partial z}+\frac{\partial f'_1}{\partial v}\cdot\frac{\partial v}{\partial z}=f''_{11}+f''_{12}\cdot xy,$$

$$\frac{\partial f'_2}{\partial z}=\frac{\partial f'_2}{\partial u}\cdot\frac{\partial u}{\partial z}+\frac{\partial f'_2}{\partial v}\cdot\frac{\partial v}{\partial z}=f''_{21}+xyf''_{22},$$

于是
$$\begin{aligned}\frac{\partial^2 w}{\partial x\partial z}&=f''_{11}+f''_{12}\cdot xy+yzf''_{21}+xy^2zf''_{22}+yf'_2\\&=f''_{11}+(x+z)yf''_{12}+xy^2zf''_{22}+yf'_2.\end{aligned}$$

上例解法中，可写出中间变量 u，v，也可以默记中间变量，按照中间变量的顺序将偏导数写成 f'_1，f'_2，f''_{11}，f''_{12} 等；一般地，采取默记中间变量的写法较为方便.

例 6 设函数 $\varphi(u, v)$具有连续偏导数，由方程 $\varphi(cx-az, cy-bz)=0$ 所确定的隐函数 $z=f(x, y)$，求 $\mathrm{d}z$.

解
$$\frac{\partial z}{\partial x}=-\frac{\varphi'_x}{\varphi'_z}=-\frac{c\varphi'_1}{-a\varphi'-b\varphi'_2},\quad \frac{\partial z}{\partial y}=-\frac{\varphi'_y}{\varphi'_z}=-\frac{c\varphi'_2}{-a\varphi'_1-b\varphi'_2},$$

则
$$\mathrm{d}z=\frac{\partial z}{\partial x}\mathrm{d}x+\frac{\partial z}{\partial y}\mathrm{d}y=\frac{c\varphi'_1}{a\varphi'_1+b\varphi'_2}\mathrm{d}x+\frac{c\varphi'_2}{a\varphi'_1+b\varphi'_2}\mathrm{d}y.$$

例 7 设 $x^2+y^2+z^2=yf\left(\frac{z}{y}\right)$，其中 f 可微，证明下式：

$$(x^2-y^2-z^2)\frac{\partial z}{\partial x}+2xy\frac{\partial z}{\partial y}=2xz.$$

证 设 $F(x, y, z)=x^2+y^2+z^2-yf\left(\frac{z}{y}\right)$且 f 可微，

则有
$$\frac{\partial z}{\partial x}=-\frac{F'_x}{F'_z}=-\frac{2x}{2z-y\cdot f'\cdot\frac{1}{y}}=-\frac{2x}{2z-f'},$$

$$\frac{\partial z}{\partial y}=-\frac{F'_y}{F'_z}=-\frac{2y-f-y\cdot f'\cdot\left(-\frac{z}{y^2}\right)}{2z-y\cdot f'\cdot\frac{1}{y}}=-\frac{2y-f+\frac{z}{y}f'}{2z-f'}=-\frac{2y^2-yf+zf'}{(2z-f')y}.$$

将$\frac{\partial z}{\partial x}$，$\frac{\partial z}{\partial y}$代入等式左边，得

$$\begin{aligned}(x^2-y^2-z^2)\frac{\partial z}{\partial x}+2xy\frac{\partial z}{\partial y}&=-\frac{2x(x^2-y^2-z^2)}{2z-f'}+2xy\cdot\left(-\frac{2y^2-yf+zf'}{(2z-f')y}\right)\\&=\frac{-2x(x^2-y^2-z^2)}{2z-f'}-\frac{2x(2y^2-yf+zf')}{2z-f'}\end{aligned}$$

$$=\frac{-2x^3+2xy^2+2xz^2-4xy^2+2xyf-2xzf'}{2z-f'}$$

$$=\frac{-2x^3-2xy^2+2xz^2+2xyf-2xzf'}{2z-f'}$$

$$=\frac{-2x(x^2+y^2-z^2)+2x(yf-zf')}{2z-f'},$$

因 $x^2+y^2=yf-z^2$,则 上式 $=\frac{-2x(yf-2z^2)+2xyf-2xzf'}{2z-f'}$

$$=\frac{2xz(2z-f')}{2z-f'}=2xz,$$

故

$$(x^2-y^2-z^2)\frac{\partial z}{\partial x}+2xy\frac{\partial z}{\partial y}=2xz.$$

此类证明题要注意把已知条件适时代入方可得证.

例 8 确定 a, b 的值，使 $\int_0^1(ax+b-x^2)^2\mathrm{d}x$ 有极小值.

解 积分 $\int_0^1(ax+b-x^2)^2\mathrm{d}x$ 是以 a, b 为自变量的函数. 因此可设

$$F(a,b)=\int_0^1(ax+b-x^2)^2\mathrm{d}x,$$

即

$$F(a,b)=\int_0^1(a^2x^2+b^2+x^4+2abx-2ax^3-2bx^2)\mathrm{d}x$$

$$=\frac{1}{3}a^2+b^2+\frac{1}{5}+ab-\frac{1}{2}a-\frac{2}{3}b.$$

则有

$$F'_a=\frac{2}{3}a+b-\frac{1}{2},\ F'_b=2b+a-\frac{2}{3},$$

解方程组 $\begin{cases}F'_a=0\\F'_b=0\end{cases}$，即

$$\begin{cases}\frac{2}{3}a+b-\frac{1}{2}=0\\2b+a-\frac{2}{3}=0\end{cases},$$

得驻点 $\left(1,-\frac{1}{6}\right)$.

因为 $A=F''_{aa}\left(1,-\frac{1}{6}\right)=\frac{2}{3}$，$B=F''_{ab}\left(1,-\frac{1}{6}\right)=1$，$C=F''_{bb}\left(1,-\frac{1}{6}\right)=2$，

所以

$$B^2-AC=1-\frac{2}{3}\cdot 2=-\frac{1}{3}<0，且 A>0.$$

故 $F(a,b)$ 在点 $\left(1,-\frac{1}{6}\right)$ 处有极小值 $F\left(1,-\frac{1}{6}\right)=\frac{1}{180}$.

例 9 求平面 $\frac{x}{3}+\frac{y}{4}+\frac{z}{5}=1$ 和柱面 $x^2+y^2=1$ 的交线上与 xOy 平面距离最短的点.

解 设所求交线上的点为$M(x, y, z)$，它到xOy平面的距离平方$d^2=z^2$.

函数d^2满足$\frac{x}{3}+\frac{y}{4}+\frac{z}{5}=1$和$x^2+y^2=1$两个约束条件，这时可构造函数

$$F(x, y, z)=z^2+\lambda\left(\frac{x}{3}+\frac{y}{4}+\frac{z}{5}-1\right)+\mu(x^2+y^2-1).$$

分别求出F'_x，F'_y，F'_z.

解方程组
$$\begin{cases}F'_x=\frac{\lambda}{3}+2\mu x=0\\F'_y=\frac{\lambda}{4}+2\mu y=0\\F'_z=2z+\frac{\lambda}{5}=0\\\frac{x}{3}+\frac{y}{4}+\frac{z}{5}=1\\x^2+y^2=1\end{cases},$$

得唯一驻点
$$x=\frac{4}{5},\ y=\frac{3}{5},\ z=\frac{35}{12}.$$

由问题本身可知，距离最短的点一定存在，因此，点$M\left(\frac{4}{5}, \frac{3}{5}, \frac{35}{12}\right)$就是所求的点.

上例给出了含有两个约束条件的极值求法，对于有多个约束条件的极值问题，可采用相似的方法解决.

例10 在曲面$z=xy$上求一点，使这点处的法线垂直于平面$x+3y+z+9=0$，并写出法线方程.

解 设$F(x, y, z)=z-xy$，则有$F'_x=-y$，$F'_y=-x$，$F'_z=1$.

设所求点为$M_0(x_0, y_0, z_0)$，于是在该点处法线的方向向量为$\boldsymbol{n}=\{-y_0, -x_0, 1\}$.
因为平面$x+3y+z+9=0$的法向量为$\boldsymbol{s}=\{1, 3, 1\}$，且$\boldsymbol{n}/\!/\boldsymbol{s}$，

所以
$$\frac{-y_0}{1}=\frac{-x_0}{3}=\frac{1}{1},$$

解得
$$x_0=-3,\ y_0=-1,\ z_0=3,$$

即法线过点$(-3, -1, 3)$，所以法线方程为
$$\frac{x+3}{1}=\frac{y+1}{3}=\frac{z-3}{1}.$$

五、高职升本科本章相关知识简介

(一)考试内容与要求

考试内容及要求：理解多元函数的概念，了解多元函数极限、连续的概念，理解

多元函数偏导数、全微分的概念．能熟练求出二元函数的偏导数和全微分．熟练掌握多元复合函数的求导法则及隐函数的求导法则．掌握二元函数极值的求法，掌握空间曲面的切平面及法线方程的求法，了解求条件极值的拉格朗日乘数法，会解较简单的最值应用题．本章考核的重点主要包括：二元函数求一、二阶偏导数，复合函数及隐函数求一阶偏导数，二元函数的全微分及无条件极值，空间曲面的切平面及法线方程．此部分试题分值为 18～26 分，多为容易题和中等难度题．

(二)历年真题

1.(2010)设 $z=x^2\arctan\dfrac{y}{x}-y^2\arctan\dfrac{x}{y}$，求$\dfrac{\partial^2 z}{\partial x\partial y}$．答案：$\dfrac{x^2-y^2}{x^2+y^2}$．

2.(2010)设函数 $z=f(x, y)$由方程 $e^{2x}+e^{yz}=ze^{-2}$ 所确定．

(1)求$\dfrac{\partial z}{\partial x}$，$\dfrac{\partial z}{\partial y}$，$dz$；

(2)求曲面在点$(-1, -1, 2)$处的法线方程．

答案：(1)$\dfrac{\partial z}{\partial x}=\dfrac{2e^{2x}}{e^{-2}-ye^{yz}}$，$\dfrac{\partial z}{\partial y}=\dfrac{ze^{yz}}{e^{-2}-ye^{yz}}$，$dz=\dfrac{2e^{2x}}{e^{-2}-ye^{yz}}dx+\dfrac{ze^{yz}}{e^{-2}-ye^{yz}}dy$.

(2)$F'_x(-1, -1, 2)=2e^{-2}$，$F'_y(-1, -1, 2)=2e^{-2}$，$F'_z(-1, -1, 2)=-2e^{-2}$.

取法线的方向向量为$(1, 1, -1)$，故法线方程为$\dfrac{x+1}{1}=\dfrac{y+1}{1}=\dfrac{z-2}{-1}$.

3.(2011)设函数 $z=z(x, y)$由方程 $x^2+y^3=xyz^2$ 确定，则$\dfrac{\partial z}{\partial x}=\underline{\dfrac{2x-yz^2}{2xyz}}$.

4.(2011)求函数 $f(x, y)=e^x(x+y^2+2y)$的极值，并判断是极大值还是极小值．
答案：$(0, -1)$为极小值点，极小值为 $f(0, -1)=-1$.

5.(2012)设函数 $z=z(x, y)$由方程 $z=e^{2x-3z}+2y$ 确定，则 $3\dfrac{\partial z}{\partial x}+\dfrac{\partial z}{\partial y}=\underline{\quad 2\quad}$.

6.(2012)求函数 $f(x, y)=\dfrac{x}{2}e^{-(x^2+y^2)}$的极值，并判断是极大值还是极小值．

答案：极大值为 $f\left(\dfrac{\sqrt{2}}{2}, 0\right)=\dfrac{\sqrt{2}}{4}e^{-\frac{1}{2}}$，极小值为 $f\left(-\dfrac{\sqrt{2}}{2}, 0\right)=-\dfrac{\sqrt{2}}{4}e^{-\frac{1}{2}}$.

7.(2013)函数 $z=(1+x)^y$ 在点$(1, 1)$处的全微分 $dz\Big|_{(1,1)}=\underline{dx+2\ln 2dy}$.

8.(2013)设函数 $z=z(x, y)$由方程 $xe^x+ye^y=ze^z$ 所确定，求$\dfrac{\partial z}{\partial y}$.

答案：$\dfrac{\partial z}{\partial y}=\dfrac{y+1}{z+1}e^{y-z}$.

9.(2013)设 $\varphi(t)$，$\Psi(t)$为二次可微函数，$u(x, y)=x\varphi(x+y)+y\Psi(x+y)$，证明：

$$\frac{\partial^2 u}{\partial x^2}-2\frac{\partial^2 u}{\partial x\partial y}+\frac{\partial^2 u}{\partial y^2}=0.$$

10.(2014)函数 $z=\arctan\frac{y}{x}$ 在点(1，1)处的全微分 $dz\big|_{(1,1)}=\underline{-\frac{1}{2}dx+\frac{1}{2}dy}$.

11.(2015)函数 $z=e^{\frac{y}{x}}$ 在点(1，1)处的全微分为 $dz\big|_{(1,1)}=\underline{-edx+edy}$.

12.(2015)已知函数 $f(t)$ 在 $(-\infty,+\infty)$ 上二阶可导，设函数 $u=f(\ln\sqrt{x^2+y^2})$

(1)求 $\frac{\partial u}{\partial x}$，$\frac{\partial u}{\partial y}$，$\frac{\partial^2 u}{\partial x\partial y}$；

(2)若函数 u 满足 $\frac{\partial^2 u}{\partial x^2}+\frac{\partial^2 u}{\partial y^2}=1$，求函数 $f(t)$ 的解析式.

答案：(1) $\frac{\partial u}{\partial x}=\frac{xf'(\ln\sqrt{x^2+y^2})}{x^2+y^2}$，$\frac{\partial u}{\partial y}=\frac{yf'(\ln\sqrt{x^2+y^2})}{x^2+y^2}$，$\frac{\partial^2 u}{\partial x\partial y}=\frac{xyf''-2xyf'}{(x^2+y^2)^2}$.

(2)提示，先由 $\frac{\partial^2 u}{\partial x^2}+\frac{\partial^2 u}{\partial y^2}=1$，得 $f''(\ln\sqrt{x^2+y^2})=x^2+y^2$.

令 $t=\ln\sqrt{x^2+y^2}$，得 $f''(t)=e^{2t}$，$f(t)=\frac{e^{2t}}{4}+c_1t+c_2$.

13.(2016)设函数 $u=f(\sqrt{x^2+y^2},\ e^{xy})$，其中函数 f 具有连续的二阶偏导数.

(1)求一阶偏导数 $\frac{\partial u}{\partial x}$，$\frac{\partial u}{\partial y}$ 和全微分 du.

(2)求二阶偏导数 $\frac{\partial^2 u}{\partial x\partial y}$.

答案：(1) $\frac{\partial u}{\partial x}=\frac{xf'_1}{\sqrt{x^2+y^2}}+ye^{xy}f'_2$，$\frac{\partial u}{\partial y}=\frac{yf'_1}{\sqrt{x^2+y^2}}+xe^{xy}f'_2$.

$$du=\left(\frac{xf'_1}{\sqrt{x^2+y^2}}+ye^{xy}f'_2\right)dx+\left(\frac{yf'_1}{\sqrt{x^2+y^2}}+xe^{xy}f'_2\right)dy.$$

(2) $\frac{\partial^2 u}{\partial x\partial y}=\frac{-xyf'_1}{(x^2+y^2)\sqrt{x^2+y^2}}+(1+xy)e^{xy}f'_2+\frac{xyf''_{11}}{x^2+y^2}+xye^{2xy}f''_{22}+\sqrt{x^2+y^2}e^{xy}f''_{12}$.

14.(2017)求函数 $z=\ln(x^2+y)$ 的全微分 $dz=\underline{\frac{2x}{x^2+y}dx+\frac{1}{x^2+y}dy}$.

15.(2017)求二元函数 $z=x^3-y^3-3x^2+3y^2-1$ 的所有极值点和极值.

答案：极大值点(0，2)，极大值 $f(0,2)=3$；极小值点(2，0)，极小值 $f(2,0)=-5$.

16.(2018)函数 $z=e^{2x-y}$ 的全微分 $dz=\underline{2e^{2x-y}dx-e^{2x-y}dy}$.

17.(2018)求二元函数 $z=x^3+y^3-6xy$ 的所有极值点和极值.

答案：极值点(2，2)，极小值 $f(2,2)=-8$.

18.(2019)函数 $z=\ln(3x-y)$ 的全微分 $dz=\underline{\frac{3}{3x-y}dx-\frac{1}{3x-y}dy}$.

19.(2019)求二元函数 $z=x^4+4xy+2y^2$ 所有的极值点和极值.

答案：极值点(1，−1)，(−1，1)，极小值 $f(1,-1)=f(-1,1)=-1$.

练习题答案

第一节练习题

1.(1)A；(2)B；(3)A.

2.(1)$\{(x,y)\mid x+y\neq 0\}$；(2)$\dfrac{y-x}{x^2y^2}$；(3)$f(x,y)=x^2-2y$.

3.(1)$\dfrac{1}{\cos 1}$；(2)e^8；(3)0.

第二节练习题

1.(1)B；(2)B；(3)A.

2.(1)$yx^{y-1}dx+x^y\ln x\,dy$；(2)必要条件；(3)必要条件；(4)$2+2y$.

3. 略.

第三节练习题

1.(1)D；(2)B.

2.(1)$3x+4y-5z=0$，$\dfrac{x-3}{3}=\dfrac{y-4}{4}=\dfrac{z-5}{-5}$；

(2)$9x+y-z-27=0$，$\dfrac{x-3}{9}=\dfrac{y-1}{1}=\dfrac{z-1}{-1}$；

(3)$\dfrac{x-\frac{1}{3}}{1}=\dfrac{y-1}{6}=\dfrac{z-3}{18}$，$3x+18y+54z-181=0$.

3.(1)极小值 $f(1,1)=-1$；(2)极大值 $f\left(\dfrac{1}{3},\dfrac{1}{3}\right)=\dfrac{1}{27}$；(3)125.

第八章　多元函数积分学及其应用

一、知识结构与内容要点

(一)知识结构

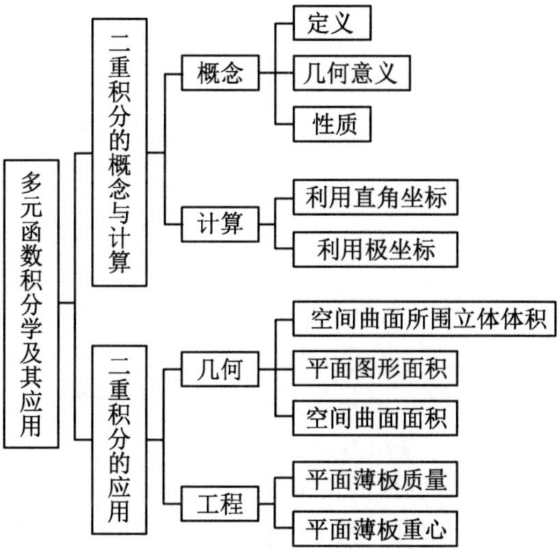

(二)内容要点

1. 二重积分的概念与计算

(1)二重积分的概念.

$$\iint_D f(x, y)\mathrm{d}\sigma = \lim_{\lambda \to 0}\sum_{i=1}^{n} f(\xi_i, \eta_i)\Delta\sigma_i,$$

其中，$f(x, y)$称为被积函数，$f(x, y)\mathrm{d}\sigma$ 称为被积表达式，$\mathrm{d}\sigma$ 称为面积元素，D 称为积分域，$\iint$ 称为二重积分号，这时，也称 $f(x, y)$在 D 上可积.

(2)二重积分的几何意义.

当 $f(x, y)>0$ 时，二重积分 $\iint\limits_D f(x, y)\mathrm{d}\sigma$ 的几何意义就是曲顶柱体的体积；当 $f(x, y)<0$ 时，柱体在 xy 平面的下方，二重积分 $\iint\limits_D f(x, y)\mathrm{d}\sigma$ 表示该柱体体积的相反值，即：$f(x, y)$的绝对值在 D 上的二重积分 $\iint\limits_D |f(x, y)|\mathrm{d}\sigma$ 才是该曲顶柱体的体

积；当 $f(x, y)$在 D 上有正有负时，如果我们规定在 xy 平面上方的柱体体积取正号，在 xy 平面下方的柱体体积取负号，则重积分 $\iint\limits_D f(x, y)\mathrm{d}\sigma$ 的值就是它们上下方柱体体积的代数和.

(3)二重积分的计算.

a. 在直角坐标系下计算二重积分.

Ⅰ型区域：设积分区域 D 可用不等式组表示为 $\begin{cases} g_1(x)\leqslant y\leqslant g_2(x) \\ a\leqslant x\leqslant b \end{cases}$，

二重积分可转化为二次积分：$\iint\limits_D f(x, y)\mathrm{d}\sigma=\int_a^b \mathrm{d}x\int_{g_1(x)}^{g_2(x)} f(x, y)\mathrm{d}y$.

第一次积分时，把 x 看作常数，对变量 y 积分，它的积分限一般是 x 的函数；第二次是对变量 x 积分，它的积分限是常量. 这种先对一个变量积分，然后再对另一个变量积分的方法，称为累次积分法. 上述公式称为先积 y 后积 x 的累次积分公式.

Ⅱ型区域：设积分区域 D 可用不等式组表示为 $\begin{cases} h_1(y)\leqslant x\leqslant h_2(y) \\ c\leqslant y\leqslant d \end{cases}$，

二重积分可转化为二次积分：$\iint\limits_D f(x, y)\mathrm{d}\sigma=\int_c^d \mathrm{d}y\int_{h_1(y)}^{h_2(y)} f(x, y)\mathrm{d}x$，此式称为先积 x 后积 y 的累次积分公式.

计算两种区域下二重积分的关键是根据所给出的积分域 D，定出两次定积分的上下限，其上下限的定法可用如下直观方法确定.

①在 xy 平面上画出曲线所围成的区域 D.

②若是先积 y 后积 x 时，则把区域 D 投影到 x 轴上，得投影区间$[a, b]$，这时 a 就是对 x 积分(第二次积分)的下限，b 就是对 x 积分的上限；在$[a, b]$上任意确定一个 x，过 x 画一条与 y 轴平行的直线，假定它与区域 D 的边界曲线的交点总是不超过两个，且与边界曲线交点的纵坐标分别为 $g_1(x)$和 $g_2(x)$，如果 $g_2(x)\geqslant g_1(x)$那么 $g_1(x)$是对 y 积分的下限，$g_2(x)$是对 y 积分的上限，如图 8-1 所示.

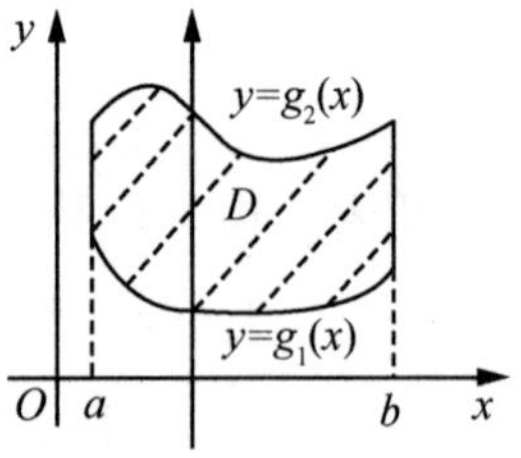

图 8-1

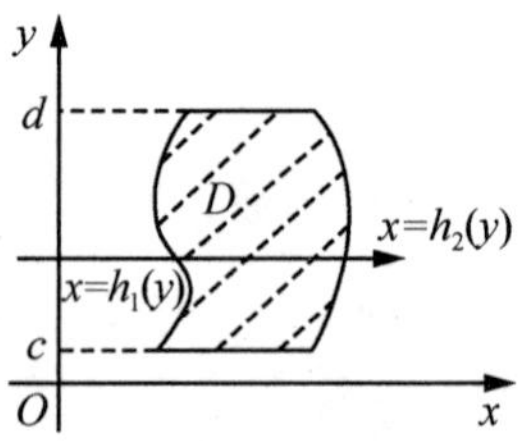

图 8-2

类似地，图 8-2 是先积 x 后积 y 时的定限示意图.

如果区域不属于上述两种区域，我们就不能直接应用公式，这时可以用平行于 y 轴(或平行于 x 轴)的直线，把 D 分成若干个小区域，使每个小区域都属于上述类型. 那么 D 上的二重积分就是这些小区域上二重积分的和.

b. 在极坐标系下计算二重积分.

若极点在区域 D 内，边界的方程为 $r=r(\theta)$，可得 D 为 $\begin{cases}0\leqslant\theta\leqslant 2\pi\\ 0\leqslant r\leqslant r(\theta)\end{cases}$.
则二重积分可以化为 $\iint\limits_D f(r\cos\theta,\ r\sin\theta)r\mathrm{d}r\mathrm{d}\theta=\int_0^{2\pi}\mathrm{d}\theta\int_0^{r(\theta)}f(r\cos\theta,\ r\sin\theta)r\mathrm{d}r$.

若极点不在 D 内，从极点出发，做区域 D 的边界切线，得到 $\theta\in[\alpha,\ \beta]$；在 $[\alpha,\ \beta]$ 内过极点做任一射线与 D 交于两点，其极径的变化范围为 $r\in[r_1(\theta),\ r_2(\theta)]$.
则二重积分可以化为

$$\iint\limits_D f(r\cos\theta,\ r\sin\theta)r\mathrm{d}r\mathrm{d}\theta=\int_\alpha^\beta\mathrm{d}\theta\int_{r_1(\theta)}^{r_2(\theta)}f(r\cos\theta,\ r\sin\theta)r\mathrm{d}r.$$

(4)利用对称性计算二重积分.

a. 若积分域 D 关于 y 轴对称，$f(x,\ y)$ 关于 x 有奇偶性，则

$$\iint\limits_D f(x,\ y)\mathrm{d}\sigma=\begin{cases}2\iint\limits_{D_x\geqslant 0}f(x,\ y)\mathrm{d}\sigma & f(-x,\ y)=f(x,\ y)\\ 0 & f(-x,\ y)=-f(x,\ y)\end{cases}.$$

b. 若积分域 D 关于 x 轴对称，$f(x,\ y)$ 关于 y 有奇偶性，则

$$\iint\limits_D f(x,\ y)\mathrm{d}\sigma=\begin{cases}2\iint\limits_{D_y\geqslant 0}f(x,\ y)\mathrm{d}\sigma & f(x,\ -y)=f(x,\ y)\\ 0 & f(x,\ -y)=-f(x,\ y)\end{cases}.$$

2. 二重积分的应用

(1)二重积分在几何上的应用.

a. 求空间曲面所围立体的体积：用二重积分来表示曲顶柱体的体积，化为二次积分计算.

b. 求平面图形的面积：平面图形面积的二重积分计算公式如下：

$$S_D=\iint\limits_D\mathrm{d}\sigma.$$

c. 求空间曲面的面积：由方程 $z=f(x,\ y)$，$(x,\ y)\in D$ 定义的空间曲面的面积可以表示为

$$A=\iint\limits_D\sqrt{1+\left(\frac{\partial z}{\partial x}\right)^2+\left(\frac{\partial z}{\partial y}\right)^2}\mathrm{d}\sigma.$$

(2)二重积分在工程上的应用.

平面薄板的质量计算公式可用二重积分的微元法思想推得：先在闭区域上任取一个微小区域，且近似将其视为面密度均匀，任取其中一点的密度可得质量微元，然后再对质量微元在区域上积分就得质量计算公式.

二、教学基本要求与重点、难点

1. 教学基本要求

(1)理解二重积分的几何背景，进一步理解微元法的思想.

(2)理解二重积分的定义、几何意义，掌握其基本性质.

(3)掌握二重积分中面积元素在直角坐标系、极坐标系下的表达形式.

(4)理解空间立体体积、平面面积、曲面面积的二重积分表示.

(5)了解平面薄板的质量、重心的二重积分表示.

2. 重点、难点

(1)重点.

交换积分顺序，直角坐标系下二重积分的累次积分计算，极坐标系下二重积分的累次积分计算.

(2)难点.

空间曲面所围立体的体积和空间曲面面积的计算.

三、典型例题与习题

第一节　二重积分的概念与计算

(一)典型例题

例 1　求 $\iint\limits_{D}\left(1-\frac{x}{3}-\frac{y}{4}\right)\mathrm{d}\sigma$，其中 D 是由直线 $x=-1$，$x=1$，$y=-2$，$y=2$ 所围成的矩形区域.

解 1　画出区域 D 的图形如图 8-3 所示，理解为Ⅰ型域，先对 y、后对 x 做积分.

$$\iint\limits_{D}\left(1-\frac{x}{3}-\frac{y}{4}\right)\mathrm{d}\sigma=\int_{-1}^{1}\left[\int_{-2}^{2}\left(1-\frac{x}{3}-\frac{y}{4}\right)\mathrm{d}y\right]\mathrm{d}x$$

$$=\int_{-1}^{1}\left(4-\frac{4}{3}x\right)\mathrm{d}x=2\int_{0}^{1}4\mathrm{d}x=8.$$

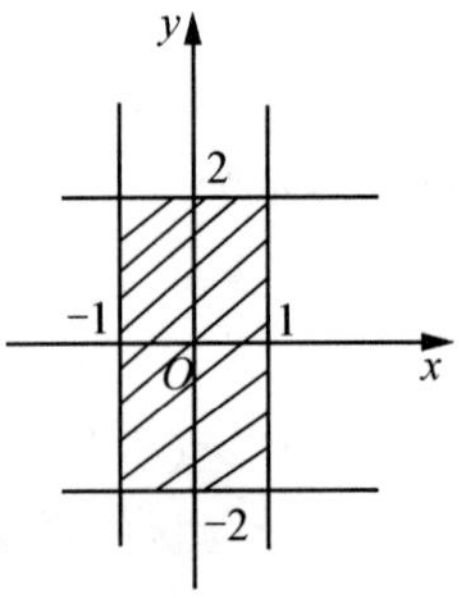

图 8-3

解 2　若理解为Ⅱ型域，先对 x、后对 y 做积分.

$$\iint\limits_{D}\left(1-\frac{x}{3}-\frac{y}{4}\right)\mathrm{d}\sigma=\int_{-2}^{2}\left[\int_{-1}^{1}\left(1-\frac{x}{3}-\frac{y}{4}\right)\mathrm{d}x\right]\mathrm{d}y$$

$$=\int_{-2}^{2}\left(2-\frac{y}{2}\right)\mathrm{d}y=\left(2y-\frac{y^2}{4}\right)\Big|_{-2}^{2}=8.$$

例 2 求 $\iint\limits_D (x+y)\mathrm{d}\sigma$，其中 D 是由 $y=x^2$，$x=1$，$y=0$ 所围成的区域.

解 首先画出 D 的图形(如图 8-4 所示)，理解为Ⅰ型域. 先对 y、后对 x 做积分.

$$\iint\limits_D (x+y)\mathrm{d}\sigma = \int_0^1 \left[\int_0^{x^2} (x+y)\mathrm{d}y\right]\mathrm{d}x$$

$$= \int_0^1 \left(x^3 + \frac{1}{2}x^4\right)\mathrm{d}x$$

$$= \left(\frac{1}{4}x^4 + \frac{1}{10}x^5\right)\Big|_0^1 = \frac{7}{20}.$$

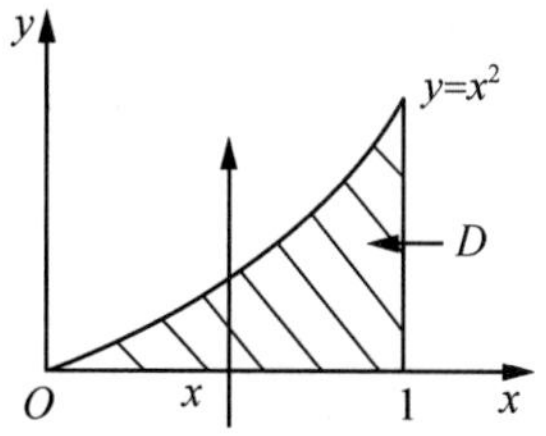

图 8-4

例 3 求 $\iint\limits_D 2xy^2\mathrm{d}\sigma$，其中 D 是 $y^2=x$ 与直线 $y=x-2$ 所围成的区域.

解 画出 D 的图形(如图 8-5 所示)，理解为Ⅱ型域，用先积 x、后积 y 的方法.

联立 $\begin{cases} x^2=x \\ y=x-2 \end{cases}$，得 $y=-1$ 或 $y=2$.

$$\iint\limits_D 2xy^2\mathrm{d}\sigma = \int_{-1}^2 \mathrm{d}y \int_{y^2}^{y+2} 2xy^2\mathrm{d}x$$

$$= \int_{-1}^2 y^2 (x^2)_{y^2}^{y+2}\mathrm{d}y$$

$$= \int_{-1}^2 (y^4 + 4y^3 + 4y^2 - y^6)\mathrm{d}y$$

$$= \left(\frac{y^5}{5} + y^4 + \frac{4}{3}y^3 - \frac{y^7}{7}\right)_{-1}^2 = 15\frac{6}{35}.$$

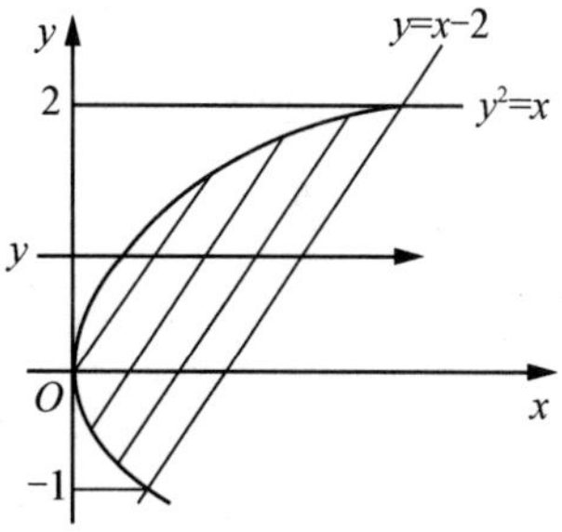

图 8-5

例 4 求 $\iint\limits_D \frac{\cos x}{x}\mathrm{d}\sigma$，其中 D 是由 $y=x$ 及 $y=x^2$ 所围成区域.

解 先画出 D 的图形(如图 8-6 所示).

若变形为先对 x、后对 y 的积分：$\int_0^1 \mathrm{d}y \int_y^{\sqrt{y}} \frac{\cos x}{x}\mathrm{d}x$，会遇到积分 $\int \frac{\cos x}{x}\mathrm{d}x$，而 $\frac{\cos x}{x}$ 的原函数不是初等函数，所以先对 x、后对 y 的积分求不出值，故要变换成先对 y，后对 x 的积分.

原式 $= \int_0^1 \mathrm{d}x \int_{x^2}^{x} \frac{\cos x}{x}\mathrm{d}y = \int_0^1 (\cos x - x\cos x)\mathrm{d}x = 1-\cos 1.$

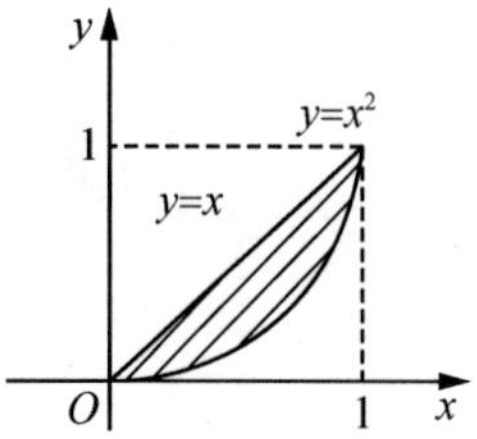

图 8-6

例 5 计算 $\iint\limits_D \mathrm{e}^{-(x^2+y^2)\mathrm{d}\sigma}$，其中 D 是圆域 $x^2+y^2 \leqslant 4$.

解 画出区域 D 的图形(如图 8-7 所示). 因为被积函数中含有 x^2+y^2，所以采用极坐标算法方便. 将$\begin{cases}x=r\cos\theta\\ y=r\sin\theta\end{cases}$代入 $e^{-(x^2+y^2)}=e^{-r^2}$，D 是由 $r\leqslant 2$ 围成.

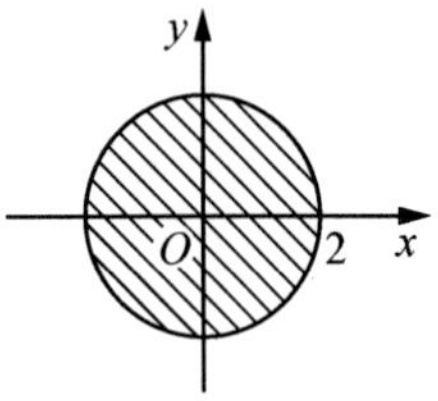

图 8-7

$$\iint_D e^{-(x^2+y^2)d\sigma}=\iint_D e^{-r^2}\cdot r\,dr\,d\theta$$
$$=\int_0^{2\pi}d\theta\int_0^2 e^{-r^2}r\,dr=\frac{1}{2}\int_0^{2\pi}d\theta\int_0^2 e^{-r^2}dr^2$$
$$=-\frac{1}{2}\int_0^{2\pi}e^{-r^2}\Big|_0^2 d\theta=-\frac{1}{2}\int_0^{2\pi}(e^{-4}-1)d\theta=\pi(1-e^{-4}).$$

例 6 计算二重积分$\iint_D(x+y)d\sigma$，其中 D 是由圆 $x^2+y^2=2ax$ 所围成的闭区域.

解 画出区域 D 的图形(如图 8-8 所示). 因为积分区域中含有 x^2+y^2，所以采用极坐标算法方便，$r=\rho=2a\cos\theta$.

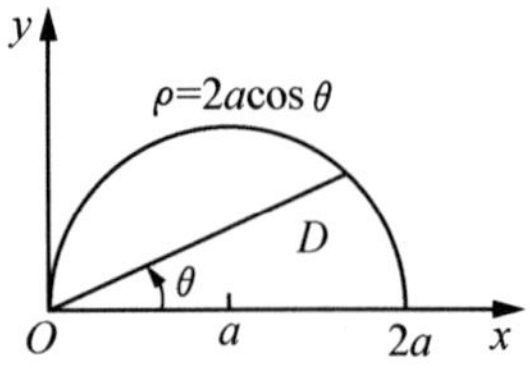

图 8-8

$$\iint_D(x+y)d\sigma=2\int_0^{\frac{\pi}{2}}d\theta\int_0^{2a\cos\theta}r\cos\theta\cdot r\,dr$$
$$=2\int_0^{\frac{\pi}{2}}\cos\theta\,d\theta\int_0^{2a\cos\theta}r^2dr$$
$$=\frac{2}{3}\int_0^{\frac{\pi}{2}}\cos\theta\cdot(r^3)\Big|_0^{2a\cos\theta}d\theta$$
$$=\frac{16a^3}{3}\int_0^{\frac{\pi}{2}}\cos\theta\cdot\cos^3\theta\,d\theta$$
$$=\frac{16a^3}{3}\int_0^{\frac{\pi}{2}}\cos^4\theta\,d\theta=\pi a^3.$$

注意：对称性的分析.

例 7 交换积分顺序$\int_0^1dx\int_{x^2}^1\frac{xy}{\sqrt{1+y^3}}dy$，并求其值.

解 画出区域 D 的图形(如图 8-9 所示).

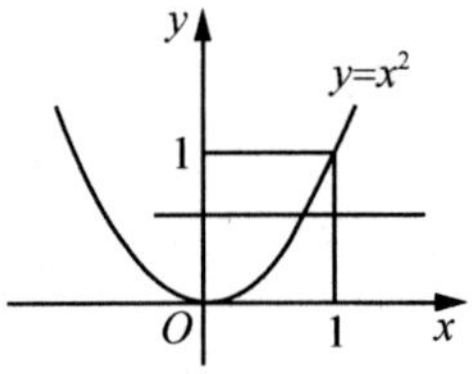

图 8-9

$$\int_0^1\frac{y}{1+y^3}dy\int_0^{\sqrt{y}}x\,dx=\frac{1}{2}\int_0^1\frac{y^2}{\sqrt{1+y^3}}dy$$
$$=\frac{1}{6}\int_0^1\frac{d(1+y^3)}{\sqrt{1+y^3}}=\frac{1}{3}(\sqrt{2}-1).$$

(二)练习题

1. 计算下列积分：$\int_1^5dy\int_y^5\frac{1}{y\ln x}dx$.

2. 求$\iint_D xy\,d\sigma$. 其中 D 由 $y^2=x$，$y=x-2$ 围成.

3. 设二元函数 $f(x, y)=\sin y^2+\iint\limits_D f(x, y)\mathrm{d}x\,\mathrm{d}y$，其中 D 是由直线 $x=1$，$y=x-1$，$y=2$ 所围成的平面区域，求二重积分 $\iint\limits_D \sqrt{x^2+y^2}\,\mathrm{d}x\,\mathrm{d}y$ 的值.

4. 计算二重积分 $\iint\limits_D (x^2+y^2)\mathrm{d}\sigma$，$D$ 由曲线 $x=-\sqrt{1-y^2}$，$y=-1$，$y=1$ 及 $x=-2$ 围成.

第二节　二重积分的应用

(一)典型例题

例 1　求由圆柱面 $x^2+y^2=1$ 与 $x^2+z^2=1$ 所围成的立体的体积.

解　如图 8-10 所示，利用对称性，整个立体的体积 V 是其在第一卦限的立体体积的 8 倍. 而在第一卦限的立体可以理解为以 $z=\sqrt{1-x^2}$ 为曲顶，以 xOy 面的区域 $x^2+y^2\leqslant 1$，$x\geqslant 0$，$y\geqslant 0$ 为底面的曲顶柱体. 所以

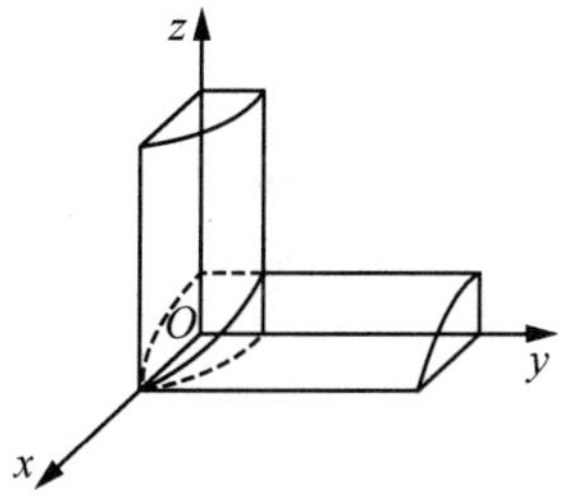

图 8-10

$$
\begin{aligned}
V&=8\iint\limits_D \sqrt{1-x^2}\,\mathrm{d}\sigma\\
&=8\int_0^1\mathrm{d}x\int_0^{\sqrt{1-x^2}}\sqrt{1-x^2}\,\mathrm{d}y\\
&=8\int_0^1\sqrt{1-x^2}\cdot\left[y\Big|_0^{\sqrt{1-x^2}}\right]\mathrm{d}x\\
&=8\int_0^1(1-x^2)\,\mathrm{d}x\\
&=8\left(x-\frac{x^3}{3}\right)\Big|_0^1=\frac{16}{3}.
\end{aligned}
$$

例 2　求半径为 R 的球的表面积.

解　如图 8-11 所示，取上半球 $z=f(x, y)=\sqrt{R^2-x^2-y^2}$，则它在 xOy 面投影区域为：$D=\{(x, y)\,|\,x^2+y^2\leqslant R^2\}$. 其中 D_1 表示 D 在第一卦限区域.

因为 $\dfrac{\partial z}{\partial x}=\dfrac{-x}{\sqrt{R^2-x^2-y^2}}$，$\dfrac{\partial z}{\partial y}=\dfrac{-y}{\sqrt{R^2-x^2-y^2}}$，所以

$$
\begin{aligned}
S&=8\iint\limits_{D_1}\sqrt{1+\left(\frac{\partial z}{\partial x}\right)^2+\left(\frac{\partial z}{\partial y}\right)^2}\,\mathrm{d}\sigma\quad(\text{由对称性})\\
&=8\iint\limits_{D_1}\sqrt{1+\frac{x^2+y^2}{R^2+x^2-y^2}}\,\mathrm{d}\sigma\\
&=8\int_0^{\frac{\pi}{2}}\mathrm{d}\theta\int_0^R\sqrt{1+\frac{r^2}{R^2-r^2}}\,r\,\mathrm{d}r\\
&=4\pi R^2.
\end{aligned}
$$

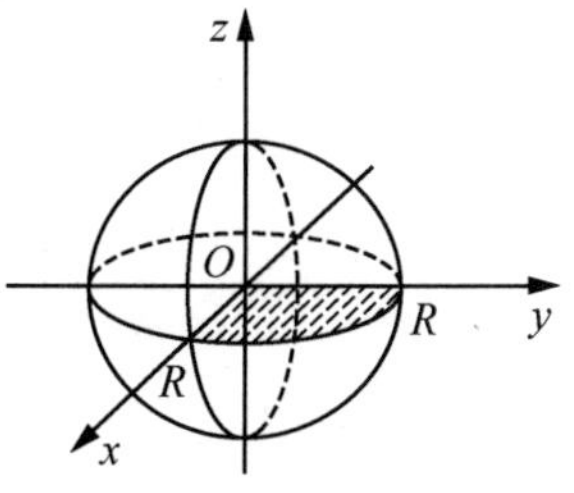

图 8-11

例 3 求位于两圆 $x^2+(y-2)^2=4$ 与 $x^2+(y-1)^2=1$ 之间均匀薄片的质心.

解 由对称性可知

$$\bar{x}=0,$$

$$\bar{y}=\frac{1}{A}\iint_D y\,dx\,dy=\frac{1}{3\pi}\iint_D r^2\sin\theta\,dr\,d\theta=\frac{1}{3\pi}\int_0^{\pi}\sin\theta\,d\theta\int_{2\sin\theta}^{4\sin\theta}r^2\,dr$$

$$=\frac{56}{9\pi}\int_0^{\pi}\sin^4\theta\,d\theta=\frac{56}{9\pi}\cdot 2\int_0^{\frac{\pi}{2}}\sin^4\theta\,d\theta=\frac{7}{3}.$$

所以，此薄片的质心为$\left(0,\ \frac{7}{3}\right)$.

(二)练习题

1. 求曲面 $z=\sqrt{x^2+y^2}$ 包含在圆柱面 $x^2+y^2=2x$ 内的那一部分面积.

2. 求抛物柱面 $2y^2=x$，平面$\frac{x}{4}+\frac{y}{2}+\frac{z}{2}=1$，$z=0$ 围成的立体的体积.

3. 求由曲面 $z=\sqrt{x^2+y^2}$ 和 $z=x^2+y^2$ 所围成的立体体积.

4. 求半径为 a 的均匀半圆薄片对其直径的转动惯量.

四、综合与提高例题精讲

例 1 求由球体 $x^2+y^2+z^2\leqslant 4a^2$ 被圆柱面 $x^2+y^2=2ax\,(a>0)$ 所截得的(含在圆柱面内的部分)立体的体积.

解 如图 8-12 所示，由球的对称性知 $V=4\iint_D\sqrt{4a^2-x^2-y^2}\,dx\,dy$，其中 D 为半圆周 $y=\sqrt{2ax-x^2}$ 及 x 轴所围成的闭区域，在极坐标系下，D 可表示为 $0\leqslant\theta\leqslant\frac{\pi}{2}$，$0\leqslant r\leqslant\rho=2a\cos\theta$. 所以

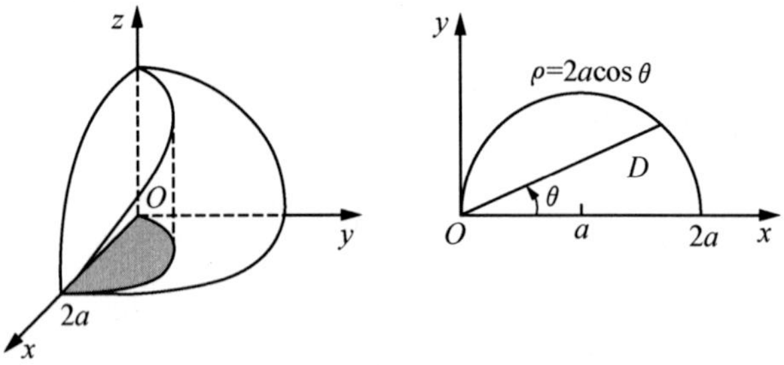

图 8-12

$$V=4\iint_D\sqrt{4a^2-r^2}\,r\,\mathrm{d}r\,\mathrm{d}\theta=4\int_0^{\frac{\pi}{2}}\mathrm{d}\theta\int_0^{2a\cos\theta}\sqrt{4a^2-r^2}\,r\,\mathrm{d}r=\frac{32}{3}a^3\left(\frac{\pi}{2}-\frac{2}{3}\right).$$

例 2 求两圆柱面 $x^2+y^2=a^2$ 和 $x^2+z^2=a^2$ 相交部分的体积.

解 由对称性可知，两圆柱面相交部分的体积是它在第一卦相中体积的 8 倍，所以

$$V=8\iint_D\sqrt{a^2-x^2}\,\mathrm{d}x\,\mathrm{d}y=8\int_0^a\mathrm{d}x\int_0^{\sqrt{a^2-x^2}}\sqrt{a^2-x^2}\,\mathrm{d}y=\frac{16}{3}a^3.$$

例 3 交换积分 $\int_{-2}^0\mathrm{d}y\int_0^{y+2}f(x,y)\mathrm{d}x+\int_0^4\mathrm{d}y\int_0^{\sqrt{4-y}}f(x,y)\mathrm{d}x$ 次序.

解 该积分为先 x 后 y，为Ⅱ型域，积分区域 $D=D_1\cup D_2$

$$D_1:\begin{cases}-2\leqslant y\leqslant 0\\0\leqslant x\leqslant y+2\end{cases},$$

$$D_2:\begin{cases}0\leqslant y\leqslant 4\\0\leqslant x\leqslant\sqrt{4-y}\end{cases}.$$

将积分改为先 y 后 x 型，积分区域：$\begin{cases}0\leqslant y\leqslant 2\\x-2\leqslant y\leqslant 4-x^2\end{cases}$.

所以，$\int_{-2}^0\mathrm{d}y\int_0^{y+2}f(x,y)\mathrm{d}x+\int_0^4\mathrm{d}y\int_0^{\sqrt{4-y}}f(x,y)\mathrm{d}x=\int_0^2\mathrm{d}x\int_{x-2}^{4-x^2}f(x,y)\mathrm{d}y$.

例 4 求 $\iint_D|y-x^2|\mathrm{d}\sigma$，其中 D 区域由 $0\leqslant x\leqslant 1$，$0\leqslant y\leqslant 1$ 围成.

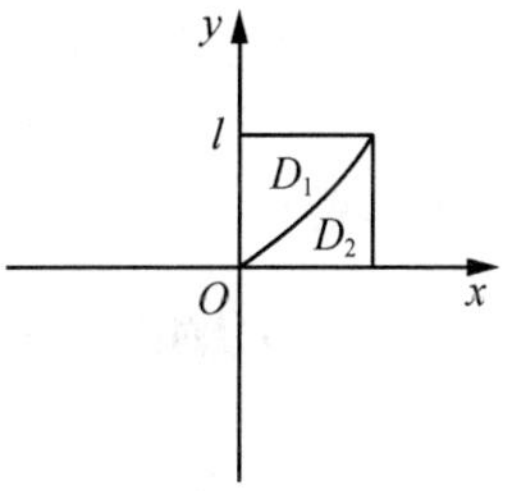

图 8-13

解 区域 D 如图 8-13 所示，为去掉函数的绝对值，将区域 D 看作两部分 D_1 与 D_2 之和，即 $D=D_1\cup D_2$. 所以

$$\begin{aligned}\iint_0|y-x^2|\mathrm{d}\sigma&=\iint_{D_1}(y-x^2)\mathrm{d}\sigma+\iint_{D_2}(x^2-y)\mathrm{d}\sigma\\&=\int_0^1\mathrm{d}x\int_{x^2}^1(y-x^2)\mathrm{d}y+\int_0^1\mathrm{d}x\int_0^{x^2}(x^2-y)\mathrm{d}y\\&=\int_0^1\left(\frac{1}{2}-x^2+\frac{1}{2}x^4\right)\mathrm{d}x+\int_0^1\frac{1}{2}x^4\mathrm{d}x\\&=\frac{11}{30}.\end{aligned}$$

例 5 求 $\iint_D(|xy|+xy^2)\mathrm{d}\sigma$，其中 D 区域由 $|x||\,|y|=1$ 围成.

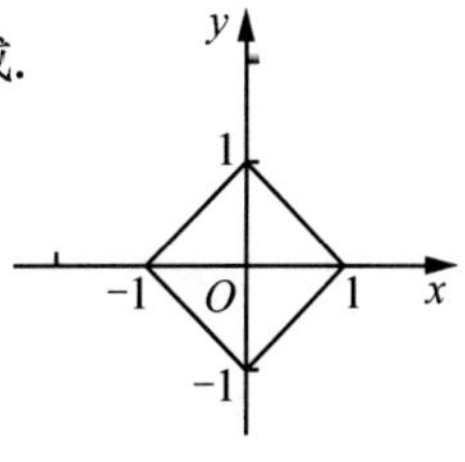

图 8-14

解 区域 D 如图 8-14 所示.

由奇偶性可知，

$$\iint_D(|xy|+xy^2)\mathrm{d}\sigma=4\iint_{D_1}xy\,\mathrm{d}\sigma\quad(D_1\text{ 为 }D\text{ 在第一象限的部分})$$

$$=4\int_0^1 dx\int_0^{1-x} xy\,dy$$
$$=\frac{1}{6}.$$

例 6 求由圆锥面 $z=4-\sqrt{x^2+y^2}$ 与旋转抛物面 $2z=x^2+y^2$ 所围立体的体积.

解 圆锥面 $z=4-\sqrt{x^2+y^2}$ 与旋转抛物面 $2z=x^2+y^2$ 在 xOy 面上的投影区域 D 为 $x^2+y^2\leqslant 4$，所以

$$V=\iint_D(4-\sqrt{x^2+y^2})d\sigma-\iint_D\frac{1}{2}(x^2+y^2)d\sigma$$
$$=\iint_D\left(4-4-\frac{r^2}{2}\right)r\,dr\,d\theta.$$

选用极坐标计算

$$V=\iint_D\left(4-r-\frac{r^2}{2}\right)r\,dr\,d\theta=\int_0^{2\pi}d\theta\int_0^2\left(4r-r^2-\frac{r^3}{2}\right)dr=\frac{20\pi}{3}.$$

五、高职升本科本章相关知识简介

(一)考试内容与要求

了解二重积分的概念及性质，几何意义；掌握直角坐标系计算二重积分；理解交换积分顺序，理解极坐标系下计算二重积分；此部分试题分值为 6～22 分，多为中等难度题.

(二)历年真题

1. (2016) $\int_0^1 dy\int_0^{\sqrt{1-y^2}} f(x^2+y^2)dx=$(C).

A. $\int_0^{\frac{\pi}{2}}d\theta\int_0^1 f(r)r\,dr$　　B. $\int_0^{\frac{\pi}{2}}d\theta\int_0^1 f(r^2)dr$

C. $\int_0^{\frac{\pi}{2}}d\theta\int_0^1 f(r^2)r\,dr$　　D. $\int_{-\frac{\pi}{2}}^{\frac{\pi}{2}}d\theta\int_0^1 f(r^2)r\,dr$

2. (2015) $\int_{\frac{1}{4}}^{\frac{1}{2}}dy\int_{\frac{1}{2}}^{\sqrt{y}} e^{\frac{y}{x}}dx+\int_{\frac{1}{2}}^1 dy\int_y^{\sqrt{y}} e^{\frac{y}{x}}dx=$(C).

A. $-\frac{1}{2}e+\sqrt{e}$　　B. $-\frac{13}{8}e+\frac{3}{2}\sqrt{e}$

C. $\frac{3}{8}e-\frac{1}{2}\sqrt{e}$　　D. $-\frac{3}{8}e+\frac{1}{2}\sqrt{e}$

3. (2014) $\int_{-1}^1 dx\int_{|x|}^1 e^{y^2}dy=$(C).

A. 1　　B. 2　　C. $e-1$　　D. e

4.(2013) $\int_0^1 dx\int_1^x e^{-y^2}dy =$(A).

A. $\dfrac{e^{-1}-1}{2}$　　B. $\dfrac{1-e^{-1}}{2}$　　C. $e^{-1}-1$　　D. $1-e^{-1}$

5.(2011)设 $I_1=\int_0^{\frac{\pi}{2}}\sin(\sin x)dx$，$I_2=\int_0^{\frac{\pi}{2}}\cos(\sin x)dx$，则(C).

A. $I_1=I_2$　　B. $I_1>I_2$

C. $I_1<I_2$　　D. I_1 与 I_2 的大小关系无法确定

6.(2012) $\int_0^1 dx\int_x^{\sqrt{x}}\dfrac{\sin y}{y}dy=$(A).

A. $1-\sin 1$　　B. $2-\sin 1$　　C. 1　　D. $\sin 1$

7.(2011)设平面区域 $D=\{(x,\ y)\mid \pi^2\leqslant x^2+y^2\leqslant 4\pi^2\}$，则 $\iint_D f(x^2+y^2)dxdy=$ (D).

A. $\int_0^{2\pi}d\theta\int_0^2 f(r^2)dr$　　B. $\int_0^{2\pi}d\theta\int_\pi^{2\pi} f(r^2)dr$

C. $\int_0^{2\pi}d\theta\int_0^2 f(r^2)r\,dr$　　D. $\int_0^{2\pi}d\theta\int_\pi^{2\pi} f(r^2)r\,dr$

8.(2019)设平面区域 $D=\{(x,\ y)\mid 0\leqslant x\leqslant 1,\ 0\leqslant y\leqslant 2\}$，则二重积分 $\iint_D\dfrac{2x}{1+y}d\sigma$ 的值是$\underline{\ln 3}$.

9.(2012)设平面区域 $D=\{(x,\ y)\mid 0\leqslant x\leqslant 1,\ 1\leqslant y\leqslant e\}$，则二重积分 $\iint_D x\ln y\,dxdy$ 的值是 $\underline{\dfrac{1}{2}}$.

10.(2017)设平面区域 $D=\{(x,\ y)\mid 0\leqslant x\leqslant 2,\ 0\leqslant y\leqslant 1\}$，则二重积分 $\iint_D e^x y^2 dxdy$ 的值是 $\underline{\dfrac{e^2-1}{3}}$.

11.(2016)计算二重积分 $\int_0^1 dx\int_{x^2}^1\dfrac{xy}{\sqrt{1+y^3}}dy$. 答案：$\dfrac{\sqrt{2}-1}{3}$.

12.(2015)计算二重积分 $\iint_D|y-x^2|d\sigma$，其中 D 是由直线 $x=-1$，$x=1$，$y=0$，$y=x^2$ 所围区域. 答案：$\dfrac{11}{15}$.

13.(2012)计算二重积分 $\iint_D e^{|9-x^2-y^2|}d\sigma$，其中 $D=\{(x,\ y)：x^2+y^2\leqslant 16\}$. 答案：$\pi(e^7+e^9-2)$.

14.(2011)设 D 是由直线 $y=x$，$y=0$ 及 $x=\dfrac{\pi}{2}$ 所围成的平面区域，计算

$\iint\limits_{D} |\cos(x+y)|\,\mathrm{d}x\,\mathrm{d}y$. 答案：$\frac{\pi}{2}-1$.

练习题答案

第一节练习题

1. 4. 2. $5\frac{5}{8}$. 3. $\frac{1}{2}(\cos 4-1)$. 4. $\frac{20}{3}-\frac{\pi}{4}$.

第二节练习题

1. $\sqrt{2}\pi$. 2. $\frac{81}{10}$. 3. $\frac{\pi}{6}$. 4. $I_x=\frac{1}{4}Ma^2$.

第九章　无穷级数及其应用

一、知识结构与内容要点

(一)知识结构

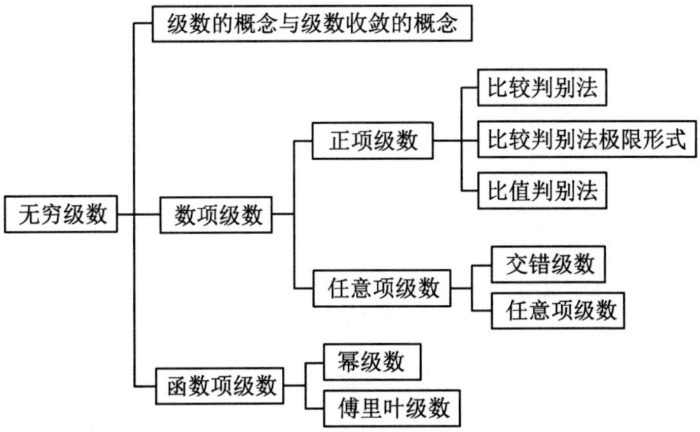

(二)内容要点

1. 数项级数

(1)数项级数表示式为 $u_1+u_2+\cdots+u_n+\cdots$ 或 $\sum\limits_{n=1}^{\infty}u_n$，其中 u_n 为常数.

(2)级数 $\sum\limits_{n=1}^{\infty}u_n$ 的部分和数列 $\{S_n\}$ 有极限 $\lim\limits_{n\to\infty}S_n=S$，则级数 $\sum\limits_{n=1}^{\infty}u_n$ 收敛.

(3) 级数有如下性质.

① 级数 $\sum\limits_{n=1}^{\infty}au_n$ 与 $\sum\limits_{n=1}^{\infty}u_n$ 有相同的敛散性，且 $\sum\limits_{n=1}^{\infty}au_n=a\sum\limits_{n=1}^{\infty}u_n$.

② 若级数 $\sum\limits_{n=1}^{\infty}u_n$ 与 $\sum\limits_{n=1}^{\infty}v_n$ 均收敛，则级数 $\sum\limits_{n=1}^{\infty}(u_n\pm v_n)$ 也收敛，且

$$\sum_{n=1}^{\infty}(u_n\pm v_n)=\sum_{n=1}^{\infty}u_n\pm\sum_{n=1}^{\infty}v_n.$$

③ 增加、去掉或改变级数的有限项不改变级数的敛散性.

④ 若级数 $\sum\limits_{n=1}^{\infty}u_n$ 收敛，在不改变级数各项次序的前提下任意加括号得到的新级数

$$(u_1+\cdots+u_{n_1})+(u_{n_1+1}+\cdots+u_{n_2})+\cdots+(u_{n_{k-1}+1}+\cdots+u_{n_k})+\cdots$$

仍然收敛，且和不变.

⑤(级数收敛的必要条件) 如果级数 $\sum_{n=1}^{\infty}u_n$ 收敛，则 $\lim_{n\to\infty}u_n=0$.

2. 正项级数

(1) 正项级数 $\sum_{n=1}^{\infty}u_n$ 的每一项均为正数.

(2) 收敛判别法.

①(正项级数收敛的基本定理) 正项级数 $\sum_{n=1}^{\infty}u_n$ 收敛的充要条件是部分和 S_n 有界.

②(比较审敛法). 若 $u_n\leqslant v_n(n=1, 2, 3, \cdots)$，且 $\sum_{n=1}^{\infty}v_n$ 收敛，则 $\sum_{n=1}^{\infty}u_n$ 收敛；$\sum_{n=1}^{\infty}u_n$ 发散，则 $\sum_{n=1}^{\infty}v_n$ 发散.

推论(极限审敛法)　若 $\lim_{n\to\infty}\frac{u_n}{v_n}=l$，

当 $0<l<+\infty$ 时，级数 $\sum_{n=1}^{\infty}u_n$ 与 $\sum_{n=1}^{\infty}v_n$ 具有相同的敛散性.

当 $l=0$ 时，若 $\sum_{n=1}^{\infty}v_n$ 收敛，则 $\sum_{n=1}^{\infty}u_n$ 收敛；$\sum_{n=1}^{\infty}u_n$ 发散，则 $\sum_{n=1}^{\infty}v_n$ 发散.

当 l 为 $+\infty$ 时，若 $\sum_{n=1}^{\infty}v_n$ 发散，则 $\sum_{n=1}^{\infty}u_n$ 发散；$\sum_{n=1}^{\infty}u_n$ 收敛，则 $\sum_{n=1}^{\infty}v_n$ 收敛.

③(比值审敛法) 设级数 $\sum_{n=1}^{\infty}u_n$ 是正项级数，若 $\lim_{n\to\infty}\frac{u_{n+1}}{u_n}=\rho$，则

当 $\rho<1$ 时，$\sum_{n=1}^{\infty}u_n$ 收敛；

当 $\rho>1$ 时，$\sum_{n=1}^{\infty}u_n$ 发散；

当 $\rho=1$ 时，$\sum_{n=1}^{\infty}u_n$ 的敛散性不确定.

3. 交错级数

(莱布尼茨判别法) 交错级数 $\sum_{n=1}^{\infty}(-1)^{n-1}u_n(u_n>0)$ 收敛应满足条件：

①$u_n\geqslant u_{n+1}(n=1, 2, \cdots)$；

②$\lim_{n\to\infty}u_n=0$.

4. 任意项级数

若 $\sum_{n=1}^{\infty}|u_n|$ 收敛，则 $\sum_{n=1}^{\infty}u_n$ 收敛且为绝对收敛；若 $\sum_{n=1}^{\infty}|u_n|$ 发散，但 $\sum_{n=1}^{\infty}u_n$ 收敛，

则$\sum\limits_{n=1}^{\infty}u_n$为条件收敛，否则为发散.

5. 两个重要级数

(1) 几何级数：$\sum\limits_{n=0}^{\infty}aq^n=a+aq+aq^2+\cdots+aq^{n-1}+\cdots$

$|q|<1$时级数收敛，且$\sum\limits_{n=0}^{\infty}aq^n=\dfrac{a}{1-q}$，$|q|\geqslant 1$时级数发散.

(2)p-级数：$\sum\limits_{n=1}^{\infty}\dfrac{1}{n^p}=1+\dfrac{1}{2^p}+\dfrac{1}{3^p}+\cdots+\dfrac{1}{n^p}+\cdots$

$p>1$时级数收敛，$p\leqslant 1$时级数发散.

特别地，$p=1$时，级数$\sum\limits_{n=1}^{\infty}\dfrac{1}{n}=1+\dfrac{1}{2}+\dfrac{1}{3}+\cdots+\dfrac{1}{n}+\cdots$为调和级数，发散.

6. 幂级数及收敛半径、收敛区间和收敛域

(1) 幂级数：$\sum\limits_{n=0}^{\infty}a_nx^n=a_0+a_1x+a_2x^2+\cdots+a_nx^n+\cdots$

或 $\sum\limits_{n=0}^{\infty}a_n(x-x_0)^n=a_0+a_1(x-x_0)+a_2(x-x_0)^2+\cdots+a_n(x-x_0)^n+\cdots$

R为收敛半径，$(-R, R)$为收敛区间，收敛域为$(-R, R)$，$(-R, R]$，$[-R, R)$或$[-R, R]$中的某一个.

(2)收敛半径求法.

对于幂级数$\sum\limits_{n=0}^{\infty}a_nx^n$，如果$\lim\limits_{n\to\infty}\left|\dfrac{a_{n+1}}{a_n}\right|=\rho$，则有：

①若$0<\rho<+\infty$，则$R=\dfrac{1}{\rho}$，当$|x|<R$时幂级数收敛，当$|x|>R$时幂级数发散；

②若$\rho=0$，则$R=+\infty$，幂级数在$(-\infty, +\infty)$上处处收敛；

③若$\rho=+\infty$，则$R=0$，幂级数仅在$x=0$处收敛.

(3)幂级数性质.

①设幂级数$\sum\limits_{n=0}^{\infty}a_nx^n$及$\sum\limits_{n=0}^{\infty}b_nx^n$的收敛半径分别为$R_1$，$R_2$，取$R=\min(R_1, R_2)$，则当$x\in(-R, R)$时，有$\sum\limits_{n=0}^{\infty}a_nx^n+\sum\limits_{n=0}^{\infty}b_nx^n=\sum\limits_{n=0}^{\infty}(a_n+b_n)x^n$；

② 幂级数$\sum\limits_{n=0}^{\infty}a_nx^n$的和函数$s(x)$在收敛区间$(-R, R)$内连续；

③ 幂级数$\sum\limits_{n=0}^{\infty}a_nx^n$的和函数$s(x)$在收敛区间$(-R, R)$内是可导的，且有逐项求导公式

$$(\sum_{n=0}^{\infty} a_n x^n)' = \sum_{n=0}^{\infty} (a_n x^n)'$$

逐项求导后所得的新级数其收敛半径也是 R；

④ 幂级数 $\sum_{n=0}^{\infty} a_n x^n$ 的和函数 $s(x)$ 在收敛区间 $(-R, R)$ 内是可积的，且有逐项积分公式

$$\int_0^x (\sum_{n=0}^{\infty} a_n x^n)\,\mathrm{d}x = \sum_{n=0}^{\infty} \left(\int_0^x a_n x^n \mathrm{d}x\right)$$

逐项积分后所得的新级数其收敛半径也是 R.

(4)常用初等函数的麦克劳林展开式.

$\mathrm{e}^x = \sum_{n=0}^{\infty} \frac{1}{n!} x^n = 1 + x + \frac{1}{2!} x^2 + \frac{1}{3!} x^3 + \cdots + \frac{1}{n!} x^n + \cdots \quad (-\infty < x < +\infty)$；

$\sin x = \sum_{n=0}^{\infty} \frac{(-1)^n}{(2n+1)!} x^{2n+1} = x - \frac{1}{3!} x^3 + \cdots + (-1)^n \frac{1}{(2n+1)!} x^{2n+1} + \cdots (-\infty < x < +\infty)$；

$\cos x = \sum_{n=0}^{\infty} (-1)^n \frac{1}{(2n)!} x^{2n} = -\frac{1}{2!} x^2 + \frac{1}{4!} x^4 + \cdots + (-1)^n \frac{1}{(2n)!} x^{2n} + \cdots \quad (-\infty < x < +\infty)$；

$(1+x)^m = 1 + mx + \frac{m(m-1)}{2!} x^2 + \cdots + \frac{m(m-1)\cdots(m-n+1)}{n!} x^n + \cdots \quad (-1 < x < 1)$；

$\frac{1}{1+x} = \sum_{n=0}^{\infty} (-1)^n x^n = 1 - x + x^2 - x^3 + \cdots + (-1)^n x^n + \cdots \quad (-1 < x < 1)$；

$\frac{1}{1-x} = \sum_{n=0}^{\infty} x^n = 1 + x + x^2 + x^3 + \cdots + x^n + \cdots \quad (-1 < x < 1)$；

$\ln(1+x) = \sum_{n=0}^{\infty} (-1)^n \frac{x^{n+1}}{n+1} = x - \frac{x^2}{2} + \frac{x^3}{3} - \frac{x^4}{4} + \cdots + (-1)^n \frac{x^{n+1}}{n+1} + \cdots \quad (-1 < x < 1)$.

7. 傅里叶级数

(1)当 $f(x)$ 是周期为 2π 的偶函数时，傅里叶级数是余弦级数

$$\frac{a_0}{2} + \sum_{n=1}^{\infty} a_n \cos nx,$$

其中

$$a_n = \frac{1}{\pi} \int_{-\pi}^{\pi} f(x) \cos nx\,\mathrm{d}x = \frac{2}{\pi} \int_0^{\pi} f(x) \cos nx\,\mathrm{d}x \quad (n=0, 1, 2, 3, \cdots).$$

(2)当 $f(x)$ 是周期为 2π 的奇函数时，傅里叶级数为正弦级数

$$\sum_{n=1}^{\infty} b_n \sin nx,$$

其中

$$b_n=\frac{2}{\pi}\int_0^{\pi}f(x)\sin nx\,\mathrm{d}x \quad (n=1,2,3,\cdots).$$

(3)(狄利克雷定理)$f(x)$是以 2π 为周期的周期函数，并且在区间$[-\pi, \pi]$上是分段光滑的，则傅里叶级数在区间$[-\pi, \pi]$上收敛，且：

①当 x 是 $f(x)$的连续点时，级数收敛于 $f(x)$；

②当 x 是 $f(x)$的间断点时，级数收敛于$\frac{1}{2}[f(x+0)+f(x-0)]$.

二、教学基本要求与重点、难点

1. 教学基本要求

(1)理解数项级数收敛、发散及和的概念，掌握数项级数收敛的必要条件.

(2)了解几何级数和 P 级数的敛散性，会用比较判别法、比值判别法判别正项级数的敛散性.

(3)掌握判别交错级数收敛的莱布尼茨判别法.

(4)了解级数绝对收敛和条件收敛的概念及其相互关系，并能判别任意项级数的绝对收敛、条件收敛和发散.

(5)熟练掌握幂级数的收敛半径、收敛区间的求法.

(6)会求幂级数在收敛区间内的和函数.

(7)会用间接展开法将函数做幂级数展开.

(8)了解以 2π 为周期的函数的傅里叶级数的概念，知道周期函数展开为傅里叶级数的充分条件.

2. 重点、难点

(1)重点.

正项级数的比较和比值判别法，交错级数的莱布尼茨判别法，幂级数的收敛半径和收敛区间的求法，以及将函数展开为幂级数形式.

(2)难点.

区分绝对收敛与条件收敛，幂级数的收敛半径与收敛区间，用已知基本展开式与幂级数的基本性质将一些简单的函数展开成幂级数.

三、典型例题与习题

第一节　数项级数

(一)典型例题

例 1　利用前 n 项和极限的存在性判断下列级数的敛散性.

(1) $\sum_{n=1}^{\infty}\frac{1}{\sqrt{n}}$；　　(2) $\sum_{n=1}^{\infty}n$；　　(3) $\sum_{n=1}^{\infty}(\sqrt{n+1}-\sqrt{n})$；

(4) $\sum_{n=1}^{\infty}\frac{1}{(3n-2)(3n+1)}$；　(5) $\sum_{n=1}^{\infty}\sin\frac{n\pi}{6}$；　(6) $\sum_{n=0}^{\infty}aq^n$(几何级数).

解 (1)
$$S_n=1+\frac{1}{\sqrt{2}}+\frac{1}{\sqrt{3}}+\cdots+\frac{1}{\sqrt{n}},$$
而
$$S_n>\frac{1}{\sqrt{n}}+\frac{1}{\sqrt{n}}+\frac{1}{\sqrt{n}}+\cdots+\frac{1}{\sqrt{n}}=\frac{n}{\sqrt{n}}=\sqrt{n},$$
从而有$\lim\limits_{n\to\infty}S_n=+\infty$，因此级数$\sum\limits_{n=1}^{\infty}\frac{1}{\sqrt{n}}$发散.

(2)
$$S_n=1+2+3+\cdots+n=\frac{n(n+1)}{2},$$
显然$\lim\limits_{n\to\infty}S_n=+\infty$，因此级数$\sum\limits_{n=1}^{\infty}n$发散.

(3) $S_n=(\sqrt{2}-\sqrt{1})+(\sqrt{3}-\sqrt{2})+\cdots+(\sqrt{n}-\sqrt{n-1})+(\sqrt{n+1}-\sqrt{n})=\sqrt{n+1}-1$，
显然$\lim\limits_{n\to\infty}S_n=+\infty$，因此级数$\sum\limits_{n=1}^{\infty}(\sqrt{n+1}-\sqrt{n})$发散.

(4)
$$u_n=\frac{1}{(3n-2)(3n+1)}=\frac{1}{3}\left(\frac{1}{3n-2}-\frac{1}{3n+1}\right),$$
从而
$$S_n=\frac{1}{3}\left[\left(\frac{1}{1}-\frac{1}{4}\right)+\left(\frac{1}{4}-\frac{1}{7}\right)+\cdots+\left(\frac{1}{3n-2}-\frac{1}{3n+1}\right)\right]=\frac{1}{3}\left(1-\frac{1}{3n+1}\right),$$
因此，$\lim\limits_{n\to\infty}S_n=\frac{1}{3}$，因此级数$\sum\limits_{n=1}^{\infty}\frac{1}{(3n-2)(3n+1)}$收敛.

(5)
$$u_n=\sin\frac{n\pi}{6}=\frac{2\sin\frac{\pi}{12}\cdot\sin\frac{n\pi}{6}}{2\sin\frac{\pi}{12}}=\frac{\cos\frac{(2n-1)\pi}{12}-\cos\frac{(2n+1)\pi}{12}}{2\sin\frac{\pi}{12}},$$
从而
$$S_n=\frac{1}{2\sin\frac{\pi}{12}}\left[\left(\cos\frac{\pi}{12}-\cos\frac{3\pi}{12}\right)+\left(\cos\frac{3\pi}{12}-\cos\frac{5\pi}{12}\right)+\cdots+\left(\cos\frac{(2n-1)\pi}{12}-\cos\frac{(2n+1)\pi}{12}\right)\right]$$
$$=\frac{1}{2\sin\frac{\pi}{12}}\left[\cos\frac{\pi}{12}-\cos\frac{(2n+1)\pi}{12}\right].$$

又因为$n\to\infty$时$\cos\frac{(2n+1)\pi}{12}$极限不存在，所以$\lim\limits_{n\to\infty}S_n$不存在，级数$\sum\limits_{n=1}^{\infty}\sin\frac{n\pi}{6}$发散.

(6) 如果$q\neq1$，则部分和
$$S_n=a+aq+aq^2+\cdots+aq^n=\frac{a(1-q^n)}{1-q}=\frac{a}{1-q}-\frac{aq^n}{1-q}.$$

当 $|q|<1$ 时，由于 $\lim\limits_{n\to\infty}q^n=0$，从而 $\lim\limits_{n\to\infty}S_n=\dfrac{a}{1-q}$，此时级数收敛.

当 $|q|>1$ 时，由于 $\lim\limits_{n\to\infty}q^n=\infty$，从而 $\lim\limits_{n\to\infty}S_n=\infty$，此时级数发散.

当 $q=1$ 时，$S_n=na$，此时级数发散.

当 $q=-1$ 时，$S_n=a-a+a-a+\cdots$，S_n 随着 n 的奇偶等于零或 a，从而极限不存在，故此时级数发散.

综合上述结果可知，$|q|<1$ 时级数收敛，$|q|\geqslant 1$ 时级数发散.

例 2 利用级数性质判断级数 $\sum\limits_{n=1}^{\infty}\sin\dfrac{n\pi}{6}$ 的敛散性.

解 当 $n=12k+3$ 时，$u_n=\sin\dfrac{n\pi}{6}=1$，从而 $\lim\limits_{n\to\infty}u_n\neq 0$，因此级数 $\sum\limits_{n=1}^{\infty}\sin\dfrac{n\pi}{6}$ 发散.

例 3 利用级数性质判断级数 $\sum\limits_{n=1}^{\infty}\dfrac{1}{\sqrt{n+1}-\sqrt{n}}$ 的敛散性.

解
$$\lim_{n\to\infty}u_n=\lim_{n\to\infty}\frac{1}{\sqrt{n+1}-\sqrt{n}}=\lim_{n\to\infty}(\sqrt{n+1}+\sqrt{n})=+\infty,$$
因此，级数 $\sum\limits_{n=1}^{\infty}\dfrac{1}{\sqrt{n+1}-\sqrt{n}}$ 发散.

例 4 若级数 $\sum\limits_{n=1}^{\infty}u_n$ 收敛，$\sum\limits_{n=1}^{\infty}(u_n-2v_n)$ 也收敛，判断级数 $\sum\limits_{n=1}^{\infty}v_n$ 的敛散性.

解 因为 $v_n=\dfrac{1}{2}[u_n-(u_n-2v_n)]$，而由题意可知 $\sum\limits_{n=1}^{\infty}u_n$ 和 $\sum\limits_{n=1}^{\infty}(u_n-2v_n)$ 都收敛，进而 $\sum\limits_{n=1}^{\infty}\dfrac{1}{2}[u_n-(u_n-2v_n)]$ 也收敛，所以 $\sum\limits_{n=1}^{\infty}v_n$ 收敛.

例 5 用比较判别法判别下列级数的敛散性.

(1) $\sum\limits_{n=1}^{\infty}\dfrac{1}{\sqrt{n(2n+1)}}$；　　(2) $\sum\limits_{n=1}^{\infty}\dfrac{1}{(n+3)(n+2)}$.

解 (1) 因为 $\dfrac{1}{\sqrt{n(2n+1)}}>\dfrac{1}{\sqrt{(2n+1)(2n+1)}}=\dfrac{1}{2n+1}$，而 $\sum\limits_{n=1}^{\infty}\dfrac{1}{2n+1}$ 是调和级数，发散，所以 $\sum\limits_{n=1}^{\infty}\dfrac{1}{\sqrt{n(2n+1)}}$ 也发散.

(2) 因为 $\dfrac{1}{(n+3)(n+2)}<\dfrac{1}{n^2}$，而 $\sum\limits_{n=1}^{\infty}\dfrac{1}{n^2}$ 收敛的，所以 $\sum\limits_{n=1}^{\infty}\dfrac{1}{(n+3)(n+2)}$ 也收敛.

例 6 用极限审敛法判别下列级数的敛散性.

(1) $\sum\limits_{n=1}^{\infty}\sin\dfrac{1}{n}$；　　(2) $\sum\limits_{n=1}^{\infty}\dfrac{n^{n-1}}{(n+1)^{n+1}}$；

(3) $\sum\limits_{n=1}^{\infty}\left(1-\cos\dfrac{a}{n}\right)$；　　(4) $\sum\limits_{n=1}^{\infty}\ln\left(1+\dfrac{1}{n^2}\right)$.

解 (1) 因为$\lim\limits_{n\to\infty}\dfrac{\sin\dfrac{1}{n}}{\dfrac{1}{n}}=1>0$，而$\sum\limits_{n=1}^{\infty}\dfrac{1}{n}$是调和级数，发散，所以$\sum\limits_{n=1}^{\infty}\sin\dfrac{1}{n}$也发散.

(2) 因为$\lim\limits_{n\to\infty}\dfrac{u_n}{\dfrac{1}{n^2}}=\lim\limits_{n\to\infty}\dfrac{n^{n+1}}{(n+1)^{n+1}}=\lim\limits_{n\to\infty}\dfrac{1}{\left(1+\dfrac{1}{n}\right)^{n+1}}=\dfrac{1}{\mathrm{e}}<1$，而$\sum\limits_{n=1}^{\infty}\dfrac{1}{n^2}$收敛的，所以$\sum\limits_{n=1}^{\infty}\dfrac{n^{n-1}}{(n+1)^{n+1}}$也收敛.

(3) 因为$\lim\limits_{n\to\infty}\dfrac{\left(1-\cos\dfrac{a}{n}\right)}{\dfrac{a^2}{2n^2}}=1>0$，而$\sum\limits_{n=1}^{\infty}\dfrac{1}{n^2}$收敛的，所以$\sum\limits_{n=1}^{\infty}\dfrac{1}{n^2}\left(1-\cos\dfrac{a}{n}\right)$也收敛.

(4) 因为$\lim\limits_{n\to\infty}\dfrac{\ln\left(1+\dfrac{1}{n^2}\right)}{\dfrac{1}{n^2}}=1>0$，而$\sum\limits_{n=1}^{\infty}\dfrac{1}{n^2}$收敛的，所以$\sum\limits_{n=1}^{\infty}\ln\left(1+\dfrac{1}{n^2}\right)$也收敛.

例 7 用比值判别法判别下列级数的敛散性.

(1) $\sum\limits_{n=1}^{\infty}\dfrac{1}{n!}$；　　(2) $\sum\limits_{n=1}^{\infty}\dfrac{n!}{10^n}$；

(3) $\sum\limits_{n=1}^{\infty}\dfrac{3n^2+1}{2^n}$；　　(4) $\sum\limits_{n=1}^{\infty}\dfrac{3n^2+4}{n!}$；

(5) $\sum\limits_{n=1}^{\infty}\dfrac{3^n n!}{n^n}$；　　(6) $\sum\limits_{n=1}^{\infty}\dfrac{2^n+3}{3^n-2}$.

解 (1) 因为$\lim\limits_{n\to\infty}\dfrac{u_{n+1}}{u_n}=\lim\limits_{n\to\infty}\dfrac{\dfrac{1}{(n+1)!}}{\dfrac{1}{n!}}=\lim\limits_{n\to\infty}\dfrac{1}{n+1}=0$，所以$\sum\limits_{n=1}^{\infty}\dfrac{1}{n!}$收敛.

(2) 因为$\lim\limits_{n\to\infty}\dfrac{u_{n+1}}{u_n}=\lim\limits_{n\to\infty}\dfrac{\dfrac{(n+1)!}{10^{n+1}}}{\dfrac{n!}{10^n}}=\lim\limits_{n\to\infty}\dfrac{n+1}{10}=\infty$，所以$\sum\limits_{n=1}^{\infty}\dfrac{n!}{10^n}$发散.

(3) 因为$\lim\limits_{n\to\infty}\dfrac{u_{n+1}}{u_n}=\lim\limits_{n\to\infty}\dfrac{\dfrac{3(n+1)^2+1}{2^{n+1}}}{\dfrac{3n^2+1}{2^n}}=\lim\limits_{n\to\infty}\dfrac{3(n+1)^2+1}{2(3n^2+1)}=\dfrac{1}{2}<1$，所以$\sum\limits_{n=1}^{\infty}\dfrac{3n^2+1}{2^n}$收敛.

(4) 因为 $\lim\limits_{n\to\infty}\dfrac{u_{n+1}}{u_n}=\lim\limits_{n\to\infty}\dfrac{\dfrac{3(n+1)^2+4}{(n+1)!}}{\dfrac{3n^2+4}{n!}}=\lim\limits_{n\to\infty}\dfrac{3(n+1)^2+4}{(n+1)(3n^2+4)}=0<1$，所以 $\sum\limits_{n=1}^{\infty}\dfrac{3n^2+1}{2^n}$ 收敛.

(5) 因为 $\lim\limits_{n\to\infty}\dfrac{u_{n+1}}{u_n}=\lim\limits_{n\to\infty}\dfrac{\dfrac{3^{n+1}(n+1)!}{(n+1)^{n+1}}}{\dfrac{3^n n!}{n^n}}=3\lim\limits_{n\to\infty}\dfrac{1}{\left(1+\dfrac{1}{n}\right)^n}=\dfrac{3}{\mathrm{e}}>1$，所以 $\sum\limits_{n=1}^{\infty}\dfrac{3^n n!}{n^n}$ 发散.

(6) 因为 $\lim\limits_{n\to\infty}\dfrac{u_{n+1}}{u_n}=\lim\limits_{n\to\infty}\dfrac{\dfrac{2^{n+1}+3}{3^{n+1}-2}}{\dfrac{2^n+3}{3^n-2}}=\dfrac{2}{3}<1$，所以 $\sum\limits_{n=1}^{\infty}\dfrac{2^n+3}{3^n-2}$ 收敛.

例 8 判别级数 $\sum\limits_{n=2}^{\infty}(-1)^{n-1}\dfrac{2n-1}{n(n-1)}$ 的敛散性.

解 因为
$$u_n=\frac{2n-1}{n(n-1)}=\frac{n+(n-1)}{n(n-1)}=\frac{1}{n-1}+\frac{1}{n},$$
所以 $u_{n+1}-u_n=\left(\dfrac{1}{n}+\dfrac{1}{n+1}\right)-\left(\dfrac{1}{n-1}+\dfrac{1}{n}\right)=\dfrac{1}{n+1}-\dfrac{1}{n-1}<0$，

即
$$u_n>u_{n+1}.$$
且
$$\lim_{n\to\infty}u_n=\lim_{n\to\infty}\frac{2n-1}{n(n-1)}=0,$$
故由莱布尼茨定理知，级数 $\sum\limits_{n=2}^{\infty}(-1)^{n-1}\dfrac{2n-1}{n(n-1)}$ 收敛.

例 9 判别级数 $\sum\limits_{n=1}^{\infty}\left[\left(\dfrac{1}{2}\right)^2+\left(\dfrac{4}{5}\right)^n\right]$ 的敛散性.

解 由几何级数的敛散性知，级数 $\sum\limits_{n=1}^{\infty}\left(\dfrac{1}{2}\right)^n$ 与级数 $\sum\limits_{n=1}^{\infty}\left(\dfrac{4}{5}\right)^n$ 均收敛，故可知级数 $\sum\limits_{n=1}^{\infty}\left[\left(\dfrac{1}{2}\right)^n+\left(\dfrac{4}{5}\right)^n\right]$ 收敛.

例 10 判别下列级数的敛散性，若收敛，指出是绝对收敛还是条件收敛.

(1) $\sum\limits_{n=1}^{\infty}(-1)^{n-1}\dfrac{n^2}{2^n}$； (2) $\sum\limits_{n=1}^{\infty}(-1)^n\dfrac{1+n}{n^2}$.

解 (1) 因为 $\lim\limits_{n\to\infty}\left|\dfrac{u_{n+1}}{u_n}\right|=\lim\limits_{n\to\infty}\dfrac{(n+1)^2}{2n^2}=\dfrac{1}{2}$，可知 $\sum\limits_{n=1}^{\infty}\dfrac{n^2}{2^n}$ 收敛，所以 $\sum\limits_{n=1}^{\infty}(-1)^{n-1}\dfrac{n^2}{2^n}$ 为绝对收敛.

(2) 因为 $\lim\limits_{n\to\infty}\left|\dfrac{u_{n+1}}{u_n}\right|=\lim\limits_{n\to\infty}\dfrac{n^2(n+2)}{(n+1)^3}=1$，不能判别 $\sum\limits_{n=1}^{\infty}\dfrac{1+n}{n^2}$ 的敛散性，改用比较判

别法可知，$\frac{1+n}{n^2}>\frac{1}{n}$，所以$\sum_{n=1}^{\infty}\frac{1+n}{n^2}$发散．再用莱布尼茨判别法判别原交错级数敛散性，因为满足

$$\lim_{n\to\infty}\frac{1+n}{n^2}=0 \text{ 且 } u_{n+1}=\frac{2+n}{(n+1)^2}<\frac{1+n}{n^2}=u_n,$$

可知$\sum_{n=1}^{\infty}(-1)^n\frac{1+n}{n^2}$收敛，所以$\sum_{n=1}^{\infty}(-1)^n\frac{1+n}{n^2}$为条件收敛．

(二)练习题

1. 选择题

(1)级数$\frac{2}{1}-\frac{3}{2}+\frac{4}{3}-\frac{5}{4}+\cdots+(-1)^{n-1}\frac{n+1}{n}+\cdots$的敛散性是(　　)．

A. 收敛　　B. 发散　　C. 不确定　　D. 收敛于 1

(2)级数$\sum_{n=1}^{\infty}\frac{1}{\sqrt[3]{n^4}}$是(　　)．

A. 收敛的　　B. 发散的　　C. 不确定　　D. 收敛于 0

(3)级数$\sum_{n=1}^{\infty}(-1)^{n-1}\frac{1}{2^n}$是(　　)．

A. 条件收敛　　B. 绝对收敛　　C. 发散　　D. 不确定

(4)$\sum_{n=1}^{\infty}\frac{(-1)^n}{\sqrt{n(n+1)}}$是(　　)．

A. 条件收敛　　B. 绝对收敛　　C. 发散　　D. 不确定

(5)正项级数$\sum_{n=1}^{\infty}u_n$满足条件(　　)必收敛．

A. $\lim_{n\to\infty}u_n=0$　　B. $\lim_{n\to\infty}\frac{u_n}{u_{n+1}}<1$　　C. $\lim_{n\to\infty}\frac{u_{n+1}}{u_n}\leqslant 1$　　D. $\lim_{n\to\infty}\frac{u_n}{u_{n+1}}=\lambda>1$

2. 填空题

(1) 级数$\sum_{n=1}^{\infty}\frac{1}{\ln(n+1)}$的敛散性是________．

(2) 级数$\sum_{n=1}^{\infty}\frac{2n+1}{(n+1)^2(n+2)^2}$的敛散性是________．

(3) 级数$\sum_{n=1}^{\infty}\frac{1}{(5n-4)(5n+1)}$收敛于________．

(4) 交错级数$\sum_{n=1}^{\infty}(-1)^{n-1}\frac{1}{n(n+1)}$是________．(条件收敛或绝对收敛)

3. 解答题

(1) 判别下列级数的敛散性.

① $\sum\limits_{n=1}^{\infty}\ln\left(1+\dfrac{1}{n^2}\right)$；　　② $\sum\limits_{n=1}^{\infty}\dfrac{1}{2^n\sin\dfrac{\pi}{n}}$.

(2) 判别下列级数是绝对收敛还是条件收敛.

① $\sum\limits_{n=1}^{\infty}(-1)^n\dfrac{1+n}{n^2}$；　　② $\sum\limits_{n=1}^{\infty}(-1)^n\arctan\dfrac{\pi}{n^2}$.

第二节　幂级数

(一)典型例题

例 1　求幂级数 $\sum\limits_{n=0}^{\infty}\dfrac{nx^n}{2^n}$ 的收敛半径与收敛区间.

解　因 $\rho=\lim\limits_{n\to\infty}\left|\dfrac{a_{n+1}}{a_n}\right|=\lim\limits_{n\to\infty}\left|\dfrac{n+1}{2n}\right|=\dfrac{1}{2}$，所以 $R=2$. 则

幂级数 $\sum\limits_{n=0}^{\infty}\dfrac{nx^n}{2^n}$ 的收敛半径为 $R=2$，收敛区间为 $(-2,\ 2)$.

例 2　求幂级数 $\sum\limits_{n=0}^{\infty}\dfrac{2n+1}{n!}x^n$ 的收敛半径与收敛区间.

解　因为 $\rho=\lim\limits_{n\to\infty}\left|\dfrac{a_{n+1}}{a_n}\right|=\lim\limits_{n\to\infty}\left|\dfrac{2n+3}{(2n+1)(n+1)}\right|=0$，所以，幂级数 $\sum\limits_{n=0}^{\infty}(n+1)x^n$ 的收敛半径为 R 为 $+\infty$，收敛区间为 $(-\infty,\ +\infty)$.

例 3　求幂级数 $\sum\limits_{n=0}^{\infty}\dfrac{(x-2)^n}{\sqrt{n+1}}$ 的收敛半径与收敛区间.

解　令 $x-2=t$，原级数化为关于 t 的幂级数 $\sum\limits_{n=0}^{\infty}\dfrac{t^n}{\sqrt{n+1}}$，

因为
$$\rho=\lim_{n\to\infty}\left|\frac{a_{n+1}}{a_n}\right|=\lim_{n\to\infty}\left|\frac{\sqrt{n+1}}{\sqrt{n+2}}\right|=1,$$

所以 $R=1$，从而 $-1<x-2<1$，即 $1<x<3$. 因此，幂级数 $\sum\limits_{n=0}^{\infty}\dfrac{(x-2)^n}{\sqrt{n+1}}$ 的收敛半径为 $R=1$，收敛区间为 $(1,\ 3)$.

例 4　求幂级数 $\sum\limits_{n=0}^{\infty}\dfrac{(2n)!\ x^{2n}}{(n!)^2}$ 的收敛半径与收敛区间.

解　令 $x^2=t$，原级数化为关于 t 的幂级数 $\sum\limits_{n=0}^{\infty}\dfrac{(2n)!\ t^n}{(n!)^2}$，

因为
$$\rho=\lim_{n\to\infty}\left|\frac{a_{n+1}}{a_n}\right|=\lim_{n\to\infty}\left|\frac{(2n+2)(2n+1)}{(n+1)^2}\right|=4,$$

所以，$R=\frac{1}{4}$，从而 $x^2<\frac{1}{4}$，即 $-\frac{1}{2}<x<\frac{1}{2}$. 则幂级数 $\sum\limits_{n=0}^{\infty}\frac{(2n)!\ x^{2n}}{(n!\ )^2}$ 的收敛半径为 $R=\frac{1}{4}$，收敛区间为 $\left(-\frac{1}{2},\ \frac{1}{2}\right)$.

例 5 求幂级数 $\sum\limits_{n=0}^{\infty}\left[\frac{2n+1}{n!}+\frac{n}{2^n}\right]x^n$ 的收敛半径.

解 因为 $\sum\limits_{n=0}^{\infty}\left[\frac{2n+1}{n!}+\frac{n}{2^n}\right]x^n=\sum\limits_{n=0}^{\infty}\frac{(2n+1)x^n}{n!}+\sum\limits_{n=0}^{\infty}\frac{nx^n}{2^n}$，由前面例题的结果知：$\sum\limits_{n=0}^{\infty}\frac{2n+1}{n!}x^n$ 的收敛半径为 R_1 为 $+\infty$，$\sum\limits_{n=0}^{\infty}\frac{nx^n}{2^n}$ 的收敛半径为 $R_2=2$.

所以，所求幂级数 $\sum\limits_{n=0}^{\infty}\left[\frac{2n+1}{n!}+\frac{n}{2^n}\right]x^n$ 的收敛半径为 $R=\min(R_1,\ R_2)=2$.

例 6 求幂级数 $\sum\limits_{n=0}^{\infty}\frac{1}{2n-1}x^{2n-1}$，$|x|<1$ 的和函数.

解 设级数的和函数为 $s(x)$，即

$$s(x)=\sum_{n=0}^{\infty}\frac{1}{2n-1}x^{2n-1},\quad |x|<1,$$

两边求导得
$$s'(x)=\sum_{n=1}^{\infty}x^{2n-2}=\frac{1}{1-x^2},\quad |x|<1,$$

两边积分得
$$s(x)-s(0)=\int_0^x s'(x)\mathrm{d}x=\int_0^x\frac{1}{1-x^2}\mathrm{d}x=\frac{1}{2}\ln\frac{1+x}{1-x}.$$

而 $s(0)=0$，因此幂级数 $\sum\limits_{n=0}^{\infty}\frac{1}{2n-1}x^{2n-1}$，$|x|<1$ 的和函数为

$$s(x)=\frac{1}{2}\ln\frac{1+x}{1-x},\quad x\in(-1,\ 1).$$

例 7 求幂级数 $\sum\limits_{n=0}^{\infty}(-1)^{n-1}\frac{1}{n}x^n$，$|x|<1$ 的和函数.

解 设级数的和函数为 $s(x)$，即

$$s(x)=\sum_{n=0}^{\infty}(-1)^{n-1}\frac{1}{n}x^n,\quad |x|<1,$$

两边求导得
$$s'(x)=\sum_{n=1}^{\infty}(-1)^{n-1}x^{n-1}=\frac{1}{1+x},\quad |x|<1,$$

两边积分得
$$s(x)-s(0)=\int_0^x s'(x)\mathrm{d}x=\int_0^x\frac{1}{1+x}\mathrm{d}x=\ln(1+x).$$

而 $s(0)=0$，因此幂级数 $\sum\limits_{n=0}^{\infty}(-1)^{n-1}\frac{1}{n}x^n$，$|x|<1$ 的和函数为

$$s(x)=\ln(1+x),\quad x\in(-1,\ 1).$$

例 8 求幂级数 $\sum\limits_{n=1}^{\infty}nx^{n-1}$ 在其收敛区间 $(-1,\ 1)$ 内的和函数，并求 $\sum\limits_{n=1}^{\infty}\frac{n}{2^{n-1}}$ 的和.

解 设级数的和函数为 $s(x)$，即

$$s(x)=\sum_{n=1}^{\infty}nx^{n-1},$$

逐项积分得 $$\int_0^x s(x)\mathrm{d}x=\sum_{n=1}^{\infty}\int_0^x nx^{n-1}\mathrm{d}x=\sum_{n=1}^{\infty}x^n=\frac{x}{1-x},$$

两边求导得和函数 $s(x)=\left(\int_0^x s(x)\mathrm{d}x\right)'=\left(\frac{x}{1-x}\right)'=\frac{1}{(1-x)^2}.$

当 $x\in(-1,1)$，则

$$\sum_{n=1}^{\infty}\frac{n}{2^{n-1}}=s\left(\frac{1}{2}\right)=\frac{1}{\left(1-\frac{1}{2}\right)^2}=4.$$

例 9 将下列函数展开为 x 的幂级数.

(1) $f(x)=\frac{1}{3-x}$； (2) $f(x)=\mathrm{e}^{-x^2}$； (3) $f(x)=\frac{1}{2}\sin 2x$；

(4) $f(x)=\ln(2+2x)$； (5) $f(x)=\frac{1}{(1-x)^2}$； (6) $f(x)=\arctan x$.

解 (1) 因为 $$f(x)=\frac{1}{3-x}=\frac{1}{3}\frac{1}{1-\frac{x}{3}},$$

已知 $$\frac{1}{1-x}=\sum_{n=0}^{\infty}x^n,\quad -1<x<1,$$

用 $\frac{x}{3}$ 替换上式中的 x 得

$$\frac{1}{1-\frac{x}{3}}=\sum_{n=0}^{\infty}\left(\frac{x}{3}\right)^n=\sum_{n=0}^{\infty}\frac{1}{3^n}x^n,$$

因为 $-1<\frac{x}{3}<1$，所以上式的收敛区间为 $(-3,3)$.

则 $$\frac{1}{3-x}=\frac{1}{3}\sum_{n=0}^{\infty}\frac{1}{3^n}x^n=\sum_{n=0}^{\infty}\frac{1}{3^{n+1}}x^n,\quad -3<x<3.$$

(2) 因为 $$\mathrm{e}^x=\sum_{n=0}^{\infty}\frac{1}{n!}x^n,\quad -\infty<x<+\infty,$$

用 $-x^2$ 替换上式中的 x 得

$$\mathrm{e}^{-x^2}=\sum_{n=0}^{\infty}\frac{1}{n!}(-x^2)^n,\quad -\infty<-x^2<+\infty,$$

所以 $$\mathrm{e}^{-x^2}=\sum_{n=0}^{\infty}\frac{(-1)^n}{n!}x^{2n},\quad -\infty<x<+\infty.$$

(3) 因为 $$\sin x=\sum_{n=0}^{\infty}(-1)^n\frac{1}{(2n+1)!}x^{2n+1},\quad -\infty<x<+\infty,$$

用 $2x$ 替换上式中的 x 得

$$\sin 2x=\sum_{n=0}^{\infty}(-1)^n\frac{1}{(2n+1)!}(2x)^{2n+1},\quad -\infty<2x<+\infty,$$

所以 $$\frac{1}{2}\sin 2x=\sum_{n=0}^{\infty}(-1)^n\frac{2^{2n}}{(2n+1)!}x^{2n+1},\quad -\infty<x<+\infty.$$

(4) 因为 $$\ln(1+x)=\sum_{n=0}^{\infty}(-1)^n\frac{x^{n+1}}{n+1},\quad -1<x<1,$$

而 $$f(x)=\ln(2+2x)=\ln 2+\ln(1+x),$$

所以 $$\ln(2+2x)=\ln 2+\sum_{n=0}^{\infty}(-1)^n\frac{x^{n+1}}{n+1},\quad -1<x<1.$$

(5) 因为 $$f(x)=\frac{1}{(1-x)^2}=\left(\frac{1}{1-x}\right)',$$

已知 $$\frac{1}{1-x}=\sum_{n=0}^{\infty}x^n\quad(-1,\ 1),$$

所以 $$\frac{1}{(1-x)^2}=\left(\sum_{n=0}^{\infty}x^n\right)'=\sum_{n=1}^{\infty}nx^{n-1},\quad -1<x<1.$$

(6) 因为 $$(\arctan x)'=\frac{1}{1+x^2}=\sum_{n=0}^{\infty}(-1)^n x^{2n},\quad -1<x<1,$$

所以

$$\arctan x=\int_0^x(\arctan x)'\mathrm{d}x=\sum_{n=0}^{\infty}(-1)^n\frac{x^{2n+1}}{2n+1},\quad -1<x<1.$$

例 10 将函数 $f(x)=\dfrac{1}{x}$ 展开为 $x-3$ 的幂级数.

解 因为 $f(x)=\dfrac{1}{x}=\dfrac{1}{(x-3)+3}=\dfrac{1}{3}\dfrac{1}{1+\dfrac{x-3}{3}}$,

已知 $$\frac{1}{1+x}=\sum_{n=0}^{\infty}(-1)^n x^n,\quad -1<x<1,$$

用 $\dfrac{x-3}{3}$ 替换上式中的 x 得

$$\frac{1}{1+\dfrac{x-3}{3}}=\sum_{n=0}^{\infty}(-1)^n\left(\frac{x-3}{3}\right)^n=\sum_{n=0}^{\infty}(-1)^n\frac{(x-3)^n}{3^n}.$$

此时，因为 $-1<\dfrac{x-3}{3}<1$，故上式的收敛区间为 $(0,\ 6)$.

所以 $\dfrac{1}{x}=\dfrac{1}{3}\displaystyle\sum_{n=0}^{\infty}(-1)^n\frac{(x-3)^n}{3^n}=\sum_{n=0}^{\infty}(-1)^n\frac{(x-3)^n}{3^{n+1}}$，$0<x<6$.

(二)练习题

1. 选择题

(1) 幂级数 $\sum\limits_{n=0}^{\infty}(n+1)x^n$ 的收敛区间为(　　).

A. $(-1, 1)$　　B. $(-1, 1]$　　C. $[-1, 1)$　　D. $[-1, 1]$

(2)级数 $x-x^3+x^5-x^7+x^9-x^{11}+\cdots$ 的和函数为(　　).

A. $\dfrac{x}{1-x^2}$　　B. $\dfrac{x}{1+x^2}$　　C. $\dfrac{1}{1+x^2}$　　D. $\dfrac{1}{1+2x}$

(3)函数 $f(x)=\dfrac{1}{4-x}$ 展开为 x 幂级数为(　　).

A. $\sum\limits_{n=1}^{\infty}\dfrac{x^n}{4^{n+1}}$　　B. $\sum\limits_{n=0}^{\infty}\dfrac{x^n}{4^n}$　　C. $\sum\limits_{n=0}^{\infty}\dfrac{x^n}{4^{n+1}}$　　D. $\sum\limits_{n=1}^{\infty}\dfrac{x^n}{4^n}$

2. 填空题

(1) 幂级数 $\sum\limits_{n=1}^{\infty}\dfrac{x^n}{n\cdot 2^n}$ 的收敛半径为________.

(2) 幂级数 $\sum\limits_{n=1}^{\infty}\dfrac{x^n}{n}$ 的收敛域为________.

(3) 函数 x^2e^{-x} 的幂级数展开式为________.

3. 解答题

(1) 求幂级数 $\sum\limits_{n=0}^{\infty}(2n+1)x^{2n}$ 的和函数，并求数项级数 $\sum\limits_{n=0}^{\infty}\dfrac{(2n+1)}{9^n}$ 的和.

(2)将函数 $f(x)=x^2\arctan x$ 的展开为 x 幂级数.

(3)将函数 $f(x)=\ln(2+2x)$ 的展开为 x 幂级数.

第三节　傅里叶级数

(一)典型例题

例 1　函数 $f(x)$ 的周期为 2π，在 $[-\pi, \pi]$ 上的表达式为

$$f(x)=\begin{cases}1-x, & -\pi\leqslant x<0\\ 1+x, & 0\leqslant x<\pi\end{cases},$$

则 $f(x)$ 的傅里叶级数在 $x-\pi$ 处收敛于 $\underline{1+\pi}$.

解　因为

$$\lim_{x\to\pi^-}f(x)=\lim_{x\to\pi^-}(1+x)=1+\pi,$$

$$\lim_{x\to\pi^+}f(x)=\lim_{x\to\pi^+}(1-x+2\pi)=1+\pi,$$

所以

$$\lim_{x\to\pi}f(x)=1+\pi=f(-\pi)=f(2\pi-\pi)=f(\pi).$$

则 $f(x)$ 在 $x=\pi$ 处连续，故 $f(x)$ 的傅立叶级数在 $x=\pi$ 处收敛于

$$f(\pi)=1+\pi.$$

例 2 设 $f(x)=\begin{cases}-1, & -\pi\leqslant x<0\\ x, & 0\leqslant x<\pi\end{cases}$，$f(x)$在$[-\pi, \pi]$上的傅里叶级数的和函数为 $s(x)$，求 $s(\pi)+s\left(\frac{\pi}{3}\right)$.

解 由收敛定理可知 $s(\pi)=\frac{1}{2}[f(\pi^-)+f(\pi^+)]=\frac{\pi-1}{2}$，

$$s\left(\frac{\pi}{3}\right)=f\left(\frac{\pi}{3}\right)=\frac{\pi}{3},$$

则
$$s(\pi)+s\left(\frac{\pi}{3}\right)=\frac{\pi-1}{2}+\frac{\pi}{3}=\frac{5\pi}{6}-\frac{1}{2}.$$

(二)练习题

1. 选择题

(1)周期为 2π 的函数 $f(x)$在$[-\pi, \pi)$的表达式为 $f(x)=2x^2$，那么它的展开式 $\frac{a_0}{2}+\sum_{n=1}^{\infty}a_n\cos nx+\sum_{n=1}^{\infty}b_n\sin nx$ 中(　　).

A. $a_0=0$，$a_n=0$，$b_0\neq 0$　　　B. $a_0=0$，$a_0\neq 0$，$b_n=0$

C. $a_0\neq 0$，$a_n\neq 0$，$b_n=0$　　　D. $a_0\neq 0$，$a_n=0$，$b_n\neq 0$

(2) 周期为 $2l$ 的函数 $f(x)$ 在$[-l, l)$ 的表达式为 $f(x)=3x^3$，那么它的展开式 $f(x)=\frac{a_0}{2}+\sum_{n=1}^{\infty}\left(a_n\cos\frac{n\pi x}{l}+b_n\sin\frac{n\pi x}{l}\right)$ 中(　　).

A. $a_0=0$，$a_n=0$，$b_n\neq 0$　　　B. $a_0=0$，$a_n\neq 0$，$b_n=0$

C. $a_0\neq 0$，$a_n\neq 0$，$b_n=0$　　　D. $a_0\neq 0$，$a_n=0$，$b_n\neq 0$

2. 填空题

(1)周期为 2π 的函数 $f(x)=x$ 展开成傅里叶级数时，系数 $a_n=$________，$b_n=$________.

(2)若 $f(x)$是周期为 2π 的函数，且在$[-\pi, \pi)$ $f(x)$为偶函数，则展开式是________级数(正弦或余弦).

3. 解答题

(1)设 $f(x)$是周期为 2π 的函数，在$[-\pi, \pi)$上的表达式是 $f(x)=\begin{cases}-1, & -\pi\leqslant x<0\\ 1, & 0\leqslant x<\pi\end{cases}$，求 $f(x)$的傅里叶级数展开式(间断点不考虑).

(2)设 $f(x)$是周期为 2π 的函数，在$[-\pi, \pi)$上的表达式是 $f(x)=3x^2+1$，求 $f(x)$的傅立叶级数展开式.

四、综合与提高例题精讲

例 1 判别级数 $\sum_{n=1}^{\infty}\frac{\sin^2 n}{3^n+1}$ 的敛散性.

解 因为 $$\frac{\sin^2 n}{3^n+1} \leqslant \frac{1}{3^n+1} < \frac{1}{3^n} = \left(\frac{1}{3}\right)^n,$$

由于几何级数 $\sum_{n=1}^{\infty}\left(\frac{1}{3}\right)^n$ 收敛，所以由比较判别法知级数 $\sum_{n=1}^{\infty}\frac{\sin^2 n}{3^n+1}$ 收敛.

例 2 判别级数 $\sum_{n=1}^{\infty}\frac{2^n}{4^n+3^n}$ 的敛散性.

解 1 因为 $$\frac{2^n}{4^n+3^n} < \frac{2^n}{3^n+3^n} = \frac{1}{2}\left(\frac{2}{3}\right)^n,$$

而等比级数 $\sum_{n=1}^{\infty}\frac{1}{2}\left(\frac{2}{3}\right)^n = \frac{1}{2}\sum_{n=1}^{\infty}\left(\frac{2}{3}\right)^n$ 收敛，所以由比较判别法知级数 $\sum_{n=1}^{\infty}\frac{2^n}{4^n+3^n}$ 收敛.

解 2 因为

$$\lim_{n\to\infty}\frac{u_{n+1}}{u_n} = \lim_{n\to\infty}\frac{\dfrac{2^{n+1}}{4^{n+1}+3^{n+1}}}{\dfrac{2^n}{4^n+3^n}} = 2\lim_{n\to\infty}\frac{4^n+3^n}{4^{n+1}+3^{n+1}} = 2\lim_{n\to\infty}\frac{1+\left(\dfrac{3}{4}\right)^n}{4+3\left(\dfrac{3}{4}\right)^n} = \frac{1}{2} < 1,$$

所以由比值判别法知级数 $\lim\limits_{n\to 1}\frac{2^n}{4^n+3^n}$ 收敛.

解 3 因为

$$\lim_{n\to\infty}\sqrt[n]{u_n} = \lim_{n\to\infty}\sqrt[n]{\frac{2^n}{4^n+3^n}} = \frac{1}{2}\lim_{n\to\infty}\sqrt[n]{\frac{1}{1+\left(\dfrac{3}{4}\right)^n}} = \frac{1}{2} < 1,$$

所以由根值判别法知级数 $\sum_{n=1}^{\infty}\frac{2^n}{4^n+3^n}$ 收敛.

例 3 判别级数 $\sum_{n=3}^{\infty}(-1)^{n-1}\frac{\ln n}{n}$ 是绝对收敛、条件收敛还是发散?

解 因为 $\frac{\ln n}{n} > \frac{1}{n}(n \geqslant 3)$，而 $\sum_{n=1}^{\infty}\frac{1}{n}$ 发散，

所以 $\sum_{n=1}^{\infty}\frac{\ln n}{n}$ 发散，即级数 $\sum_{n=1}^{\infty}|u_n|$ 发散.

因为利用莱布尼茨定理须判定 u_n 是否为递减，且极限为零，为此考虑函数 $f(x)=\frac{\ln x}{x}$ 在区间$[3, +\infty)$上的增减性和极限(当 $x \to +\infty$ 时).

(1) 因为 $f'(x)=\frac{1-\ln x}{x^2}<0$，所以 $f(x)$ 递减，$f(n)>f(n+1)$，即 $u_n > u_{n+1}$.

(2) 因为 $\lim\limits_{x\to+\infty}\frac{\ln x}{x} = \lim\limits_{x\to+\infty}\frac{(\ln x)'}{x'} = \lim\limits_{x\to+\infty}\frac{1}{x} = 0$，所以

$$\lim_{n\to\infty}u_n = \lim_{n\to\infty}\frac{\ln n}{n} = 0.$$

故由莱布尼茨定理知，级数$\sum\limits_{n=3}^{\infty}(-1)^{n-1}\dfrac{\ln n}{n}$收敛. 所以级数$\sum\limits_{n=3}^{\infty}(-1)^{n-1}\dfrac{\ln n}{n}$条件收敛.

例 4 求幂级数$\sum\limits_{n=1}^{\infty}(-1)^n\dfrac{1}{2n+1}x^{2n-1}$的收敛域.

解 令
$$u_n=\frac{(-1)^n}{2n+1}x^{2n-1},$$
则当
$$\lim_{n\to\infty}\left|\frac{u_{n+1}}{u_n}\right|=\lim_{n\to\infty}\left|\frac{2n+1}{2n+3}\right||x|^2=|x|^2<1$$
时级数收敛，收敛半径 $R=1$，收敛区间为$(-1, 1)$；

当 $x=-1$ 时，即
$$\sum_{n=1}^{\infty}(-1)^n\frac{1}{2n+1}(-1)^{2n-1}=\sum_{n=1}^{\infty}(-1)^{n-1}\frac{1}{2n+1},$$
该级数为收敛的交错级数；

当 $x=1$ 时，即
$$\sum_{n=1}^{\infty}(-1)^n\frac{1}{2n+1}(1)^{2n-1}=\sum_{n=1}^{\infty}(-1)^n\frac{1}{2n+1},$$
该级数也为收敛的交错级数.

因此，幂级数$\sum\limits_{n=1}^{\infty}(-1)^n\dfrac{1}{2n+1}x^{2n-1}$的收敛域为$[-1, 1]$.

例 5 求幂级数$\sum\limits_{n=1}^{\infty}n(n+1)x^n$在其收敛区间$(-1, 1)$内的和函数.

解 设级数的和函数为 $s(x)$，即
$$s(x)=\sum_{n=1}^{\infty}n(n+1)x^n.$$

逐项积分得
$$\int_0^x s(x)\mathrm{d}x=\sum_{n=1}^{\infty}\int_0^x n(n+1)x^n\mathrm{d}x=\sum_{n=1}^{\infty}nx^{n+1}=\sum_{n=1}^{\infty}(n+2)x^{n+1}-2\sum_{n=1}^{\infty}x^{n+1},$$
令 $u(x)=\sum\limits_{n=1}^{\infty}(n+2)x^{n+1}$，逐项积分得
$$\int_0^x u(x)\mathrm{d}x=\sum_{n=1}^{\infty}\int_0^x(n+2)x^{n+1}\mathrm{d}x=\sum_{n=1}^{\infty}x^{n+2}=\frac{x^3}{1-x},$$
再逐项求导得
$$u(x)=\frac{3x^2-2x^3}{(1-x)^2}.$$
又
$$2\sum_{n=1}^{\infty}x^{n+1}=\frac{2x^2}{1-x},$$
于是
$$\int_0^x s(x)\mathrm{d}x=\sum_{n=1}^{\infty}nx^{n+1}=\frac{3x^2-2x^3}{(1-x)^2}-\frac{2x^2}{1-x}=\frac{x^2}{(1-x)^2},$$

两边求导得和函数

$$s(x)=\left(\int_0^x s(x)\mathrm{d}x\right)'=\left(\frac{x^2}{(1-x)^2}\right)'=\frac{2x}{(1-x)^3},\quad -1<x<1.$$

例 6 将函数 $f(x)=\dfrac{1}{x^2+3x+2}$ 展开为 $x+4$ 的幂级数.

解 因为 $$f(x)=\frac{1}{x^2+3x+2}=\frac{1}{x+1}-\frac{1}{x+2},$$

其中

$$\frac{1}{x+1}=\frac{1}{-3+(x+4)}=-\frac{1}{3}\frac{1}{1-\dfrac{x+4}{3}}=-\frac{1}{3}\sum_{n=0}^{\infty}\left(\frac{x+4}{3}\right)^n\left(\left|\frac{x+4}{3}\right|<1\right),$$

即 $$\frac{1}{x+1}=-\sum_{n=0}^{\infty}\frac{(x+4)^n}{3^{n+1}}\quad(-7<x<-1);$$

又 $$\frac{1}{x+2}=\frac{1}{-2+(x+4)}=-\frac{1}{2}\frac{1}{1-\dfrac{x+4}{2}}=-\frac{1}{2}\sum_{n=0}^{\infty}\left(\frac{x+4}{2}\right)^n\left(\left|\frac{x+4}{2}\right|<1\right),$$

即 $$\frac{1}{x+2}=-\sum_{n=0}^{\infty}\frac{(x+4)^n}{2^{n+1}}\quad(-6<x<-2),$$

所以

$$f(x)=-\sum_{n=0}^{\infty}\frac{(x+4)^n}{3^{n+1}}+\sum_{n=0}^{\infty}\frac{(x+4)^n}{2^{n+1}}=\sum_{n=0}^{\infty}\left(\frac{1}{2^{n+1}}-\frac{1}{3^{n+1}}\right)(x+4)^n\quad(-6<x<-2).$$

例 7 将函数 $f(x)=(1+x)\ln(1+x)$ 展开为 x 的幂级数.

解 1 因为 $f'(x)=1+\ln(1+x)=1+\sum\limits_{n=0}^{\infty}(-1)^n\dfrac{x^{n+1}}{n+1}\quad(-1,1)$,

利用逐项积分公式得

$$\begin{aligned}f(x)&=\int_0^x f'(x)\mathrm{d}x=\int_0^x\mathrm{d}x+\sum_{n=0}^{\infty}(-1)^n\frac{1}{n+1}\int_0^x x^{n+1}\mathrm{d}x\\&=x+\sum_{n=0}^{\infty}\frac{(-1)^n x^{n+2}}{(n+1)(n+2)}\quad(-1,1).\end{aligned}$$

解 2

$$\begin{aligned}f(x)&=(1+x)\ln(1+x)=\ln(1+x)+x\ln(1+x)\\&=\sum_{n=0}^{\infty}(-1)^n\frac{x^{n+1}}{n+1}+\sum_{n=0}^{\infty}(-1)^n\frac{x^{n+2}}{n+1}\\&=x+\sum_{n=0}^{\infty}(-1)^{n+1}\frac{x^{n+2}}{n+1}+\sum_{n=0}^{\infty}(-1)^n\frac{x^{n+2}}{n+1}\\&=x+\sum_{n=0}^{\infty}(-1)^n x^{n+2}\left[\frac{1}{n+1}-\frac{1}{n+2}\right]\\&=x+\sum_{n=0}^{\infty}\frac{(-1)^n x^{n+2}}{(n+1)(n+2)},\quad -1<x<1.\end{aligned}$$

例 8 将函数 $f(x)=\begin{cases}\dfrac{x^2+1}{x}\arctan x, & x\neq 0\\ 1, & x=0\end{cases}$ 展开为 x 的幂级数，并求级数 $\sum\limits_{n=1}^{\infty}\dfrac{(-1)^n}{1-4n^2}$ 的和.

解 因为 $(\arctan x)'=\dfrac{1}{1+x^2}=\sum\limits_{n=0}^{\infty}(-1)^n x^{2n}$，$-1<x<1$，

所以

$$\arctan x=\int_0^x(\arctan x)'\mathrm{d}x=\sum_{n=0}^{\infty}(-1)^n\frac{x^{2n+1}}{2n+1},\quad -1<x<1.$$

因此

$$\begin{aligned}f(x)=\frac{1+x^2}{x}\sum_{n=0}^{\infty}\frac{(-1)^n}{2n+1}x^{2n+1}&=\sum_{n=0}^{\infty}\frac{(-1)^n}{2n+1}x^{2n}+\sum_{n=0}^{\infty}\frac{(-1)^n}{2n+1}x^{2n+2}\\&=1+\sum_{n=1}^{\infty}\frac{(-1)^n}{2n+1}x^{2n}+\sum_{n=1}^{\infty}\frac{(-1)^{n-1}}{2n-1}x^{2n}\\&=1+\sum_{n=1}^{\infty}\frac{2(-1)^n}{1-4n^2}x^{2n},\end{aligned}$$

于是

$$\sum_{n=1}^{\infty}\frac{(-1)^n}{1-4n^2}=\frac{1}{2}[f(1)-1]=\frac{\pi}{4}-\frac{1}{2}.$$

练习题答案

第一节练习题

1. (1)B；(2)A；(3)B；(4)A；(5)D.

2. (1)发散；(2)收敛；(3)$\dfrac{1}{5}$；(4)绝对收敛.

3. (1)①收敛；②收敛；(2)①绝对收敛；②条件收敛.

第二节练习题

1. (1)A；(2)B；(3)C.

2. (1)2；(2)$[-1, 1)$；(3) $\sum\limits_{n=0}^{\infty}\dfrac{(-1)^n}{n!}x^{n+2}(-\infty, +\infty)$.

3. (1) $\dfrac{1+x^2}{(1-x^2)^2}(|x|<1)$，$\dfrac{45}{32}$；(2)$\sum\limits_{n=0}^{\infty}\dfrac{(-1)^n}{2n+1}x^{2n+3}$ $(-1, 1)$；

(3)$\sum\limits_{n=0}^{\infty}\dfrac{(-1)^n}{2^{n+1}}(x-1)^n$，$(-1, 3)$.

第三节练习题

1. (1)C；(2)A.

2. (1)0， $\frac{2}{n}(-1)^{n+1}$ $(n=1, 2, 3, \cdots)$；(2)余弦.

3. (1) $f(x)=\frac{4}{\pi}\left[\sin x+\frac{1}{3}\sin 3x+\cdots+\frac{1}{2k-1}\sin(2k-1)x+\cdots\right]$，$x\in(-\infty, +\infty)$，$x\neq k\pi$，$k=0$，$\pm 1$，$\pm 2\cdots$

(2) $f(x)=\pi^2+1+12\sum_{n=0}^{\infty}\frac{(-1)^n}{n^2}\cos nx$，$x\in(-\infty, +\infty)$，$x\neq k\pi$，$k=0$，$\pm 1$，$\pm 2\cdots$

参考文献

[1]孙晓晔. 高等数学学习指导(工科专业适用)[M]. 北京：高等教育出版社，2006.

[2]同济大学数学系. 高等数学(上、下)[M]. 6 版. 北京：高等教育出版社，2007.

[3]胡农. 高等数学(工科专业适用)(上、下)[M]. 北京：高等教育出版社,2006.

[4]窦连江. 高等数学(经管类专业适用)(上、下)[M]. 北京：高等教育出版社，2006.

[5]林漪. 高等数学学习指导(经管类专业适用)[M]. 北京：高等教育出版社，2006.

[6]陈凤英. 高等数学(工科类)[M]. 北京：北京师范大学出版社，2019.

[7]侯风波. 高等数学[M]. 2 版. 北京：高等教育出版社，2004.

[8]李安平，冀礼鹏，井爱雯. 高等数学指导与提高[M]. 西安：西北工业大学出版社,2001.

[9]本书编写组. 全国各类成人高考复习考试辅导教材高等数学(一)[M]. 2 版. 北京：高等教育出版社，2002.

[10]全国硕士研究生招生考试委员会. 考研数学基础知识复习大全[M]. 北京：世界图书出版社，2014.

[11]武忠祥. 高等数学辅导讲义[M]. 西安：西安交通大学出版社，2018.

[12]天津市教育招生考试院. 天津市高等院校“高职升本科”招生统一考试复习指南(高等数学)[M]. 天津：天津人民出版社，2012.

第一章测试题

测试题(一)

一、选择题

1. 函数 $y=e^{|x|}$ 的图像是(　　).

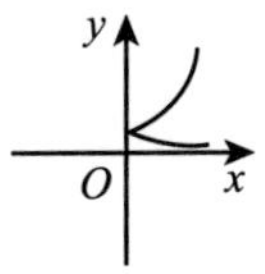
A.

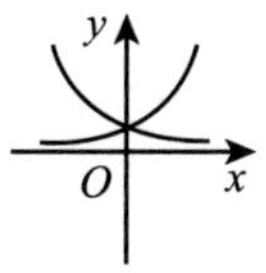
B.

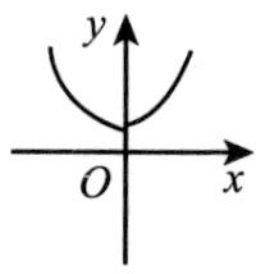
C.

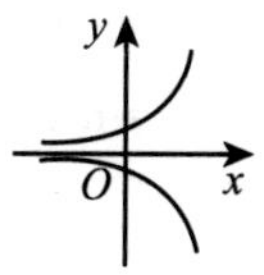
D.

2. 下列各组函数为同一函数的是(　　).

A. $f(x)=x$，$g(x)=\sqrt{x^2}$　　B. $f(x)=x$，$g(x)=\frac{x}{x}$

C. $f(x)=x$，$g(x)=\ln e^x$　　D. $f(x)=x$　$g(x)=e^{\ln x}$

3. $y=\frac{1}{x}\ln(1+x)$的定义域是(　　).

A. $x\neq0$，且 $x\neq-1$　　B. $x>0$

C. $x>-1$　　D. $x>-1$，$x\neq0$

4. 已知函数 $f\left(\frac{1}{x}\right)=\left(\frac{x+1}{x}\right)^2$，则 $f(x)=$(　　).

A. $\left(\frac{x}{x+1}\right)^2$　　B. $\left(\frac{x+1}{x}\right)^2$　　C. $(1+x)^2$，$x\neq0$　　D. $(1-x)^2$

5. $y=e^x-1$ 的反函数是(　　).

A. $y=\ln x+1$　　B. $y=\ln(x+1)$　　C. $y=\ln x-1$　　D. $y=\ln(x-1)$

6. 下列函数中，关于原点对称的是(　　).

A. $\frac{\sin x}{x}$　　B. $\frac{10^x+10^{-x}}{2}$　　C. $x^3+\cos x$　　D. $\frac{|x|}{x}$

7. 函数(　　)在区间(0，1)内有界

A. $\frac{1+2x}{x^2}$　　B. $\lg x$　　C. $e^{-\frac{1}{x}}$　　D. $\frac{1}{2^x-1}$

8. $f(x)$在$[-a, a]$上有定义$(a>0)$. 则 $\varphi(x)=\frac{1}{2}[f(x)+f(-x)]$是(　　).

A. 偶函数　　B. 奇函数　　C. 非奇非偶函数　　D. 单调函数

9. 函数 $y=a\sqrt[3]{x^3+1}$是由(　　)复合而成.

A. $y=a^u$，$u=v^{\frac{1}{3}}$，$v=x^3+1$　　B. $y=a^u$，$u=x^3+1$

C. $y=au^{\frac{1}{3}}$，$u=x^3+1$　　D. $y=a^{\frac{1}{3}u}$，$u=x^3+1$

10. 函数 $y=x-\ln(1+x)$在(　　)内单调减少.

A. $(-1, +\infty)$　　B. $(-\infty, 0)$　　C. $(-\infty, -1)$　　D. $(-1, 0)$

二、填空题

1. 函数 $f(x)=\frac{1}{x-1}$的定义域是________.

2. 设 $f(x)=\frac{1}{x}$，则 $f[f(x)]=$________.

3. 设 $f(x-1)=x^2-2x+3$，则 $f(x)=$________.

4. 函数 $y=2x-5$ 的反函数是________.

5. 函数 $f(x)=x^3-5x^2+8x-2$，则 $f(0)=$________.

6. 设函数 $f(x)=2x-3$，且 $f(a)=1$，则 $a=$________.

7. 函数 $f(x)=\sqrt{x^2+1}$是________函数，其图形关于________对称.

三、计算题

1. 已知 $f(x)=x^2-2x+1$，求 $f(x+1)$，$f(2)$.

2. 函数 $f(x)=\begin{cases}1+x & -1\leqslant x<0\\ 1-x & 0\leqslant x\leqslant1\end{cases}$，求 $f\left(-\frac{1}{3}\right)$，$f(0)$，$f\left(\frac{1}{3}\right)$，$f(1)$.

3. 求函数 $f(x)=\sqrt{x-2}+\ln(4-x)$的定义域，并求 $f(2)$.

4. 设 $f(x)=(x-1)^2$，$g(x)=\frac{1}{1+x}$，求 $f[g(x)]$，$g[f(x)]$，$f(x^2)$，$g(x-1)$.

四、解答题

1. 求下列函数的反函数.

(1) $y=\frac{x+1}{x-1}$；

(2) $y=3x-2$.

2. 指出下列函数的复合过程.

(1) $y=e^{\cos x}$；

(2) $y=\sin(2x+3)$；

(3) $y=\ln\sin x^2$；

(4) $y=(e^x-1)^2$.

3. 判断下列函数的奇偶性.

(1) $y=x+\sin x$；

(2) $y=x(x-1)(x+1)$；

(3) $y=x^2+1$；

(4) $y=(x+1)^2$.

测试题(二)

一、选择题

1. 下列各组函数为同一函数的是(　　).

A. $f(x)=\ln x$，$g(x)=2\ln x$　　B. $f(x)=x$，$g(x)=\sqrt{x^2}$

C. $f(x)=x+1$，$g(x)=\dfrac{(x+1)(x-2)}{x-2}$　　D. $f(x)=e^{-\frac{1}{2}\ln x}$　$g(x)=\dfrac{1}{\sqrt{x}}$

2. $y=\ln(x-4)+\sqrt{x^2-16}$的定义域是(　　).

A. $(-\infty, -4)\cup(4, +\infty)$　　B. $(-\infty, -4]\cup[4, +\infty)$

C. $(4, +\infty)$　　D. $[4, +\infty)$

3. 已知函数$f(x)=x^3-x$，$\varphi(x)=\sin 2x$，则$f\left\{f\left[\varphi\left(\dfrac{\pi}{4}\right)\right]\right\}=$(　　).

A. 1　　B. 0　　C. -1　　D. $\dfrac{1}{2}$

4. $y=\pi+\arctan\dfrac{x}{2}$的反函数是(　　).

A. $y=2\tan x$　　B. $y=\tan 2x$　　C. $y=\tan x$　　D. $y=\pi-\tan x$

5. 设$f(x)$是定义在$(-\infty, +\infty)$内的任意函数，下列函数中(　　)为奇函数.

A. $f(-x)$　　B. $|f(x)|$　　C. $f(x)+f(-x)$　　D. $f(x)-f(-x)$

6. 函数$y=|\sin x|$的周期是(　　).

A. $\dfrac{\pi}{2}$　　B. π　　C. 2π　　D. 4π

7. 设函数$f(x)$是$(-\infty, +\infty)$内以4为周期的周期函数，且$f(2)=4$，则$f(6)=$(　　).

A. 4　　B. -4　　C. -16　　D. 16

8. 函数$y=\lg\cos\sqrt{1+x^2}$是由(　　)复合而成.

A. $y=\lg u$，$u=\cos v$，$v=\sqrt{1+x^2}$

B. $y=\lg u$，$u=\cos v$，$v=\sqrt{1+t^2}$，$t=x$

C. $y=\lg u$，$u=\cos\sqrt{v}$，$v=1+x^2$

D. $y=\lg u$，$u=\cos v$，$v=\sqrt{t}$，$t=1+x^2$

二、填空题

1. 函数$f(x)=\dfrac{\ln(x+1)}{\sqrt{x-1}}$的定义域是________.

2. 设$f(x)=\dfrac{\sin x}{1+x^2}$，则$f(\sqrt{x})=$________.

3. 设$f(x-3)=x^2+6$，则$f(x)=$________.

4. 函数$y=\ln(x+1)$的反函数是________.

5. 分段函数$f(x)=\begin{cases}\sin x, & -\dfrac{\pi}{2}<x\leqslant 0\\ 1+x^2, & 0<x\leqslant 2\end{cases}$，则$f\left(\dfrac{\pi}{2}\right)=$________.

6. 设函数$f(2x)=3x-1$，且$f(a)=4$，则$a=$________.

7. 函数$f(x)=|\sin x|$是________函数，其图形关于________对称.

三、计算与解答题

1. 求下列函数的反函数.

(1) $y=2^x$；

(2) $y=e^x+2$.

2. 指出下列函数的复合过程.

(1) $y=e^{\cos\frac{1}{x}}$；　　(2) $y=\sin^3(2x+3)$；

(3) $y=\ln\sin 2^{x+1}$；

(4) $y=\cos(e^x-1)^2$.

3. 判断下列函数的奇偶性.

(1) $y=x^3\sin x$；

(2) $y=x^2\cos 2x$；

(3) $y=\dfrac{x^2\sin x}{\sqrt{1+x^4}}$；

(4) $y=\ln(x+\sqrt{x^2+1})$.

4. 判断下列函数在其定义域内的有界性.

(1) $y=\dfrac{x}{1+x^2}$；

(2) $y=\sin\left(\dfrac{e^x}{x+1}\right)$；

(3) $y=x\sin x$.

测试题(三)

一、选择题

1. 下列函数中表达式为初等函数的是(　　).

A. $y=\int_0^x e^{-t^2}dt$

B. $y=1+x+x^2+\cdots+x^n+\cdots$，$x\in(-1,1)$

C. $y=x\arctan x\dfrac{e^x}{e^x+1}+|x-1|$

D. $y=\begin{cases}1, & x\geqslant 0\\ -1, & x<0\end{cases}$

2. 已知函数 $f(x)$ 的定义域为 $[0,4]$，则函数 $g(x)=f(x+1)+f(x-1)$ 的定义域是(　　).

A. $[1,3]$　　B. $[-1,3]$　　C. $[1,5]$　　D. $[-1,5]$

3. 函数 $f(x)=\ln(x^2-1)$，$g(x)=\ln(x-1)+\ln(x+1)$ 在(　　)内为同一函数.

A. $(-\infty,-1)\cup(1,+\infty)$　　B. $(-\infty,-1)$

C. $(1,+\infty)$　　D. $(-1,+\infty)$

4. 已知 $f(x)=3^x$，$g(x)=x^2$，则 $g[f(x)]-f[g(x)]$ 的值是(　　).

A. 9^x　　B. 9^x-3^x　　C. $9^x-3^{x^2}$　　D. $9^{x^2}-3^x$

5. 函数 $y=\log_4 2+\log_4\sqrt{x}$ 的反函数是(　　).

A. $y=2^{2x}$　　B. $y=2^{4x-2}$　　C. $y=2^{4x+2}$　　D. $y=2^{4x}$

6. 设 $F(x)=f(x)\left(\dfrac{1}{a^x-1}+\dfrac{1}{2}\right)(x\neq 0,a>0,a\neq 1)$ 是偶函数，且 $f(x)$ 不恒为零，则 $f(x)$ 是(　　).

A. 奇函数　　B. 偶函数　　C. 非奇非偶函数　　D. 都不是

7. 函数(　　)在 **R** 上有界.

A. e^x　　B. $1+\sin x$　　C. $\ln x$　　D. $\tan x$

8. 函数 $y=x+\sin x$ 在 $(-\infty,+\infty)$ 上是(　　).

A. 有界函数　　B. 周期函数　　C. 单调函数　　D. 无界函数

二、填空题

1. 函数 $f(x)=\sqrt{\sin x}+\ln(16-x^2)$ 的定义域是________.

2. 设 $f(x)=\begin{cases}0, & x<0\\ 1, & x\geqslant 0\end{cases}$，$g(x)=\begin{cases}1-x, & x<1\\ x-1, & x\geqslant 1\end{cases}$，则 $f[g(x)]=$________.

3. 设 $f(x-3)=x^2+6x-5$，则 $f(2x)=$________.

4. 函数 $y=1+\ln(x+1)^2(x<-1)$ 的反函数是________.

5. 设 $g(x)=1+x(x\neq 0)$，$f[g(x)]=\dfrac{1-x}{x}$，则 $f\left(\dfrac{1}{2}\right)=$________.

6. 设函数 $f(\sin x)=\cos 2x$，且 $f(a)=0$，则 $a=$________.

7. 函数 $f(x)=\begin{cases}1-x, & x\leqslant 0\\ 1+x, & x>0\end{cases}$ 是________函数，其图形关于________对称.

三、计算与解答题

1. 假设函数 $f(x)=\begin{cases}-2x^3, & -1<x<1\\ -2\sqrt{x}, & 1\leqslant x<4\\ -x, & x\geqslant 4\end{cases}$，求其反函数的定义域.

2. 求下列函数的反函数.

(1) $f(x)=\begin{cases}2x, & x<0\\ x^2, & x\geqslant 0\end{cases}$；　　(2) $f(x)=\begin{cases}\sqrt{|x|}-1, & -1\leqslant x<0\\ x^2+1, & 0\leqslant x<1\end{cases}$.

3. 指出下列函数的复合过程.

(1) $y=\cos\ln(x^2+1)$；　　(2) $y=\cos\sin(2x+3)$；

(3) $y=2^{\sin\frac{1}{\sqrt{x}}}$；

(4) $y=\frac{1}{\sqrt{\sin x^2}}$.

4. 判断下列函数的奇偶性.

(1) $y=x|x|$；

(2) $y=\frac{e^x+e^{-x}}{e^x-e^{-x}}$；

(3) $y=\frac{a^x-a^{-x}}{2}$；

(4) $y=\frac{a^x+a^{-x}}{2}$.

四、证明题

1. 若奇函数 $f(x)$在$(0, +\infty)$上单调递增，则 $f(x)$在$(-\infty, 0)$上单调递增.

2. 任何定义在 **R** 上的函数 $f(x)$都可以写成一个奇函数和一个偶函数的和.

第二章测试题

测试题(一)

一、选择题

1. 当 $x\to 0$ 时，变量 $\frac{1}{x^2}\sin\frac{1}{2}$ 是(　　).

A. 无穷小　　B. 无穷大

C. 有界的，但不是无穷小　　D. 无界的，也不是无穷大

2. 函数 $y=e^{|x|}$ 当 $x\to 0$ 时的极限(　　).

A. -1　　B. 0　　C. 1　　D. e

3. 设 $f(x)=\begin{cases}\frac{x^2-9}{x-3}, & x\neq 3\\ a, & x=3\end{cases}$，在 $x=3$ 处连续，则 $a=$(　　).

A. 0　　B. 3　　C. 6　　D. 9

4. 下列数列收敛的是(　　).

A. $\{\ln n\}$　　B. $\left\{\frac{1+(-1)^n}{2}\right\}$　　C. $\{n^2\}$　　D. $\left\{\frac{n}{n+1}\right\}$

5. 当 $x\to 0$ 时 $e^{ax}-1$ 与 $3x$ 等价，则 $a=$(　　).

A. 1　　B. 2　　C. 3　　D. -3

6. $\lim\limits_{x\to\infty}\left(\frac{\sin 2x}{x}-1\right)=$(　　).

A. 1　　B. 0　　C. -1　　D. ∞

7. 设 $f(x)=2^x+3^x-2$，则当 $x\to 0$ 时(　　).

A. $f(x)$ 与 x 是等价无穷小　　B. $f(x)$ 与 x 是同阶但非等价无穷小

C. $f(x)$ 是 x 的高阶无穷小　　D. $f(x)$ 是 x 的低阶无穷小

8. 当 $x\to 0$ 时，比 x 高阶的无穷小是(　　).

A. $2x$　　B. $\sin x$　　C. $\ln(1+x)$　　D. $\sin x^2$

9. 设 $f(x)=\begin{cases}\frac{\sin x}{2x}, & x<0\\ \frac{1}{2}a, & x>0\end{cases}$，若 $\lim\limits_{x\to 0}f(x)$ 存在，则 $a=$(　　).

A. 1　　B. 2　　C. 3　　D. 4

二、填空题

1. $\lim\limits_{x\to 0}\frac{\sqrt{4+x}-2}{x}=$________.

2. $\lim\limits_{x\to\infty}\left(1+\frac{a}{x}\right)^x=e^2$，则 $a=$________.

3. $\lim\limits_{x\to 0}\frac{\sin ax}{2x}=\frac{2}{3}$，则 $a=$________.

4. $\lim\limits_{x\to\infty}\frac{(a-1)x+2}{x+1}=0$，则 $a=$________.

5. 当 $x\to 4$ 时，$\sqrt{x}-2$ 与 x^2-16 相比是________无穷小.

6. 设 $f(x)=\begin{cases}ax, & x<2\\ x^2-1, & x\geqslant 2\end{cases}$ 在 $x=2$ 连续，则 $a=$________.

7. 设当 $x\to 0$ 时，无穷小量 $\sin 3x^2$ 与 $x\tan ax$ 等价，则 $a=$________.

8. 设 $f(x)$ 为初等函数，x_0 是其定义区间内的一点，若 $\lim\limits_{x\to x_0}f(x)=-2$，则 $f(x_0)=$________.

三、计算题

1. $\lim\limits_{x\to 5}\frac{x-5}{\sqrt{3x+1}-4}$.

2. $\lim\limits_{n\to\infty}\left(1+\frac{2}{n}\right)^{2n+3}$.

3. $\lim\limits_{x\to\infty}(\sqrt{x^2+1}-\sqrt{x^2-2})$.

4. $\lim\limits_{x\to1}\dfrac{\sin(x^2-1)}{x^2+x-2}$.

5. $\lim\limits_{x\to1}\left(\dfrac{1}{x-1}-\dfrac{2}{x^2-1}\right)$.

6. $\lim\limits_{x\to0}\dfrac{\ln(1-2\sin 2x)}{x}$.

7. $\lim\limits_{x\to1}\dfrac{\sqrt{x+3}-2}{\sqrt{4x+5}-3}$.

8. $\lim\limits_{x\to0}\dfrac{1+\sin 2x-\cos 2x}{1+\sin 4x-\cos 4x}$.

四、简答题

1. 设$\lim\limits_{x\to3}\dfrac{x^2-2x+b}{x-3}$存在，求 b 值并求此极限值.

2. 设 $f(x)=\begin{cases}\dfrac{\sin 4x}{x}, & x<0\\ (x+k)^2, & x\geqslant0\end{cases}$，求 k 值使 $f(x)$在其定义区间内是连续的.

3. 证明方程 $e^x=3x$ 在(0，1)内至少有一个实根.

测试题(二)

一、选择题

1. 若数列$\{x_n\}$无界，则$\{x_n\}$(　　).

A. 必发散　　B. 必收敛

C. 可能发散也可能收敛　　D. 必为无穷大量

2. 下列数列收敛的是(　　).

A. $\left\{\frac{n}{10}\right\}$　　B. $\{n-1\}$　　C. $\left\{\frac{2n-1}{n}\right\}$　　D. $\{\cos n\}$

3. 当$x\to 0$时，函数$y=\tan 2x$与$y=\ln(1+3x)$相比是(　　).

A. 高阶无穷小　　B. 低阶无穷小　　C. 等价无穷小　　D. 同阶无穷小

4. 设$y=\begin{cases} x\sin\frac{2}{x}, & x<0 \\ A-2, & x>0 \end{cases}$，若$\lim\limits_{x\to 0}f(x)$存在，则$A=$(　　).

A. 2　　B. 3　　C. 4　　D. 1

5. $\lim\limits_{x\to 0}\frac{\ln(e^{2x}+e^x-1)}{x}=$(　　).

A. 1　　B. 2　　C. 3　　D. 不存在

6. $\lim\limits_{x\to 0}\sin\frac{1}{x}=$(　　).

A. 不存在　　B. 0　　C. 1　　D. ∞

7. $\lim\limits_{x\to 0}\frac{f(x)}{x}=2$，则$\lim\limits_{x\to 0}\frac{\sin 4x}{f(3x)}=$(　　).

A. 1　　B. $\frac{1}{2}$　　C. $\frac{2}{3}$　　D. $\frac{4}{3}$

8. 设$y=\begin{cases} \frac{e^{2x}-1}{x}, & x>0 \\ 2+\cos x, & x\leqslant 0 \end{cases}$，则$x=0$是$f(x)$的(　　).

A. 连续点　　B. 可去间断点　　C. 跳跃间断点　　D. 无穷间断点

二、填空题

1. 若$\lim\limits_{x\to 2}\frac{x^2-3x+a}{x-2}=1$，则$a=$________.

2. $\lim\limits_{x\to 0}\frac{x\ln(1+x)}{\sqrt{1+x^2}-1}=$________.

3. 若$\lim\limits_{x\to 0}\frac{ax-\sin x}{x+a\sin x}=2$；则$a=$________.

4. 设$f(x)=\begin{cases} \frac{e^{2x}-1}{kx}, & x\neq 0 \\ 1, & x=0 \end{cases}$在$x=0$连续，则$k=$________.

5. $\lim\limits_{x\to 0}\frac{\sin x}{x(1+\cos x)}=$________.

6. 当$x\to 8$时，$a(\sqrt{2x}-4)$与$x-8$是等价无穷小，则$a=$________.

7. 函数$y=\frac{x}{\sin x}$的间断点为________，其中第一类间断点是________，第二类间断点是________.

8. 要使函数$f(x)=\frac{\ln(1+ax)}{x}$在点$x=0$处连续，则应补充定义$f(0)=$________.

三、计算题

1. $\lim\limits_{x\to 0}\frac{e^{\cos x}-e}{\cos x-1}$.

2. $\lim\limits_{x\to\infty}x\sin\ln\left(1+\frac{3}{x}\right)$.

3. $\lim\limits_{x\to 0}\frac{1-\sqrt{1-x^2}}{\sin x^2}$.

4. $\lim\limits_{x\to 2}\dfrac{\sin(x-2)}{x^2-4}$.

5. $\lim\limits_{x\to\infty}\left(\dfrac{x-1}{x+3}\right)^x$.

6. $\lim\limits_{x\to 0}\dfrac{\sqrt{1+x\sin x}-1}{e^{x^2}-1}$.

7. $\lim\limits_{x\to 0}\dfrac{\ln(1+2x)}{\tan 2x}$.

8. $\lim\limits_{x\to+\infty}\dfrac{\sqrt[4]{x^3}\cos x}{1+x^2}$.

四、简答题

1. 已知 $f(x)$在 $x=0$ 处连续，且$\lim\limits_{x\to 0}\dfrac{f(x)}{x}=1$，求 $f(0)$.

2. 证明方程 $x^3-5x^2+7x-1=0$ 在区间(0，2)内至少有一个根.

3. 讨论函数 $f(x)=\lim\limits_{n\to\infty}\dfrac{1-x^{2n}}{1+x^{2n}}$的连续性，若有间断点，指出其类型.

测试题(三)

一、选择题

1. 下列各极限中，正确的是(　　).

A. $\lim\limits_{x\to\infty}(1+x)^{\frac{1}{x}}=\mathrm{e}$　B. $\lim\limits_{x\to 0}\sqrt[x]{1+x}=\mathrm{e}$　C. $\lim\limits_{x\to\infty}\left(1-\dfrac{1}{x}\right)^{x}=\mathrm{e}$　D. $\lim\limits_{x\to 0}(1+3x)^{\frac{1}{x}}=\mathrm{e}$

2. 当 $x\to$(　　)时，$f(x)=\dfrac{2}{x-2}$是无穷大量.

A. 1　B. ∞　C. 2　D. 0

3. 设 $f(x)=\begin{cases}x^2, & x\neq 3\\ 3, & x=3,\end{cases}$ 则$\lim\limits_{x\to 3}f(x)=$(　　).

A. 3　B. ∞　C. 不存在　D. 9

4. 设 $f(x)=x$，$g(x)=3x+5\sin x$，当 $x\to 0$ 时，$f(x)$是 $g(x)$的(　　)无穷小.

A. 等价　B. 高阶　C. 同阶　D. 低阶

5. 若 $\lim\limits_{x\to -1}\dfrac{ax^2-x-3}{x+1}=b$，则常数 a，b 的值为(　　).

A. $a=2$，$b=-5$　B. $a=0$，$b=-1$　C. $a=1$，$b=-3$　D. $a=-1$，$b=3$

6. 当 $x\to 0$，$\sqrt[3]{x+1}-1$ 是关于 x 的(　　)无穷小.

A. 等价　B. 高阶　C. 同阶　D. 低阶

7. $x\to 0^-$时，下来函数哪个是无穷小(　　).

A. e^{x}　B. e^{-x}　C. $\mathrm{e}^{\frac{1}{x}}$　D. $\mathrm{e}^{-\frac{1}{x}}$

8. 关于极限$\lim\limits_{x\to 0}\dfrac{x}{\sin kx}$，下列选项正确的是(　　).

A. 极限为$\dfrac{1}{k}$　B. 极限为 k

C. 极限不存在　D. 极限不存在或极限为$\dfrac{1}{k}$

二、填空题

1. 当 $x\to 0$ 时，$x+\sin 2x$ 是 x 的________阶无穷小.

2. 当 $x\to 0$ 时，$1-\cos 2x$ 与 $2\sin^2\dfrac{x}{2}$是________无穷小.

3. 设 $f(x)=\begin{cases}\dfrac{\sin ax}{x}, & x<0\\ 0, & x=0\\ 1+\cos x, & x>0\end{cases}$，且$\lim\limits_{x\to 0}f(x)$存在，则 $a=$________.

4. 设$\lim\limits_{n\to\infty}\left(1+\dfrac{k}{n}\right)^{n}=\mathrm{e}^4$，则 $k=$________.

5. $\lim\limits_{x\to\infty}2^{\frac{1}{x}\sin x}=$________.

6. $\lim\limits_{x\to 0}\dfrac{\sqrt{x+1}-1}{\sin x}=$________.

7. 当 $x\to 0$ 时，ax^2 与 $\tan\dfrac{x^2}{3}$等价，则 $a=$________.

8. 函数 $f(x)=\dfrac{x^2-x}{x-1}$在 $x=1$ 处为第________类________间断点.

三、计算题

1. $\lim\limits_{x\to 0}\dfrac{(2^x-3^x)^2}{x^2}$.

2. $\lim\limits_{x\to 0}\dfrac{\csc x-\cot x}{x}$.

3. $\lim\limits_{x\to 0}\left(\dfrac{1+x}{1-2x}\right)^{\frac{1}{x}}$.

4. $\lim\limits_{n\to\infty}(n^2+1)\ln\left(1+\frac{2}{n}\right)\ln\left(1+\frac{3}{n}\right)$.

5. $\lim\limits_{x\to\infty}\frac{(2x+3)(x+4)^4}{(2x+1)^2(x+2)^3}$.

6. $\lim\limits_{n\to\infty}\sqrt{n}(\sqrt{n+1}-\sqrt{n})$.

7. $\lim\limits_{x\to\infty}(\sqrt[3]{x^3+x^2+x}-x)$.

8. $\lim\limits_{n\to\infty}\left(\frac{1}{\sqrt{n^4+1}}+\frac{2}{\sqrt{n^4+1}}+\cdots+\frac{n}{\sqrt{n^4+1}}\right)$.

四、解答题

1. 设 $f(x)=\begin{cases}2^{x+1}, & x<0\\ a, & x=0\\ \frac{\sin 2x}{x}, & x>0\end{cases}$，求 a 的值，使 $f(x)$ 为连续函数.

2. 设 $\lim\limits_{x\to 1}\frac{x^2-3x+k}{x-1}$ 存在，求 k 值，并求此极限值.

3. 求函数 $f(x)=\begin{cases}2x, & |x|\leqslant 1\\ 1-x, & 1<|x|<2\end{cases}$ 的连续区间，如果有间断点，说明间断点的类型.

4. 若 $\lim\limits_{x\to\infty}\left(\frac{x^2+1}{x+1}-ax-b\right)=0$，求 a，b 的值.

第三章测试题

测试题(一)

一、选择题

1. $f'(x_0)$存在，则$\lim\limits_{a\to 0}\dfrac{f(x_0+5a)-f(x_0-a)}{2a}$(　　).

A. 不存在　　B. $=-3f'(x_0)$　　C. $=3f'(x_0)$　　D. $=4f'(x_0)$

2. 设$f(x)=\begin{cases}\dfrac{x^3}{3}, & x\leqslant 1\\ x^2, & x>1\end{cases}$，则$f(x)$在$x=1$处(　　).

A. 左导数存在，但右导数不存在　　B. 左导数、右导数都存在

C. 左导数、右导数都不存在　　D. 左导数不存在，但右导数存在

3. $f(x)=e^{2x-3}$ 在 $x=0$ 处的二阶导数 $f''(0)=$(　　).

A. e^{-1}　　B. $4e^{-3}$　　C. 0　　D. e

4. 设$f(x)=x^2+5x-2$，则$[f'(0)]'=$(　　).

A. 0　　B. 2　　C. -2　　D. 1

5. 设$y=e^{-2\sin x+2}$，则 $dy=$(　　).

A. $e^{-2\sin x+2}dx$　　B. $-2\sin x e^{-2\sin x+2}dx$

C. $-2\cos x e^{-2\sin x+2}dx$　　D. $2\cos x e^{-2\sin x+2}dx$

6. 下列极限中不能运用洛必达法则的是(　　).

A. $\lim\limits_{x\to 0}\dfrac{1-\cos x}{x^2}$　　B. $\lim\limits_{x\to+\infty}\dfrac{\frac{\pi}{2}-\arctan x}{\frac{1}{x}}$

C. $\lim\limits_{x\to 0}\dfrac{2x-\sin x}{x}$　　D. $\lim\limits_{x\to+\infty}\dfrac{\arctan x+\frac{\pi}{2}}{e^x}$

7. 在区间(0，1)内，下列函数中单调增加的是(　　).

A. $f(x)=x^3-x$　　B. $f(x)=\arctan x-x$

C. $f(x)=e^x-x$　　D. $f(x)=\ln x+\dfrac{1}{x}$

8. 下面说法正确的是(　　).

A. 若$f'(x_0)=0$，则x_0必是函数$f(x)$的极值点

B. 若x_0是函数$f(x)$的极值点，则必有$f'(x_0)=0$

C. 可导函数的驻点必是函数的极值点

D. 可导函数的极值点必是函数的驻点

9. 如果在(a, b)内$f(x)$有唯一可能的极值点$x=x_0$，且$f''(x_0)>0$，则$f(x_0)$(　　).

A. 一定不是$f(x)$的极值　　B. 不一定是$f(x)$的极值

C. 是$f(x)$的最大值　　D. 是$f(x)$的最小值

10. 在(a, b)内，若函数$f(x)$的一阶导数$f'(x)<0$，二阶导数$f''(x)<0$，则函数$f(x)$在此区间内是(　　).

A. 单调减少，曲线是凹的　　B. 单调增加，曲线是凸的

C. 单调增加，曲线是凹的　　D. 单调减少，曲线是凸的

11. $f''(x_0)=0$ 是可导函数 $y=f(x)$在点$(x_0, f(x_0))$为拐点的(　　).

A. 必要条件　　B. 充分条件

C. 充要条件　　D. 既不充分也不必要条件

12. 曲线$y=\dfrac{e^{3-x}}{3-x}$的水平渐近线是(　　).

A. $y=0$　　B. $y=1$　　C. $y=3$　　D. 不存在

13. 若直线$x=-1$是曲线$y=f(x)$的垂直渐近线，则$f(x)=$(　　).

A. $\dfrac{x^2}{x-1}$　　B. $\dfrac{x^2-1}{x-1}$　　C. $\dfrac{1}{x^2+2x+1}$　　D. $\dfrac{1}{x^2-2x+1}$

二、填空题

1. $f(x)=\begin{cases}\sin x, & x<0\\ x, & x\geqslant 0\end{cases}$，则$f'(0)=$________.

2. 设$\begin{cases}x=1+t^3\\ y=e^{2t}\end{cases}$，则$\left.\dfrac{dy}{dx}\right|_{x=2}=$________.

3. 曲线 $y=2\sin x+x^3$ 在 $x=0$ 处切线方程________.

4. $d(x^2e^x)=$________.

5. 函数 $y=x\ln x$ 的极小值是________.

6. 曲线 $y=k\sin x$ 在$\left[\pi, \dfrac{3}{2}\pi\right]$上是凸曲线，则 k 的取值范围是________.

7. 若点(1，ln 2)是曲线$y=\ln(a+bx^2)$的拐点，则$a=$________，$b=$________.

三、计算与解答题

1. 根据导数的定义求下列函数的导数.

(1)$f(x)=\sqrt{x}$；　　(2)$f(x)=\cos x$.

2. 求下列各函数的导数.

(1)$y=2x^2-\dfrac{1}{x^3}+5x+5$；　　(2)$y=3\sqrt[3]{x^2}-\dfrac{1}{x^3}+\sin\dfrac{\pi}{6}$；

(3)$y=x^2\cos x$；　　(4)$y=(\sin x-\cos x)\ln x$；

(5)$y=x\ln x+\dfrac{\ln x}{x}$；　　(6)$y=\dfrac{e^x}{1+\cos x}$.

3. 求下列函数的导数.

(1) $y=(x^3-x)^6$；

(2) $y=\sqrt{1+\ln^2 x}$；

(3) $y=\ln\frac{x}{1-x}$；

(4) $y=x^2\sin\left(\frac{1}{x}\right)$；

(5) $y=\ln[\ln(\ln x)]$；

(6) $y=\sin(\cos x)$.

4. 求下列函数的导数.

(1) $y=(x^3+3)^2$，求 y''；

(2) $y=\sin x$，求 y'''.

5. 求由下列方程所确定的隐函数的导数.

(1) $y^2+x^3-3xy=0$；

(2) $e^y+2xy=x^3$.

6. 设 $y=f(x)$ 由方程 $e^{2x+y}-\cos(xy)=e-1$ 确定，求曲线在(0，1)处的切线方程.

7. 用对数求导法求下列函数的导数.

(1) $\frac{(2x+3)\sqrt[4]{x-6}}{\sqrt[3]{x+1}}$；

(2) $y=(\sin x)^x(\sin x>0)$.

8. 求由下列各参数方程所确定的函数的导数.

(1) $\begin{cases}x=t+t^2\\ y=2t^2-1\end{cases}$；

(2) $\begin{cases}x=t\sin t\\ y=t\cos t\end{cases}$.

9. 求下列函数的微分.

(1) $y=x\sin x$；

(2) $y=\cos(x^2)$；

(3) $y=\ln\sin\frac{x}{2}$.

10. 利用微分求近似值.

(1) ln 1.01；

(2) $\sqrt[6]{65}$.

11. 用洛必达法则求下列函数极限.

(1) $\lim\limits_{x\to 0}\frac{\sqrt{1+x}+\sqrt{1-x}-2}{x^2}$；

(2) $\lim\limits_{x\to 1}\left(\frac{2}{x^2-1}-\frac{1}{x-1}\right)$；

(3) $\lim\limits_{x\to 0}\left(\frac{1}{x^2}\ln\cos 4x\right)$；

(4) $\lim\limits_{x\to 0}(\cos 4x)^{\frac{1}{x^2}}$.

12. 求下列函数的单调区间.

(1) $f(x)=2+x-x^2$；

(2) $f(x)=x^3e^{-x}$.

13. 已知 $x>0$，证明：$x-\frac{x^2}{2}<\ln(1+x)<x$.

14. 求下列函数的极值.

(1) $y=x^3(1-x)$；

(2) $y=\frac{1}{2}x^2e^{-x}$.

15. 设函数 $f(x)=x^5-5x^4+5x^3+1$，求函数 $f(x)$ 在 $[-1, 2]$ 上的最值.

16. 要设计一个容积为 500 毫升的圆柱形装饮料的易拉罐，问其底面半径与高之比为多少时，易拉罐所耗材料最少？

17. 求下列函数的凹凸区间与拐点.

(1) $y=2x^4-6x^2$；

(2) $y=(x+1)^4+e^x$.

18. 讨论下列曲线的水平及垂直渐近线.

(1) $f(x)=\frac{1}{x-1}$；

(2) $f(x)=\frac{x^3}{(x+1)^3}$.

19. 作出下列函数的图像.

(1) $y=3x^2-x^3$；

(2) $f(x)=e^{\frac{1}{x}}$.

测试题(二)

一、选择题

1. 设函数 $f(x)$是可导函数，则$\lim\limits_{\Delta x\to 0}\dfrac{f^2(x+\Delta x)-f^2(x)}{\Delta x}=$(　　).

A. 0　　B. $f'(x)$　　C. $2f'(x)f(x)$　　D. $2f(x)$

2. 函数 $f(x)$在点 x_0 连续，是 $f(x)$在点 x_0 可导的(　　).

A. 必要不充分条件　　B. 充分不必要条件

C. 充分必要条件　　D. 既不充分也不必要条件

3. 过曲线 $y=x\ln x$ 上 M_0 点的切线平行于直线 $y=2x$，则切线 M_0 的坐标是(　　).

A. (1，0)　　B. (e，0)　　C. (e，1)　　D. (e，e)

4. 设 $y=e^{f(x)}$且 $f(x)$二阶可导，则 $y''=$(　　).

A. $e^{f(x)}$　　B. $e^{f(x)}f''(x)$

C. $e^{f(x)}[f'(x)f''(x)]$　　D. $e^{f(x)}\{[f'(x)]^2+f''(x)\}$

5. 若 $f(x)=\begin{cases} e^{ax}, & x<0 \\ b+\sin 2x, & x\geqslant 0\end{cases}$在 $x=0$ 处可导，则 a，b 的值应为(　　).

A. $a=2$，$b=1$　　B. $a=1$，$b=2$

C. $a=-2$，$b=1$　　D. $a=2$，$b=-1$

6. 在下列四个函数中，在$[-1，1]$上满足罗尔定理条件的函数是(　　).

A. $y=8|x|+1$　　B. $y=4x^2+1$　　C. $y=\dfrac{1}{x^2}$　　D. $y=|\sin x|$

7. 指出曲线 $y=\dfrac{x}{3-x^2}$的渐近线(　　).

A. 没有水平渐近线，也没有斜渐近线

B. $x=\sqrt{3}$为其垂直渐近线，但无水平渐近线

C. 即有垂直渐近线，又有水平渐近线

D. 只有水平渐近线

8. 方程 $x^5-5x+1=0$ 在$(-1，1)$内根的个数是(　　).

A. 没有实根　　B. 有且仅有一个实根

C. 有两个相异的实根　　D. 有五个实根

9. 设 $a<0$，函数 $f(x)=ax^3+3ax^2+8$ 为增函数，则(　　).

A. $x<-2$　　B. $-2<x<0$　　C. $x>0$　　D. $x<-2$ 或 $x>0$

10. 设 $f(x)$在闭区间$[-1，1]$上连续，在开区间$(-1，1)$上可导，且$|f'(x)|\leqslant M$，$f(0)=0$，则必有(　　).

A. $|f(x)|\geqslant M$　　B. $|f(x)|>M$　　C. $|f(x)|\leqslant M$　　D. $|f(x)|<M$

二、填空题

1. 设函数 $f(x)=\sin\left(2x+\dfrac{\pi}{2}\right)$，则 $f'\left(\dfrac{\pi}{4}\right)=$________.

2. 设函数 $y=y(x)$由方程 $xy-e^x+e^y=0$ 所确定，则 $y'(0)=$________.

3. 曲线 $y=\ln x$ 在点 $P(e，1)$处的切线方程________.

4. 若 $f(x)=\begin{cases} x=t^2+2t \\ y=\ln(1+t)\end{cases}$，则$\left.\dfrac{dy}{dx}\right|_{t=0}=$________.

5. 若函数 $y=e^x(\cos x+\sin x)$，则 $dy=$________.

6. 若 $f(u)$可导，且 $y=\sin f(e^{-x})$，则 $dy=$________.

7. 曲线 $f(x)=\dfrac{2x^2}{1+x^2}$的拐点是________.

8. 函数 $y=\dfrac{x^2}{1+x^2}$在$\left[-\dfrac{1}{2}，1\right]$上的最小值是________.

9. 已知点$(2，5)$是曲线 $y=ax^3+bx^2$ 的拐点，则 $a=$________，$b=$________.

10. 已知 $f(x)=\ln(1-e^{1-x})$，则 $f(x)$的垂直渐近线为________.

三、计算与解答题

1. 求下列函数的导数.

(1)$y=\dfrac{e^x}{1+x^2}$；　　(2)$y=\sqrt[3]{\ln(2x)^2}$；

(3)$y=x^{a^a}+a^{x^a}+a^{a^x}\ (a>0)$.

2. 设 $y=\ln\sqrt{\dfrac{e^{4x}}{e^{4x}+1}}$，求 y'及$y'|_{x=0}$.

3. 设 $f(x)=\begin{cases}\dfrac{1}{x}\sin x^2+1, & x<0 \\ x+1, & x\geqslant 0\end{cases}$，求 $f'(0)$.

4. 设$\begin{cases} x=\ln\cos t \\ y=\sin t-t\cos t\end{cases}$，求$\left.\dfrac{d^2y}{dx^2}\right|_{t=\frac{\pi}{3}}$.

5. 设 $y=f(e^x)e^{f(x)}$ 且 $f'(x)$存在，求$\dfrac{dy}{dx}$.

6. 函数 $f(x)=\begin{cases}\ln(x+1), & -1<x\leqslant 0\\ \sqrt{1+x}-\sqrt{1-x}, & 0<x<1\end{cases}$ 在 $x=0$ 是否连续，是否可导？

7. 设 $y=\dfrac{\sqrt{x+2}(3-x)^4}{(1+x)^5}$，求 y'.

8. 求曲线$\begin{cases}x=\cos^3 t\\ y=\sin^3 t\end{cases}$上对应于$t=\dfrac{\pi}{6}$的点处的法线方程.

9. 求下列各极限.

(1)$\lim\limits_{x\to 0}\dfrac{x-\ln(1+x)}{x^2}$；　　(2)$\lim\limits_{x\to 0^+}\dfrac{\ln x}{\cot x}$.

10. 求下列函数的单调区间与极值.

(1)$y=e^{-x}\sin x\quad x\in[0,2\pi]$；　　(2)$y=2-(x-1)^{\frac{2}{3}}$.

11. 求下列函数图形的凹凸区间及拐点坐标.

(1)$y=(x-2)^{\frac{5}{3}}$；　　(2)$y=\dfrac{2}{3}x-\sqrt[3]{x}$.

12. 求下列函数在给定区间上的最大值和最小值.

(1)$f(x)=x+3\sqrt[3]{1-x}$，$x\in[-1,2]$；　　(2)$f(x)=\sqrt{5-4x}$，$x\in[-1,1]$.

13. 某产品计划一个生产周期内的总产量为 a 吨，分若干批生产. 设每批产品需要投入固定费用 1000 元，而每批生产直接消耗的费用(不包括固定费用)与产品数量的立方成正比，且比例系数为$\dfrac{1}{3}$. 问每批生产多少吨时，才能使总费用最省？

14. 求下列曲线的水平或垂直渐近线：

(1)$y=\dfrac{x^3}{x^2+2x-3}$；　　(2)$y=\dfrac{1+e^{-x^2}}{1-e^{-x^2}}$.

15. 证明：当 $x\geqslant 1$ 时，$\arctan\sqrt{x^2-1}+\arcsin\dfrac{1}{x}=\dfrac{\pi}{2}$.

16. 作出下列函数的图像.

(1)$y=\dfrac{e^x}{1+x}$；　　(2)$y=\dfrac{x}{\sqrt[3]{x^2-1}}$.

测试题(三)

一、选择题

1. 设函数 $f(x)$ 在点 0 可导，且 $f(0)=0$，则 $\lim\limits_{x\to 0}\dfrac{f(x)}{x}=$(　　).

A. $f'(x)$　　B. $f'(0)$　　C. 不存在　　D. ∞

2. 若 $f'(x_0)=-3$，则 $\lim\limits_{\Delta x\to 0}\dfrac{f(x_0+\Delta x)-f(x_0+3\Delta x)}{\Delta x}=$(　　).

A. -3　　B. 6　　C. -9　　D. -12

3. 设 $f(x)=\begin{cases}x^2-2x+2, & x>1\\ 1, & x\leqslant 1\end{cases}$ 则 $f(x)$ 在 $x=1$ 处(　　).

A. 不连续　　B. 连续，但不可导

C. 连续，且有一阶导数　　D. 有任意阶导数

4. 要使函数 $f(x)=\begin{cases}x^n\sin\dfrac{1}{x}, & x=0\\ 0, & x\neq 0\end{cases}$ 在 $x=0$ 处的导函数连续，则 n 应取(　　).

A. $n=0$　　B. $n=1$　　C. $n=2$　　D. $n\geqslant 3$

5. 设函数 $f(x)$ 有连续的二阶导数，且 $f(0)=0$，$f'(0)=1$，$f''(0)=-2$，则极限 $\lim\limits_{x\to 0}\dfrac{f(x)-x}{x^2}$ 等于(　　).

A. 1　　B. 0　　C. 2　　D. -1

6. 设函数 $f(x)=x(x-1)(x-2)(x-3)(x-4)$，则 $f'(0)=$(　　).

A. 0　　B. 24　　C. 36　　D. 48

7. 下列函数中在$[1, e]$上满足拉格朗日定理条件的是(　　).

A. $\ln(\ln x)$　　B. $\ln x$　　C. $\dfrac{1}{\ln x}$　　D. $\ln(2-x)$

8. 若 $f(x)$ 为可导函数，ξ 为开区间(a, b)内一定点，而且有 $f(\xi)>0$，$(x-\xi)f'(x)\geqslant 0$，则在闭区间$[a, b]$上必有(　　).

A. $f(x)<0$　　B. $f(x)\leqslant 0$　　C. $f(x)\geqslant 0$　　D. $f(x)>0$

9. 函数 $y=x\arctan x$ 的图形，在(　　).

A. $(-\infty, +\infty)$处处是凸的　　B. $(-\infty, +\infty)$处处是凹的

C. $(-\infty, 0)$为凸的，在$(0, +\infty)$为凹的　　D. $(-\infty, 0)$为凹的，在$(0, +\infty)$为凸的

10. 曲线 $y=(x-5)^{\frac{5}{3}}+2$(　　).

A. 有极值点 $x=5$，但无拐点　　B. 有拐点$(5, 2)$，但无极值点

C. $x=5$ 有极值点且$(5, 2)$是拐点　　D. 既无极值点，又无拐点

二、填空题

1. 若 $f(x)$ 在 $x=e$ 点处且有连续的一阶导数，且 $f'(e)=-2e^{-1}$，则 $\lim\limits_{x\to 0^+}\dfrac{d}{dx}f(e^{\cos\sqrt{x}})=$________.

2. 设 $f(x)=(x^{331}-1)g(x)$，其中 $g(x)$ 在点 $x=1$ 处连续，且 $g(1)=6$，则 $f'(1)=$________.

3. $\lim\limits_{x\to 0}(1+3x)^{\frac{2}{\sin x}}=$________.

4. 曲线 $\begin{cases}x=1+t^2\\ y=t^3\end{cases}$ 在 $t=2$ 处的切线方程为________.

5. $\lim\limits_{x\to\infty}x\left[\sin\ln\left(1+\dfrac{3}{x}\right)-\sin\ln\left(1+\dfrac{1}{x}\right)\right]=$________.

6. 函数 $\begin{cases}x=t^2-1\\ y=t^3-3t^2\end{cases}$ 的极小值点 $x=$________.

7. 设曲线 $y=kx^2\ln x$ 在区间$(0, e^{-\frac{3}{2}})$内是凹的，则 $k=$________.

8. 设函数 $f(x)$ 在 $x=0$ 处具有二阶导数，且 $f(0)=0$，$f'(0)=1$，$f''(0)=3$，则极限 $\lim\limits_{x\to 0}\dfrac{f(x)-x}{x^2}=$________.

9. 设 $y(x)$ 是由方程 $y-\varepsilon\sin y=x$ $(0<\varepsilon<1$，ε 常数)所定义的函数，则 $y''=$________.

10. 若 $y=\dfrac{1}{x^2-1}$，则 $y^{(5)}=$________.

三、计算与解答题

1. 设 $y=\ln[f(x)]$ 且 $f''(x)$ 存在，求 $\dfrac{d^2y}{dx^2}$.

2. 设 $y=y(x)$ 由方程组 $\begin{cases}x=3t^2+2t+3\\ e^y\sin t-y+1=0\end{cases}$ 所确定，求 $\left.\dfrac{d^2y}{dx^2}\right|_{t=0}$.

3. 设 $\begin{cases}x=f'(t)\\ y=tf'(t)-f(t)\end{cases}$，其中 $f(t)$ 具有二阶导数，且 $f''(t)\neq 0$，求 $\dfrac{d^2y}{dx^2}$.

4. 若 $y^3-x^2y=2$，求$\frac{d^2y}{dx^2}$.

5. 已知 $y=x\arctan x-\ln\sqrt{1+x^2}$，求 y'.

6. 周期为 4 的函数 $f(x)$在$(-\infty, +\infty)$内可导，又$\lim\limits_{x\to0}\frac{f(1)-f(1-x)}{2x}=-1$，求曲线在点$[5, f(5)]$处的切线方程.

7. 设 $y=\sqrt{x\sin x\sqrt{1-e^x}}$，求 y'.

8. 函数 $y=y(x)$由方程 $\arctan\frac{y}{x}=\ln\sqrt{x^2+y^2}$确定，求$\frac{dy}{dx}$.

9. $f(x)=x\sqrt{\frac{1+\sqrt{x}}{1-\sin\ln(x+1)}}$，求 $f'(0)$.（提示：利用定义）

10. 求下列各极限.

(1)$\lim\limits_{x\to1}\frac{(x^{3x-2}-x)\sin 2(x-1)}{(x-1)^3}$；　　(2)$\lim\limits_{x\to0}\frac{(1+x)^{\frac{1}{x}}-e}{x}$；

(3)$\lim\limits_{x\to0}\frac{e^x-e^{\sin x}}{x-\sin x}$；　　(4)$\lim\limits_{n\to\infty}\frac{\arctan\frac{1}{n}-\arctan\frac{1}{n+1}}{\frac{1}{n}-\frac{1}{n+1}}$.

11. 当 a 为何值时，$y=a\sin x+\frac{1}{3}\sin 3x$ 在 $x=\frac{\pi}{3}$处有极值？求此极值，并说明是极大值还是极小值.

12. 设 $y=y(x)$由 $2y^3-2y^2+2xy-x^2=1$ 所确定，试求 $y=y(x)$的驻点，并判断其驻点处是否取得极值.

13. 求曲线 $y=\frac{(x-1)^2}{(x+1)^3}$的渐近线.

14. 若 $x>0$，证明 $e^x>1+x$.

15. 证明函数 $y=e^{\sqrt{x}}+e^{-\sqrt{x}}$满足关系式 $xy''+\frac{1}{2}y'-\frac{1}{4}y=0$.

16. 作出下列函数的图像：

(1)$f(x)=\frac{2x-1}{(x+1)^2}$；　　(2)$y=\frac{1-2x}{x^2}+2$.

第四章测试题

测试题(一)

一、选择题

1. 设函数 $f(x)$在$(-\infty, +\infty)$上连续，则 $d\left[\int f(x)dx\right]$ 等于(　　).

A. $f(x)$　　B. $f(x)dx$　　C. $f(x)+C$　　D. $f'(x)dx$

2. 若 $f(x)$的一个原函数是 $\ln(2x)$，则 $f'(x)=$(　　).

A. $-\frac{1}{x^2}$　　B. $\frac{1}{x}$　　C. $\ln(2x)$　　D. $x-\ln(2x)$

3. $\int \frac{3x^4+3x^2+1}{x^2+1}dx=$(　　).

A. $x^3+\tan x+C$　　B. $9x^3+\arctan x+C$

C. $x^3+\arctan x+C$　　D. $6x+\tan x+C$

4. $\int \sin 4x\,dx=$(　　).

A. $\cos 4x+C$　　B. $\frac{1}{4}\cos 4x+C$　　C. $-\cos 4x+C$　　D. $-\frac{1}{4}\cos 4x+C$

5. $\int \frac{1}{3+x^2}dx=$(　　).

A. $\arctan 3x+C$　　B. $\arctan \frac{x}{3}+C$

C. $\frac{1}{\sqrt{3}}\arctan \frac{x}{\sqrt{3}}+C$　　D. $\frac{1}{3}\arctan \frac{x}{3}+C$

6. $\int \ln \frac{x}{2}dx=$(　　).

A. $x\ln \frac{x}{2}-2x+C$　　B. $x\ln \frac{x}{2}-4x+C$

C. $x\ln \frac{x}{2}-x+C$　　D. $x\ln \frac{x}{2}+x+C$

7. 设 $f(x)$是上连续函数，且为偶函数，则在对称区间$[-a, a]$上的定积分 $\int_{-a}^{a} f(x)dx=$(　　).

A. 0　　B. $2\int_{-a}^{0} f(x)dx$　　C. $\int_{-a}^{0} f(x)dx$　　D. $\int_{0}^{a} f(x)dx$

8. 若 $y=f(x)$与 $y=g(x)$是$[a, b]$上的两条光滑曲线的方程，则由这两条曲线及直线 $x=a$，$x=b$ 所围的平面区域的面积为(　　).

A. $\int_a^b (f(x)-g(x))dx$　　B. $\int_a^b (g(x)-f(x))dx$

C. $\int_a^b |f(x)-g(x)|dx$　　D. $\left|\int_a^b (f(x)-g(x))dx\right|$

9. 定积分$\int_a^b f(x)dx$ 是(　　).

A. $f(x)$ 的一个原函数　　B. $f(x)$ 的全体原函数

C. 任意常数　　D. 确定的常数

10. 如果 $f(x)$ 在区间$[a, b]$上可积，则$\int_a^b f(x)dx-\int_b^a f(x)dx$ 的值必定等于(　　).

A. 0　　B. $\int_a^b f(x)dx$

C. $2\int_a^b f(x)dx$　　D. $2\int_b^a f(x)dx$

二、填空题

1. $d\int df(x)=$________，$\int f'(x)dx=$________.

2. 不定积分$\int(\cot^2 x-1)dx=$________.

3. $\int_0^{\pi}\sqrt{1-\sin^2 x}\,dx=$________.

4. 设 k 为常数，且$\int_0^1(2x+k)dx=3$，则 $k=$________.

5. 求$\lim\limits_{x\to 0}\frac{\int_0^x t\tan t\,dt}{x^3}=$________.

6. 求$\int_0^1 x\arctan x\,dx=$________.

7. $\int$________$dx=xe^x+C$.

8. $\frac{d}{dx}\int_x^1\ln(1+t^2)dt=$________.

9. 若 $F'(x)=f(x)$，则$\int f(ax+b)dx=$________.

10. 已知 $f(x)=x^3+1$，则$\int_{-2}^{2} f(x)dx=$________.

三、计算题

1. $\int \frac{(x+1)(1-3x^2)}{x^2}dx$.

2. $\int \frac{1}{\sqrt{x}(1+x)}\mathrm{d}x$.

3. $\int \frac{1}{x+\sqrt[3]{x}}\mathrm{d}x$.

4. $\int \frac{3x-2}{x^2-2x+4}\mathrm{d}x$.

5. $\int \arctan\frac{1}{x}\mathrm{d}x$.

6. $\int_0^{\pi}\sin^2 x\,\mathrm{d}x$.

7. 设 $f(x)=\begin{cases} x^2 & 0\leqslant x<1 \\ 2-x & 1<x\leqslant 2 \end{cases}$，求 $\int_0^2 f(x)\mathrm{d}x$.

8. 求广义积分 $\int_0^{+\infty}\frac{x}{1+x^4}\mathrm{d}x$.

9. 求由曲线 $y=\sqrt{x}$，直线 $x=1$ 所围成的平面图形的面积，及其绕 x 轴旋转一周所形成的旋转体的体积.

10. 求 $\int_0^1 x\sin\pi x\,\mathrm{d}x$.

测试题(二)

一、选择题

1. 下列各等式中不正确的是(   ).

A. $\left[\int f(x)\mathrm{d}x\right]'=f(x)$ B. $\mathrm{d}\left[\int f(x)\mathrm{d}x\right]=f(x)\mathrm{d}x$

C. $\int f'(x)\mathrm{d}x=f(x)+C$ D. $\int \mathrm{d}F(x)=F(x)$

2. $\int \frac{1}{1+\cos 2x}\mathrm{d}x=$(   ).

A. $2\tan x+C$ B. $\frac{1}{2}\tan x+C$

C. $-\frac{1}{\sin^2 x}+C$ D. $-\frac{1}{2\sin 2x}+C$

3. $\int \frac{f'(x)}{f(x)}\mathrm{d}x=$(   ).

A. $\ln|f(x)|+C$ B. $\frac{1}{2}[f'(x)]^2+C$

C. $\frac{f'(x)}{f(x)}+C$ D. $\frac{1}{2}[f(x)]^2+C$

4. 设 $f(x)$ 在$[a, b]$上连续，则$\int_a^b f(x)\mathrm{d}x=$(   ).

A. $(b-a)\int_0^1 f[a+(b-a)t]\mathrm{d}t$ B. $(b-a)\int_{-1}^0 f[a+(b-a)t]\mathrm{d}t$

C. $\int_0^1 f[a+(b-a)t]\mathrm{d}t$ D. $\int_{-1}^0 f[a+(b-a)t]\mathrm{d}t$

5. 设 $\sin x$ 是 $f(x)$ 的一个原函数，则$\int xf(x)\mathrm{d}x=$(   ).

A. $x\cos x-\cot x+C$ B. $x\sin x+\cos x+C$

C. $-x\cot x-\cos x+C$ D. $-x\cot x+\cos x+C$

6. 不定积分$\int \frac{1-2x^2}{1+x^2}\mathrm{d}x=$(   ).

A. $-3x+3\arctan x+C$ B. $-2x+2\arctan x+C$

C. $-2x+3\operatorname{arccot} x+C$ D. $-2x+3\arctan x+C$

7. 不定积分$\int 3^x\mathrm{e}^x\mathrm{d}x=$(   ).

A. $\frac{3^x\mathrm{e}^x}{1+\ln 3}+C$ B. $\frac{3^x\mathrm{e}^x}{1+\ln 3}$ C. $\frac{3^x\mathrm{e}^x}{1+\ln 2}+C$ D. $\frac{3^x\mathrm{e}^x}{1+\ln 2}+C$

8. $\int \frac{\mathrm{e}^{3x}+1}{\mathrm{e}^x+1}\mathrm{d}x=$(   ).

A. $\mathrm{e}^{2x}+\mathrm{e}^x+x+C$ B. $\frac{1}{2}\mathrm{e}^{2x}-\mathrm{e}^x+x+C$

C. $\frac{1}{3}\mathrm{e}^{3x}+x+C$ D. $\frac{1}{2}\mathrm{e}^{2x}+\mathrm{e}^x+x+C$

9. 下列广义积分中，发散的是(   ).

A. $\int_1^{+\infty}\frac{1}{x\sqrt{x}}\mathrm{d}x$ B. $\int_0^1\frac{1}{x^2}\mathrm{d}x$ C. $\int_0^1\frac{1}{\sqrt{1-x}}\mathrm{d}x$ D. $\int_0^{+\infty}\mathrm{e}^{-x}\mathrm{d}x$

10. 若$\int_0^1 \mathrm{e}^x f(\mathrm{e}^x)x=\int_a^b f(u)\mathrm{d}u$，则(   ).

A. $a=0$，$b=1$ B. $a=0$，$b=\mathrm{e}$ C. $a=1$，$b=\mathrm{e}$ D. $a=1$，$b=0$

二、填空题

1. 设$\int f(x)\mathrm{d}x=2\cos^2\frac{x}{3}+C$，则 $f(x)=$________.

2. 若 $F'(x)=f(x)$，则$\int \sin x f(\cos x)\mathrm{d}x=$________.

3. 不定积分$\int \frac{\mathrm{d}x}{25+x^2}=$________.

4. 不定积分$\int \frac{\mathrm{e}^x-1}{\mathrm{e}^x+1}\mathrm{d}x=$________.

5. 已知 $f(x)=x^2+3\int_0^1 f(x)\mathrm{d}x$，则$\int_0^1 f(x)\mathrm{d}x=$________.

6. $\frac{\mathrm{d}}{\mathrm{d}x}\int_{x^2}^0 x\cos t^2\mathrm{d}t=$________.

7. 设函数 $f(x)$ 在区间$[a, b]$上连续，则$\left[\int_a^b f(x)\mathrm{d}x\right]'=$________. $\mathrm{d}\left[\int_a^x f(t)\mathrm{d}t\right]=$________.

8. $\lim\limits_{x\to 1}\frac{\int_1^x (t^2-1)\mathrm{d}t}{\ln^2 2x}=$________.

9. 若设 $f(x)=\frac{\mathrm{d}}{\mathrm{d}x}\int_0^x \sin(t-x)\mathrm{d}t$，则必有 $f(x)=$________.

10. $\int f(x)\mathrm{d}x=x^2+C$，则$\int x^2 f(1-x^3)\mathrm{d}x=$________.

三、计算题

1. $\lim\limits_{x\to 0}\frac{\int_0^{x^2}\arctan\sqrt{t}\,\mathrm{d}t}{x^3}$.

2. $\int_{0}^{\frac{\pi}{4}} \frac{1}{1+\tan^2 x} \mathrm{d}x$.

3. $\int_{0}^{3} \sqrt{x^3-2x^2+x}\, \mathrm{d}x$.

4. $\int \frac{2x+3}{x^2+x-2} \mathrm{d}x$.

5. $\int x^2 \arctan x\, \mathrm{d}x$.

6. 若 $f'(\sin^2 x)=\cos 2x+\tan^2 x \quad (0<x<1)$，求 $f(x)$.

7. $\int_{-\pi}^{\pi} \sqrt{1-\cos x}\, \mathrm{d}x$.

8. $\int_{0}^{1} \left(x+\frac{1}{2}\right) \arctan x\, \mathrm{d}x$.

9. $\int_{0}^{\pi^2} (\sin\sqrt{x})^2 \mathrm{d}x$.

10. 求由曲线 $y=x^2$、曲线 $x=y^2$ 所围成的平面图形的面积，及其绕 x 轴旋转一周所形成的旋转体的体积.

测试题(三)

一、选择题

1. 设 $f(x)=e^{-x}$，则 $\int \frac{f'(\ln x)}{x}dx=$(　　).

A. $-\frac{1}{x}+C$　　B. $\frac{1}{x}+C$　　C. $-\ln x+C$　　D. $\ln x+C$

2. 若 $\int f(x)dx=x^2+C$，则 $\int xf(1-x^2)dx=$(　　).

A. $2(1-x^2)^2+C$　　B. $-2(1-x^2)^2+C$

C. $\frac{1}{2}(1-x^2)^2+C$　　D. $-\frac{1}{2}(1-x^2)^2+C$

3. 已知 $\int f(x)dx=F(x)+C$，则 $\int xf'(x)dx=$(　　).

A. $xF(x)$　　B. $xF(x)+C$

C. $xF'(x)$　　D. $xF'(x)-F(x)+C$

4. 设 $f(x)=\sin ax$，则 $\int xf''(x)dx=$(　　).

A. $\frac{x}{a}\cos ax-\sin ax+C$　　B. $ax\cos ax-\sin ax+C$

C. $\frac{x}{a}\sin ax-a\cos ax+C$　　D. $ax\sin ax-a\cos ax+C$

5. 不定积分 $\int \frac{x-2}{1+x^2}dx=$(　　).

A. $\frac{1}{2}\ln(1+x)-2\arctan x+C$　　B. $\frac{1}{2}\ln(1+x^2)-2\arctan x+C$

C. $\frac{1}{2}\ln(1+x^2)-2\text{arccot}\, x+C$　　D. $\frac{1}{2}\ln(1+x^2)+2\arctan x+C$

6. 设 $x^2\ln x$ 是 $f(x)$的一个原函数，则 $\int xf(x)dx=$(　　).

A. $x^3\left(\frac{2}{3}+\frac{1}{9}\ln x\right)+C$　　B. $x^3\left(\frac{1}{9}+\frac{2}{3}\ln x\right)+C$

C. $x^3\left(\frac{2}{3}-\frac{1}{9}\ln x\right)+C$　　D. $x^3\left(\frac{1}{9}-\frac{2}{3}\ln x\right)+C$

7. $\int x(1+x)^{10}dx=$(　　).

A. $\frac{1}{11}(1+x)^{11}+C$　　B. $\frac{x^2}{2}\frac{1}{11}(1+x)^{11}+C$

C. $\frac{1}{12}(1+x)^{12}-\frac{1}{11}(1+x)^{11}+C$　　D. $\frac{1}{12}(1+x)^{12}+\frac{1}{11}(1+x)^{11}+C$

8. 设函数 $\Phi(x)=\int_a^{x^3}f(t)dt$，则 $\Phi'(x)=$(　　).

A. $f(x)$　　B. $f(x^3)$　　C. $3x^2f(x)$　　D. $3x^2f(x^3)$

9. 求定积分 $\int_{-1}^{1}[(\arctan x)^{11}+(\cos x)^{21}]dx=$(　　).

A. $2\int_0^1[(\arctan x)^{11}+(\cos x)^{21}]dx$　　B. 0

C. $2\int_0^1\cos^{21}x\,dx$　　D. 2

10. 已知函数 $y=\int_0^x \frac{1}{(1+t)^2}dt$，则 $y''(1)=$(　　).

A. $-\frac{1}{2}$　　B. $-\frac{1}{4}$　　C. $\frac{1}{4}$　　D. $\frac{1}{2}$

二、填空

1. 设 $f(x)=x^2+\frac{1}{2}\int_0^1 f(x)dx$，则 $\int_0^1 f(x)dx=$________.

2. 设 $\int_0^x f(t)dt=x^2$，则 $\int_0^2 xf(x^2)dx=$________.

3. 设 $f(x)$ 是连续函数，$F(x)=\int_{x^2}^{e^x}f(t)dt$，则 $F'(0)=$________.

4. 设是方程 $\int_0^y e^t dt+\int_0^x \cos t\,dt=0$ 所确定的 x 的函数，则 $\frac{dy}{dx}=$________.

5. 已知 $f(0)=1$，$f(2)=3$，$f'(2)=5$，则 $\int_0^2 xf''(x)dx=$________.

6. 若广义积分 $\int_2^{+\infty}\frac{1}{x(\ln x)^p}dx$ 收敛，则 p ________.

7. 已知 $t=2x$，在[0，1]上连续，令 $t=2x$，则 $\int_0^1 f(2x)dx=$________.

8. 已知 $f(x)=x^2+x\int_0^1 f(x)dx$，则 $f(x)=$________.

9. $\int \frac{1}{e^x+e^{\frac{x}{2}}}dx=$________.(提示：令 $u=e^{\frac{x}{2}}$ ________)

10. $\int \frac{\ln \tan \frac{x}{2}}{\sin x}dx=$________.

三、计算题

1. $\int_1^2 x\sqrt{x-1}\,dx$.

2. $\int_{1}^{e}(\ln x)^{3}\mathrm{d}x$.

3. $\int_{\frac{1}{\sqrt{2}}}^{1}\frac{\sqrt{1-x^{2}}}{x^{2}}\mathrm{d}x$.

4. $\int_{\frac{1}{e}}^{e}|\ln x|\mathrm{d}x$.

5. 设 $f(3x+2)=6x\mathrm{e}^{-3x}$，求 $\int_{2}^{3}f(x)\mathrm{d}x$.

6. 求 $\int\frac{x^{2}+1}{x^{3}-2x^{2}+x}\mathrm{d}x$.

7. 求 $\int\frac{\mathrm{e}^{x}}{x}(1+x\ln x)\mathrm{d}x$.

8. 求 $\int\frac{x+\sin x}{1+\cos x}\mathrm{d}x$.

9. $\int_{2}^{+\infty}\frac{1}{(x+7)\sqrt{x-2}}\mathrm{d}x$.

10. 求由抛物线 $x^{2}=4y(y>0)$，直线 $y=1$ 及 y 轴所围成的平面图形的面积，及其绕 x 轴，y 轴旋转一周所形成的旋转体的体积.

第五章测试题

测试题(一)

一、选择题

1. 微分方程 $y'=3y^{\frac{2}{3}}$ 的一个特解是(　　).

A. $y=x^3+1$　　B. $y=(x+2)^3$　　C. $y=(x+C)^2$　　D. $y=C(1+x)^3$

2. $y=C_1e^x+C_2e^{-x}$ 是方程 $y''-y=0$ 的(　　)，其中 C_1，C_2 为任意常数.

A. 通解　　B. 特解　　C. 是方程所有的解　　D. 上述都不对

3. 微分方程 $y\cdot y''-(y')^6=0$ 是(　　)阶微分方程.

A. 一　　B. 二　　C. 六　　D. 三

4. 微分方程 $y''+y=\sin x$ 的一个特解具有形式(　　).

A. $y^*=a\sin x$　　B. $y^*=a\cos x$

C. $y^*=x(a\sin x+b\cos x)$　　D. $y^*=a\sin x+b\cos x$

5. 下列微分方程中(　　)是二阶常系数齐次线性微分方程.

A. $y''-2y=0$　　B. $y''-xy'+3y^2=0$

C. $5y''-4x=0$　　D. $y''-2y'+1=0$

6. 下列微分方程中为一阶线性方程的是(　　).

A. $xy'+y^2=x$　　B. $dy+y\cot x\,dx=5e^{5\cos x}dx$

C. $yy'=x$　　D. $y'^2+xy=0$

7. 微分方程 $y''+2y'+y=3xe^{-x}$ 的特解应设为(　　).

A. $y=(ax+b)^{-x}$　　B. $y=x(ax+b)^{-x}$

C. $y=x^2(ax+b)^{-x}$　　D. $y=(ax^2+bx+c)e^{-x}$

8. 在用换元降阶方法求微分方程 $y''-3y'=y^2$ 的解时，应选择的换元为(　　).

A. 令 $y'=P$，$y''=P'$　　B. 令 $y'=P$，$y''=P\dfrac{dP}{dy}$

C. 令 $y'=P$，$y''=y\dfrac{dP}{dy}$　　D. 令 $y'=P$，$y''=P\dfrac{dP}{dx}$

9. 微分方程 $y''-6y'+10y=0$ 的通解为(　　).

A. $y=e^{3x}(C_1\cos x+C_2\sin x)$　　B. $y=e^x(C_1\cos 3x+C_2\sin 3x)$

C. $y=e^{-x}(C_1\cos 3x+C_2\sin 3x)$　　D. $y=e^{-3x}(C_1\cos x+C_2\sin x)$

10. 微分方程 $y''-4y'+4y=6x^2+8e^{2x}$ 的特解应设为(　　).

A. $y^*=ax^2+bx+ce^{2x}$　　B. $y^*=ax^2+(bx^2+cx)e^{2x}$

C. $y^*=ax^2+be^{2x}+cxe^{2x}$　　D. $y^*=ax^2+bx+c+dx^2e^{2x}$

二、填空题

1. $y''=\sin 2x-\cos x$ 的通解是________.

2. $\dfrac{dy}{dx}-\dfrac{2y}{x+1}=(x+1)^{\frac{5}{2}}$，其对应的齐次方程的通解为________.

3. 过点(1，0)，且满足方程 $y'\arcsin x+\dfrac{y}{\sqrt{1-x^2}}=1$ 的曲线方程为________.

4. 微分方程 $y'=\dfrac{y}{x}-e^{\frac{y}{x}}$ 的通解为________.

5. 微分方程 $(3x+2x^2)y''-6(1+x)y'+6y=0$ 的两个解分别为 $y=x+1$，$y=x^3$，则该方程的通解为________.

6. 微分方程 $y''-4y'-21y=0$ 满足 $y|_{x=0}=0$，$y'|_{x=0}=10$ 的特解为________.

7. 微分方程 $y''+y=x\cos 2x$ 的待定特解应设为________.

8. 微分方程 $xy'+2y=4x^4y^2$ 的通解为________.

三、计算题

1. 求微分方程 $\begin{cases}x(y^2+1)dx+y(1-x^2)dy=0\\ y|_{x=0}=1\end{cases}$ 的特解.

2. 求微分方程 $y'+y\cos x=e^{-\sin x}$ 的通解.

3. 求微分方程 $(y+\sqrt{x^2-xy})dx-x\,dy=0$ 满足初始条件 $y|_{x=0}=2$ 的特解.

4. 求微分方程$\begin{cases}(x+1)y'-2y-(x+1)^{\frac{7}{2}}=0\\ y|_{x=0}=1\end{cases}$的特解.

5. 求微分方程 $y''=\dfrac{2y'x}{x^2+1}$满足初始条件 $y(0)=1$，$y'(0)=3$ 的特解.

6. 求微分方程 $y''-2y'=8x^3+x^2-x-1$ 的一个特解.

7. 求微分方程方程 $y''=2yy'$满足初始条件 $y(0)=1$，$y'(0)=2$ 的特解.

8. 求微分方程 $y''+2y'-3y=e^{-3x}+\cos x$ 的通解.

9. 求微分方程 $y''+2y'+y=xe^x$ 的通解.

10. 求微分方程$\dfrac{dy}{dx}=\dfrac{1}{2x+e^{2y}}$的通解.

四、综合题

1. 设函数 $y=y(x)$满足微分方程 $y''-3y'+2y=2e^x$，且图形在点(0，1)处的切线与曲线 $y=x^2-x+1$ 在该点的切线重合，求函数 $y=y(x)$.

2. 设 $f(x)$是可导函数，且满足 $f(x)=\int_0^{3x}f\left(\dfrac{t}{3}\right)dt+e^{2x}$，求 $f(x)$.

测试题(二)

一、选择题

1. 在下列函数中，能够是微分方程 $y''+y=0$ 的解的函数是(　　).

A. $y=1$　　B. $y=x$　　C. $y=\sin x$　　D. $y=e^x$

2. 下列微分方程中，可分离变量的是(　　).

A. $\frac{dy}{dx}+\frac{y}{x}=e$　　B. $\frac{dy}{dx}=k(x-a)(b-y)$($k$，$a$，$b$ 是常数)

C. $\frac{dy}{dx}-\sin y=x$　　D. $y'+xy=y^2\cdot e^x$

3. 微分方程$\frac{dy}{y}+\frac{dy}{x}=0$ 满足 $y\big|_{x=3}=4$ 的特解是(　　).

A. $x^2+y^2=25$　　B. $3x+4y=C$　　C. $x^2+y^2=C$　　D. $x^2-y^2=7$

4. 微分方程 $\cos y\,dy=\sin x\,dx$ 的通解是(　　).

A. $\sin x+\cos y=C$　　B. $\cos y-\sin x=C$

C. $\cos x-\sin y=C$　　D. $\cos x+\sin y=C$

5. 微分方程 $y'=e^{x-y}$ 的通解为(　　).

A. $e^x+e^y=C$　　B. $e^x-e^y=C$　　C. $e^y=Ce^x$　　D. $e^{y+x}=C$

6. 设曲线 $y=f(x)$满足 $y''=6x$，且在点(0，1)处的切线方程为 $y=2x+1$，则此曲线的方程为(　　).

A. $y=x^3$　　B. $y=x^3-2x+1$　　C. $y=x^3+2x$　　D. $y=x^3+2x+1$

7. 微分方程 $xy'+y=\cos x$ 的通解为(　　).

A. $y=\frac{\sin x}{x}+C$　　B. $y=\frac{\cos x}{x}+C$　　C. $y=\frac{\sin x+C}{x}$　　D. $y=\frac{\cos x+C}{x}$

8. 微分方程 $y''-2y'+5y=0$ 的通解为(　　).

A. $y=e^x(C_1\cos x+C_2\sin x)$　　B. $y=e^x(C_1\cos 2x-C_2\sin 2x)$

C. $y=e^{-x}(C_1\cos x+C_2\sin x)$　　D. $y=e^{-x}(C_1\cos 2x+C_2\sin 2x)$

9. 函数 $y=C_1(e^{3x+C_2}+e^{-5x})$是微分方程 $y''+2y'-15y=0$ 的(　　).

A. 特解　　B. 通解　　C. 解　　D. 不是解

10. 微分方程 $y''-2y'+10y=e^x\sin 3x$ 的特解应设为(　　).

A. $y^*=ae^x\cos 3x$　　B. $y^*=ae^x\sin 3x$

C. $y^*=e^x(a\cos 3x+b\sin 3x)$　　D. $y^*=xe^x(a\cos 3x+b\sin 3x)$

二、填空题

1. 方程 $x(y'-1)=y$ 的通解是________.

2. 以 $y_1=e^{2x}$，$y_2=xe^{2x}$ 为特解的二阶常系数线性齐次微分方程为________.

3. 方程 $xy'-(1+x^2)y=0$ 的通解为________.

4. 微分方程 $y''=x^3+e^{2x}$ 的通解为________.

5. 微分方程 $y''-6y'+9y=0$ 的通解为________.

6. 微分方程 $y''-10y'+9y=e^{2x}$ 的一个特解为 $y^*=-\frac{1}{7}e^{2x}$，则它的通解为________.

7. 微分方程 $xy'-x\sin\frac{y}{x}-y=0$ 的通解为________.

8. 微分方程$(1-x^2)y''-xy'=0$ 满足初始条件 $y'(0)=1$，$y(0)=0$ 的特解为________.

三、计算题

1. 求微分方程 $e^x y\,dy-(1+e^x)dx=0$ 的通解.

2. 求微分方程 $y'+\frac{y}{x}-\frac{x}{y}=0$ 的通解.

3. 求微分方程 $xy'-y=x^3$ 的通解.

4. 求微分方程 $y'\tan x=y\ln y$，满足初始条件 $y\big|_{x=\frac{\pi}{2}}=e$ 的特解.

5. 求微分方程 $x\ln x\mathrm{d}y-(y-\ln x)\mathrm{d}x=0$，满足初始条件 $y\big|_{x=\mathrm{e}}=1$ 的特解.

6. 求微分方程 $y''+y'=2x^2-3$ 的通解.

7. 求微分方程 $y''-y=\cos x$ 的通解.

8. 求微分方程 $xy'+y=x^3y^3$ 的通解.

9. 求微分方程 $2y''-y'-3y=0$ 的通解.

10. 求微分方程 $yy''=y'^2-y'$ 满足初始条件 $y'(0)=2$，$y(0)=1$ 的特解.

四、综合题

1. 已知曲线上任意点的切线斜率为 $\dfrac{x}{\sqrt{1-x^2}}$，且曲线过(1，2)点，求该曲线的方程.

2. 设 $f(x)$是可导函数，且满足 $f(x)\cos x+2\int_0^x f(t)\sin t\,\mathrm{d}t=x+1$，求 $f(x)$.

测试题(三)

一、选择题

1. 微分方程 $y''-4y'+4y=0$ 的两个线性无关解是(　　).

A. e^{2x} 与 $2e^{2x}$　　B. e^{-2x} 与 xe^{-2x}　　C. e^{2x} 与 xe^{2x}　　D. e^{-2x} 与 $4e^{-2x}$

2. 微分方程 $(1+x^2)dy+(1+y^2)dx=0$ 的通解是(　　).

A. $\arctan x+\arctan y=C$　　B. $\tan x+\tan y=C$

C. $\ln x+\ln y=C$　　D. $\cot x+\cot y=C$

3. 微分方程 $y''+\dfrac{y}{x}=\dfrac{1}{x(x^2+1)}$ 的通解为(　　).

A. $y=\arctan x+C$　　B. $y=\dfrac{1}{x}(\arctan x+C)$

C. $y=\dfrac{1}{x}\arctan x+C$　　D. $y=\arctan x+\dfrac{C}{x}$

4. 微分方程 $\dfrac{dy}{dx}=\dfrac{y}{x}+\tan\dfrac{y}{x}$ 的通解为(　　).

A. $\sin\dfrac{y}{x}=Cx$　　B. $\sin\dfrac{y}{x}=\dfrac{1}{Cx}$　　C. $\sin\dfrac{x}{y}=Cx$　　D. $\sin\dfrac{x}{y}=\dfrac{1}{Cx}$

5. 下列方程中为可分离变量的微分方程的是(　　).

A. $y'+y^2+x=0$　　B. $x^2y'+y^2=xyy'$

C. $xy(y-xy')=3yy'-x$　　D. $\dfrac{dy}{dx}+2xy=4x^3e^{-x^2}$

6. 用待定系数法求解微分方程 $y''-2y'-3y=e^{-x}+x$ 时，它的特解应设为(　　).

A. $y=ae^{-x}+bx+C$　　B. $y=axe^{-x}+bx+C$

C. $y=axe^{-x}+x(bx+C)$　　D. $y=ae^{-x}+x(bx+C)$

7. 微分方程 $y''+5y=\sin 3x$ 的待定特解应设为(　　).

A. $y^*=A\sin 3x$　　B. $y^*=A\cos 3x$

C. $y^*=A\sin 3x+B\sin 3x$　　D. $y^*=A(\cos 3x+\sin 3x)$

8. 微分方程 $y''+ay'+by=5$ 的特征根满足(　　).

A. $r^2+ar+b=5$　　B. $r^2+ar+br=0$

C. $r=\dfrac{1}{2}(-a\pm\sqrt{a^2-4(b-5)})$　　D. $r^2+ar+b=0$

9. 微分方程 $x^3y''-2x^2y'=4$ 的特解为(　　).

A. $y=\dfrac{1}{1+x}$　　B. $y=\dfrac{1}{x^2}$　　C. $y=\dfrac{1}{x}$　　D. $y=\dfrac{1}{1-x}$

10. 微分方程 $y'+\dfrac{y}{x}f(x)g(y)=0$ 可化为(　　).

A. 可分离变量型　　B. 线性方程　　C. A、B 均可以　　D. A、B 均不可以

二、填空题

1. 微分方程 $(x+1)y'+1=2e^y$ 的满足 $y|_{x=0}=0$ 的特解为________.

2. 微分方程 $y'=\dfrac{2y-x^2}{x}$ 的通解为________.

3. $y_1=\cos x$ 与 $y_2=\sin x$ 是方程 $y''+y=0$ 的两个解，则该方程的通解为________.

4. 微分方程 $y'''=e^{2x}$ 的通解是________.

5. 微分方程 $xy'+y-xy^2\ln^2 2x=0$ 的通解是________.

6. 已知微分方程的通解为 $x^2+Cy^2=1$，它满足的一阶微分方程为________.

7. 微分方程 $y''-7y'-8y=(x^2+1)e^{-x}$ 的特解应设为________.

8. 连续函数 $f(x)$ 满足关系式 $f(x)=\int_0^{2x}f\left(\dfrac{t}{2}\right)dt+\ln 2$，则 $f(x)$ 的表达式为________.

三、计算题

1. 求微分方程 $(y-x+1)dx-(2y-2x+3)dy=0$ 的通解.

2. 求微分方程 $(x^2y^2+y^2+2x^2+2)dy=x^2y^2dx$ 的通解.

3. 求微分方程 $(x^2+y^2)dx-xydy=0$ 的通解.

4. 求微分方程$\frac{dy}{dx}-\frac{2}{x+1}y=(x+1)^3$ 的通解.

5. 求解 $x\,dy+(y+x^2y^4)dx=0$.

6. 求微分方程 $y''=y'+x$ 的通解.

7. 求微分方程$(y^2-6x)y'+2y=0$ 的通解.

8. 求微分方程 $x\,dy+y\,dx=y^2e^y\,dy$ 的通解.

9. 求微分方程$\begin{cases}y^2y''+1=0\\ y\big|_{x=0}=\frac{1}{2},\ y'\big|_{x=0}=2\end{cases}$的解.

10. 求微分方程 $y'+x(y-x)+x^3(y-x)^2=1$ 的通解.

四、综合题

1. 已知曲线上点 $P(x,y)$处的法线与 x 轴交点为Q，且线段 PQ 被 y 轴平分，该曲线过$(1,0)$点，求曲线方程.

2. 设有连接点 $O(0,0)$和 $A(1,1)$的一段向上凸的曲线弧 OA，对于 OA 上任意点 $P(x,y)$，曲线弧 OP 与直线段OP 所围成的图形的面积为 x^2，求曲线弧 OA 的方程.

第六章测试题

测试题(一)

一、选择题

1. 点(2，1，3)关于 y 轴的对称点坐标为(　　).

A.(−2，−1，−3)　B.(−2，1，−3)　C.(−2，1，3)　D.(2，−1，3)

2. 点(2，−1，3)关于 xOy 坐标面的对称点坐标(　　).

A.(2，−1，−3)　B.(−2，−1，3)　C.(2，1，−3)　D.(−2，1，−3)

3. 点(1，3，2)到 y 轴的距离为(　　).

A. $\sqrt{10}$　B. $\sqrt{5}$　C. $\sqrt{13}$　D. $\sqrt{14}$

4. 已知向量 $\boldsymbol{a}=\{3,7,5\}$ 在 x 轴上的投影为(　　).

A. 3　B. 7　C. 5　D. ±3

5. 设向量 $\boldsymbol{a}=\{3,5,-1\}$，$\boldsymbol{b}=\{1,2,3\}$，$\boldsymbol{c}=\{4,-2,3\}$，则 $2\boldsymbol{a}-3\boldsymbol{b}+\boldsymbol{c}=$(　　).

A. $\{20,0,16\}$　B. $\{5,4,-20\}$　C. $\{7,2,-8\}$　D. $\{-20,0,16\}$

6. 直线 l：$\dfrac{x-2}{3}=\dfrac{y+2}{1}=\dfrac{z-3}{-4}$ 与平面 π：$x+y+z=3$ 的位置关系为(　　).

A. 平行　B. 垂直　C. 斜交　D. l 在平面 π 上

7. 下列曲面中，母线平行于 y 轴的柱面方程是(　　).

A. $x^2+y^2=4$　B. $y^2+4z^2=1$　C. $3x^2-4z^2=1$　D. 以上答案都不对

8. 平面 $3x+2y+z-3=0$ 与 xOy 坐标面的交线是(　　).

A. $3x+2y-3=0$　B. $\begin{cases}3x+z-3=0\\y=0\end{cases}$　C. $\begin{cases}3x+2y-3=0\\z=0\end{cases}$　D. $\begin{cases}2y+z-3=0\\x=0\end{cases}$

二、填空题

1. 已知 $\boldsymbol{a}$ 与 $\boldsymbol{b}$ 垂直，且 $|\boldsymbol{a}|=5$，$|\boldsymbol{b}|=12$ 则 $|\boldsymbol{a}+\boldsymbol{b}|=$________.

2. 一向量与 x 轴和 y 轴成等角，而与 z 轴组成的角是它们的两倍，那么这个向量的方向角为________.

3. 已知 $|\boldsymbol{a}|=2$，$|\boldsymbol{b}|=1$，且 $\boldsymbol{a}$ 与 $\boldsymbol{b}$ 的夹角为 $\dfrac{\pi}{3}$，则 $(2\boldsymbol{a}+\boldsymbol{b})\cdot(\boldsymbol{a}-\boldsymbol{b})=$________.

4. 若平面 $kx+y+z-k=0$ 与平面 $kx+y-2z=0$ 互相垂直，则 $k=$________.

5. 过点(2，−1，1)垂直于平面 $5x-2y+6z-7=0$ 的直线方程为________.

6. 直线 $\dfrac{x-1}{1}=\dfrac{y}{2}=\dfrac{z-2}{-1}$ 与平面 $x-y-z-3=0$ 的夹角为________.

7. 若两向量 $\boldsymbol{a}=\{\lambda,-3,2\}$ 和 $\boldsymbol{b}=\{1,2,-\lambda\}$ 互相垂直，则 $\lambda=$________.

三、计算题

1. 已知三个点的坐标分别 $A(2,3,-1)$、$B(1,1,1)$、$C(0,4,-3)$，求 $\boldsymbol{AB}$，$\boldsymbol{AC}$，$\boldsymbol{AB}+\boldsymbol{AC}$，$3\boldsymbol{AB}-2\boldsymbol{AC}$.

2. 已知三角形的三个顶点为 $A(-1,2,3)$，$B(1,1,1)$，$C(0,0,5)$，试证 $\triangle ABC$ 为直角三角形，并求 $\angle B$.

3. 求点(1，2，1)到平面 $x+2y+2z-10=0$ 的距离.

4. 求过点 $M(1,2,-1)$ 且与直线 $\begin{cases}x=-t+2\\y=3t-4\\z=t-1\end{cases}$ 垂直的平面方程.

5. 试求通过点(2，−3，4)，且与 y 轴垂直相交的直线方程.

6. 求直线 $x-2=y-3=\frac{z-4}{2}$ 与平面 $2x+y+z-6=0$ 的交点.

7. 设点 $P(3, -6, 2)$ 为从原点到一平面的垂足，求该平面的方程.

8. 求与 $2x-6y+3z=4$ 平行的平面，使点(3，2，8)为这两个平面公垂线的中点.

9. 试确定球面 $x^2+y^2+z^2+4x-4y-1=0$ 的球心和半径.

10. 求曲面 $z=\sqrt{4-x^2-y^2}$ 和 $z=\sqrt{3(x^2+y^2)}$ 在 xOy 面上的投影.

四、指出下列方程在空间直角坐标系所表示的曲面名称.

1. $x^2+y^2=4$.

2. $x^2+y^2=z^2$.

3. $z=x^2+y^2$.

4. $(x-1)^2+(y+2)^2+z^2=4$.

测试题(二)

一、选择题

1. 设点(1，−2，1)，则其关于 xOz 面的对称点为第(　　)卦限的点.

A. Ⅰ　　B. Ⅱ　　C. Ⅲ　　D. Ⅳ

2. 设平面方程 $3x+4y=0$，则该平面的特征为(　　).

A. xOy 面　　B. 平行于 xOy 面　　C. 过 z 轴　　D. 平行于 z 轴

3. 球面过(0，2，2)，(4，0，0)，球心在 y 轴上的方程为(　　).

A. $(x+2)^2+y^2+z^2=20$　　B. $x^2+(y+2)^2+z^2=20$

C. $x^2+y^2+(z+2)^2=20$　　D. $x^2+y^2+(z-2)^2=20$

4. 曲面 $x^2-y^2=z^2$ 是(　　).

A. 柱面　　B. 球面　　C. 旋转曲面　　D. 非旋转曲面

5. 设 $\boldsymbol{a}=\{2,-3,1\}$，$\boldsymbol{b}=\{1,-1,3\}$，$\boldsymbol{c}=\{1,-2,0\}$，则$(\boldsymbol{a}\times\boldsymbol{b})\times\boldsymbol{c}=$(　　).

A. 8　　B. 10　　C. $\{0,-1,-1\}$　　D. $\{2,1,21\}$

6. 设 $\boldsymbol{a}=\{1,-1,2\}$，$\boldsymbol{b}=\{2,-2,2\}$，则同时垂直于 $\boldsymbol{a}$ 和 $\boldsymbol{b}$ 的单位向量是(　　).

A. $\pm\left\{\frac{1}{\sqrt{2}},\frac{1}{\sqrt{2}},0\right\}$　　B. $\pm\left\{\frac{1}{2},\frac{1}{2},0\right\}$　　C. $\pm\{\sqrt{2},\sqrt{2},0\}$　　D. $\pm\{2,2,0\}$

7. 已知直线 L_1：$\begin{cases}x-y-6=0\\2y+z-3=0\end{cases}$ 和 L_2：$\frac{x+1}{1}=\frac{y-3}{-2}=\frac{z-2}{1}$，则两直线夹角为(　　).

A. $\frac{\pi}{2}$　　B. $\frac{\pi}{3}$　　C. $\frac{\pi}{4}$　　D. $\frac{\pi}{6}$

8. 已知直线 L：$\begin{cases}x+3y+2z-1=0\\2x-y-10z+2=0\end{cases}$ 和平面 π：$4x-2y+z-1=0$，则此直线(　　).

A. 平行于平面　　B. 在平面上　　C. 垂直于平面　　D. 与平面斜交

二、填空题

1. 通过两点(1，1，1)和(2，2，2)且与平面 $x+y-z=0$ 垂直的平面方程是________.

2. 已知从原点到某平面所作的垂线的垂足为点(−2，−2，1)，则该平面方程为________.

3. 设平面 π：$x+ky-2z-9=0$，若 π 与平面 $2x-3y+z=0$ 成 45°角，则 $k=$________.

4. 一平面过点(6，−10，1)，它在 x 轴上的截距为−3，在 z 轴上的截距为 2，则该平面的方程是________.

5. 直线 $x=3y=5z$ 与平面 $4x+12y+20z-1=0$ 的位置关系为________.

6. 点(2，1，0)到平面 $3x+4y+5z=0$ 的距离为________.

7. 与 $M_1(1,-1,2)$，$M_2(3,3,1)$，$M_3(3,1,3)$三点所确定的平面垂直的单位向量 $\boldsymbol{a}^0=$________.

8. 向量 $\boldsymbol{b}=\{1,1,4\}$在向量 $\boldsymbol{a}=\{2,-2,1\}$上的投影为________.

三、计算题

1. 设 $\boldsymbol{a}=\{2,-1,1\}$，$\boldsymbol{b}=\{1,3,-1\}$，试在 $\boldsymbol{a}$，$\boldsymbol{b}$ 所确定的平面内，求一个与 $\boldsymbol{a}$ 垂直的单位向量.

2. 已知直线 L_1：$\frac{x-1}{1}=\frac{y-2}{0}=\frac{z-3}{-1}$和 L_2：$\frac{x+1}{2}=\frac{y-3}{1}=\frac{z-2}{1}$，求过 L_1 且平行于 L_2 的平面方程.

3. 已知一直线在 xOy 坐标面上，且通过原点，又和直线$\frac{x+1}{3}=\frac{y+2}{-2}=\frac{z-3}{1}$垂直，求该直线的方程.

4. 求过 π_1：$x+3y-5=0$ 和 π_2：$x-y-2z+4=0$ 两个平面的交线，且在 x 轴和 y 轴上截距相等的平面.

5. 求过点 $A(1,1,1)$ 和 $B(2,3,0)$，且和平面 $x+y+z+4=0$ 垂直的平面方程.

6. 已知直线 L_1：$\begin{cases}2x+y-1=0\\3x+z-2=0\end{cases}$ 和 L_2：$\frac{1-x}{1}=\frac{y+1}{2}=\frac{z-2}{3}$，证明：$L_1 /\!/ L_2$，并求 L_1，L_2 确定的平面方程.

7. 求过点 $(2,0,-3)$ 且与直线 $\begin{cases}2x-2y+4z-7=0\\3x+5y-2z+1=0\end{cases}$ 垂直的平面方程.

8. 求过点 $M(3,1,-2)$ 且通过 $\frac{x-4}{5}=\frac{y+3}{2}=\frac{z}{1}$ 的平面方程.

9. 求过点 $M(1,2,4)$ 且与两个平面 $x+2z-3=0$ 和 $x-y+z+1=0$ 都平行的直线方程.

10. 求直线 $\begin{cases}2x-4y+z=0\\3x-y-2z-9=0\end{cases}$ 在平面 $4x-y+z-1=0$ 上投影直线的方程.

四、证明题

1. 设非零向量 $\boldsymbol{a}$ 与 $\boldsymbol{b}$ 不共线，若 $\boldsymbol{AB}=\boldsymbol{a}+\boldsymbol{b}$，$\boldsymbol{BC}=2\boldsymbol{a}+8\boldsymbol{b}$，$\boldsymbol{CD}=3\boldsymbol{a}-3\boldsymbol{b}$. 试证 A，B，D 三点共线.

2. 证明直线 L_1：$\begin{cases}x+2y-3=0\\2y-z+2=0\end{cases}$ 和 L_2：$\begin{cases}x-y-1=0\\x-2z+3=0\end{cases}$ 垂直.

测试题(三)

一、选择题

1. 点 $M(4,-1,5)$在第(　　)卦限.

A. Ⅰ　　B. Ⅱ　　C. Ⅲ　　D. Ⅳ

2. 下列哪组角可以作为某个空间向量的方向角(　　).

A. 30°，45°，60°　　B. 45°，60°，90°　　C. 60°，90°，120°　　D. 45°，90°，135°

3. 将 xOz 面上曲线 $z^2=5x$ 绕 x 轴旋转而成的曲面方程为(　　).

A. $z^2+y^2=5x$　　B. $z^2=\pm5\sqrt{x^2+y^2}$

C. $z^2=5(x+y)$　　D. $\pm\sqrt{z^2+y^2}=5x$

4. 平面 $x+\sqrt{26}y+3z-3=0$ 与 xOy 面夹角为(　　).

A. $\frac{\pi}{6}$　　B. $\frac{\pi}{4}$　　C. $\frac{\pi}{3}$　　D. $\frac{\pi}{2}$

5. 设平面方程为 $3x+5z+6=0$，则该平面具有的特征是(　　).

A. 过 y 轴　　B. 平行 y 轴　　C. 平行 xOz 面　　D. 不确定

6. 方程 $4x^2+y^2-8x+4y-4=0$ 表示的曲面是(　　).

A. 母线平行于 z 轴的圆柱面　　B. 旋转面

C. 点　　D. 母线平行 z 轴椭圆柱面

7. 直线$\frac{x-2}{3}=\frac{y+2}{1}=\frac{z-3}{-4}$与平面 $x+y+z=3$ 的关系为(　　).

A. 平行　　B. 垂直　　C. 斜交　　D. 在平面内

8. 设$|\boldsymbol{a}|=\sqrt{3}$，$|\boldsymbol{b}|=1$，$\boldsymbol{a}$ 与 $\boldsymbol{b}$ 的夹角为$\frac{\pi}{6}$，则向量 $\boldsymbol{a}+\boldsymbol{b}$ 与 $\boldsymbol{a}-\boldsymbol{b}$ 的夹角为(　　).

A. $\arccos\frac{1}{\sqrt{7}}$　　B. $\arccos\frac{2}{\sqrt{7}}$　　C. $\arccos\frac{3}{\sqrt{7}}$　　D. $\arccos\frac{4}{\sqrt{7}}$

二、填空题

1. 若直线$\frac{x-3}{2k}=\frac{y+1}{k+1}=\frac{z-3}{5}$与$\frac{x-1}{3}=y+5=\frac{z+2}{k-2}$垂直，则 $k=$________.

2. 设$(\boldsymbol{a}\times\boldsymbol{b})\cdot\boldsymbol{c}=2$，则$[(\boldsymbol{a}+\boldsymbol{b})\times(\boldsymbol{b}+\boldsymbol{c})]\cdot(\boldsymbol{c}+\boldsymbol{a})=$________.

3. 过$(-2,1,3)$点且垂直于向量 $\boldsymbol{a}=\{2,-2,3\}$ 和 $\boldsymbol{b}=\{-1,3,-5\}$ 的直线方程为________.

4. 向量 $\boldsymbol{a}$ 的模为 10，与 x 轴正方向的夹角为$\frac{\pi}{4}$，与 y 轴正方向的夹角为$\frac{\pi}{3}$，则向量 $\boldsymbol{a}=$________.

5. 已知$|\boldsymbol{m}|=5$，$|\boldsymbol{n}|=2$，$\angle(\boldsymbol{m},\boldsymbol{n})=\frac{\pi}{3}$，则$|2\boldsymbol{m}-3\boldsymbol{n}|=$________.

6. 过点$(2,0,-3)$且与直线$\begin{cases}x-2y+4z-7=0\\3x+5y-2z+1=0\end{cases}$垂直的平面方程是________.

7. 过点$(0,2,4)$且与平面 $x+2z-1=0$，$y-3z-2=0$ 都垂直的平面方程是________.

8. 若直线$\begin{cases}2x+3y-z+D=0\\2x-2y+2z-6=0\end{cases}$与 x 轴有交点，则 $D=$________.

三、计算题

1. 设 $\boldsymbol{a}=-\boldsymbol{i}+2\boldsymbol{k}$，$\boldsymbol{b}=2\boldsymbol{i}+\boldsymbol{j}-\boldsymbol{k}$，$\boldsymbol{c}=\boldsymbol{i}+2\boldsymbol{j}+2\boldsymbol{k}$，求$(\boldsymbol{a}\times\boldsymbol{b})\times(\boldsymbol{a}\times\boldsymbol{c})$.

2. 求经过点$(1,2,0)$且过 z 轴的平面方程.

3. 求过点$(1,2,1)$并与两直线$\begin{cases}x+2y-z-7=0\\x-y+z+1=0\end{cases}$和$\begin{cases}2x-y+z-1=0\\x-y+z+2=0\end{cases}$平行的平面方程.

4. 求以向量 $\boldsymbol{a}=\{1,1,0\}$，$\boldsymbol{b}=\{0,1,1\}$，$\boldsymbol{c}=\{1,0,1\}$为棱的平行六面体的体积.

5. 在平面 $x-y-2z=0$ 上找一点 P，使它与点(2，1，5)，(4，−3，1)及(−2，−1，3)之间的距离相等.

6. 求点 $M(5，0，-3)$在平面 π：$x+y-2z+1=0$ 上的投影.

7. 求过点(0，2，4)且与两平面 $x+2z=1$ 和 $y-3z=2$ 平行的直线方程.

8. 求以曲线$\begin{cases}x^2+y^2+2z^2=3\\z=x^2+y^2\end{cases}$为准线，母线平行于 z 轴的柱面方程.

9. 求直线$\begin{cases}x+y-z-1=0\\x-y+z+1=0\end{cases}$在平面 $x+y+z=0$ 上的投影直线方程.

10. 求点 $M(4，1，-6)$关于直线 L：$\dfrac{x-1}{2}=\dfrac{y}{3}=\dfrac{z+1}{-1}$的对称点.

四、证明题

1. 证明直线 L_1：$\begin{cases}2x+z-1=0\\3x-2z+2=0\end{cases}$和 L_2：$\begin{cases}x-4z-3=0\\3x-z+1=0\end{cases}$平行.

2. 已知三个非零向量 $\boldsymbol{a}$，$\boldsymbol{b}$，$\boldsymbol{c}$ 中任意两个向量都不平行，但 $\boldsymbol{a}+\boldsymbol{b}$ 与 $\boldsymbol{c}$ 平行，$\boldsymbol{b}+\boldsymbol{c}$ 与 $\boldsymbol{a}$ 平行，试证明 $\boldsymbol{a}+\boldsymbol{b}+\boldsymbol{c}=\boldsymbol{0}$.

第七章测试题

测试题(一)

一、选择题

1. 设 $f(x, y)=\frac{xy}{x^2+y^2}$，则 $f\left(1, \frac{x}{y}\right)$(　　).

A. $\frac{x^2}{x^2+y^2}$　　B. $\frac{y^2}{x^2+y^2}$　　C. $\frac{xy}{x^2+y^2}$　　D. $\frac{x^2}{y^2+1}$

2. 设 $z=\ln(y^2-2x)$，则其定义域为(　　).

A. $\{(x, y) \mid y^2 \geqslant 2x\}$　　B. $\{(x, y) \mid y^2>2x\}$

C. $\{(x, y) \mid y^2 \leqslant 2x\}$　　D. $\{(x, y) \mid y^2<2x\}$

3. $\lim\limits_{(x,y)\to\left(\frac{\pi}{2},0\right)} \frac{\sin(xy)}{y}$(　　).

A. $\frac{\pi}{2}$　　B. 0　　C. 1　　D. ∞

4. 函数 $z=x^y+y^x$，则 $\frac{\partial z}{\partial x}=$(　　).

A. $y^x\ln y+yx^{y-1}$　　B. $x^y\ln x+y^x\ln y$　　C. x^y+y^x　　D. $yx^{y-1}+xy^{x-1}$

5. 设 $z=e^{x-2y}$，$x=\sin t$，$y=t^3$，则 $\frac{dz}{dt}=$(　　).

A. $\frac{\partial z}{\partial x}\cdot\frac{dx}{dt}+\frac{\partial z}{\partial y}\cdot\frac{dy}{dt}$　　B. $\frac{\partial z}{\partial x}\cdot\frac{\partial x}{\partial t}+\frac{\partial z}{\partial y}\cdot\frac{\partial y}{\partial t}$

C. $\frac{\partial z}{\partial x}\cdot\frac{dx}{dt}-\frac{\partial z}{\partial y}\cdot\frac{dy}{dt}$　　D. $\frac{\partial z}{\partial x}\cdot\frac{\partial x}{\partial t}-\frac{\partial z}{\partial y}\cdot\frac{\partial y}{\partial t}$

6. $f(x, y)$在点(x, y)可微是 $f(x, y)$在点(x, y)偏导数存在的(　　)条件.

A. 充分　　B. 必要　　C. 充分必要　　D. 无关

7. 设函数 $z=\arctan\frac{y}{x}$，则 $x\frac{\partial z}{\partial y}-y\frac{\partial z}{\partial x}=$(　　).

A. $\frac{\pi}{2}$　　B. 0　　C. 1　　D. ∞

8. 旋转抛物面 $z=x^2+y^2-1$ 在点(2，1，4)处的切平面方程为(　　).

A. $4x+2y-z-6=0$　　B. $4x+y-2z-6=0$

C. $x+2y-z-6=0$　　D. $2x-4y+z-6=0$

二、填空题

1. 已知函数 $f\left(\frac{y}{x}\right)=\frac{\sqrt{x^2+y^2}}{y}$，则 $f(x)=$________.

2. 设函数 $f(x-y, x+y)=xy+y^2$，则 $f(x, y)=$________.

3. $\lim\limits_{(x,y)\to(0,0)}(x^2+y^2)\cdot\sin\frac{1}{x^2+y^2}=$________.

4. 函数 $z=e^{\frac{y}{x}}$ 的全微分 $dz=$________.

5. 设 $x^3+y^3+z^3+xyz-6=0$，则 $\left.\frac{\partial z}{\partial x}\right|_{(1,2,-1)}=$________.

6. 设 $z=\ln[x+y+\sqrt{(x+y)^2+1}]$，求 $\frac{\partial z}{\partial x}=$________.

7. 设 $u=z^{xy}$，则 $du=$________.

8. 函数 $f(x, y)=4(x-y)-x^2-y^2$ 的极值点和极值为________.

三、计算与解答题

1. 求极限 $\lim\limits_{\substack{x\to0\\y\to1}}\arcsin\sqrt{x^2+y^2}$.

2. 设 $z=uv^2+t\cos u$，$u=e^t$，$v=\ln t$，求全导数 $\frac{dz}{dt}$.

3. 求方程 $\frac{x^2}{a^2}+\frac{y^2}{b^2}+\frac{z^2}{c^2}=1$ 所确定的函数 z 的偏导数.

4. 求函数 $f(x, y)=4x-4y-x^2-y^2+1$ 的极值.

5. 设 $z=xyf(x^2+y^2, x^2-y^2)$，f 可微，求 $\mathrm{d}z$.

6. 求函数 $z=x^2+2xy-4x+8y$ 在 $0\leqslant x\leqslant 1$，$0\leqslant y\leqslant 2$ 上的最值.

7. 设方程 $z=xyf\left(\frac{x}{y}, \frac{y}{x}\right)$，其中 f 可微，求 $x\frac{\partial z}{\partial x}+y\frac{\partial z}{\partial y}$.

8. 设方程 $x^2+y^2+z^2=4z$，求 $\frac{\partial^2 z}{\partial x\partial y}$.

9. 求曲面 $e^z-z+xy=3$ 在点(2，1，0)处的法线方程.

10. 求螺旋线 $x=a\cos\theta$，$y=a\sin\theta$，$z=b\theta$ 在点$(a, 0, 0)$处的切线方程和法平面方程.

测试题(二)

一、选择题

1. 函数 $z=\arccos\dfrac{x-y}{3}+\ln(x-y)$的定义域 D 为(　　).

A. $\{(x, y)\mid -3\leqslant x-y\leqslant 3\}$　　B. $\{(x, y)\mid 0\leqslant x-y\leqslant 3\}$

C. $\{(x, y)\mid 0<x-y\leqslant 3\}$　　D. $\{(x, y)\mid 0<x-y<3\}$

2. $\lim\limits_{\substack{x\to\infty\\ y\to\infty}}\dfrac{1}{x^2+y^2}\sin(x^2+y^2)=$(　　).

A. 1　　B. 0　　C. ∞　　D. 不存在

3. 设 $x+2y+z-2\sqrt{xyz}=0$，则$\dfrac{\partial z}{\partial y}=$(　　).

A. $\dfrac{xz-2\sqrt{xyz}}{\sqrt{xyz}+xy}$　　B. $\dfrac{xz-2\sqrt{xyz}}{\sqrt{xyz}-xy}$　　C. $\dfrac{xz+2\sqrt{xyz}}{\sqrt{xyz}-xy}$　　D. $\dfrac{2\sqrt{xyz}-xz}{\sqrt{xyz}-xy}$

4. 设 $z=f(x, y)$在点(x_0, y_0)处的全增量为 Δz，若 $z=f(x, y)$在点(x_0, y_0)处可微，则在点(x_0, y_0)处(　　).

A. $\Delta z=\mathrm{d}z$

B. $\Delta z=f'_x(x_0, y_0)\Delta x+f'_y(x_0, y_0)\Delta y$

C. $\Delta z=f'_x(x_0, y_0)\mathrm{d}x+f'_y(x_0, y_0)\mathrm{d}y$

D. $\Delta z=\mathrm{d}z+\eta\left[\eta\text{ 为 }\rho=\sqrt{(\Delta x)^2+(\Delta y)^2}\text{ 的高阶无穷小，即}\lim\limits_{\rho\to 0}\dfrac{\eta}{\rho}=0\right]$

5. 设 $z=x\ln(xy)$，则$\dfrac{\partial^2 z}{\partial x\partial y}=$(　　).

A. $\dfrac{1}{y}$　　B. $\dfrac{1}{x}$　　C. $\dfrac{1}{xy}$　　D. $\dfrac{x+y}{xy}$

6. 函数 $z=\ln(2+x^2+y^2)$在点(1，2)的全微分 $\mathrm{d}z\Big|_{(1,2)}=$(　　).

A. $\dfrac{2}{7}\mathrm{d}x+\dfrac{4}{7}\mathrm{d}y$　　B. $\dfrac{3}{7}\mathrm{d}x+\dfrac{4}{7}\mathrm{d}y$　　C. $\dfrac{1}{7}\mathrm{d}x+\dfrac{4}{7}\mathrm{d}x$　　D. $\dfrac{1}{7}\mathrm{d}x+\dfrac{2}{7}\mathrm{d}y$

7. 曲面$\dfrac{x^2}{4}+\dfrac{y^2}{1}+\dfrac{z^2}{9}=3$ 上点 $P(2, -1, 3)$处的切平面方程为(　　).

A. $3x-6y+2z-18=0$　　B. $3x+6y+2z-18=0$

C. $3x+6y-2z-18=0$　　D. $x+6y-2z-18=0$

8. 体积 V 一定而表面积最小的长方体的表面积为(　　).

A. $6V$　　B. $4\sqrt[3]{V^2}$　　C. $6\sqrt[3]{V}$　　D. $6\sqrt[3]{V^2}$

二、填空题

1. 求 $z=\arcsin\dfrac{x}{2}+\sqrt{xy}$ 的定义域为________.

2. 求$\lim\limits_{\substack{x\to 0\\ y\to 0}}\dfrac{1-\cos(x^2+y^2)}{x^2+y^2}=$________.

3. 设 $z=\phi(x^2+y^2)$，则 $y\dfrac{\partial z}{\partial x}-x\dfrac{\partial z}{\partial y}=$________.

4. 设 $2\sin(3x-2y+z)=3x-2y+z$，则$\dfrac{\partial z}{\partial x}+\dfrac{\partial z}{\partial y}=$________.

5. 设 $z=xy\cdot\phi(x^2+y^2)$，则 $\mathrm{d}z=$________.

6. $z=f\left(\dfrac{y}{x}, x+2y, y\sin x\right)$，则$\dfrac{\partial z}{\partial y}=$________.

7. 设函数 $f(x, y)=\sin x+\sin y+\sin(x+y)$，$0\leqslant x\leqslant\dfrac{\pi}{2}$，$0\leqslant y\leqslant\dfrac{\pi}{2}$，则该函数有一个极值点为________.

8. 求曲线 $x=\dfrac{4t}{3}$，$y=t^2$，$z=t^3$ 上的点 $M_0(x_0, y_0, z_0)$，使在该点处曲线的切线平行于平面 $x+2y+z=6$，该点为________.

三、计算与证明题

1. 求极限$\lim\limits_{\substack{x\to 0\\ y\to 0}}\dfrac{xy}{\sqrt{xy+1}-1}$.

2. 求函数 $z=\sqrt{\ln(xy)}$ 的所有一阶偏导数.

3. 设 $z=f(x, y)$是由方程 $e^z-z+xy^3=0$ 确定的隐函数，求$\frac{\partial z}{\partial x}$，$\frac{\partial z}{\partial y}$，$\frac{\partial^2 z}{\partial x\partial y}$.

4. 函数 $z=f(x, y)$由 $F\left(x+\frac{z}{y}, y+\frac{z}{x}\right)=0$ 所确定($z+xy\neq 0$)，证明：$xz'_x+yz'_y=z-xy$.

5. 设 $z=f(xy, x^2+y^2)$，f 具有连续的二阶偏导数，求$\frac{\partial^2 z}{\partial x\partial y}$.

6. 求函数 $z=e^{2x}(x+2y+y^2)$的极值.

7. 求函数 $z=x^2-y^2$ 在 $x^2+y^2\leqslant 4$ 上的最值.

8. 证明：函数 $z=\ln\sqrt{x^2+y^2}$满足方程$\frac{\partial^2 z}{\partial x^2}+\frac{\partial^2 z}{\partial y^2}=0$.

9. 求 Γ：$\begin{cases} y=16x^2 \\ z=12x^2 \end{cases}$在对应于 $x=\frac{1}{2}$点处的切线和法平面方程.

10. 在曲面 $z=xy$ 上求一点，使该点处法线垂直于平面 $x+3y+z+9=0$，并写出法线方程.

测试题(三)

一、选择题

1. $\lim\limits_{\substack{x\to0\\y\to0}}\dfrac{2-\sqrt{xy+4}}{xy}=(\quad)$.

A. $\dfrac{1}{4}$ B. $-\dfrac{1}{4}$ C. ∞ D. 不存在

2. $f\left(x+y, \dfrac{x}{y}\right)=x^2-y^2$，则 $f(x, y)=(\quad)$.

A. $\dfrac{x(1+y)}{1-y}$ B. $\dfrac{x^2(1+y)}{1-y}$ C. $\dfrac{x^2(y-1)}{1+y}$ D. $\dfrac{x^2(1+y)}{2-y}$

3. 函数 $u=\ln(1+x+y^2+z^3)$，当 $x=y=z=1$ 时，$u'_x+u'_y+u'_z=(\quad)$.

A. $\dfrac{3}{2}$ B. $\dfrac{3}{4}$ C. 3 D. 1

4. 设 $x^2+y^2+z^2=4z$，则$\dfrac{\partial^2 z}{\partial x\partial y}=(\quad)$.

A. $-\dfrac{x}{(z-2)^3}$ B. $-\dfrac{y}{(z-2)^3}$ C. $-\dfrac{xy}{(z-2)^3}$ D. $-\dfrac{x+y}{(z-2)^3}$

5. $z=\arctan(xy)$，则 $\mathrm{d}z\Big|_{(2,1)}=(\quad)$.

A. $\dfrac{1}{5}\mathrm{d}x+\dfrac{2}{5}\mathrm{d}y$ B. $\dfrac{3}{5}\mathrm{d}x+\dfrac{1}{5}\mathrm{d}y$ C. $\dfrac{3}{5}\mathrm{d}x+\dfrac{1}{5}\mathrm{d}y$ D. $\dfrac{1}{5}\mathrm{d}x-\dfrac{1}{5}\mathrm{d}y$

6. 设函数 $z-f(x, y)$在(x_0, y_0)处可微分，且 $f'_x(x_0, y_0)=0$，$f'_y(x_0, y_0)=0$，则函数 $f(x, y)$在(x_0, y_0)处$(\quad)$.

A. 必有极值，可能是极大值，也可能是极小值

B. 可能有极值，也可能无极值

C. 必有极大值

D. 必有极小值

7. 抛物线 $y=x^2$ 与直线 $x+y+2=0$ 之间的最小距离为$(\quad)$.

A. $\dfrac{7}{8}\sqrt{2}$ B. $\dfrac{5}{8}\sqrt{2}$ C. $\dfrac{2}{5}\sqrt{2}$ D. $\dfrac{3}{5}\sqrt{2}$

8. 设 $z=y^{\ln x}$ 则$\dfrac{\partial^2 z}{\partial x\partial y}=(\quad)$.

A. $\dfrac{1}{x}y^{\ln x}(1+\ln x\ln y)$ B. $\dfrac{1}{x}y^{(\ln x-1)}(1+\ln x\ln y)$

C. $\dfrac{1}{y}y^{\ln x}(1+\ln x\ln y)$ D. $\dfrac{1}{y}y^{(\ln x-1)}(1+\ln x\ln y)$

二、填空题

1. 函数 $z=\sqrt{x-\sqrt{y}}$ 的定义域为________.

2. 求$\lim\limits_{\substack{x\to\infty\\y\to0}}\left(1-\dfrac{1}{x}\right)^{\frac{x^2}{x+y}}=$________.

3. $f(x+y, x-y)=x^2+y^2+xy$，则 $f(x, y)=$________.

4. 设 $z=f(x^3y, xy^3)$，则 $\mathrm{d}z=$________.

5. 设 $u=\mathrm{e}^x(y-z)$，$x=t$，$y=\sin t$，$z=\cos t$，则$\dfrac{\mathrm{d}u}{\mathrm{d}t}=$________.

6. $x^2+y^2+4z^2=4z$，则$\dfrac{\partial^2 z}{\partial x^2}=$________.

7. 设方程 $x^2yz^2+x^2+y^2+z^2=0$ 确定了隐函数 $z=z(x, y)$，则 $\mathrm{d}z=$________.

8. 曲面$\dfrac{x^2}{4}+\dfrac{y^2}{1}+\dfrac{z^2}{9}=3$ 上点 $P(2, -1, 3)$处的法线方程为________.

三、计算与解答题

1. 验证 $z=\dfrac{y^2}{3x}+\phi(xy)$其中 $\phi(xy)$可导，满足 $x^2\dfrac{\partial z}{\partial x}-xy\dfrac{\partial z}{\partial y}+y^2=0$.

2. 函数 $x+z=yf(x^2-z^2)$，求 $z\dfrac{\partial z}{\partial x}+y\dfrac{\partial z}{\partial y}$.

3. 求函数 $f(x, y)=(6x-x^2)(4y-y^2)$的极值.

4. 设 $z=f(x, y)$是由方程 $f(x-z, yz)=0$ 所确定的隐函数，其中 f 具有连续的偏导数，求 $\mathrm{d}z$，并求$\frac{\partial z}{\partial x}$，$\frac{\partial z}{\partial y}$.

5. 设 $z=(1+x^2y)^y$，求$\frac{\partial z}{\partial x}$，$\frac{\partial z}{\partial y}$.

6. 设$\begin{cases}x+y+z=0\\x^2+y^2+z^2=1\end{cases}$，求$\frac{\mathrm{d}x}{\mathrm{d}z}$，$\frac{\mathrm{d}y}{\mathrm{d}z}$.

7. 设 $f(x, y, z)=\mathrm{e}^x yz^2$，其中 $z=z(x, y)$由方程 $x+y+z-xyz=0$ 所确定，求 $f'_x(0, 1, -1)$.

8. 设方程 $z=f(xy, yz)$确定了隐函数 $z=z(x, y)$，其中 f 具有一阶连续偏导数，求 $\frac{\partial z}{\partial x}$，$\frac{\partial z}{\partial y}$.

9. 求抛物面 $z=x^2+y^2$ 与抛物柱面 $y=x^2$ 的交线上点(1，1，2)处的切线方程和法平面方程.

10. 问球面 $x^2+y^2+z^2=104$ 上哪一点的切平面与平面 $3x+4y+z=2$ 平行？求此切平面方程.

第八章测试题

测试题(一)

一、选择题

1. 设 D 是由直线 $x=0$，$y=0$，$x+y=3$，$x+y=5$ 所围成的闭区域，记：$I_1=\iint\limits_D \ln(x+y)\mathrm{d}\sigma$，$I_2=\iint\limits_D \ln^2(x+y)\mathrm{d}\sigma$，则(　　).

A. $I_1<I_2$　　B. $I_1>I_2$　　C. $I_2=2I_1$　　D. 无法比较

2. 设积分区域 D 由 $y=x^2$ 和 $y=x+2$ 围成，则 $\iint\limits_D f(x,y)\mathrm{d}\sigma$(　　).

A. $\int_{-1}^{2}\mathrm{d}x\int_{x^2}^{x+2}f(x,y)\mathrm{d}y$　　B. $\int_{-1}^{2}\mathrm{d}x\int_{0}^{2}f(x,y)\mathrm{d}y$

C. $\int_{-2}^{1}\mathrm{d}x\int_{x^2}^{x+2}f(x,y)\mathrm{d}y$　　D. $\int_{0}^{1}\mathrm{d}x\int_{x^2}^{x+2}f(x,y)\mathrm{d}y$

3. 设 D 是 xOy 平面上以(1，1)，(−1，1)，(−1，−1)为顶点的三角形区域，D_1 是 D 在第一象限的部分，则积分 $\iint\limits_D (xy+\cos x\sin y)\mathrm{d}x\mathrm{d}y$ 等于(　　).

A. $2\iint\limits_{D_1}\cos x\sin y\mathrm{d}x\mathrm{d}y$；　　B. $2\iint\limits_{D_1}xy\mathrm{d}x\mathrm{d}y$；

C. $4\iint\limits_{D_1}(xy+\cos x\sin y)\mathrm{d}x\mathrm{d}y$；　　D. 0.

4. 交换积分顺序：$\int_0^1\mathrm{d}x\int_0^{\sqrt{x}}f(x,y)\mathrm{d}y=$(　　).

A. $\int_0^1\mathrm{d}y\int_{y^2}^{1}f(x,y)\mathrm{d}x$　　B. $\int_0^1\mathrm{d}y\int_{0}^{y^2}f(x,y)\mathrm{d}x$

C. $\int_0^1\mathrm{d}y\int_{0}^{\sqrt{y}}f(x,y)\mathrm{d}x$　　D. $\int_0^1\mathrm{d}y\int_{\sqrt{y}}^{1}f(x,y)\mathrm{d}x$

5. 设 D：$x^2+y^2\leqslant 1$，$y>0$，则二重积分 $\iint\limits_D f(\sqrt{x^2+y^2})\mathrm{d}x\mathrm{d}y=$(　　).

A. $2\int_0^{\frac{\pi}{2}}\mathrm{d}\theta\int_0^1 f(r)\mathrm{d}r$　　B. $2\int_0^{\frac{\pi}{2}}\mathrm{d}\theta\int_0^1 f(r)r\mathrm{d}r$

C. $\int_0^{\pi}\mathrm{d}\theta\int_0^1 f(r)\mathrm{d}r$　　D. $\int_0^{\pi}\mathrm{d}\theta\int_0^1 f(r)\mathrm{d}r$

二、填空题

1. 若 D 是由 $x+y=1$ 和两坐标轴围成的区域，且 $\iint\limits_D f(x)\mathrm{d}x\mathrm{d}y=\int_0^1\varphi(x)\mathrm{d}x$，那么 $\varphi(x)=$________.

2. 已知 D 是由 $a\leqslant x\leqslant b$，$0\leqslant y\leqslant 1$ 所围成的区域，且 $\iint\limits_D yf(x)\mathrm{d}x\mathrm{d}y=1$，则 $\int_a^b f(x)\mathrm{d}x=$________.

3. 将 $\int_0^1\mathrm{d}x\int_0^{\sqrt{1-x^2}}f(x^2+y^2)\mathrm{d}y$ 化为极坐标系下的二重积分________.

4. 若区域 $D=\{(x,y)\mid x^2+y^2\leqslant 4\}$，则 $\iint\limits_D 2\mathrm{d}x\mathrm{d}y=$________.

5. 设 D 是由直线 $y=x$，$y=\dfrac{1}{2}x$，$y=2$ 所围成的区域，则 $\iint\limits_D \mathrm{d}x\mathrm{d}y=$________.

三、计算题

1. 计算二重积分 $I=\iint\limits_D (x+y)\mathrm{d}x\mathrm{d}y$，其中 D 是由直线 $y=x$，$x=1$ 及 x 轴围成的平面区域.

2. 计算下列积分 $\int_0^{\frac{\pi}{6}}\mathrm{d}y\int_y^{\frac{\pi}{6}}\dfrac{\cos x}{x}\mathrm{d}x$.

3. 计算二重积分$\iint\limits_{D}(x+y)\mathrm{d}x\mathrm{d}y$，其中$D$：$x^2+y^2\leqslant 2x$.

4. 计算$\iint\limits_{D}(x^2+y^2)\mathrm{d}x\mathrm{d}y$，其中$D$为$y=x$，$y=0$，$x=1$所围的闭区域.

5. 求$\iint\limits_{D}\frac{x}{y^2}\mathrm{d}x\mathrm{d}y$，其中$D$为$xy=1$，$y=x$及$x=2$所围成的闭区域.

测试题(二)

一、选择题

1. 设 D 由 x 轴和 $y=\sin x(x\in[0,\pi])$ 所围成，则积分 $\iint\limits_D y\,\mathrm{d}\sigma$ (　　).

A. $\frac{\pi}{6}$　　B. $\frac{\pi}{4}$　　C. $\frac{\pi}{3}$　　D. $\frac{\pi}{2}$

2. 设 D 由 $\frac{1}{4}\leqslant x^2+y^2\leqslant 1$ 确定，若 $I_1=\iint\limits_D \frac{1}{x^2+y^2}\mathrm{d}\sigma$，$I_2=\iint\limits_D (x^2+y^2)\mathrm{d}\sigma$，$I_3=\iint\limits_D \ln(x^2+y^2)\mathrm{d}\sigma$，则 I_1，I_2，I_3 之间的大小顺序为(　　).

A. $I_1<I_2<I_3$　　B. $I_1<I_3<I_2$　　C. $I_2<I_3<I_1$　　D. $I_3<I_2<I_1$

3. 设 $I=\iint\limits_D \sqrt[3]{x^2+y^2-3}\,\mathrm{d}\sigma$，其中 D 是圆环 $3\leqslant x^2+y^2\leqslant 4$，所确定的闭区域，则必有(　　).

A. $I>0$　　B. $I<0$

C. $I=0$　　D. $I\neq 0$ 但符号不能确定.

4. 设 D 是由 $|x|\leqslant 2$，$|y|\leqslant 1$ 所围成的闭区域，则 $\iint\limits_D x^5y^2\mathrm{d}\sigma=$(　　).

A. $\frac{19}{12}$　　B. $\frac{11}{12}$　　C. $\frac{1}{12}$　　D. 0

5. 累次积分 $\int_0^1\mathrm{d}x\int_0^{\sqrt{x}}f(x,y)\mathrm{d}y$ 改变积分次序为(　　).

A. $\int_0^1\mathrm{d}y\int_0^1 f(x,y)\mathrm{d}x$　　B. $\int_0^1\mathrm{d}y\int_0^{\sqrt{x}} f(x,y)\mathrm{d}x$

C. $\int_0^1\mathrm{d}y\int_0^{y^2} f(x,y)\mathrm{d}x$　　D. $\int_0^1\mathrm{d}y\int_{y^2}^1 f(x,y)\mathrm{d}x$

二、填空题

1. 交换累次积分的次序：$\int_0^2\mathrm{d}y\int_{y^2}^{2y}f(x,y)\mathrm{d}x=$________.

2. 交换 $I=\int_1^{\mathrm{e}}\mathrm{d}x\int_0^{\ln x}f(x,y)\mathrm{d}y$ 的积分次序后，$I=$________.

3. 设 D 由 $\frac{x^2}{4}+y^2\leqslant 1$ 确定，则 $\iint\limits_D \mathrm{d}x\mathrm{d}y=$________.

4. 交换积分次序：$\int_0^1\mathrm{d}x\int_{x^2}^{x}f(x,y)\mathrm{d}y=$________.

5. 设 D 是由 $|x+y|=1$，$|x-y|=1$ 所围成的闭区域，则 $\iint\limits_D \mathrm{d}\sigma=$________.

三、计算题

1. 设积分域 D 为 $x^2+y^2\leqslant 4$，$x\geqslant 0$，$y\geqslant 0$ 所围成，试计算二重积分 $\iint\limits_D \sin(x^2+y^2)\mathrm{d}\sigma$.

2. 计算二重积分 $\iint\limits_D y\sqrt{1+x^2-y^2}\,\mathrm{d}x\mathrm{d}y$，其中 D 为直线 $y=x$，$x=-1$，$y=1$ 所围成的区域.

3. 求$\iint\limits_{D}(x^2+y^2-x)\mathrm{d}x\mathrm{d}y$，其中$D$为$y=2$，$y=x$，及$y=2x$所围成的闭区域.

4. 利用极坐标计算$\iint\limits_{D}(x^2+y^2)\mathrm{d}\sigma$，其中$D$为由$x^2+y^2=4$，$y=0$，$y=x$所围的在第一象限的区域.

5. 设$D=\{(x,y)\mid x^2+y^2\leqslant 1,0\leqslant y\leqslant x\}$，利用极坐标计算$\iint\limits_{D}\arctan\dfrac{y}{x}\mathrm{d}\sigma$.

测试题(三)

一、选择题

1. 累次积分$\int_1^2 dx\int_1^{\sqrt{x}} \frac{1}{y}e^{\frac{x}{y}}dy+\int_2^4 dx\int_{\frac{x}{2}}^{\sqrt{x}} \frac{1}{y}e^{\frac{x}{y}}dy=($　　$)$.

A. e　　B. 2e　　C. 3e　　D. 4e

2. 若$\int_{-1}^0 dx\int_0^{1+x}f(x,y)dy+\int_0^1 dx\int_0^{1-x}f(x,y)dy=\int_0^1 dy\int_{x_1(y)}^{x_2(y)}f(x,y)dx$，则(　　).

A. $x_1(y)=y-1$，$x_2(y)=0$

B. $x_1(y)=y-1$，$x_2(y)=1-y$

C. $x_1(y)=1-y$，$x_2(x)=y-1$

D. $x_1(y)=0$，$x_2(y)=y-1$

3. D：$x^2+y^2\leqslant a^2(a>0$为常数$)$，$\iint\limits_D\sqrt{a^2-x^2-y^2}dxdy=\pi$，则$a=($　　$)$.

A. 1　　B. $\sqrt[3]{\frac{1}{2}}$　　C. $\sqrt[3]{\frac{3}{4}}$　　D. $\sqrt[3]{\frac{3}{2}}$

4. 设区域D是由x轴，y轴及直线$x+y=1$围成的区域，则$\iint\limits_D xy d\sigma=($　　$)$.

A. $\frac{1}{4}$　　B. $\frac{1}{8}$　　C. $\frac{1}{12}$　　D. $\frac{1}{24}$

5. 若积分区域D由$x+y\leqslant 1$，$x\geqslant 0$，$y\geqslant 0$确定，且$\int_0^1 f(x)dx=\int_x^1 xf(x)dx$，则$\iint\limits_D f(x)dxdy=($　　$)$.

A. 2　　B. 0　　C. $\frac{1}{2}$　　D. 1

二、填空题

1. 交换累次积分$\int_1^2 dy\int_{-\sqrt{a^2-y^2}}^{\sqrt{a^2-y^2}}f(x,y)dx$的顺序得________.

2. 设D是由$y=kx(k>0)$，$y=0$和$x=1$围成的区域，且$\iint\limits_D xy^2dxdy=\frac{1}{15}$，则$k=$________.

3. 交换积分次序：$\int_0^1 dx\int_0^{x^2}f(x,y)dy+\int_1^{\sqrt{2}}dx\int_0^{\sqrt{2-x^2}}f(x,y)dy=$________.

4. 把二次积分$I=\int_0^1 dy\int_0^{\sqrt{1-y^2}}e^{(x^2+y^2)}dx$转化为极坐标形式________.

5. 交换积分顺序，有$\int_0^1 dy\int_{-y}^{\sqrt{2y-y^2}}f(x,y)dx=$________.

三、计算题

1. 计算二重积分$\iint\limits_D(x^2+y^2)d\sigma$，$D$由曲线$x=-\sqrt{1-y^2}$，$y=-1$，$y=1$及$x=-2$围成.

2. 计算以xOy面上的圆周$x^2+y^2=ax$围成的闭区域为底，而以曲面$z=x^2+y^2$为顶的曲顶柱体的体积.

3. 计算$\iint\limits_D(1+x)\sin y\,d\sigma$，其中$D$是顶点分别为(0，0)，(1，0)，(1，2)和(0，1)的梯形闭区域.

4. 计算$\iint\limits_D\sqrt{x^2+y^2}\,d\sigma$，其中$D$是圆环形闭区域$\{(x,y)\mid a^2\leqslant x^2+y^2\leqslant b^2\}$.

5. 设平面薄片所占的闭区域D由螺线$\rho=2\theta$上一段弧$\left(0\leqslant\theta\leqslant\frac{\pi}{2}\right)$与直线$\theta=\frac{\pi}{2}$所围成，它的面密度为$\mu(x,y)=x^2+y^2$，求薄片的质量.

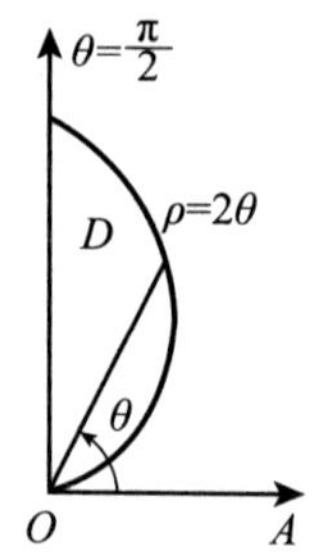

四、证明题

设$f(x)$在$[a,b]$上连续，利用二重积分证明：$\left[\int_a^b f(x)dx\right]^2\leqslant(b-a)\int_a^b f^2(x)dx$，其中等号仅当$f(x)$为常数时成立.

第九章测试题

测试题(一)

一、选择题

1. 级数$\frac{1}{3}+\frac{1}{\sqrt{3}}+\frac{1}{\sqrt[3]{3}}+\cdots+\frac{1}{\sqrt[n]{3}}+\cdots$的敛散性是(　　).

A. 收敛　　B. 发散　　C. 不确定　　D. 收敛于 0

2. 级数$\left(\frac{1}{2}+\frac{4}{3}\right)+\left(\frac{1}{2^2}+\frac{4}{3^2}\right)+\cdots+\left(\frac{1}{2^n}+\frac{4}{3^n}\right)+\cdots$的和是(　　).

A. 2　　B. 3　　C. $\frac{3}{2}$　　D. $\frac{2}{3}$

3. 正项级数 $\sum_{n=1}^{\infty}\frac{7n^2+3}{8n^5-2n^3}$ 是(　　).

A. 收敛　　B. 发散　　C. 不确定　　D. $\lim_{n\to\infty}u_n\neq 0$

4. 级数 $\sum_{n=1}^{\infty}(-1)^{n-1}\frac{1}{n}$ 是(　　).

A. 条件收敛　　B. 绝对收敛　　C. 发散　　D. 不确定

5. 级数 $\sum_{n=0}^{\infty}(-1)^n\frac{x^n}{2^n}$ 是(　　).

A. 条件收敛　　B. 绝对收敛　　C. 发散　　D. 不确定

6. 幂级数 $\sum_{n=1}^{\infty}\frac{1}{2n+3}x^n$ 的收敛域为(　　).

A. $(-1，1)$　　B. $(-1，1]$　　C. $[-1，1)$　　D. $[-1，1]$

7. 函数 e^{-x} 的幂级数展开式为(　　).

A. $\sum_{n=0}^{\infty}\frac{x^n}{n!}$　　B. $\sum_{n=0}^{\infty}(-1)^n\frac{x^n}{n!}$　　C. $-\sum_{n=0}^{\infty}\frac{x^n}{n!}$　　D. $\sum_{n=0}^{\infty}\frac{x^n}{(n+1)!}$

8. 幂级数 $\sum_{n=0}^{\infty}(-1)^n\frac{x^{n+1}}{n+1}$ 的和函数为(　　).

A. $\ln(1-x)$　　B. $\ln(1+x)$　　C. $-\ln(1+x)$　　D. $-\ln(1-x)$

二、填空题

1. 级数 $\sum_{n=1}^{\infty}\frac{n\sqrt{n-1}}{n^2+1}$ 的敛散性为________.

2. 级数 $\sum_{n=1}^{\infty}\frac{n+2}{2^n}$ 的敛散性为________.

3. 级数 $\sum_{n=1}^{\infty}\frac{x^n}{n^2+1}$ 的收敛半径为________.

4. 幂级数 $\sum_{n=1}^{\infty}\frac{1}{2n+1}x^n$ 的收敛区间为________.

5. 级数 $\sum_{n=1}^{\infty}x^n$ 的和函数为________.

6. 将函数 $f(x)=\frac{1}{2x-1}\left(|x|<\frac{1}{2}\right)$展开为 x 幂级数为________.

三、计算与解答题

1. 判断下列数项级数的敛散性.

(1) $\sum_{n=1}^{\infty}\frac{1}{n^2}$;　　(2) $\sum_{n=1}^{\infty}\frac{n+1}{n^2}$;

(3) $\sum_{n=1}^{\infty}\frac{n+1}{n\sqrt{n}}$;　　(4) $\sum_{n=1}^{\infty}\ln\left(1+\frac{1}{n^2}\right)$.

2. 研究下列级数的敛散性，若收敛，说明是条件收敛还是绝对收敛.

(1) $\sum_{n=1}^{\infty}(-1)^n\frac{1}{n^2}$；

(2) $\sum_{n=1}^{\infty}(-1)^n\frac{n+1}{n^2}$；

(3) $\sum_{n=1}^{\infty}(-1)^n\arctan\frac{\pi}{n^2}$；

(4) $\sum_{n=1}^{\infty}(-1)^n\frac{1}{\sqrt{n(n+1)}}$.

3. 求下列幂级数的收敛半径和收敛区间.

(1) $\sum_{n=1}^{\infty}\frac{1}{n^2}x^n$；

(2) $\sum_{n=1}^{\infty}\frac{2n+1}{n^2}x^n$；

(3) $\sum_{n=1}^{\infty}\frac{2^n}{n^2+1}x^n$；

(4) $\sum_{n=1}^{\infty}n^n x^n$.

4. 求下列幂级数的收敛区间及其内的和函数.

(1) $\sum_{n=1}^{\infty}nx^{n-1}$；

(2) $\sum_{n=1}^{\infty}\frac{(-1)^{n-1}}{2n-1}x^{2n-1}$；

(3) $\sum_{n=1}^{\infty}\frac{1}{2n-1}x^{2n-1}$；

(4) $\sum_{n=1}^{\infty}\frac{1}{n+1}x^n(x\neq 0)$.

5. 将下列函数在收敛区间内展开为 x 幂级数.

(1) $\frac{1}{2-x}$；　(2) $\frac{1}{1+x^2}$；　(3) $\ln(1-x)$；　(4) $\ln(2+2x)$.

测试题(二)

一、选择题

1. 如果级数$\sum_{n=1}^{\infty}u_n$收敛，S_n是其前n项和，则有(　　).

A. $S_n=\sum_{n=1}^{\infty}u_n$　　B. $\lim_{n\to\infty}u_n\neq 0$

C. $\sum_{n=1}^{\infty}u_n=\lim_{n\to\infty}S_n$　　D. $\lim_{n\to\infty}S_n=\infty$

2. 设正项级数$\sum_{n=1}^{\infty}u_n$收敛，则级数(　　)一定收敛.

A. $\sum_{n=1}^{\infty}\sqrt{u_n}$　　B. $\sum_{n=1}^{\infty}(-1)^n u_n$

C. $\sum_{n=1}^{\infty}\frac{1}{u_n}$　　D. $\sum_{n=1}^{\infty}nu_n$

3. 下列级数中，收敛级数是(　　).

A. $\sum_{n=1}^{\infty}\frac{n}{2n+1}$　　B. $\sum_{n=1}^{\infty}\frac{1}{\sqrt{n+2}}$

C. $\sum_{n=1}^{\infty}\frac{1}{2n+1}$　　D. $\sum_{n=1}^{\infty}\frac{1}{\sqrt{n}(n+1)}$

4. 下列级数绝对收敛的是(　　).

A. $\sum_{n=1}^{\infty}\frac{(-1)^{n-1}}{n}$　　B. $\sum_{n=1}^{\infty}(-1)^{n-1}\frac{n}{2n-1}$

C. $\sum_{n=1}^{\infty}\frac{(-1)^{n-1}}{3^n}$　　D. $\sum_{n=1}^{\infty}\frac{(-1)^{n-1}}{\sqrt{n}}$

5. 幂级数$\sum_{n=0}^{\infty}a_n(x-4)^n$在点$x=3$处收敛，则该级数的收敛半径$R$(　　).

A. $\geqslant 1$　　B. $\geqslant 3$　　C. >1　　D. >3

6. 设幂级数$\sum_{n=0}^{\infty}a_nx^n$在$x=2$处收敛，则该级数在$x=1$处(　　).

A. 发散　　B. 条件收敛

C. 绝对收敛　　D. 敛散性不确定

7. 利用$\cos x$的幂级数展开式，$\cos^2 x$的幂级数为(　　).

A. $\sum_{n=0}^{\infty}(-1)^n\cdot\frac{x^{2n}}{(2n)!}$　　B. $\sum_{n=1}^{\infty}(-1)^n\cdot\frac{(2x)^{2n}}{2(2n)!}$

C. $1+\sum_{n=1}^{\infty}(-1)^n\cdot\frac{(2x)^{2n}}{2(2n)!}$　　D. $\sum_{n=1}^{\infty}\frac{(2x)^{2n}}{2(2n)!}$

二、填空题

1. 如果级数$\sum_{n=1}^{\infty}u_n$收敛于S，则$\sum_{n=3}^{\infty}u_n$收敛于________.

2. 当α ________时，级数$\sum_{n=1}^{\infty}\frac{n}{\alpha^n}(\alpha>0)$，当$\alpha$满足收敛.

3. 若$\sum_{n=1}^{\infty}u_n(u_n>0)$收敛，则级数$\sum_{n=1}^{\infty}u_n^2$的敛散性为________.

4. 幂级数$\sum_{n=1}^{\infty}\frac{x^n}{(2n)!}$的收敛半径$R=$________.

5. $\frac{1}{x}$展开成$x-3$的幂级数为________.

三、计算与解答题

1. 求级数$\sum_{n=1}^{\infty}\left(\frac{8\cdot 2^{n-1}}{7^n}+\frac{(-1)^n\cdot 3^n}{(2e)^n}\right)$的和.

2. 判别级数$\sum_{n=1}^{\infty}\frac{(n-1)!}{n^{n-1}}\left(\frac{19}{9}\right)^{n-1}$的敛散性.

3. 级数$\sum_{n=1}^{\infty}\frac{n\cos\frac{2n\pi}{3}}{2^n}$是条件收敛还是绝对收敛.

4. 求幂级数$\sum_{n=1}^{\infty}(n+1)x^{n-1}$的和函数，并求$\sum_{n=1}^{\infty}(n+1)\frac{1}{5^{n-1}}$的和.

5. 求幂级数$\sum_{n=1}^{\infty}n\cdot\frac{x^{2n-1}}{5^n}$的和函数，并求数项级数$\sum_{n=1}^{\infty}\frac{n\cdot 4^n}{5^n}$的和.

6. 将函数$f(x)=\int_0^x e^{t^2}dt$展开成x的幂级数.

7. 将函数$f(x)=\ln(5+x)$的展开为$x-1$幂级数.

8. 将函数$f(x)=\arctan\frac{4+x^2}{4-x^2}$展开成$x$的幂级数.

测试题(三)

一、选择题

1. 级数$\frac{3}{3}+\frac{4}{3^2}+\frac{5}{3^3}+\cdots+\frac{n+2}{3^n}+\cdots$的敛散性是(　　).

A. 收敛　　B. 发散　　C. 不确定　　D. 收敛于 0

2. 级数$\frac{3}{2\cdot3\cdot4}+\frac{5}{3\cdot4\cdot5}+\frac{7}{4\cdot5\cdot6}+\cdots+\frac{2n+1}{(n+1)(n+2)(n+3)}+\cdots$的敛散性是(　　).

A. 收敛　　B. 发散　　C. 不确定　　D. 收敛于 0

3. 级数$\sum\limits_{n=0}^{\infty}(-1)^n\frac{(n^3+1)\sin\frac{n\pi}{4}}{3^{n-1}\sqrt{n}}$是(　　).

A. 条件收敛　　B. 绝对收敛　　C. 发散　　D. 不确定

4. 若级数$\sum\limits_{n=1}^{\infty}u_n^2$收敛，则$\sum\limits_{n=1}^{\infty}(-1)^n\frac{u_n}{n}$为(　　).

A. 条件收敛　　B. 绝对收敛　　C. 发散　　D. 不确定

5. 级数$\sum\limits_{n=1}^{\infty}\frac{n^2}{\left(3+\frac{3}{n}\right)^n}$的敛散性是(　　).

A. 收敛　　B. 发散　　C. 不确定　　D. $\lim\limits_{n\to\infty}u_n\neq0$

6. 幂级数$x-\frac{1}{3}x^3+\frac{1}{5}x^5-\frac{1}{7}x^7+\cdots$在其收敛域内的和函数为(　　).

A. $\arcsin x$　　B. $\arctan x$　　C. $\ln\frac{1+x}{1-x}$　　D. $\frac{1}{1+x^2}$

7. 设幂级数$\sum\limits_{n=0}^{\infty}a_nx^n$在$x=2$收敛，则该级数在$x=-1$处必定(　　).

A. 条件收敛　　B. 绝对收敛　　C. 发散　　D. 不确定

8. 函数$x\sin x$的幂级数展开式为(　　).

A. $\sum\limits_{n=0}^{\infty}\frac{(-1)^n}{(2n+1)!}x^{2n+1}$　　B. $\sum\limits_{n=1}^{\infty}\frac{(-1)^{n-1}}{(2n-1)!}x^{2n}$

C. $\sum\limits_{n=0}^{\infty}\frac{(-1)^{n-1}}{(2n+1)!}x^{2n+2}$　　D. $\sum\limits_{n=1}^{\infty}\frac{(-1)^n}{(2n-1)!}x^{2n-1}$

二、填空题

1. 级数$\sum\limits_{n=1}^{\infty}\frac{1}{4n^2-1}$的和为________.

2. 幂级数$\sum\limits_{n=0}^{\infty}\frac{(-1)^nn^2}{8^{n-1}}x^{3n+1}$的收敛半径为________.

3. 幂级数$\sum\limits_{n=0}^{\infty}\left[\frac{(-1)^n}{3^{n-1}n^2}+\frac{(-1)^n}{4^n(n+1)}\right]x^{n+1}$的收敛区间为________.

4. 级数$x+2x^2+3x^3+\cdots+nx^n+\cdots$在$(-1,1)$的和函数为________.

5. 将$f(x)=\frac{1}{x}$展开成$x-1$的幂级数为________.

6. 幂级数$\sum\limits_{n=0}^{\infty}\frac{(-1)^nx^{2n+3}}{(2n)!}$的和函数为________.

三、计算与解答题

1. 求级数$\sum\limits_{n=1}^{\infty}(\sqrt{n+2}-2\sqrt{n+1}+\sqrt{n})$的和.

2. 说明级数$\sum\limits_{n=0}^{\infty}(-1)^n\sin\left(\frac{1}{\ln n}\right)$是绝对收敛还是条件收敛?

3. 说明级数$\sum\limits_{n=1}^{\infty}(-1)^{n+1}\frac{1}{n-\ln n}$是绝对收敛还是条件收敛?

4. 求幂级数$\sum_{n=1}^{\infty} n \cdot \frac{x^n}{3^{n+1}}$的和函数，并求数项级数$\sum_{n=1}^{\infty} n \frac{2^n}{3^{n+1}}$的和.

5. 求幂级数$\sum_{n=1}^{\infty} \frac{n+1}{n! \cdot 5^n} x^n$的和函数.

6. 将函数$f(x)=\ln(6-5x+x^2)$展开为$x-1$幂级数.

7. 将函数$f(x)=\int_0^x \frac{\sin t}{t} dt$展开成$x$的幂级数.

8. 求幂级数$\sum_{n=1}^{\infty} \frac{n(n+1)}{3^{n-1}} x^n$的和函数.

9. 求数项级数$\sum_{n=1}^{\infty} \frac{n^2}{n!}$的和.

10. 求数项级数$\sum_{n=0}^{\infty} \frac{2n}{4^n}$的和.

第一学期期末考试试卷

第一学期期末考试试卷(1)

一、选择题(每小题 3 分，共 18 分)

1\. 若 $f(x)=\begin{cases}2e^{x} & x<0\\ a+x & x>0\end{cases}$ 为连续函数，则 a 的值为(　　).

A. 1　　B. 2　　C. 3　　D. -1

2\. 已知 $f'(3)=2$，则 $\lim\limits_{h\to 0}\dfrac{f(3-h)-f(3)}{2h}$ 的值为(　　).

A. 1　　B. 3　　C. -1　　D. $\dfrac{1}{2}$

3\. 定积分 $\int_{-\frac{\pi}{2}}^{\frac{\pi}{2}}\sqrt{1-\cos^{2}x}\,dx$ 的值为(　　).

A. 0　　B. -2　　C. 1　　D. 2

4\. 若 $f(x)$ 在 $x=x_0$ 处不连续，则 $f(x)$ 在该点处(　　).

A. 必不可导　　B. 一定可导　　C. 可能可导　　D. 必无极限

5\. 下列各式正确的是(　　).

A. $\int e^{-x}dx=e^{-x}+C$　　B. $\int \ln x\,dx=\dfrac{1}{x}+C$

C. $\int\dfrac{1}{1-2x}dx=\dfrac{1}{2}\ln|1-2x|+C$　　D. $\int\dfrac{1}{x\ln x}dx=\ln|\ln x|+C$

6\. 设 $f(x)$ 在 $[a,b]$ 上，$f'(x)>0$ 且 $f''(x)>0$，则曲线 $y=f(x)$ 在 $[a,b]$ 上(　　).

A. 沿 x 轴正向上升且为凹的　　B. 沿 x 轴正向下降且为凹的

C. 沿 x 轴正向上升且为凸的　　D. 沿 x 轴正向下降且为凸的

二、填空题(每小题 3 分，共 24 分)

1\. 平面上过点(0，1)，且在任意一点(x, y)处的切线斜率为 $3x^2$ 的曲线方程为________.

2\. $\int_{-1}^{1}(x^{2}+x^{4}\sin x)dx=$________.

3\. $\lim\limits_{x\to 0}x^{2}\sin\dfrac{1}{x}=$________.

4\. $y=2x^{3}-3x^{2}$ 的极大值为________.

5\. 设函数 $f(x)=\dfrac{x^{2}-1}{x^{2}-3x+2}$，则 $x=1$ 是 $f(x)$ 的第________类间断点.

6\. 函数 $y=\ln(1+x^{2})$，则 $y'=$________.

7\. $\lim\limits_{x\to\infty}\left(\dfrac{1+x}{x}\right)^{2x}=$________.

8\. $\int\dfrac{\arctan x}{1+x^{2}}dx=$________.

三、计算题(每小题 6 分，共 36 分)

1\. 求 $\lim\limits_{x\to 0}\dfrac{x\ln(1+5x)}{\sin 3x^{2}}$.

2\. 设 $y=\dfrac{\sqrt{e^{x}}}{x^{2}+1}$，求 y'.

3\. 求不定积分 $\int x\ln(1+x^{2})dx$.

4\. 求 $\int_{0}^{3}f(x-1)dx$，其中 $f(x)=\begin{cases}\dfrac{x}{1+\cos x}, & x\leqslant 1\\ e^{x}+1, & x>1\end{cases}$.

5. 设函数 $y=f(x)$ 由方程 $\int_0^y e^t\,dt+\int_0^x \cos t\,dt=0$ 所确定，求 dy.

6. 设 $\int f(x)dx=\sin x^2+C$，求 $\int f(2x+3)dx$.

四、解答题(每小题 8 分，共 16 分)

1. 设 $f'(\ln x)=1+x$，且 $f(0)=1$，求 $f(x)$.

2. 求曲线 $y=\cos x\left(-\frac{\pi}{2}\leqslant x\leqslant\frac{\pi}{2}\right)$ 与 x 轴所围成图形绕着 x 轴旋转一周所得旋转体体积.

五、证明题(6 分)

证明：方程 $2^x-4x+1=0$ 在 0 和 1 之间至少有一个根.

第一学期期末考试试卷(2)

一、选择题(每小题3分，共18分)

1. 数列$\{x_n\}$有界是它收敛的(　　).

A. 必要但非充分条件　　B. 充分但非必要条件

C. 充分必要条件　　D. 无关条件.

2. 设$f(x)=x\ln x$，则$f(x)$在$x=1$处的导数(　　).

A. 等于1　　B. 等于-1　　C. 等于0　　D. 不存在.

3. 已知$\lim\limits_{x\to 1^+}f(x)=2$，以下结论正确的是(　　).

A. 函数在$x=1$处有定义且$f(1)=2$

B. 函数在$x=1$处的某去心邻域内有定义

C. 函数在处的$x=1$左侧某邻域内有定义

D. 函数在$x=1$处的右侧某邻域内有定义

4. 设$\alpha(x)=\dfrac{1-x}{1+x}$，$\beta(x)=3-3\sqrt[3]{x}$，则当$x\to 1$时(　　).

A. $\alpha(x)$与$\beta(x)$是同阶无穷小，但不是等价无穷小

B. $\alpha(x)$与$\beta(x)$是等价无穷小

C. $\alpha(x)$是$\beta(x)$的高阶无穷小

D. $\alpha(x)$是$\beta(x)$的低阶无穷小

5. 设$f(x)$是连续函数，且$f(x)=x+2\int_0^1 f(t)\mathrm{d}t$，则$f(x)=$(　　).

A. $\dfrac{x^2}{2}$　　B. $\dfrac{x^2}{2}+2$　　C. $x-1$　　D. $x+2$

6. 设$x^2y-\mathrm{e}^{2y}=\sin y$，则$\dfrac{\mathrm{d}y}{\mathrm{d}x}=$(　　).

A. $\dfrac{2xy}{\cos y+2\mathrm{e}^{2y}}$　　B. $\dfrac{2xy+\mathrm{e}^{2y}}{\cos y-x^2}$　　C. 0　　D. $\dfrac{2xy}{\cos y+2\mathrm{e}^{2y}-x^2}$

二、填空题(每小题3分，共24分)

1. $\lim\limits_{x\to 0}(1+3x)^{\frac{2}{\sin x}}=$________.

2. 已知$\dfrac{\cos x}{x}$是$f(x)$的一个原函数，则$\int f(x)\dfrac{\cos x}{x}\mathrm{d}x=$________.

3. $\int_{-\frac{1}{2}}^{\frac{1}{2}}\dfrac{x^2\arcsin x+1}{\sqrt{1-x^2}}\mathrm{d}x=$________.

4. 已知$\lim\limits_{x\to 0}\dfrac{x}{f(3x)}=2$，则$\lim\limits_{x\to 0}\dfrac{f(2x)}{x}=$________.

5. 曲线$y=\dfrac{1}{x}$在点$\left(\dfrac{1}{2},\ 2\right)$处的切线方程为________.

6. 函数$y=2x^3-3x^2$在$[-1,\ 4]$上的最大值________.

7. 若$\int f(x)\mathrm{d}x=\sin 2x+C$，$C$为常数，则$f(x)=$________.

8. $\int_{-\frac{\pi}{2}}^{\frac{\pi}{2}}\sin^4 x\,\mathrm{d}x=$________.

三、计算题(每小题6分，共36分)

1. 求极限：$\lim\limits_{x\to 0}\dfrac{\tan x-\sin x}{x^3}$.

2. 已知$y=\ln(1+x^2)$，求y''.

3. 求函数$y=x^{\sin x}(x>0)$的导数.

4. 求不定积分$\int\dfrac{x^2}{1+x^2}\mathrm{d}x$.

5. 求不定积分 $\int x\cos x\,\mathrm{d}x$.

6. 方程 $y^{\frac{1}{x}}=x^{\frac{1}{y}}$ 确定函数 $y=f(x)$，求 y'.

四、解答题(每小题 7 分，共 14 分)

1. 已知 e^{x^2} 为 $f(x)$的一个原函数，求 $\int x^2 f(x)\mathrm{d}x$.

2. 求曲线 $y=x^3-3x^2-2$ 的拐点及凹凸区间.

五、应用题(8 分)

过坐标原点作曲线 $y=\ln x$ 的切线，该切线与曲线 $y=\ln x$ 及 x 轴围成平面图形为 D.

(1)求 D 的面积 A；

(2)求 D 绕直线 $x=\mathrm{e}$ 旋转一周所得旋转体的体积 V.

第一学期期末考试试卷(3)

一、选择题(每小题 3 分，共 18 分)

1. 若函数 $f(x)=\dfrac{|x|}{x}$，则 $\lim\limits_{x\to 0}f(x)=$(　　).

A. 0　　B. -1　　C. 1　　D. 不存在

2. 下列变量中，是无穷小量的为(　　).

A. $\ln\dfrac{1}{x}\,(x\to 0^+)$　　B. $\ln x\,(x\to 1)$

C. $\cos x\,(x\to 0)$　　D. $\dfrac{x-2}{x^2-4}\,(x\to 2)$

3. 满足方程 $f'(x)=0$ 的 x 是函数 $y=f(x)$的(　　).

A. 极大值点　　B. 极小值点　　C. 驻点　　D. 间断点

4. 函数 $f(x)$在 $x=x_0$ 处连续是 $f(x)$在 $x=x_0$ 处可导的(　　).

A. 必要但非充分条件　　B. 充分但非必要条件

C. 充分必要条件　　D. 既非充分又非必要条件

5. 下列无穷积分收敛的是(　　).

A. $\int_0^{+\infty}\sin x\,\mathrm{d}x$　　B. $\int_0^{+\infty}\mathrm{e}^{-2x}\,\mathrm{d}x$　　C. $\int_0^{+\infty}\dfrac{1}{x}\mathrm{d}x$　　D. $\int_0^{+\infty}\dfrac{1}{\sqrt{x}}\mathrm{d}x$

6. 设 $f(x)=\cos x(x+|\sin x|)$，则在 $x=0$ 处有(　　).

A. $f'(0)=2$　　B. $f'(0)=1$　　C. $f'(0)=0$　　D. $f(x)$不可导

二、填空题(每小题 3 分，共 24 分)

1. 函数 $f(x)=\sqrt{3+2x-x^2}+\ln(x-2)$的定义域为________.

2. 若 $\lim\limits_{x\to\infty}\dfrac{ax^n+2x^2+3}{x^3+5x+1}=2$，则 $a=$________，$n=$________.

3. 设函数 $y=\dfrac{x}{\sin x}$，则函数的可去间断点是 $x=$________.

4. 曲线 $\begin{cases}x=\mathrm{e}^t\sin 2t\\ y=\mathrm{e}^t\cos t\end{cases}$ 在(0，1)处的法线方程为________.

5. 设 $y=x+\ln x$，则 $\dfrac{\mathrm{d}y}{\mathrm{d}x}=$________.

6. $f(x)=2\arctan x-\ln\sqrt{1+x^2}$ 的单调递减区间为________.

7. $\int_{-1}^{1}(x+\sqrt{1-x^2})\mathrm{d}x=$________.

三、计算题(每小题 6 分，共 36 分)

1. 求极限 $\lim\limits_{x\to 0}\dfrac{\sqrt{4+x}-2}{\sin 2x}$.

2. 求极限 $\lim\limits_{x\to 0}\dfrac{\int_1^{\cos x}\mathrm{e}^{-t^2}\mathrm{d}t}{x^2}$.

3. 设 $y=\mathrm{e}^5+\ln(x+\sqrt{1+x^2})$，求 $\mathrm{d}y$.

4. 设函数 $y=f(x)$ 由参数方程 $\begin{cases}x=\ln(1+t^2)\\ y=\arctan t\end{cases}$ 所确定，求 $\frac{dy}{dx}$ 和 $\frac{d^2y}{dx^2}$.

5. 求不定积分 $\int\frac{1}{x^2}\sin\left(\frac{2}{x}+3\right)dx$.

6. 设 $f(x)=\begin{cases}e^x, & x<0.\\ \frac{1}{1+x}, & x\geqslant 0\end{cases}$，求 $\int_0^2 f(x-1)dx$.

四、证明题(每小题 7 分，共 14 分)

1. 证明：$\int_0^1 x^m(1-x)^n dx=\int_0^1 x^n(1-x)^m dx \quad (m, n\in\mathbf{N})$.

2. 证明不等式：当 $0<a<b$ 时，$\frac{b-a}{b}<\ln\frac{b}{a}<\frac{b-a}{a}$.

五、应用题(8 分)

要造一圆柱形油罐，体积为 V，问底半径 r 和高 h 各等于多少时，才能使表面积最小？

第一学期期末考试试卷(4)

一、选择题(每小题 3 分，共 18 分)

1. 当 $x\to 0$ 时，变量 $\frac{1}{x^2}\sin\frac{1}{x}$ 是(　　).

A. 无穷小量　　B. 无穷大量

C. 有界但非无穷小量　　D. 无界但非无穷大量

2. 设 $f(x)$ 在 x_0 处不连续，则(　　).

A. $f'(x_0)$ 必存在　　B. $f'(x_0)$ 必不存在

C. $\lim\limits_{x\to x_0}f(x)$ 必存在　　D. $\lim\limits_{x\to x_0}f(x)$ 必不存在

3. 设函数 $f(x)$ 在 $x=x_0$ 处可导，则 $\lim\limits_{h\to 0}\frac{f(x_0-h)-f(x_0+h)}{h}=$(　　).

A. $2f'(x_0)$　　B. $f'(x_0)$　　C. $-2f'(x_0)$　　D. 0

4. 若 $f(x)$ 具有连续导数，且 $f(0)=0$，设 $\varphi(x)=\frac{\int_0^x tf(t)\mathrm{d}t}{x^3}$，则 $\lim\limits_{x\to 0}\varphi(t)=$(　　).

A. $f'(0)$　　B. $\frac{1}{3}f'(0)$　　C. 1　　D. $\frac{1}{3}$

5. 已知 $f(x)$ 的一个原函数是 e^{-x^2}，则 $\int xf'(x)\mathrm{d}x=$(　　).

A. $-2x^2\mathrm{e}^{-x^2}+c$　　B. $-2x^2\mathrm{e}^{-x^2}$

C. $\mathrm{e}^{-x^2}(-2x^2-1)+c$　　D. $xf(x)-\int f(x)\mathrm{d}x$

6. 下列不等式不成立的是(　　).

A. $\int_0^1 x^n\mathrm{d}x\geqslant\int_0^1 x^{n+1}\mathrm{d}x$　　B. $\int_0^{\frac{\pi}{2}} x\,\mathrm{d}x\geqslant\int_0^{\frac{\pi}{2}}\sin x\,\mathrm{d}x$

C. $\int_1^{\mathrm{e}} x\,\mathrm{d}x\leqslant\int_1^{\mathrm{e}}\ln(1+x)\mathrm{d}x$　　D. $\int_0^1\sin x^n\mathrm{d}x\geqslant\int_0^1\sin^n x\,\mathrm{d}x$

二、填空题(每小题 3 分，共 24 分)

1. 函数 $y=\frac{x}{\sqrt{x^2-2x-3}}$ 的定义域为________.

2. 当 $k=$________时，$f(x)=\begin{cases}\mathrm{e}^x, & x\leqslant 0\\ x^2+k, & x>0\end{cases}$ 在 $x=0$ 处连续.

3. 设 $y^2-2xy+9=0$，则 $\frac{\mathrm{d}y}{\mathrm{d}x}=$________.

4. 曲线 $y=\mathrm{e}^x-x$ 在点(0，1)处的切线方程是________.

5. 求极限 $\lim\limits_{x\to\infty}\frac{3x^2+4x+6}{x^2+2x}=$________.

6. 设 $y=x\sin x$，则 $\mathrm{d}y=$________.

7. 定积分 $\int_{-5}^{5}\frac{x^3\sin^2 x}{x^4+1}\mathrm{d}x=$________.

8. 设函数 $y=y(x)$ 由方程 $x=\int_1^{x+y}\mathrm{e}^{-t^2}\mathrm{d}t$ 确定，则 $\left.\frac{\mathrm{d}y}{\mathrm{d}x}\right|_{x=0}=$________.

三、计算题(每小题 6 分，共 36 分)

1. 求极限 $\lim\limits_{x\to+\infty}(\sqrt{x^2+3x}-\sqrt{x^2+1})$.

2. 求极限 $\lim\limits_{x\to\infty}\frac{x^2}{\mathrm{e}^{2x}}$.

3. 设函数 $y=y(x)$ 由方程 $\mathrm{e}^x-\mathrm{e}^y=\sin(xy)$ 所确定，求 $\left.\frac{\mathrm{d}y}{\mathrm{d}x}\right|_{x=0}$.

4. 求定积分$\int_0^1 \frac{x^2 \mathrm{d}x}{\sqrt{1-x^2}}$.

5. 计算不定积分$\int x\tan^2 x\,\mathrm{d}x$.

6. 设$F(x)=\int_0^x \cos(x^2-t)\mathrm{d}t$，求$F'(x)$.

四、解答题(每小题 8 分，共 16 分)

1. 设$f(x)$的原函数$F(x)>0$，且$f(x)F(x)=\frac{1}{\mathrm{e}^x+\mathrm{e}^{-x}}$，$F(0)=\sqrt{\frac{\pi}{2}}$，求$f(x)$.

2. 设曲线$y=x^2$与$x=y^2$所围成的平面图形为A，求：

(1)平面图形A的面积；

(2)平面图形A绕y轴旋转所产生的旋转体的体积.

五、证明题(6 分)

已知$f(x)$在$[0,1]$上连续，$(0,1)$内可导，且$f(1)=f(0)+1$，证明：$\exists\xi\in(0,1)$，使得$f'(\xi)=2\xi$.

第一学期期末考试试卷(5)

一、选择题(每小题 3 分，共 18 分)

1. 若函数 $f(x)=\frac{\sin x}{x}$，则 $\lim\limits_{x\to\infty}f(x)=$(　　).

A. 0　　B. -1　　C. 1　　D. 不存在

2. 下列变量中，是无穷小量的为(　　).

A. $\ln\frac{1}{x}(x\to0^+)$　　B. $\ln x(x\to1)$　　C. $\cos x(x\to0)$　　D. $\frac{x-2}{x^2-4}(x\to2)$

3. 满足方程 $f'(x)=0$ 的 x 是函数 $f(x)$的(　　).

A. 极大值点　　B. 极小值　　C. 驻点　　D. 间断点

4. 函数 $f(x)$在 $x=x_0$ 处连续是 $f(x)$在 $x=x_0$ 处可导的(　　).

A. 必要但非充分条件　　B. 充分但非必要条件

C. 充分必要条件　　D. 既非充分又非必要条件

5. 若$\int f(x)\mathrm{d}x=\cos^2x+c$，则 $f(x)=$(　　).

A. $\sin 2x$　　B. $-\sin 2x$　　C. $\sin 2x+c$　　B. $-\sin 2x+c$

6. 下列无穷积分收敛的是(　　).

A. $\int_0^{+\infty}\sin x\,\mathrm{d}x$　　B. $\int_0^{+\infty}\mathrm{e}^{-2x}\mathrm{d}x$　　C. $\int_0^{+\infty}\frac{1}{x}\mathrm{d}x$　　D. $\int_0^{+\infty}\frac{1}{\sqrt{x}}\mathrm{d}x$

二、填空题(每小题 3 分，共 24 分)

1. 函数 $y=\frac{1}{\sqrt{4-x^2}}$的定义域为________.

2. 当 $k=$________时，$f(x)=\begin{cases}\frac{\sqrt{1+x}-1}{x} & x\neq0\\ k & x=0\end{cases}$在 $x=0$ 处连续.

3. 设 $f(x)=\frac{\ln x}{x}$，则 $f'(\mathrm{e})$________.

4. 曲线 $y=x\ln x$ 在(e,e)点处的切线方程为________.

5. 极限 $\lim\limits_{x\to+\infty}(\sqrt{x^2+1}-\sqrt{x^2-1})=$________.

6. 若$\int f(x)\mathrm{d}x=\sin 2x+C$，$C$ 为常数，则 $f(x)=$________.

7. $\int_{-3}^{3}\frac{x^2\sin^3x}{1+x^4}\mathrm{d}x=$________.

8. 设常数 $k>0$，则函数 $f(x)=\ln x-\frac{x}{\mathrm{e}}+k$ 在$(0,+\infty)$内零点的个数为________.

三、计算题(每小题 6 分，共 36 分)

1. 求极限$\lim\limits_{x\to0}\frac{\sqrt{4+x}-2}{\sin 2x}$.

2. 求极限 $\lim\limits_{x\to0}\frac{\int_1^{\cos x}\mathrm{e}^{-t^2}\mathrm{d}t}{x^2}$.

3. 设函数 $y=f(x)$由参数方程$\begin{cases}x=\frac{t^2}{2}\\ y=1-t\end{cases}$所确定，求$\frac{\mathrm{d}y}{\mathrm{d}x}$和$\frac{\mathrm{d}^2y}{\mathrm{d}x^2}$.

4. 求定积分$\int_{-1}^{0}\frac{3x^4+3x^2+1}{1+x^2}\mathrm{d}x$.

5. 求定积分$\int_{1}^{4}\frac{1}{1+\sqrt{x}}\mathrm{d}x$.

6. 设$x_n=\frac{\sqrt[n]{(n+1)(n+2)(n+3)\cdots(2n)}}{n}$，求$\lim\limits_{n\to\infty}x_n$.

四、应用题(每小题 8 分，共计 16 分)

1. 求由曲线$y=\sqrt{x-2}$与该曲线过坐标原点的切线及x轴所围图形的面积.

2. 设平面图形D由$x^2+y^2\leqslant 2x$与$y\geqslant x$所确定，试求D绕x轴旋转一周所生成的旋转体的体积.

五、证明题(6 分)

设函数$f(x)$在$[0,1]$上连续，在$(0,1)$内可导且$f(0)=f(1)=0$，$f\left(\frac{1}{2}\right)=1$，试证明至少存在一点$\xi\in(0,1)$，使得$f'(\xi)=1$.

第一学期期末考试试卷(6)

一、选择题(每小题 3 分，共 18 分)

1. $\lim\limits_{x\to\infty}(1-2x)^{\frac{1}{x}}$ 的值为(　　).

A. e^2　　B. $e^{-\frac{1}{2}}$　　C. $e^{\frac{1}{2}}$　　D. e^{-2}

2. 当 $x\to 1$ 时 $\tan(x-1)$ 是 x^3-x 的(　　)无穷小.

A. 高阶　　B. 低阶　　C. 同阶　　D. 等价

3. 设函数 $f(x)$ 在 $x=x_0$ 处可导，则 $\lim\limits_{h\to 0}\dfrac{f(x_0-h)-f(x_0+h)}{h}=$(　　).

A. $2f'(x_0)$　　B. $f'(x_0)$　　C. $-2f'(x_0)$　　D. 0

4. 函数 $y=x-\ln(1+x)$ 的极小值为(　　).

A. 0　　B. 1　　C. 2　　D. 不存在

5. 若 $F(x)$ 是 $f(x)$ 的一个原函数，则 $\int e^{-x}f(e^{-x})dx=$(　　).

A. $F(e^{-x})+C$　　B. $-F(e^{-x})+C$　　C. $F(e^x)+C$　　D. $-F(e^x)+C$

6. 广义积分 $\int_{-\infty}^{+\infty}\dfrac{1}{x^2+2x+2}dx$ 的值为(　　).

A. 0　　B. $\dfrac{\pi}{2}$　　C. π　　D. 2π

二、填空题(每小题 3 分，共 24 分)

1. $\lim\limits_{x\to\infty}\dfrac{x^2+2x-5}{x^3+x+5}=$________.

2. 隐函数 $y+x-e^{xy}=0$ 的导数 $\dfrac{dy}{dx}=$________.

3. 设 $y=3\sin x-\dfrac{1}{x}$，则 $dy=$________.

4. $\int\left(\dfrac{1-x}{x}\right)^2dx=$________.

5. 曲线 $y=\dfrac{1}{x-1}$ 的垂直渐近线为________.

6. 若 $\int f(x)e^{\frac{1}{x}}dx=e^{\frac{1}{x}}+C$，则 $\int f(x)dx=$________.

7. $\dfrac{d}{dx}\int_6^{x^2}\sqrt{1+t^2}\,dt=$________.

8. 曲线 $y=x^3$ 在________处有拐点.

三、计算题(每小题 6 分，共 30 分)

1. 求极限 $\lim\limits_{x\to 1}\left(\dfrac{1}{1-x}-\dfrac{3}{1-x^3}\right)$.

2. 求极限 $\lim\limits_{x\to 0}\left(\dfrac{1}{x}-\dfrac{1}{e^x-1}\right)$.

3. 设函数 $y=y(x)$ 由方程 $e^x-e^y=\sin(xy)$ 所确定，求 $\left.\dfrac{dy}{dx}\right|_{x=0}$.

4. 求定积分$\int_{-2}^{1}\frac{1}{(11+5x)^{3}}\mathrm{d}x$.

5. 求定积分$\int_{1}^{e}x\ln x\,\mathrm{d}x$.

四、证明题(每小题 6 分，共 12 分)

1. 证明方程 $e^{x}=3x$ 至少有一个小于 1 的正根.

2. 证明不等式：$\frac{\alpha-\beta}{\cos^{2}\beta}<\tan\alpha-\tan\beta<\frac{\alpha-\beta}{\cos^{2}\alpha}\quad\left(0<\beta<\alpha<\frac{\pi}{2}\right)$.

五、应用题(16 分)

设平面图形由曲线 $y=x^{2}$，$y=2x^{2}$ 与直线 $x=1$ 所围成，

(1)求该平面图形绕 x 轴旋转一周所得的旋转体的体积；

(2)求常数 a，使直线 $x=a$ 将该平面图形分成面积相等的两部分.

第一学期期末考试试卷(7)

一、选择题(每小题 3 分，共 18 分)

1. 当 $x\to 0$ 时，$y=\ln(1+x)$ 与下列那个函数不是等价的(　　).

A. $y=x$　　B. $y=\sin x$　　C. $y=1-\cos x$　　D. $y=e^x-1$

2. 函数 $f(x)$ 在点 x_0 极限存在是函数在该点连续的(　　).

A. 必要条件　　B. 充分条件　　C. 充要条件　　D. 无关条件

3. 下列各式正确的是(　　).

A. $\int x^x dx = 2^x \ln 2 + C$　　B. $\int \sin t dt = -\cos t + C$

C. $\int \frac{dx}{1+x^2} dx = \arctan x$　　D. $\int \left(-\frac{1}{x^2}\right) dx = -\frac{1}{x} + C$

4. $\lim\limits_{x\to 0} \frac{\int_0^x \ln(1+t)dt}{x}$(　　).

A. 0　　B. 1　　C. 2　　D. 4

5. 设 $f(x)=\sin bx$，则 $\int x f''(x) dx =$(　　).

A. $\frac{x}{b}\cos bx - \sin bx + C$　　B. $\frac{x}{b}\cos bx - \cos x + C$

C. $bx\cos bx - \sin bx + C$　　D. $bx\sin bx - b\cos bx + C$

6. $\int_{-\pi}^{\pi} (x^2\sin^3 x) dx =$(　　).

A. 0　　B. 2π　　C. 1　　D. $2\pi^2$

二、填空题(每小题 3 分，共 24 分)

1. 如果 $\lim\limits_{x\to\infty} \frac{2x^3-3x^2+1}{(x-1)(4x^n+7)} = \frac{1}{2}$，则 $n=$________.

2. $\lim\limits_{x\to\infty} \frac{x^3-2x^2+1}{(x-1)(2x+1)^2} =$________.

3. 设函数 $f(x)=\begin{cases} e^{kx} & x>2 \\ x^2+1 & x\leqslant 2 \end{cases}$，若 $f(x)$ 在 $x=2$ 处连续，则 $k=$________.

4. 设 $f'(\ln x)=1+x$，则 $f(x)$________.

5. 若 $\int x f(x) dx = \ln(1+x^2)+C$，则 $\int \frac{1}{f(x)} dx =$________.

6. $\int \frac{1+\cos^2 x}{1+\cos 2x} dx$ ________.

7. 曲线 $y=e^{\frac{1}{x}}+5$ 的水平渐近线为________.

8. 曲线 $y=1+xe^y$ 在点(0，1)处切线的斜率为________.

三、计算题(每小题 6 分，共 36 分)

1. 求 $\lim\limits_{x\to 0}\left(\frac{2-x}{2}\right)^{\frac{1}{x}+1}$.

2. 求 $\lim\limits_{x\to 0} \frac{\tan x - \sin x}{x \sin x^2}$.

3. 求 $\int \cos(2-3x) dx$.

4. 设 $y=\arctan\sqrt{\dfrac{1-x}{1+x}}$，求 y'.

5. 计算 $\int_0^{\pi} x\sin x\,\mathrm{d}x$.

6. 计算 $\int\dfrac{\sin x-\cos x}{\sin x+\cos x}\mathrm{d}x$.

四、应用题(每小题 8 分，共 16 分)

1. 把长为 24 厘米的铁丝剪成两段，一段围成圆，另一段围成正方形，应如何剪法才能使圆与正方形的面积之和最小？

2. 求由曲线 $y=\dfrac{1}{x}$ 和直线 $y=x$，$x=2$ 所围成的平面图形的面积，以及该平面图形绕 x 轴旋转所成的旋转体的体积.

五、证明题(6 分)

证明方程 $x=a\sin x+b(a>0,\ b>0)$ 至少有一个不大于 $b+a$ 的正根.

第一学期期末考试试卷(8)

一、选择题(每小题 3 分，共 18 分)

1. 设函数 $f(x)=x^2$，则$\lim\limits_{x\to 2}\dfrac{f(x)-f(2)}{x-2}=$(　　).

A. $2x$　　B. 2　　C. 4　　D. 不存在

2. 计算 $\lim\limits_{x\to 0^+}\dfrac{\ln(1+\sin 3x)}{\sin x}=$(　　).

A. 4　　B. 0　　C. 1　　D. 3

3. 函数 $y=(x^2-1)^3+3$ 的驻点个数为(　　).

A. 4　　B. 3　　C. 1　　D. 2

4. $\dfrac{\mathrm{d}\left(\int_0^x t\cos t\,\mathrm{d}t\right)}{\mathrm{d}x}=$(　　).

A. $x\cos x$　　B. 1　　C. 0　　D. $x\cos x\,\mathrm{d}x$

5. 下列广义积分收敛的是(　　).

A. $\int^{+\infty} 1\sqrt{x}\,\mathrm{d}x$　　B. $\int_1^{+\infty}\dfrac{1}{x^2}\mathrm{d}x$　　C. $\int_1^{+\infty}\dfrac{1}{x}\mathrm{d}x$　　D. $\int_1^{+\infty}\dfrac{1}{\sqrt{x}}\mathrm{d}x$

6. 若$\int f(x)\mathrm{d}x=x\ln x+C$，则$\int xf(x)\mathrm{d}x=$(　　).

A. $x^2\left(\dfrac{1}{4}\ln x+\dfrac{1}{2}\right)+C$　　B. $x^2\left(\dfrac{1}{2}\ln x+\dfrac{1}{4}\right)+C$

C. $x^2\left(\dfrac{1}{4}-\dfrac{1}{2}\ln x\right)+C$　　D. $x^2\left(\dfrac{1}{2}-\dfrac{1}{4}\ln x\right)+C$

二、填空题(每小题 3 分，共 24 分)

1. $\lim\limits_{x\to\infty}\left(x\sin\dfrac{1}{x}+\dfrac{1}{x}\sin x\right)$________.

2. 若$\lim\limits_{x\to 2}\dfrac{x^2-x-a}{x-2}=3$，则 $a=$________.

3. $\int f'\left(\dfrac{1}{x}\right)\dfrac{1}{x^2}\mathrm{d}x=$________.

4. 曲线$\begin{cases}x=t^2\\y=2t-1\end{cases}$在 $t=2$ 的对应点处切线方程为________.

5. 函数 $y=\mathrm{e}^x-x-1$ 的单调增加区间为________.

6. $\int\dfrac{1}{x\sqrt{1-\ln^2 x}}\mathrm{d}x=$________.

7. $\lim\limits_{x\to 0}\dfrac{\int_0^x t\tan t\,\mathrm{d}t}{x^3}=$________.

8. $\int_{-\frac{\pi}{2}}^{\frac{\pi}{2}}(x^3-x+1)\cos x\,\mathrm{d}x=$________.

三、计算题(每小题 6 分，共 36 分)

1. $\lim\limits_{x\to 0}\left(\dfrac{1}{x}-\dfrac{1}{\mathrm{e}^x-1}\right)$.

2. 求$\int\dfrac{\mathrm{d}x}{\sqrt{1+x-x^2}}$.

3. 设 $xy+\ln y=1$，求 $y'(0)$.

4. 设 $y=\ln(x+\sqrt{1+x^2})+\frac{x}{2}\sqrt{1+x^2}$，求 $\mathrm{d}y$.

5. 求 $\int_0^1 \frac{\mathrm{d}x}{\sqrt{4+5x}-1}$.

6. 已知 $\frac{\ln x}{x}$ 是函数 $f(x)$ 的一个原函数，求 $\int x f(x)\mathrm{d}x$.

四、应用题(每小题 8 分，共 16 分)

1. 某车间靠墙壁要盖一间长方形小屋，现有砖只够砌 20 米长墙壁，问应围成怎样的长方形才能使这间小屋的面积最大.

2. 求由曲线 $y=x^2$ 和直线 $x+y=2$ 所围成的平面图形面积，以及该平面图形绕 x 轴旋转所成的旋转体的体积.

五、证明题(6 分)

证明 $\int_0^{\frac{\pi}{2}} f(\sin x)\mathrm{d}x=\int_0^{\frac{\pi}{2}} f(\cos x)\mathrm{d}x$.

第二学期期末考试试卷

第二学期期末考试试卷(1)

一、选择题(每小题 3 分，共 18 分)

1. 旋转曲面 $x^2-y^2-z^2=1$ 是(　　).

A. xOz 坐标面上的双曲线绕 x 轴旋转而成

B. xOy 坐标面上的双曲线绕 z 轴旋转而成

C. xOy 上的椭圆绕 z 轴旋转而成

D. xOz 坐标面上的椭圆绕 x 轴旋转而成

2. 已知直线 L：$\dfrac{x-2}{\sqrt{2}}=\dfrac{y+1}{2}=\dfrac{z-4}{-\sqrt{2}}$与平面 π：$x+\sqrt{2}y-z-4=0$，则(　　).

A. L 在 π 内　　B. L 与 π 平行　　C. L 与 π 垂直　　D. L 与 π 斜交

3. 微分方程 $y'y'''-xy''=0$ 的阶是(　　).

A. 一　　B. 二　　C. 三　　D. 四

4. 设 $f(x,y,z)=xy^2+yz^2+zx^2$，则 $f''_{xx}(1,1,1)$的值为(　　).

A. 1　　B. 1　　C. 2　　D. -2

5. 已知 $z=x^{3y}$，则 $\mathrm{d}z=$(　　).

A. $3yx^{3y-1}\mathrm{d}x+3x^{3y}\ln x\mathrm{d}y$　　B. $3yx^{3y-1}\mathrm{d}x+3x^{3y}\mathrm{d}y$

C. $3yx^{3y-1}\mathrm{d}x+x^{3y}\ln x\mathrm{d}y$　　D. $yx^{3y-1}\mathrm{d}x+3x^{3y}\ln x\mathrm{d}y$

6. 设区域 D 是由 x 轴，y 轴及直线 $x+y=1$ 围成的区域，则 $\iint\limits_D xy\mathrm{d}\sigma=$(　　).

A. $\dfrac{1}{4}$　　B. $\dfrac{1}{8}$　　C. $\dfrac{1}{12}$　　D. $\dfrac{1}{24}$

二、填空题(每小题 3 分，共 24 分)

1. 设向量 $\boldsymbol{AB}$ 的终点坐标为(2，-1，7)，它在 x 轴、y 轴、z 轴上的投影依次为 4、-4 和 7，则该向量的起点 A 的坐标为________.

2. 设 $z=\sin(xy)+\cos^2(xy)$，则$\dfrac{\partial z}{\partial y}=$________.

3. 设 $z=x^y$，则$\dfrac{\partial^2 z}{\partial x\partial y}=$________.

4. 交换积分顺序，有$\int_0^1\mathrm{d}y\int_{-y}^{\sqrt{2y-y^2}}f(x,y)\mathrm{d}x=$________.

5. 设级数$\sum\limits_{n=1}^{\infty}u_n$ 收敛，且$\sum\limits_{n=1}^{\infty}u$，则级数$\sum\limits_{n=1}^{\infty}(u_n+u_{n+1})=$________.

6. p-级数$\sum\limits_{n=1}^{\infty}\dfrac{1}{n^p}$ 在 p 满足________条件下收敛.

7. 微分方程 $y''=x+\sin x$ 的通解为 $y=$________.

8. 对于微分方程 $y''+3y'+2y=\mathrm{e}^{-x}$，利用待定系数法求其特解 y^* 时，应设其特解 $y^*=$________.(只需列出特解形式，不必具体求出系数)

三、计算题(每小题 6 分，共 36 分)

1. 求过点 $P_0(-1,2,3)$，且与两平面 $x+2z=1$ 和 $y-3z=2$ 平行的直线方程.

2. 设函数 $u=x^kF\left(\dfrac{z}{x},\dfrac{y}{x}\right)$，其中 k 是常数，函数 F 具有连续的一阶偏导数，试求 $x\dfrac{\partial u}{\partial x}+y\dfrac{\partial u}{\partial y}+z\dfrac{\partial u}{\partial z}$.

3. 计算二重积分 $I=\iint\limits_{x^2+y^2\leqslant 4}\mathrm{e}^{x^2+y^2}\mathrm{d}x\mathrm{d}y$ 的值.

4. 求微分方程 $xy'\ln x+y=x(\ln x+1)$ 的通解.

5. 讨论级数 $\sum_{n=1}^{\infty}(-1)^n\ln\frac{n+1}{n}$ 是绝对收敛还是条件收敛.

6. 求级数 $\sum_{n=1}^{\infty}nx^{n-1}$ 的和函数.

四、解答题(每小题 7 分，共 14 分)

1. 将 $f(x)=x\arctan x-\ln\sqrt{1+x^2}$ 展开为 x 的幂级数.

2. 设函数 $f(u)$ 具有二阶连续的导函数，而且 $z=f(e^x\sin y)$ 满足方程 $\frac{\partial^2 z}{\partial x^2}+\frac{\partial^2 z}{\partial y^2}=e^{2x}z$，试求函数 $f(u)$.

五、应用题(8 分)

要建造一个容积为 10 立方米的无盖长方体贮水池，底面材料单价为每平方米 20 元，侧面材料单价为每平方米 8 元. 问应如何设计尺寸，才能使材料造价最省钱?

第二学期期末考试试卷(2)

一、选择题(每小题3分，共18分)

1. 设 $z=\ln(y^2-2x)$，则其定义域为(　　).

A. $\{(x, y) \mid y^2 \geqslant 2x\}$　　B. $\{(x, y) \mid y^2 > 2x\}$

C. $\{(x, y) \mid y^2 \leqslant 2x\}$　　D. $\{(x, y) \mid y^2 < 2x\}$

2. $\lim\limits_{(x,y)\to\left(\frac{\pi}{2},0\right)} \dfrac{\sin(xy)}{y}=$(　　).

A. $\dfrac{\pi}{2}$　　B. 0　　C. 1　　D. ∞

3. 设积分区域 D 由 $y=x^2$ 和 $y=x+2$ 围成，则 $\iint\limits_D f(x, y)\mathrm{d}\sigma=$(　　).

A. $\int_{-1}^{2}\mathrm{d}x\int_{x^2}^{x+2} f(x, y)\mathrm{d}y$　　B. $\int_{-1}^{2}\mathrm{d}x\int_{0}^{2} f(x, y)\mathrm{d}y$

C. $\int_{-2}^{1}\mathrm{d}x\int_{x^2}^{x+2} f(x, y)\mathrm{d}y$　　D. $\int_{0}^{1}\mathrm{d}x\int_{x^2}^{x+2} f(x, y)\mathrm{d}y$

4. 若 $\sum\limits_{n=1}^{\infty} a_n(x-1)^n$ 在 $x=-1$ 处收敛，则此级数在 $x=2$ 处(　　).

A. 条件收敛　　B. 绝对收敛　　C. 发散　　D. 敛散性不能确定

5. 曲线 $\begin{cases} x-y+z=2 \\ z=x^2+y^2 \end{cases}$ 在点(1，1，2)处的一个切线方向向量为(　　).

A. (−1，3，4)　　B. (3，−1，4)　　C. (−1，0，3)　　D. (3，0，−1)

6. 微分方程 $y''+2y'+5y=0$ 的通解为(　　).

A. $\mathrm{e}^{x}(C_1\cos 2x+C_2\sin 2x)$　　B. $\mathrm{e}^{-x}(C_1\cos 2x+C_2\sin 2x)$

C. $\mathrm{e}^{2x}(C_1\cos x+C_2\sin x)$　　D. $\mathrm{e}^{-2x}(C_1\cos x+C_2\sin x)$

二、填空题(每小题3分，共24分)

1. 函数 $z=\sqrt{4-x^2-y^2}+\dfrac{1}{\sqrt{x^2+y^2-1}}$ 的定义域为________.

2. 已知 $f(x, y)=\dfrac{x^2-y^2}{2xy}$，则 $f(1, 1)=$________.

3. 已知 $z=xy+y^2\sin x$，则 $z''_{xy}=$________.

4. 已知 $z=f(x^2-y^2, \mathrm{e}^{xy})$，则 $\dfrac{\partial z}{\partial y}=$________.

5. 函数 $z=x^3+y^3-3(x^2+y^2)$ 的极小值为________.

6. 交换累次积分 $\int_0^a \mathrm{d}x\int_{-\sqrt{a^2-y^2}}^{\sqrt{a^2-y^2}} f(x, y)\mathrm{d}y$ 的顺序得________.

7. 已知 $\boldsymbol{a}=\{4, -2, -4\}$，$\boldsymbol{b}=\{6, -3, 2\}$，则 $(\boldsymbol{a}+\boldsymbol{b})(\boldsymbol{a}-\boldsymbol{b})=$________.

8. 过点(2，−3，4)且平行直线 $\dfrac{x-3}{2}=y=\dfrac{z-1}{5}$ 的直线方程为________.

三、计算题(每小题6分，共36分)

1. 已知 $z=u^2\ln v$，$u=\dfrac{x}{y}$，$v=xy$，求 $\dfrac{\partial z}{\partial x}$ 和 $\dfrac{\partial z}{\partial y}$.

2. 已知 $\dfrac{z}{y}=\ln\dfrac{x}{z}$，求 $\dfrac{\partial z}{\partial x}$ 和 $\dfrac{\partial z}{\partial y}$.

3. 求 $\iint\limits_D xy\,\mathrm{d}\sigma$. 其中 D 由 $y^2=x$，$y=x-2$ 围成.

4. 求过点(1，2，1)与直线$\frac{x-1}{1}=\frac{y+3}{-2}=\frac{z}{-3}$及$\frac{x-3}{0}=\frac{y-1}{-1}=\frac{z-2}{-1}$平行的平面方程.

5. 求微分方程 $y'-y=ex$ 的通解.

6. 求微分方程$(\ln y)y'=\frac{y}{x^2}$满足初始条件 $y\big|_{x=1}=1$ 的特解.

四、解答题(每小题 7 分，共 14 分)

1. $y=x^2$，$y^2=a^3x(a>0)$所围图形绕 x 轴旋转一周所得旋转体体积为$\frac{48\pi}{5}$，求 a 的值.

2. 设可导函数 $\varphi(x)$满足 $\varphi(x)\cos x+2\int_0^x\varphi(t)\sin t\mathrm{d}t=x+1$，求 $\varphi(x)$.

五、证明题(8 分)

设 $z=\sin x+f(\sin y-\sin x)$，其中 f 可微，证明$\frac{\partial z}{\partial x}\cos y+\frac{\partial z}{\partial y}\cos x=\cos x\cos y$.

第二学期期末考试试卷(3)

一、选择题(每小题 3 分，共 18 分)

1. 设直线 L 为 $\begin{cases} x+3y+3z+1=0 \\ 2x-y-10z+3=0 \end{cases}$，平面 π 为 $4x-2y+z-2=0$，则(　　).

A. L 平行于 π　　B. L 在 π 上　　C. L 垂直于 π　　D. L 与 π 斜交

2. 设 $z=f(x, y)$ 是由方程 $xyz+\sqrt{x^2+y^2+z^2}=\sqrt{2}$ 确定，则在点 $(1, 0, -1)$ 处 $dz=$(　　).

A. $dx+dy$　　B. $dx+\sqrt{2}dy$　　C. $\sqrt{2}dx+\sqrt{2}dy$　　D. $dx-\sqrt{2}dy$

3. 设 D 是由直线 $x=0$，$y=0$，$x+y=3$，$x+y=5$ 所围成的闭区域，记：$I_1=\iint\limits_D \ln(x+y)d\sigma$，$I_2=\iint\limits_D \ln^2(x+y)d\sigma$，则(　　).

A. $I_1<I_2$　　B. $I_1>I_2$　　C. $I_2=2I_1$　　D. 无法比较

4. 已知幂级数 $\sum\limits_{n=1}^{\infty}\frac{n}{2^n}x^n$，则其收敛半径为(　　).

A. 2　　B. 1　　C. $\frac{1}{2}$　　D. $\sqrt{2}$

5. 微分方程 $y''-3y'+2y=3x-2e^x$ 的特解 y^* 的形式为(　　).

A. axe^x　　B. $(ax+b)xe^x$

C. $(ax+b)+ce^x$　　D. $(ax+b)+cxe^x$

6. 下列级数中，属于条件收敛的是(　　).

A. $\sum\limits_{n=1}^{\infty}\frac{(-1)^n(n+1)}{n}$　　B. $\sum\limits_{n=1}^{\infty}\frac{(-1)^n\sin\frac{\pi}{n}}{n^n}$

C. $\sum\limits_{n=1}^{\infty}\frac{(-1)^n}{n^2}$　　D. $\sum\limits_{n=1}^{\infty}\frac{(-1)^n}{3n+1}$

二、填空题(每小题 3 分，共 24 分)

1. 函数 $z=\frac{1}{\sqrt{x+y}}+\frac{1}{\sqrt{x-y}}$ 的定义域为________.

2. 已知函数 $z=\arctan\frac{y}{x}$，则 $\frac{\partial z}{\partial x}$________.

3. 交换积分次序，$\int_0^2 dy\int_{y^2}^{2y}f(x, y)dx=$________.

4. 已知函数 $z=\ln(x^2+y^2)$，则全微分 $dz=$________.

5. 已知微分方程 $y''-3y'+2y=0$，则其通解为________.

6. 已知 $z=e^{xy}$，则 $\left.\frac{\partial z}{\partial x}\right|_{(1,0)}=$________.

7. 级数 $\sum\limits_{n=1}^{\infty}(-1)^{n-1}\frac{1}{n^2}$ 是________.（选填绝对收敛、条件收敛、发散）

8. 点 $M(1, 2, 1)$ 到平面 $x+2y+2z-10=0$ 的距离为________.

三、计算题(每小题 6 分，共 36 分)

1. 求过直线 L_1：$\frac{x-1}{1}=\frac{y-2}{0}=\frac{z-3}{-1}$ 且平行于直线 L：$\frac{x+2}{2}=\frac{y-1}{1}=\frac{z}{1}$ 的平面方程.

2. 已知 $z=f(xy^2, x^2y)$，求 $\frac{\partial z}{\partial x}$，$\frac{\partial z}{\partial y}$.

3. 设 $D=\{(x, y) \mid x^2+y^2\leqslant 4\}$，利用极坐标求 $\iint\limits_D x^2 d\sigma$.

4. 求函数 $f(x, y)=\mathrm{e}^{2x}(x+y^2+2y)$ 的极值.

5. 求微分方程 $xy'+y=x\mathrm{e}^x$ 满足 $y\big|_{x=1}=1$ 的特解.

6. 求曲面 $x^2+2y^2+z^2=1$ 上平行于平面 $x-y+2z=0$ 的切平面的方程.

四、解答题(每小题 8 分，共 16 分)

1. 将 $f(x)=\dfrac{1}{x}$ 展开成 $x-3$ 的幂级数，并求收敛域.

2. 求由球面 $x^2+y^2+z^2=4a^2$ 与柱面 $x^2+y^2=2ay$ 所围成的公共部分的立体体积.

五、证明题(6 分)

设 $z=y+f(u)$，$u=x^2-y^2$，其中 f 可导，证明 $y\dfrac{\partial z}{\partial x}+x\dfrac{\partial z}{\partial y}=x$.

第二学期期末考试试卷(4)

一、选择题(每小题 3 分，共 18 分)

1. 设直线 L 为 $\begin{cases}x+y+3z=0\\x-y-z=0\end{cases}$，平面 π 为 $x-y-z+1=0$，则 L 与 π 的夹角为(　　).

A. 0　　B. $\frac{\pi}{2}$　　C. $\frac{\pi}{3}$　　D. $\frac{\pi}{4}$

2. 设 $z=f(x,y)$是由方程 $z^3-3xyz=a^3$ 确定，则$\frac{\partial z}{\partial x}=$(　　).

A. $\frac{yz}{xy-z^2}$　　B. $\frac{yz}{z^2-xy}$　　C. $\frac{xz}{xy-z^2}$　　D. $\frac{xy}{z^2-xy}$

3. 微分方程 $y''-5y'+6y=xe^{2x}$ 的特解 y^* 的形式为 $y^*=$(　　).

A. $(ax+b)e^{2x}$　　B. $(ax+b)xe^{2x}$　　C. $(ax+b)+ce^{2x}$　　D. $(ax+b)+cxe^{2x}$

4. 改变积分顺序：$\int_0^1 dx\int_0^{\sqrt{x}} f(x,y)dy=$(　　).

A. $\int_0^1 dy\int_{y^2}^1 f(x,y)dx$　　B. $\int_0^1 dy\int_0^{y^2} f(x,y)dx$

C. $\int_0^1 dy\int_0^{\sqrt{y}} f(x,y)dx$　　D. $\int_0^1 dy\int_{\sqrt{y}}^1 f(x,y)dx$

5. 已知幂级数 $\sum_{n=1}^{\infty}\frac{2n-1}{2^n}x^n$，则其收敛半径为(　　).

A. 2　　B. 1　　C. $\frac{1}{2}$　　D. $\sqrt{2}$

6. 函数 $f(x,y)=x^3-3xy+y^3$ 有两个驻点(1，1)，(0，0)，在驻点(0，0)处(　　).

A. 有极小值 $f(0,0)=0$　　B. 有极大值 $f(0,0)=0$

C. 不取极值　　D. 用定理不能判断是否能取得极值

二、填空题(每小题 3 分，共 24 分)

1. 在空间直角坐标系中，点 $M(1,-3,2)$关于 x 轴的对称点为______.

2. 设 $f(x,y)=xy+\frac{y}{x}$，则 $f(1,x+y)=$________.

3. 设 $z=\arctan(x^2+y^2)$，则$\frac{\partial z}{\partial x}=$________.

4. 已知函数 $z=e^{x^2+y^2}$，则 $dz=$________.

5. 微分方程 $x\ln x\cdot y'-y=0$ 的通解为________.

6. 交换积分顺序 $\int_1^e dx\int_0^{\ln x} f(x,y)dy=$________.

7. 级数 $\sum_{n=1}^{\infty}(\sqrt{n+1}-\sqrt{n})$ 是________(选填收敛、发散).

8. 若 $f(x)$ 满足方程 $f(x)+2\int_0^x f(x)dx=x^2$，则 $f(x)=$________.

三、计算题(每小题 6 分，共 36 分)

1. 求过 $A(0,2,4)$且与两平面 $\pi_1: x+2z=1$ 和 $\pi_2: y-3z=2$ 平行的直线方程.

2. 已知 $z=f(\sin x\cos y, e^{x+y})$，求$\frac{\partial z}{\partial x}$，$\frac{\partial z}{\partial y}$.

3. 设 $D=\{(x,y)\mid x^2+y^2\leqslant 1, 0\leqslant y\leqslant x\}$，利用极坐标计算 $\iint\limits_D \arctan\frac{y}{x}dxdy$.

4. 求函数 $f(x, y)=x^2+5y^2-6x+10y+6$ 的极值.

5. 求微分方程 $y'-\frac{y}{x+1}=(x+1)^{\frac{3}{2}}$ 的通解.

6. 求旋转抛物面 $z=x^2+y^2-1$ 在点(2，1，4)处的切平面和法线方程.

四、解答题(第一题 10 分，第二题 12 分，共 22 分)

1. (1)判别级数 $\sum_{n=1}^{\infty}(-1)^{n-1}2^n\sin\frac{\pi}{3^n}$ 的敛散性，若收敛，判别是绝对收敛还是条件收敛；

(2) 在区间(−1，1)内求幂级数 $\sum_{n=1}^{\infty}\frac{x^n}{n}$ 的和函数.

2. 设抛物线 $y=1-x^2$ 与 x 轴的交点为 A、B，在它与 x 轴所围成的平面区域内，以线段 AB 为下底作内接等腰梯形 $ABCD$(如图). 设梯形的上底 CD 长为 $2x$，面积为 $s(x)$，

(1)求函数 $s(x)$的解析式；

(2)求 $s(x)$的最大值.

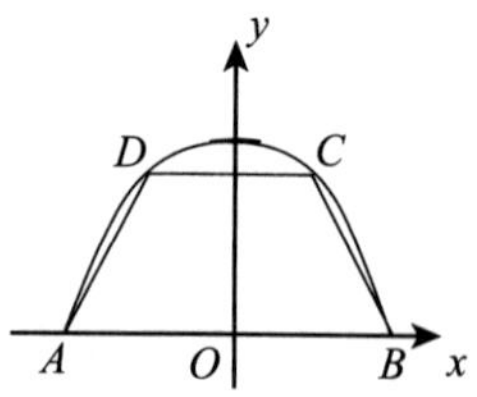

第二学期期末考试试卷(5)

一、选择题(每小题 3 分，共 18 分)

1. 将 xOz 面上曲线 $z^2=5x$ 绕 x 轴旋转而成的曲面方程为(　　).

A. $z^2+y^2=5x$　　B. $z^2=\pm5\sqrt{x^2+y^2}$

C. $z^2=5(x+y)$　　D. $\pm\sqrt{z^2+y^2}=5x$

2. 设 D 为 $x^2+y^2\leqslant a^2(a>0)$，则$\iint\limits_D e^{-x^2-y^2}\mathrm{d}x\mathrm{d}y=$(　　).

A. $\int_0^{2\pi}\mathrm{d}\theta\int_0^a e^{-r^2}r\mathrm{d}r$　　B. $\int_0^{2\pi}\mathrm{d}\theta\int_0^a e^{-r^2}\mathrm{d}r$

C. $\int_0^{\pi}\mathrm{d}\theta\int_0^a e^{-r^2}r\mathrm{d}r$　　D. $\int_0^{\pi}\mathrm{d}\theta\int_0^a e^{-r^2}\mathrm{d}r$

3. 设级数 $\sum\limits_{n=1}^{\infty}(-1)^n$，则其部分和数列$\{S_n\}$的极限为(　　).

A. 0　　B. 不存在　　C. 1　　D. -1

4. 设$\frac{z}{x}=\ln\frac{z}{y}$则$\frac{\partial z}{\partial y}=$(　　).

A. $\frac{xy}{(x-y)z}$　　B. $\frac{xz}{(x-z)y}$　　C. $\frac{yz}{(y-z)x}$　　D. $\frac{zy}{(z+y)x}$

5. 下列级数中收敛的是(　　).

A. $\sum\limits_{n=1}^{\infty}\frac{1+n}{1+n^2}$　　B. $\sum\limits_{n=1}^{\infty}\frac{1}{1+a^n}$　　C. $\sum\limits_{n=1}^{\infty}\sin\left(\frac{\pi}{2^n}\right)$　　D. $\sum\limits_{n=1}^{\infty}\frac{n}{n+1}$

6. 设平面方程为 $3x+5z+6=0$，则该平面具有的特征是(　　).

A. 过 y 轴　　B. 平行 y 轴　　C. 平行 xOz 面　　D. 不确定

二、填空题(每小题 3 分，共 24 分)

1. 若直线$\frac{x-3}{2k}=\frac{y+1}{k+1}=\frac{z-3}{5}$与$\frac{x-1}{3}=y+5=\frac{z+2}{k-2}$垂直，则 $k=$________.

2. $\lim\limits_{(x,y)\to(0,0)}\frac{2-\sqrt{xy+4}}{xy}=$________.

3. 已知 $z=x^2+3xy+y^2$，则$\left.\frac{\partial z}{\partial x}\right|_{(1,2)}=$________.

4. 已知 $z=f(x^2-y^2,\ e^{xy})$，则$\frac{\partial z}{\partial x}=$________.

5. 幂级数$\sum\limits_{n=1}^{\infty}(-1)^n\frac{(x-5)^n}{\sqrt{n}}$ 的收敛域为________.

6. 二次积分的值$\int_0^1\mathrm{d}x\int_0^{x^3}5x\,\mathrm{d}y=$________.

7. 交换积分$\int_1^2\mathrm{d}y\int_0^{2-y}f(x,\ y)\mathrm{d}y$ 的积分次序$=$________.

8. 微分方程 $y''-2y'+5y=0$ 的通解为________.

三、计算题(每小题 6 分，共 36 分)

1. 设 $z=u^2+v^2$，$u=xy$，$v=x+y$，求$\frac{\partial z}{\partial x}$，$\frac{\partial z}{\partial y}$.

2. 计算二重积分$\iint\limits_D\sqrt{x^2+y^2}\,\mathrm{d}x\mathrm{d}y$，其中 D：$x^2+y^2\leqslant 2x$.

3. 利用逐项积分求级数$\sum\limits_{n=1}^{\infty}nx^n$ 的和函数.

4. 求过点(0，2，4)且与两平面 $x+2z=1$ 和 $y-3z=2$ 平行的直线方程.

5. 求微分方程 $y'-y\tan x=\sec x$ 的通解.

6. 设 $x^2+y^2+z^2=1$ 确定了 $z=z(x,y)$，求 $\frac{\partial^2 z}{\partial x\partial y}$.

四、解答题(每小题 7 分，共 14 分)

1. 求函数 $f(x,y)=3x^2+6x-\frac{1}{3}y^3+2y^2+1$ 的极值.

2. 求方程 $y''-5y'+6y=(x+1)e^x$ 的通解.

五、证明题(8 分)

设 $x+z=xf(x^2-z^2)$，其中 f 可微，证明 $z\frac{\partial z}{\partial x}+y\frac{\partial z}{\partial y}=x$.

第二学期期末考试试卷(6)

一、选择题(每小题 3 分，共 18 分)

1. 函数 $z=f(x,y)$在点(x_0,y_0)的全微分存在是 $f(x,y)$在该点连续的(　　)条件.

A. 充分非必要　　B. 必要非充分

C. 充分必要　　D. 既非充分，也非必要

2. 平面 π_1：$x+2y+z+1=0$ 与 π_2：$2x+y-z+2=0$ 的夹角为(　　).

A. $\frac{\pi}{6}$　　B. $\frac{\pi}{4}$　　C. $\frac{\pi}{2}$　　D. $\frac{\pi}{3}$

3. 幂级数 $\sum\limits_{n=1}^{\infty}\frac{(x-5)^n}{n}$ 的收敛域为(　　).

A. $[4,6)$　　B. $(4,6)$　　C. $(4,6]$　　D. $[4,6]$

4. 设 $y_1(x)$，$y_2(x)$是微分方程 $y''+p(x)y'+q(x)y=0$ 的两个特解且$\frac{y_1(x)}{y_2(x)}\neq$常数，则下列(　　)是其通解($c_1$，$c_2$ 为任意常数).

A. $y=c_1y_1(x)+y_2(x)$　　B. $y=y_1(x)+c_2y_2(x)$

C. $y=y_1(x)+y_2(x)$　　D. $y=c_1y_1(x)+c_2y_2(x)$

5. 已知向量 $\boldsymbol{a}$ 和 $\boldsymbol{a}$ 满足 $\boldsymbol{a}\perp\boldsymbol{b}$ 且 $|\boldsymbol{a}|=3$，$|\boldsymbol{b}|=4$ 则 $|(\boldsymbol{a}+\boldsymbol{b})\times(\boldsymbol{a}-\boldsymbol{b})|=$(　　).

A. 0　　B. 12　　C. 24　　D. 30

6. 累次积分$\int_0^1 dx\int_0^{\sqrt{x}} f(x,y)dy$ 改变积分次序为(　　).

A. $\int_0^1 dy\int_0^1 f(x,y)dx$　　B. $\int_0^1 dy\int_0^{\sqrt{x}} f(x,y)dx$

C. $\int_0^1 dy\int_0^{y^2} f(x,y)dx$　　D. $\int_0^1 dy\int_{y^2}^1 f(x,y)dx$

二、填空题(每小题 3 分，共 24 分)

1. $\lim\limits_{\substack{x\to0\\y\to1}}\frac{\sin(xy^2)}{x}=$________.

2. 设 $z=y^{x^2}+e^{xy}$，则$\left.\frac{\partial z}{\partial y}\right|_{(1,2)}=$________.

3. 设 $D=\{(x,y)\mid x^2+y^2\leqslant4y\}$，则 $\iint\limits_D f(x,y)dxdy$ 在极坐标系下的二次积分为________.

4. 级数$\sum\limits_{n=0}^{\infty}\left(\frac{2}{5}\right)^{n+1}$ 的和 $s=$________.

5. $y''-3y'+2y=0$ 的通解为________.

6. 若级数 $\sum\limits_{n=1}^{\infty}\frac{1}{n^{p+2}}$ 发散，则 p ________.

7. 曲线$\begin{cases}2x+y^2+z^2=16\\x^2-y^2+z^2=0\end{cases}$在 xOy 面上的投影为________.

8. 若幂级数$\sum\limits_{n=0}^{\infty}a_nx^n$ 的收敛半径为 4，则$\sum\limits_{n=0}^{\infty}a_nx^{2n+1}$ 的收敛半径为________.

三、计算题(每小题 6 分，共 36 分)

1. $z=\arctan(xy)$，求 dz.

2. 设 $z=f(x^2-y^2,xy)$，f 可微，求$\frac{\partial z}{\partial x}$.

3. 求级数 $\sum\limits_{n=1}^{\infty}\frac{x^n}{n\cdot3^n}$ 的收敛域.

4. 将函数 $f(x)=\dfrac{1}{4-x}$ 展开成 $(x-2)$ 的幂级数，并确定收敛区间.

5. 计算 $\iint\limits_{D}\sqrt{x^2+y^2}\,\mathrm{d}\sigma$，其中 D 是圆环形闭区域 $\{(x,\ y)\mid a^2\leqslant x^2+y^2\leqslant b^2\}$.

6. 求函数 $f(x,\ y)=y^3-x^2+6x-12y+5$ 的极值.

四、解答题(每小题 7 分，共 14 分)

1. 求由抛物面 $z=5-x^2-y^2$ 与平面 $z=1$ 所围成的立体的体积.

2. 要建一个无盖的长方体水箱，已知它的底部造价是每平方米 12 元，侧面造价是每平方米 6 元，整个水箱的总造价为 216 元，问应如何选取它的尺寸才能使水箱容积最大?

五、证明题(6 分)

证明：曲面 $x^{\frac{3}{2}}+y^{\frac{3}{2}}=a^{\frac{3}{2}}$ 上任意点处的切平面在各坐标轴上的截距的平方和等于常数 a^2.

第二学期期末考试试卷(7)

一、选择题(每小题 3 分，共 18 分)

1. D：$x^2+y^2\leqslant a^2(a>0$ 为常数$)$，$\iint\limits_D\sqrt{a^2-x^2-y^2}\,dx\,dy=\pi$，则 $a=$(　　).

A. 1　　B. $\sqrt[3]{\frac{1}{2}}$　　C. $\sqrt[3]{\frac{3}{4}}$　　D. $\sqrt[3]{\frac{3}{2}}$

2. 若函数 $z=f(x,y)$ 在点 (x,y) 处的偏导数存在，则在该点处函数 $z=f(x,y)$(　　).

A. 有极限　　B. 连续　　C. 可微　　D. 都不正确

3. 函数 $z=x^3+y^2$ 的驻点(0，0)处有(　　).

A. 极大值　　B. 无极值　　C. 极小值　　D. 无法确定

4. 将 $\ln(1+x)$ 展开成幂级数是(　　)$(-1<x<1)$.

A. $\sum\limits_{n=0}^{\infty}(-1)^n\frac{x^{n+1}}{n+1}$　　B. $\sum\limits_{n=0}^{\infty}\frac{x^n}{n+1}$

C. $\sum\limits_{n=0}^{\infty}(-1)^n\frac{x^n}{n+1}$　　D. $\sum\limits_{n=0}^{\infty}\frac{x^{n+1}}{n+1}$

5. 若 y_1 和 y_2 是二阶齐次线性方程 $y''+p(x)y'+q(x)y=0$ 的两个特解，则 $y=C_1y_1+C_2y_2$(其中 C_1，C_2 为任意常数)(　　).

A. 是该方程的通解　　B. 是该方程的特解

C. 是该方程的解　　D. 不是该方程的解

6. 微分方程 $y''-3y'+2y=(3x-2)e^x$ 的特解形式是(　　).

A. $(ax+b)e^x$　　B. $(ax+b)x\cdot e^x$　　C. $(ax+b)+Ce^x$　　D. $(ax+b)+Cxe^x$

二、填空题(每小题 3 分，共 24 分)

1. 二元函数 $z=\ln(y-x)+\frac{\sqrt{x}}{\sqrt{1-x^2-y^2}}$ 的定义域是________.

2. 曲线 $\begin{cases}y^2+2z^2=8\\x=0\end{cases}$ 绕 z 轴旋转一周所生成的旋转曲面的方程是________.

3. $\lim\limits_{\substack{x\to0\\y\to0}}\frac{xy}{\sqrt{xy+1}-1}=$________.

4. 若级数 $\sum\limits_{n=0}^{\infty}a_nx^n$ 在 $x=2$ 处收敛，则该级数在 $x=-1$ 处________(敛散性).

5. 已知 $f(x,y)=\arctan(xe^y)$，则全微分 $df=$________.

6. 把二次积分 $I=\int_0^1 dy\int_0^{\sqrt{1-y^2}}e^{(x^2+y^2)}dx$ 转化为极坐标形式________.

7. 曲面 $z=x^3+y^2-3$ 在点(1，2，1)处的切平面________.

8. 函数 $z=e^{2x}(x+y^2+2y)$ 的极值点是________.

三、计算题(每小题 6 分，共 36 分)

1. 一平面通过两点 $M_1(1,1,1)$ 和 $M_2(0,1,-1)$，且垂直于平面 $x+y+z=1$，求平面方程.

2. 已知函数 $z=f(x,y)$ 是由方程 $x^2+y^2+z^2-4z=0$ 确定的隐函数，求 $\frac{\partial z}{\partial x}$，$\frac{\partial^2 z}{\partial x^2}$.

3. 求 $\iint\limits_D\frac{x}{y^2}dx\,dy$，其中 D 为 $xy=1$，$y=x$ 及 $x=2$ 所围成的闭区域.

4. 求微分方程 $y'=\sin^2(x-y+1)$ 的通解.

5. 求幂级数 $\sum_{n=0}^{\infty}(2n+1)x^{2n}$ 的收敛域及和函数.

6. 设由方程组 $\begin{cases}x+y+u+v=1\\x^2+y^2+u^2+v^2=1\end{cases}$ 确定了 u，v 是 x，y 的函数，求 $\frac{\partial u}{\partial x}$，$\frac{\partial u}{\partial y}$，$\frac{\partial v}{\partial x}$，$\frac{\partial v}{\partial y}$.

四、解答题(每小题 8 分，共 16 分)

1. 计算由四个平面 $x=0$，$y=0$，$x=1$，$y=1$ 所围成的柱体被平面 $z=0$，$2x+3y+z=6$ 截得的立体的体积.

2. 某公司生产产品 A(x 件)，B 产品(y 件)的收益函数和成本函数分别为 $R(x, y)=21x+35y$，$C(x, y)=\frac{3}{2}x^2-3xy+\frac{5}{2}y^2$，试求获得最大利润的产量.

五、证明题(6 分)

试证曲面 $\sqrt{x}+\sqrt{y}+\sqrt{z}=\sqrt{a}$ $(a>0)$ 上任何点处的切平面在各坐标轴上的截距之和等于 a.

第二学期期末考试试卷(8)

一、选择题(每小题3分，共18分)

1. 设 $z=xyf\left(\frac{y}{x}\right)$，且 $f(u)$ 可导，则 $x\frac{\partial z}{\partial x}+y\frac{\partial z}{\partial y}$ 为(　　).

A. $2xy$　　B. $2(x+y)z$　　C. $2(x+y)$　　D. $2z$

2. 从点 $P(2,-1,-1)$ 到一个平面引垂线，垂足为点 $M(0,2,5)$，则这个平面的方程是(　　).

A. $2x+3y-6z+36=0$　　B. $2x-3y-6z+36=0$

C. $2x-3y-6z-36=0$　　D. $2x-3y+6z+36=0$

3. 微分方程 $(1-x)y''=1$ 的通解是(　　).

A. $y=(1-x^2)\ln|1-x|+C_1$　　B. $y=\ln|1-x|+C_1x+C_2$

C. $y=x^2\ln|1-x|+C_1x+C_2$　　D. $y=(1-x)\ln|1-x|+C_1x+C_2$

4. 累次积分 $\int_1^2\mathrm{d}x\int_1^{\sqrt{x}}\frac{1}{y}\mathrm{e}^{\frac{x}{y}}\mathrm{d}y+\int_2^4\mathrm{d}x\int_{\frac{x}{2}}^{\sqrt{x}}\frac{1}{y}\mathrm{e}^{\frac{x}{y}}\mathrm{d}y=$(　　).

A. e　　B. 2e　　C. 3e　　D. 4e

5. 二元函数 $f(x,y)=\begin{cases}\frac{xy}{x^2+y^2} & x^2+y^2\neq 0\\ 0 & x^2+y^2=0\end{cases}$ 在点(0，0)处(　　).

A. 连续、偏导数存在　　B. 连续、偏导数不存在

C. 不连续、偏导数存在　　D. 不连续、偏导数不存在

6. 设 $f(x)$ 为连续函数，$F(t)=\int_1^t\mathrm{d}y\int_y^t f(x)\mathrm{d}x$，则 $F'(2)=$(　　).

A. $2f(2)$　　B. $f(2)$　　C. $-f(2)$　　D. 0

二、填空题(每小题3分，共24分)

1. 曲面 $3xyz-z^3=a^3$ 在点 $(0,a,-a)$ 处的切平面方程是________.

2. 微分方程 $y''-2y'-3y=2x\mathrm{e}^{-x}$ 的待定特解形式是________.

3. 过点 $(3,-1,3)$ 且通过直线 $\frac{x-2}{3}=\frac{y+1}{1}=\frac{z-1}{2}$ 的平面方程是________.

4. 设函数 $z=x^2\arctan\frac{y}{x}-y^2\arctan\frac{x}{y}$，则 $\frac{\partial^2 z}{\partial x\partial y}=$________.

5. 微分方程 $xy'+y=\mathrm{e}^x$ 的通解为________.

6. 设函数 $z=f(x,y)$ 由 $x+2y-2xyz=0$ 确定，则 $z'_x(1,1)=$________.

7. 已知 $\mathrm{e}^x=\sum_{n=0}^{\infty}\frac{x^n}{n!}$，则 $x\mathrm{e}^{-x}=$________.

8. 函数 $z=x^3+y^3-3x^2-3y^2$ 的极小值点是________.

三、计算题(每小题6分，共36分)

1. 设 $z=y\arctan\frac{y}{x}$，求 $\frac{\partial z}{\partial x}$，$\frac{\partial z}{\partial y}$.

2. 求曲面 $\mathrm{e}^z-z+xy=3$ 在点(2，1，0)的切平面方程和法线方程.

3. 将 $f(x)=\frac{1}{x}$ 展开成 $x-3$ 的幂级数，并求收敛域.

4. 设积分域 D 为 $x^2+y^2\leqslant 4$，$x\geqslant 0$，$y\geqslant 0$ 所围成，试计算二重积分 $\iint\limits_D \sin(x^2+y^2)\mathrm{d}\sigma$.

5. 求无穷级数 $\sum\limits_{n=1}^{\infty}\dfrac{x^{n-1}}{n\cdot 3^n}$ 的收敛域及在收敛域上的和函数.

6. 求由方程 $2x^2+2y^2+z^2+8yz-z+8=0$ 所确定的隐函数 $z=z(x,y)$的极值.

四、解答题(每小题 8 分，共 16 分)

1. 设二阶常系数线性微分方程 $y''+\alpha y'+\beta y=\gamma \mathrm{e}^x$ 的一个特解为 $y=\mathrm{e}^{2x}+(1+x)\mathrm{e}^x$，试确定常数 α，β，γ，并求该方程的通解.

2. 设二阶连续可导函数 $y=f(x)$，$x=\dfrac{s}{t}$适合$\dfrac{\partial^2 y}{\partial t^2}+4\dfrac{\partial^2 y}{\partial s^2}=0$，求 $y=f(x)$.

五、证明题(6 分)

证明：$\lim\limits_{(x,y)\to(0,0)}\dfrac{xy^2}{x^2+y^4}$不存在.

高职升本科模拟试卷

模拟试卷(1)

一、单项选择题(每小题 6 分，共 36 分)

1\. 若 $f(x)=\begin{cases}3e^x, & x<0\\ a+x, & x>0\end{cases}$ 在 $x=0$ 处连续，则 a 的值为(　　).

A. 1　　B. 2　　C. 3　　D. -1

2\. 已知 $f'(2)=1$，则 $\lim\limits_{h\to 0}\dfrac{f(2-h)-f(2)}{h}$ 的值为(　　).

A. 1　　B. 3　　C. -1　　D. $\dfrac{1}{2}$

3\. 下列 $f(x)$ 与 $g(x)$ 表示同一函数的是(　　).

A. $f(x)=e^{\ln x}$，$g(x)=\dfrac{x}{\sin^2 x+\cos^2 x}$

B. $f(x)=\sqrt{x^2}$，$g(x)=(\sqrt{x})^2$

C. $f(x)=\ln e^x$，$g(x)=\dfrac{x^2}{x}$

D. $f(x)=\sqrt[3]{x^3}$，$g(x)=x$

4\. 当 $x\to 0$ 时，与 x 是等价无穷小的是(　　).

A. e^x-1　　B. $\ln(1+x^2)$　　C. $\sin 2x$　　D. $\sqrt{1+x}-1$

5\. $\int_0^{\pi}\sqrt{\dfrac{\cos 2x+1}{2}}\,dx$ 的值是(　　).

A. -2　　B. 2　　C. -4　　D. 4

6\. 直线 $\dfrac{x}{3}=\dfrac{y}{-2}=\dfrac{z}{7}$ 和平面 $3x-2y+7z-4=0$ 的关系是(　　).

A. 平行　　B. 垂直　　C. 斜交　　D. 在平面内

二、填空题(每小题 6 分，共 36 分)

7\. 求极限 $\lim\limits_{x\to 0}\dfrac{\sin 2x}{x^3+x}=$________.

8\. $\int\dfrac{1}{\sqrt{4x-x^2}}dx=$________.

9\. 设函数 $z=z(x,y)$ 由方程 $y^5+2y-x-3x^7=0$ 所确定，则 $\left.\dfrac{\partial z}{\partial x}\right|_{x=0}=$________.

10\. 已知向量 $\boldsymbol{a}=\{1,-1,\lambda\}$，$\boldsymbol{b}=\{3,1,1\}$，若 $\boldsymbol{a}$ 和 $\boldsymbol{b}$ 垂直，则 $\lambda=$________.

11\. 计算广义积分：$\int_0^{+\infty}\dfrac{1}{1+x^2}dx=$________.

12\. 设函数 $f(x)=\int_0^{x^2}e^{t^2}dt$ 则 $f'(x)=$________.

三、解答题(本大题共 5 小题，共 78 分)

13\. (本题 14 分)

已知函数 $f(x)=\begin{cases}\dfrac{e^{ax}-1}{x}, & x<0\\ 1, & x=0\\ \dfrac{\ln(1+bx)}{2x}, & x>0\end{cases}$ 在 $x=0$ 处连续，求常数 a、b 的值.

14\. (本题 14 分)

设直线 $y=2x+3$ 与曲线 $y=x^2$ 围成的图形为 D，

(1)求 D 的面积；

(2)求 D 绕 x 轴旋转一周所得旋转体的体积.

15.(本题 16 分)

(1)求微分方程 $y'+y\tan x=0$ 的通解;

(2)求微分方程 $y''-4y'+3y=0$ 满足初始条件 $y(0)=6$, $y'(0)=10$ 的特解.

16.(本题 16 分)

求二元函数 $f(x, y)=x^2+3xy+3y^2-6x-3y-6$ 的极值点和极值.

17.(本题 18 分)

计算二重积分 $\iint\limits_D xy\,d\sigma$,其中 D 是抛物线 $y^2=x$ 和直线 $y=x-2$ 围成的区域.

模拟试卷(2)

一、单项选择题(每小题 6 分，共 36 分)

1. 下列极限中值为 1 的是(   ).

A. $\lim\limits_{x\to\infty}\dfrac{\sin x}{x}$　　B. $\lim\limits_{x\to 0}\dfrac{\sin x}{x}$　　C. $\lim\limits_{x\to\infty}x\sin x$　　D. $\lim\limits_{x\to 0}x\sin x$

2. 已知 $x\ln x$ 是 $f(x)$的一个原函数，则 $f'(x)=$(   ).

A. $1+\ln x$　　B. $\dfrac{1}{x}$　　C. $-\dfrac{1}{x^2}$　　D. $\dfrac{x^2}{2}\ln x-\dfrac{x^2}{4}$

3. 设 $f(x)=\int_0^{x^2}e^{-t^2}dt$，则 $f'(x)=$(   ).

A. $f(x)=e^{-x^2}$　　B. $f(x)=e^{x^2}$　　C. $f(x)=2xe^{-x^2}$　　D. $f(x)=2xe^{x^2}$

4. 设 $f(x)=x^3-12x+5$，则 $f(x)$的单调递减区间为(   ).

A. $(-\infty,\ -2)$　　B. $(-2,\ 2)$　　C. $(2,\ +\infty)$　　D. $(-\infty,\ +\infty)$

5. 微分方程 $y'+\dfrac{1}{x}y=\dfrac{1}{x^2}$满足初始条件 $y\big|_{x=1}=0$ 的特解是(   ).

A. $y=x\ln x$　　B. $y=x\ln x+1$　　C. $y=\dfrac{\ln x}{x}$　　D. $y=\dfrac{\ln x}{x}+1$

6. 设平面方程为 $x+2y+6=0$，则该平面具有的特征是(   ).

A. 平行 z 轴　　B. 过 z 轴　　C. 平行 xOy 面　　D. 不确定

二、填空题(每小题 6 分，共 36 分)

7. 求极限$\lim\limits_{x\to 0}=(1+2x)^{\frac{1}{x}}=$________.

8. $\int\dfrac{x^2}{1+x^2}dx=$________.

9. 设参数所确定的函数为$\begin{cases}x=\arctan t\\ y=\ln(1+t^2)\end{cases}$，$t$ 为参数，则$\dfrac{dy}{dx}\Big|_{t=1}=$________.

10. 过点(1，−1，0)，且与平面 $2x-3y+5z-1=0$ 垂直的直线方程为________.

11. 曲线 $f(x)=2x^3+6x^2-x-4$ 的拐点坐标为________.

12. 设平面区域 D 由直线 $y=1$，$x=2$ 及 $y=x$ 围成，则$\iint\limits_D xy\,d\sigma=$________.

三、解答题(本大题共 5 小题，共 78 分)

13.(本题 14 分)

求极限$\lim\limits_{x\to 0}\dfrac{\tan x-\sin x}{\sin^3 x}$.

14.(本题 14 分)

设 $y=x^3$，$x=2$，$y=0$ 围成的图形为 D，

(1)求 D 的面积；

(2)求 D 绕 x 轴旋转一周所得旋转体的体积.

15.（本题 16 分）

(1)求微分方程 $xy'+y=e^x$ 的通解；

(2)求微分方程 $y''-3y'-4y=0$ 满足初始条件 $y(0)=0$，$y'(0)=-5$ 的特解.

16.（本题 16 分）

证明：当 $x>1$ 时，$2\sqrt{x}>3-\frac{1}{x}$.

17.（本题 18 分）

求过点(2，1，3)且与直线$\frac{x+1}{3}=\frac{y-1}{2}=\frac{z}{-1}$垂直相交的直线方程.

模拟试卷(3)

一、单项选择题(每小题 6 分，共 36 分)

1. 当 $x\to 0$ 时，$e^{ax^2}-1$ 与 $x\ln(1+3x)$ 是等价无穷小，则常数 $a=$(　　).

A. 0　　B. 1　　C. 3　　D. 9

2. 若 $f'(x_0)=2$，则 $\lim\limits_{\Delta x\to 0}\dfrac{f(x_0+\Delta x)-f(x_0+3\Delta x)}{\Delta x}=$(　　).

A. 4　　B. -4　　C. 8　　D. -8

3. $f(x)=\dfrac{1-e^{\frac{1}{x}}}{1+e^{\frac{1}{x}}}$，则 $x=0$ 是 $f(x)$ 的(　　).

A. 可去间断点　　B. 跳跃间断点　　C. 无穷间断点　　D. 连续点

4. 已知 $f'(\sqrt{x})=3x+1$(其中 $x>0$)，且 $f(0)=1$，则 $f(x)=$(　　).

A. x^3+x-1　　B. x^3+x+1　　C. x^3+1　　D. x^3+x

5. 设 $f(x)=\int_{x^2}^{0}\ln(1+t^2)\mathrm{d}t$，则 $f'(x)=$(　　).

A. $f(x)=\ln(1+x^4)$　　B. $f(x)=-\ln(1+x^4)$

C. $f(x)=2x\ln(1+x^4)$　　D. $f(x)=-2x\ln(1+x^4)$

6. 设 $\dfrac{z}{x}=\ln\dfrac{z}{y}$ 确定了 $z=z(x,y)$，则 $\dfrac{\partial z}{\partial y}=$(　　).

A. $\dfrac{xy}{(x-y)z}$　　B. $\dfrac{xz}{(x-z)y}$　　C. $\dfrac{yz}{(y-z)x}$　　D. $\dfrac{zy}{(z+y)x}$

二、填空题(每小题 6 分，共 36 分)

7. 求极限 $\lim\limits_{x\to 0}\dfrac{1-\cos 2x}{x\sin 2x}=$________.

8. $\int x\ln x\,\mathrm{d}x=$________.

9. 设 $y=\ln(x+\sqrt{1+x^2})$，则 $\mathrm{d}y=$________.

10. 交换累次积分顺序 $\int_1^2\mathrm{d}y\int_0^{2-y}f(x,y)\mathrm{d}x=$________.

11. 过点(1，−1，2)且与直线 $\dfrac{x-1}{1}=\dfrac{y+3}{-2}=\dfrac{z-2}{2}$ 垂直的平面方程为________.

12. 设 $z=e^{xy}$，则全微分 $\mathrm{d}z=$________.

三、解答题(本大题共 5 小题，共 78 分)

13.(本题 14 分)

求极限 $\lim\limits_{x\to 0}\dfrac{\tan x-x}{x^2\sin x}$.

14.(本题 14 分)

设 $\begin{cases}x=\arctan x\\ y=\ln(1+t^2)\end{cases}$，$t$ 为参数，求 $\dfrac{\mathrm{d}y}{\mathrm{d}x}$ 和 $\dfrac{\mathrm{d}^2y}{\mathrm{d}x^2}$.

15.（本题 16 分）

若连续函数 $f(x)$ 满足 $x\int_0^1 f(tx)\mathrm{d}t=f(x)+x$，求 $f(x)$ 的表达式.

16.（本题 16 分）

证明：当 $x>0$ 时，$1+\frac{1}{2}x>\sqrt{1+x}$.

17.（本题 18 分）

求过点(3，1，−2)且通过直线$\frac{x-4}{5}=\frac{y+3}{2}=\frac{z}{1}$的平面方程.

模拟试卷(4)

一、单项选择题(每小题 6 分，共 36 分)

1. 下列 $f(x)$与 $g(x)$表示同一函数的是(　　).

A. $f(x)=\ln x^2$，$g(x)=2\ln x$　　B. $f(x)=x\sqrt[3]{(x-1)^3}$，$g(x)=x^2-x$

C. $f(x)=\ln e^x$，$g(x)=e^{\ln x}$　　D. $f(x)=\sqrt{x^2}$，$g(x)=\dfrac{x^2}{x}$

2. 下列极限值等于 1 的是(　　).

A. $\lim\limits_{x\to\infty}\dfrac{\sin x}{x}$　　B. $\lim\limits_{x\to+\infty}\dfrac{1}{2^x-1}$

C. $\lim\limits_{x\to1}\dfrac{x^3-1}{x^2-1}$　　D. $\lim\limits_{x\to+\infty}(\sqrt{x^2+x+1}-\sqrt{x^2-x+1})$

3. 设 $f(x)=\dfrac{\ln x}{x}$，则 $f'(e)=$(　　).

A. 0　　B. 1　　C. e　　D. $\dfrac{1}{e}$

4. 曲线 $y=e^{1-x^2}$ 在 $x=-1$ 处的切线方程为(　　).

A. $2x-y+1=0$　　B. $2x+y-1=0$　　C. $2x+y-3=0$　　D. $2x-y+3=0$

5. 若平面 $kx+y-2z+4=0$ 和平面 $x-3y-z-5=0$ 垂直，则 $k=$(　　).

A. 1　　B. -1　　C. 2　　D. -2

6. 方程 $\ln x=2x$ 实根的个数为(　　).

A. 0　　B. 1　　C. 2　　D. 3

二、填空题(每小题 6 分，共 36 分)

7. 已知向量 $\boldsymbol{a}=\{1,1,0\}$，$\boldsymbol{b}=\{1,0,1\}$，这两个向量夹角为 θ，则 $\theta=$________.

8. $\displaystyle\int\frac{3x^4+2x^2}{x^2+1}dx=$________.

9. 函数 $y=2x^3-6x^2-18x+5$ 的递减区间为________.

10. 交换累次积分顺序 $\displaystyle\int_0^1 dy\int_y^{\sqrt{y}}f(x,y)dx=$________.

11. 经过两点(3，1，2)和(1，2，-1)的直线方程为________.

12. 设 $x^2+y^2+z^2-4z=0$，则 $\dfrac{\partial z}{\partial x}=$________.

三、解答题(本大题共 5 小题，共 78 分)

13.(本题 14 分)

求极限 $\lim\limits_{x\to0}\dfrac{\ln(1+x^2)}{\sec x-\cos x}$.

14.(本题 14 分)

设 $y=x^2$ 及 $y=x$ 围成的图形为 D，

(1)求 D 的面积；

(2)求 D 绕 x 轴旋转一周所得旋转体的体积.

15.（本题 16 分）

(1)求微分方程 $y'-y\tan x=\sec x$ 的通解；

(2)求微分方程 $y''+25y=0$ 满足初始条件 $y(0)=2$，$y'(0)=5$ 的特解.

16.（本题 16 分）

证明：当 $0<x<\frac{\pi}{2}$时，$\tan x>x+\frac{1}{3}x^3$.

17.（本题 18 分）

求过点$(-1,0,4)$点，且平行于平面 $3x-4y+z-2=0$，又与直线$\frac{x-1}{1}=\frac{y-3}{1}=\frac{z}{2}$相交的方程直线.

模拟试卷(5)

一、单项选择题(每小题 6 分，共 36 分)

1. 下列极限中，计算正确的是(　　).

A. $\lim\limits_{x\to\infty}\frac{\sin x}{x}=1$　　B. $\lim\limits_{x\to 0}(1-x)^{\frac{1}{x}}=\mathrm{e}$

C. $\lim\limits_{x\to 0}\frac{\int_0^x \cos t\,\mathrm{d}t}{x}=1$　　D. $\lim\limits_{x\to 0}\frac{\sqrt{1+x^2}-1}{x\sin x}=2$

2. 函数 $y=\ln\cos x$ 在 $x=\frac{\pi}{3}$ 处的导数是(　　).

A. $\sqrt{3}$　　B. $-\sqrt{3}$　　C. $\frac{\sqrt{3}}{3}$　　D. $-\frac{\sqrt{3}}{3}$

3. 方程 $z=x^2+y^2$ 表示的二次曲面是(　　).

A. 椭球面　　B. 柱面　　C. 圆锥面　　D. 抛物面

4. 设函数 $y=y(x)$ 由方程 $xy-\mathrm{e}^x+\mathrm{e}^y=0$ 所确定，则 $y'(0)=$(　　).

A. -1　　B. 0　　C. 1　　D. 2

5. 设$\int f(x)\mathrm{d}x=x^3+C$，则$\int xf(2-x^2)\mathrm{d}x=$(　　).

A. $2(1-x^2)^2+C$　　B. $-2(1-x^2)^2+C$

C. $\frac{1}{2}(1-x^2)^3+C$　　D. $-\frac{1}{2}(2-x^2)^3+C$

6. 下列广义积分中，发散的是(　　).

A. $\int_1^{+\infty}\frac{1}{x\sqrt{x}}\mathrm{d}x$　　B. $\int_1^{+\infty}\frac{1}{x^2}\mathrm{d}x$　　C. $\int_{-\infty}^1\frac{1}{\sqrt{1-x}}\mathrm{d}x$　　D. $\int_0^{+\infty}\mathrm{e}^{-x}\mathrm{d}x$

二、填空题(每小题 6 分，共 36 分)

7. 已知向量 $\boldsymbol{a}=\{1,1,-2\}$，$\boldsymbol{b}=\{2,0,-1\}$，则 $\boldsymbol{a}\cdot\boldsymbol{b}=$________.

8. $\int x\cos x\,\mathrm{d}x=$________.

9. 球面 $x^2+y^2+z^2=9$ 在点(1，2，2)法线方程为________.

10. 交换累次积分顺序$\int_0^1\mathrm{d}y\int_0^y f(x,y)\mathrm{d}x=$________.

11. 设 $z=\ln(x^2+y^2)$，则 $\mathrm{d}z=$________.

12. 设 $2\sin(x+2y-3z)=x+2y-3z$，则$\frac{\partial z}{\partial x}+\frac{\partial z}{\partial x}=$________.

三、解答题(本大题共 5 小题，共 78 分)

13.(本题 14 分)

求极限$\lim\limits_{x\to 0}\frac{\sin x-\tan x}{(\sqrt[3]{1+x^2}-1)(\sqrt{1+x}-1)}$.

14.(本题 14 分)

设 $y=2-x^2$，$y=x(x\geqslant 0)$及 y 轴围成的图形为 D，

(1)求 D 的面积；

(2)求 D 绕 x 轴旋转一周所得旋转体的体积.

15.(本题 16 分)

(1)求微分方程 $xy'+y=x^2$ 的通解；

(2)求微分方程 $4y''+4y'+y=0$ 满足初始条件 $y(0)=2$，$y'(0)=0$ 的特解.

16.(本题 16 分)

求 $f(x, y)=x^3-y^3+3x^2+3y^2-9x$ 的极值.

17.(本题 18 分)

求过直线$\frac{x+1}{2}=\frac{y-1}{-3}=\frac{z}{2}$且垂直于平面 $x+y-z+3=0$ 的平面方程.

模拟试卷(6)

一、单项选择题(每小题 6 分，共 36 分)

1. 当 $x\to 0$ 时，下列函数为无穷小量的是(　　).

A. $\dfrac{x+\cos x}{x}$　　B. $\dfrac{\sin x}{x}$　　C. $\dfrac{2\sin x^2}{x}$　　D. $\dfrac{1}{2^x-1}$

2. 设函数 $f(x)$在点 0 可导，且 $f(0)=0$，则$\lim\limits_{x\to 0}\dfrac{f(x)}{x}=$(　　).

A. $f'(x)$　　B. $f'(0)$　　C. 不存在　　D. ∞

3. 经过(1，0)，且在任一点$(x,\ y)$处的切线斜率为 $3x^2$ 的曲线方程是(　　).

A. $y=x^3$　　B. $y=x^3+1$　　C. $y=x^3-1$　　D. $y=x^3+C$

4. 设 $I_1=\int_3^4 \ln^2 2x\,dx$，$I_2=\int_3^4 \ln^2 4x\,dx$，则(　　).

A. $I_1>I_2$　　B. $I_1<I_2$　　C. $I_2=I_1^2$　　D. $I_2=2I_1$

5. 直线 L：$\dfrac{x-1}{3}=\dfrac{y+2}{1}=\dfrac{z+3}{-4}$与平面 π：$3x+y-4z-3=0$ 的位置关系为(　　).

A. 平行　　B. 垂直　　C. 斜交　　D. L 在平面 π 上

6. 设 f 是连续函数，区域 D 是由圆周 $x^2+y^2=4$ 及坐标轴所围成的第一象限内的闭区域，则$\iint\limits_D f(\sqrt{x^2+y^2})\,dx\,dy=$(　　).

A. $\dfrac{\pi}{4}\int_0^2 f(r)\,dr$　　B. $\dfrac{\pi}{4}\int_0^2 f(r)r\,dr$　　C. $\dfrac{\pi}{2}\int_0^2 f(r)\,dr$　　D. $\dfrac{\pi}{2}\int_0^2 f(r)r\,dr$

二、填空题(每小题 6 分，共 36 分)

7. 已知函数 $y=\dfrac{\sin 2x}{x}$，则 $y'=$________.

8. $\int x\arctan x\,dx=$________.

9. 若 $f(x)=\begin{cases}x=t^2+2t\\ y=\ln(1+t)\end{cases}$，则$\left.\dfrac{dy}{dx}\right|_{t=0}=$________.

10. 交换累次积分顺序$\int_0^1 dx\int_0^{\sqrt{x}} f(x,\ y)\,dy=$________.

11. 设函数 $\Phi(x)=\int_a^{x^3} f(t)\,dt$，则 $\Phi'(x)=$________.

12. 曲线 $z=x^2+y^2-1$ 在点(2，1，4)的切平面方程为________.

三、解答题(本大题共 5 小题，共 78 分)

13.(本题 14 分)

求极限 $\lim\limits_{x\to+\infty}\dfrac{\ln\left(1+\dfrac{1}{x}\right)}{\operatorname{arccot} x}$.

14.(本题 14 分)

函数 $y=y(x)$由方程 $\arctan\dfrac{y}{x}=\ln\sqrt{x^2+y^2}$确定，求$\dfrac{dy}{dx}$.

15.(本题 16 分)

(1)求微分方程 $y'+xy^2-y^2=1-x$ 的通解；

(2)求微分方程 $y''+2y'+y=0$ 满足初始条件 $y(0)=4$，$y'(0)=-2$ 的特解.

16.(本题 16 分)

计算二重积分 $\iint\limits_D xy\,\mathrm{d}\sigma$，其中 D 是由抛物线 $y^2=x$ 及直线 $y=x-2$ 围成的区域.

17.(本题 18 分)

求两条平行直线 $\frac{x-2}{2}=\frac{y-1}{3}=\frac{z-1}{-1}$ 和 $\frac{x-1}{2}=\frac{y}{3}=\frac{z}{-1}$ 所确定的的平面方程.

参考答案

第一章测试题

测试题(一)

一、1. C；2. C；3. D；4. C；5. B；6. D；7. C；8. A；9. C；10. D.

二、1. $(-\infty, 1)\cup(1, +\infty)$；2. x；3. x^2+2；4. $y=\dfrac{x+5}{2}$；5. -2；6. 2；

7. 偶，y 轴.

三、1. x^2，1；2. $\dfrac{2}{3}$，1，$\dfrac{2}{3}$，0；3. $[2, 4)$，ln2；4. $\left(\dfrac{x}{1+x}\right)^2$，$\dfrac{1}{x^2-2x+2}$，$(x^2-1)^2$，$\dfrac{1}{x}$.

四、1. (1) $y=\dfrac{x+1}{x-1}$，(2) $y=\dfrac{2+x}{3}$；2. (1) $y=e^u$，$u=\cos x$，(2) $y=\sin u$，$u=2x+3$，(3) $y=\ln u$，$u=\sin v$，$v=x^2$，(4) $y=u^2$，$u=e^x-1$；3. (1)奇函数，(2)奇函数，(3)偶函数，(4)非奇非偶.

测试题(二)

一、1. D；2. C；3. B；4. A；5. D；6. B；7. A；8. D.

二、1. $(1, +\infty)$；2. $\dfrac{\sin\sqrt{x}}{1+x}$；3. $x^2+6x+15$；4. $y=e^x-1$；5. $1+\dfrac{\pi^2}{4}$；6. $\dfrac{10}{3}$；

7. 偶，y 轴.

三、1. (1) $y=\log_2 x\,(x>0)$，(2) $y=\ln(x-2)\,(x>2)$；

2. (1) $y=e^u$，$u=\cos v$，$v=\dfrac{1}{r}$，(2) $y=u^3$，$u=\sin v$，$v=2x+3$，

(3) $y=\ln u$，$u=\sin v$，$v=2^t$，$t=x+1$，(4) $y=\cos u$，$u=v^2$，$v=e^x-1$；

3. (1)偶函数，(2)偶函数，(3)奇函数，(4)奇函数；4. (1)有界，(2)有界，(3)无界.

测试题(三)

一、1. C；2. A；3. C；4. C；5. B；6. A；7. B；8. D.

二、1. $(-4, -\pi]\cup[0, \pi]$；2. 1；3. $4x^2+24x+22$；4. $y=-e^{\frac{x-1}{2}}-1$；

5. -3；6. $\pm\dfrac{\sqrt{2}}{2}$；7. 偶，y 轴.

三、1. $(-\infty, 2)$；2. (1) $f(x)=\begin{cases}\dfrac{x}{2}, & x<0\\ \sqrt{x}, & x\geqslant 0\end{cases}$，(2) $f(x)=\begin{cases}-(x+1)2, & -1<x\leqslant 0\\ \sqrt{x-1}, & 1\leqslant x<2\end{cases}$；

3. (1) $y=\cos u$，$u=\ln v$，$v=x^2+1$，(2) $y=\cos u$，$u=\sin v$，$v=2x+3$，

(3) $y=2^u$，$u=\sin v$，$v=\dfrac{1}{\sqrt{x}}$，(4) $y=\dfrac{1}{\sqrt{u}}$，$u=\sin v$，$v=x^2$；

4. (1)奇函数，(2)奇函数，(3)奇函数，(4)偶函数.

四、1. 提示：任取 $x_1<x_2<0$，则有 $-x_1>-x_2>0$；

2. 提示：将 $f(x)$ 拆成两项，则有 $f(x)=\varphi_1(x)+\varphi_2(x)=\dfrac{f(x)+f(-x)}{2}+\dfrac{f(x)-f(-x)}{2}$.

第二章测试题

测试题(一)

一、1. B；2. C；3. C；4. D；5. C；6. C；7. B；8. D；9. A.

二、1. $\dfrac{1}{4}$，不要；2. 2；3. $\dfrac{4}{3}$；4. 1；5. 同阶；6. $\dfrac{3}{2}$；7. 3；8. -2.

三、1. $\dfrac{8}{3}$；2. e^4；3. 0；4. $\dfrac{2}{3}$；5. $\dfrac{1}{2}$；6. -4；7. $\dfrac{3}{8}$；8. $\dfrac{1}{2}$.

四、1. $b=-3$；2. $k=\pm 2$；3. 略.

测试题(二)

一、1. A；2. C；3. D；4. A；5. C；6. A；7. C；8. C.

二、1. 2；2. 2；3. -3；4. 2；5. $\dfrac{1}{2}$；6. 4；

7. $x=k\pi\,(k=0, \pm 1, \pm 2\cdots)$，$x=0$，$x=k\pi\,(k=\pm 1, \pm 2\cdots)$；8. a.

三、1. e；2. 3；3. $\dfrac{1}{2}$；4. $\dfrac{1}{4}$；5. e^{-4}；6. $\dfrac{1}{2}$；7. 1；8. 0.

四、1. 0；2. 略；3. $x=\pm 1$ 为跳跃间断点.

测试题(三)

一、1. B；2. C；3. D；4. C；5. A；6. C；7. C；8. D.

二、1. 同；2. 同阶；3. 2；4. 4；5. 1；6. $\dfrac{1}{2}$；7. $\dfrac{1}{3}$；8. 一，可去.

三、1. $2\ln\dfrac{2}{3}$；2. $\dfrac{1}{2}$；3. e^3；4. 6；5. $\dfrac{1}{2}$；6. $\dfrac{1}{2}$；7. $\dfrac{1}{3}$；8. $\dfrac{1}{2}$.

四、1. $a=2$；2. $k=2$，-1；3. $x=\pm 1$ 为跳跃间断点；连续区间为 $(-2, -1)(-1, 1)(1, 2)$；4. $a=1$，$b=-1$.

第三章测试题

测试题(一)

一、1. C；2. A；3. B；4. A；5. C；6. D；7. C；8. D；9. D；10. D；11. A；12. A；13. C.

二、1. 1；2. $y=\frac{2}{3}e^2$；3. $y=2x$；4. $(2xe^x+x^2e^x)dx$；5. $-\frac{1}{e}$；6. $k<0$；7. $a=1$，$b=1$.

三、1. (1) $y=\frac{1}{2\sqrt{x}}$，　(2) $y=-\sin x$；

2. (1) $y'=4x+3\frac{1}{x^4}+5$，　(2) $y'=\frac{2}{\sqrt[3]{x}}+\frac{3}{x^4}$，

(3) $y'=2x\cos x-x^2\sin x$，　(4) $y'=\left(\frac{1}{x}+\ln x\right)\sin x-\left(\frac{1}{x}-\ln x\right)\cos x$，

(5) $y'=1+\ln x+\frac{1}{x^2}(1-\ln x)$，　(6) $y'=\frac{e^x+e^x\cos x+e^x\sin x}{(1+\cos x)^2}$；

3. (1) $y'=6(x^3-x)^5(3x^2-1)$，　(2) $y'=\frac{\ln x}{x\sqrt{1+\ln^2 x}}$，

(3) $y'=\frac{1}{x(1-x)}$，　(4) $y'=2x\sin\frac{1}{x}-\cos\frac{1}{x}$，

(5) $y'=\frac{1}{x\ln x\ln(\ln x)}$，　(6) $y'=-\sin x\cos(\cos x)$；

4. (1) $y''=30x^4+36x$，　(2) $y'''=-\cos x$；

5. (1) $y'=\frac{3y-3x^2}{2y-3x}$，　(2) $y'=\frac{3x^2-2y}{2x+e^y}$；

6. $2x+y-1=0$；

7. (1) $\frac{(2x+3)\sqrt[4]{x-6}}{\sqrt[3]{x+1}}\left[\frac{2}{2x+3}+\frac{1}{4(x-6)}-\frac{1}{3(x+1)}\right]$，

(2) $y'=(\sin x)^x[\ln\sin x+x\cot x]$；

8. (1) $\frac{4t}{1+2t}$，　(2) $\frac{\cos t-t\sin t}{\sin t+t\cos t}$；

9. (1) $dy=(\sin x+x\cos x)dx$，　(2) $dy=-2x\sin(x^2)dx$，

(3) $dy=\frac{1}{2}\cot\frac{x}{2}dx$；

10. (1) 0.01，(2) 2.0052；

11. (1) $-\frac{1}{4}$，(2) $-\frac{1}{2}$，(3) -8　(4) e^{-8}；

12. (1) 单增区间 $\left(-\infty,\ \frac{1}{2}\right)$，单减区间 $\left(\frac{1}{2},\ +\infty\right)$，

(2) 单增区间 $(-\infty,\ 0)$、$(0,\ 3)$，单减区间 $(3,\ +\infty)$；

13. 略；14. (1) 极大值为 $f\left(\frac{3}{4}\right)=\frac{27}{256}$，(2) 极小值为 $f(0)=0$，极大值为 $f(2)=2e^{-2}$；

15. 最小值为 $f(-1)=-10$，最大值为 $f(1)=2$；16. $\frac{1}{2}$；

17. (1) 凹区间为 $\left(-\infty,\ -\frac{\sqrt{2}}{2}\right)$、$\left(\frac{\sqrt{2}}{2},\ +\infty\right)$，凸区间为 $\left(-\frac{\sqrt{2}}{2},\ \frac{\sqrt{2}}{2}\right)$，拐点为 $\left(\pm\frac{1}{\sqrt{2}},\ -\frac{5}{2}\right)$，(2) 凹区间为 $(-\infty,\ +\infty)$，没有拐点；

18. (1) $x=1$，$y=0$，(2) $y=1$，$x=-1$；19. 略.

测试题(二)

一、1. C；2. A；3. D；4. D；5. A；6. B；7. C；8. B；9. B；10. C.

二、1. -2；2. 1；3. $y=\frac{1}{e}x$；4. $\frac{1}{2}$；5. $y=2e^x\cos x\,dx$；

6. $-e^{-x}f'(e^{-x})\cos f(e^{-x})dx$；7. $x=\pm\frac{\sqrt{3}}{3}$；8. 0；9. $-\frac{5}{16}$，$\frac{15}{8}$；10. $x=1$.

三、1. (1) $\frac{e^x(x-1)^2}{(1+x^2)^2}$，(2) $\frac{1}{3\sqrt[3]{[\ln(2x)^2]^2}}\cdot\frac{2}{x}$，

(3) $a^a x^{a^a-1}+a^{x^a+1}\cdot\ln a\cdot x^{a-1}+a^{a^x+x}\cdot(\ln a)^2$；

2. $y'=\frac{2}{e^{4x}+1}$，$y'\big|_{x=0}=1$；3. 1；4. $\frac{\sqrt{3}-\pi}{6}$；5. $e^{f(x)}[f'(e^x)e^x+f(e^x)f'(x)]$；

6. 连续且可导；7. $\frac{\sqrt{x+2}(3-x)^4}{(1+x)^5}\left[\frac{1}{2(x+2)}+\frac{4}{x-3}-\frac{5}{x+1}\right]$；8. $y=\sqrt{3}x-1$；

9. (1) $\frac{1}{2}$，(2) 0；

10. (1) 单减区间为 $\left(\frac{\pi}{4},\ \frac{5\pi}{4}\right)$，单增区间为 $\left(0,\ \frac{\pi}{4}\right)$、$\left(\frac{5\pi}{4},\ 2\pi\right)$，极小值为 $y\left(\frac{5\pi}{4}\right)=-\frac{1}{\sqrt{2}}e^{-\frac{5}{4}\pi}$，极大值为 $y\left(\frac{\pi}{4}\right)=\frac{1}{\sqrt{2}}e^{-\frac{\pi}{4}}$，(2) 单减区间为 $(1,\ +\infty)$，单增区间为 $(-\infty,\ 1)$，极大值为 $y(1)=2$；

11. (1) 凹区间为 $(2,\ +\infty)$，凸区间为 $(-\infty,\ 2)$，拐点为 $(2,\ 0)$，

(2) 凹区间为 $(0,\ +\infty)$，凸区间为 $(-\infty,\ 0)$，拐点为 $(0,\ 0)$；

12. (1) 最小值为 $f(2)=-1$，最大值为 $f(0)=3$，

(2) 最小值为 $f(1)=1$，最大值为 $f(-1)=3$；

13. 每批生产 $\sqrt[3]{1500}$ 吨时，总费用最省；

14. (1) $x=-3$，$x=1$，(2) $x=0$，$y=1$；15. 略；16. 略.

测试题(三)

一、1. B；2. B；3. C；4. D；5. D；6. B；7. B；8. D；9. B；10. B.

二、1. 1；2. 1986；3. e^6；4. $y-8=3(x-5)$；5. 2；6. 3；7. <0；8. $\frac{3}{2}$.

9. $\frac{-\varepsilon\sin y}{(1-\varepsilon\cos y)^3}$；10. $\frac{(-1)^5 5!}{2}\left[\frac{1}{(x-1)^6}-\frac{1}{(x+1)^6}\right]$.

三、1. $\frac{f''(x)f(x)-f'^2(x)}{f^2(x)}$；2. $\frac{e(2e-3)}{4}$；3. $\frac{1}{f''(t)}$；4. $\frac{2(3y^2-x^2)^2-24x^2y^2}{(3y^2-x^2)^3}$；

5. $\arctan x$；6. $y-f(5)=-2(x-5)$；7. $\frac{1}{2}\sqrt{x\sin x\sqrt{1-e^x}}\left[\frac{1}{x}+\cot x-\frac{e^x}{2(1-e^x)}\right]$；

8. $\frac{x+y}{x-y}$；9. 1；10. (1)6，(2)$-\frac{e}{2}$，(3)1，(4)1；11. $a=2$，$x=\frac{\pi}{3}$处取得极大值为$\sqrt{3}$；

12. 驻点为 $x=1$，且为极小值点；

13. 垂直渐近线：$x=-1$，水平渐近线：$y=0$，斜渐近线：$y=x-5$；

14. 令 $F(x)=e^x-1-x$，利用单调性证明；15. 略；16. 略.

第四章测试题

测试题(一)

一、1. B；2. A；3. C；4. D；5. C；6. C；7. B；8. C；9. D；10. C.

二、1. $F'(x)dx$，$f(x)+C$；2. $-\cot x-2x+C$；3. 2；4. 2；5. $\frac{1}{3}$；

6. $\frac{\pi}{4}-\frac{1}{2}$；7. (e^x+xc^x)；8. $-\ln(1+x^2)$；9. $\frac{1}{a}F(ax+b)+C$；10. 4.

三、1. $-\frac{1}{x}+\ln|x|-3x-\frac{3}{2}x^2+C$；2. $2\arctan\sqrt{x}+C$；3. $\frac{3}{2}\ln(x^{\frac{2}{3}}+1)+C$；

4. $\frac{3}{2}\ln(x^2-2x+4)+\frac{5\sqrt{3}}{3}\arctan\frac{x-1}{\sqrt{3}}+C$；5. $x\arctan\frac{1}{x}+\frac{1}{2}\ln(1+x^2)+C$；

6. $\frac{\pi}{2}$；7. $\frac{5}{6}$；8. $\frac{\pi}{4}$；9. $\frac{2}{3}$，$\frac{\pi}{2}$；10. $\frac{1}{\pi}$.

测试题(二)

一、1. D；2. B；3. A；4. A；5. B；6. D；7. A；8. B；9. B；10. C.

二、1. $-\frac{2}{3}\sin\frac{2}{3}x$；2. $-F(\cos x)+C$；3. $\frac{1}{5}\arctan\frac{x}{5}+C$；4. $x+2\ln(1+e^{-x})+C$；

5. $-\frac{1}{6}$；6. $\int_{x^2}^{0}\cos t^2 dt-2x^2\cos x^4$；7. 0，$f(x)dx$；8. 1；9. $-\sin x$；

10. $-\frac{1}{3}(1-x^3)^2+C$.

三、1. $\frac{2}{3}$；2. $\frac{\pi}{8}+\frac{1}{4}$；3. $\frac{8}{15}+\frac{8}{5}\sqrt{3}$；4. $\frac{1}{3}\ln|(x-1)^5(x+2)|+C$；

5. $\frac{1}{3}x^3\arctan x-\frac{1}{6}x^2+\frac{1}{6}\ln(1+x^2)+C$；6. $-\ln|1-x|-x^2+C$；7. $4\sqrt{2}$；

8. $\frac{3}{8}\pi-\frac{1}{2}-\frac{1}{4}\ln 2$；9. $\frac{\pi^2}{2}$；10. $\frac{1}{3}$，$\frac{3\pi}{10}$.

测试题(三)

一、1. B；2. D；3. D；4. B；5. B；6. B；7. C；8. D；9. C；10. B.

二、1. $\frac{2}{3}$；2. 16；3. $f(1)$；4. $-\frac{\cos x}{e^y}$；5. 8；6. >1；7. $\frac{1}{2}\int_0^2 f(t)dt$；8. $x^2+\frac{2}{3}x$；

9. $-2e^{-\frac{x}{2}}+2\ln(1+e^{-\frac{x}{2}})+C$；10. $\frac{1}{2}\ln^2\tan\frac{x}{2}+C$.

三、1. $\frac{16}{15}$；2. $-2e+6$；3. $1-\frac{\pi}{4}$；4. $2\left(1-\frac{1}{e}\right)$；5. $-4e^{-1}+2$；

6. $\ln|x|-\frac{2}{x-1}+C$；7. $e^x\ln x+C$；8. $x\tan\frac{x}{2}+C$；9. $\frac{\pi}{3}$；10. $\frac{4}{3}$，$\frac{8\pi}{5}$，2π.

第五章测试题

测试题(一)

一、1. B；2. A；3. B；4. C；5. A；6. B；7. C；8. B；9. A；10. D.

二、1. $y=-\frac{1}{4}\sin 2x+\cos x+C_1x+C_2$；2. $y=C(x+1)^2$；

3. $y=\frac{x-1}{\arcsin x}$；4. $e^{\frac{y}{x}}=\ln Cx$；5. $y=C_1(x+1)+C_2x^3$；

6. $y=e^{7x}-e^{-3x}$；7. $y^*=(ax+b)\cos 2x+(cx+d)\sin 2x$；8. $x^2y(C-2x^2)=1$.

三、1. $2x^2+y^2=1$；2. $y=e^{-\sin x}(x+C)$；3. $\ln x+2\sqrt{1-\frac{y}{x}}=2$；

4. $y=\frac{2}{3}(x+1)^{\frac{7}{2}}+\frac{1}{3}(x+1)^2$；5. $y=x^3+3x+1$；

6. $y=-x^4-\frac{13}{6}x^3-3x^2-\frac{5}{2}x$；7. $y=\tan\left(x+\frac{\pi}{4}\right)$；

8. $y=C_1e^x+C_2e^{-3x}-\frac{1}{4}xe^{-3x}-\frac{1}{5}\cos x+\frac{1}{10}\sin x$；

9. $y=(C_1+C_2x)e^{-x}+\frac{1}{4}(x-1)e^x$；10. $x=e^{2y}(y+C)$.

四、1. $y=(1-2x)e^x$；2. $f(x)=3e^{3x}-2e^{2x}$.

测试题(二)

一、1. C；2. B；3. A；4. D；5. B；6. D；7. C；8. B；9. B；10. D.

二、1. $y=x(\ln x+C)$；2. $y''-4y'+4=0$；3. $y=Cx\mathrm{e}^{\frac{1}{2}x^2}$；

4. $y=\frac{1}{20}x^5+\frac{1}{4}\mathrm{e}^{2x}+C_1x+C_2$；5. $y=(C_1+C_2x)\mathrm{e}^{3x}$；

6. $y=C_1\mathrm{e}^x+C_2\mathrm{e}^{9x}-\frac{1}{7}\mathrm{e}^{2x}$；7. $y=2x\arctan Cx$；8. $y=\arcsin x$.

三、1. $y=C(1+\mathrm{e}^x)$；2. $y^2=\frac{x^2}{2}-\frac{C}{x^2}$；3. $y=x\left(\frac{1}{2}x^2+C\right)$；

4. $y=\mathrm{e}^{\sin x}$；5. $y=\ln x(1-\ln\ln x)$；6. $y=C_1+C_2\mathrm{e}^{-x}+\frac{2}{3}x^3-2x^2+x$；

7. $y=C_1\mathrm{e}^x+C_2\mathrm{e}^{-x}-\frac{1}{2}\cos x$；8. $y\left(\frac{2}{7}x^3+\frac{C}{\sqrt{x}}\right)=1$；9. $y=C_1\mathrm{e}^{-2x}+C_2\mathrm{e}^{4x}$；

10. $y=C$ 或 $y=\tan\left(x+\frac{\pi}{4}\right)$.

四、1. $y=-\sqrt{1-x^2}+2$；2. $y=\sin x+\cos x$.

测试题(三)

一、1. C；2. A；3. B；4. A；5. C；6. B；7. C；8. D；9. C；10. A.

二、1. $(x-2)\mathrm{e}^y+1=0$；2. $y=x^2(C-\ln x)$；

3. $y=C_1\cos x+C_2\sin x$；4. $y=8\mathrm{e}^{2x}+\frac{1}{2}C_1x^2+C_2x+C_3$；

5. $y=x\left(C-\frac{1}{3}\ln^3 x\right)$；6. $(x^2-1)y'=xy$；7. $y^*=x(ax^2+bx+c)\mathrm{e}^{-x}$；

8. $y=\mathrm{e}^{2x}\ln 2$.

三、1. $2y-x-\ln(y-x+2)=C$；2. $y^2-(x+C)y+\arctan x=2$；

3. $Cx^2+y^2=2x^2\ln x$；4. $y=(x+1)^2\left(\frac{1}{2}x^2+x+C\right)$；

5. $1+3x^2y^3=Cx^3y^3$；6. $y=C_1+C_2\mathrm{e}^x-\frac{1}{2}x^2-x$；

7. 提示：将 y 作为自变量，$x=\frac{1}{2}y^2+Cy^3$；

8. 提示：凑微分求解，$xy=y^2\mathrm{e}^y-2y\mathrm{e}^y+2\mathrm{e}^y+C$；

9. $\frac{\sqrt{2}}{3}y\sqrt{y}=x+\frac{1}{6}$；10. 提示：换元转换为贝努利方程，$\frac{1}{y-x}=-x^2-2+C\mathrm{e}^{\frac{1}{2}x^2}$.

四、1. 提示：根据题意列出微分方程$\frac{y}{2x}=-\frac{1}{y'}$，且 $y\big|_{x=1}=0$，解得曲线方程为 $2x^2+y^2=1$.

2. 提示：根据题意列出积分方程 $\int_0^x f(t)\mathrm{d}t-\frac{1}{2}xf(x)=x^2$，解得 OA 的曲线方程为 $f(x)=x(1-4\ln x)$.

第六章测试题

测试题(一)

一、1. B；2. A；3. B；4. A；5. C；6. D；7. C；8. C.

二、1. 13；2. $\alpha=\beta=\frac{\pi}{2}$，$\gamma=\pi$ 或 $\alpha=\beta=\frac{\pi}{4}$，$\gamma=\frac{\pi}{2}$；3. 6；4. $k=\pm1$；

5. $\frac{x-2}{5}=\frac{y+1}{-2}=\frac{z-1}{6}$；6. 0；7. $\frac{x+2}{1}=\frac{y-1}{7}=\frac{z-3}{4}$；8. -6.

三、1. $\{-1,-2,2\}$，$\{-2,1,-2\}$，$\{-3,-1,0\}$，$\{1,-8,10\}$；

2. $\boldsymbol{AB}\cdot\boldsymbol{AC}=0\Rightarrow\boldsymbol{AB}\perp\boldsymbol{AC}$，$B=\frac{\pi}{4}$；3. 利用点到平面距离公式可得距离为 1；

4. $x-3y-z+4=0$；5. $\frac{x-2}{2}=\frac{y+3}{0}=\frac{z-4}{4}$；6. (1，2，2)；

7. $3x-6y+2z-49=0$；8. $2x-6y+3z-32=0$；9. 球心$(-2,2,0)$，半径 $R=3$；

10. $\begin{cases}x^2+y^2=1\\z=0\end{cases}$.

四、1. 母线平行于 z 轴，准线为 xOy 坐标面上圆 $x^2+y^2=4$ 的圆柱面；2. 以 z 轴为轴，以原点为顶点的圆锥面；3. 以 z 轴为轴的旋转抛物面；4. 以$(1,-2,0)$为球心，以 2 为半径的球面.

测试题(二)

一、1. A；2. C；3. B；4. C；5. D；6. A；7. B；8. C.

二、1. $x-y=0$；2. $2x+2y-z+9=0$；3. $\pm\frac{\sqrt{35}}{\sqrt{2}}$；4. $4x+3y-6z+12=0$；

5. 斜交；6. $\sqrt{2}$；7. $\pm\frac{1}{\sqrt{17}}(3\boldsymbol{i}-2\boldsymbol{j}-2\boldsymbol{k})$；8. $\frac{4}{3}$.

三、1. 所求向量为$\left\{\frac{5\sqrt{93}}{93},\frac{8\sqrt{93}}{93},-\frac{2\sqrt{93}}{93}\right\}$或$\left\{-\frac{5\sqrt{93}}{93},-\frac{8\sqrt{93}}{93},\frac{2\sqrt{93}}{93}\right\}$；

2. $x-3y+z+2=0$；

3. $\frac{x}{2}=\frac{y}{3}=\frac{z}{0}$；4. $2x+2y-2z-1=0$；5. $3x-2y-z=0$；

6. $3x-6y+5z-19=0$；7. $x-y-z-5=0$；8. $8x-9y-22z-59=0$；

9. $\frac{x-1}{2}=\frac{y-2}{1}=\frac{z-4}{-1}$；10. $\begin{cases}17+31y-37z-117=0\\4x-y+z-1=0\end{cases}$.

四、1. 要证 A，B，D 三点共线，只要证向量 $\boldsymbol{AB}$ 和 $\boldsymbol{BD}$ 共线就可以了；2. 只要证这两条直线的方向向量垂直就可以了.

测试题(三)

一、1. D；2. D；3. A；4. C；5. A；6. D；7. D；8. B.

二、1. $\frac{3}{4}$；2. 4；3. $\frac{x+2}{1}=\frac{y-1}{7}=\frac{z-3}{4}$；4. $\{5\sqrt{2},\ 5,\ \pm 5\}$；5. $2\sqrt{19}$；

6. $16x-14y-11z-65=0$；7. $\frac{x}{-2}=\frac{y-2}{3}=\frac{z-4}{1}$；8. -6.

三、1. $-2\boldsymbol{i}+4\boldsymbol{k}$；2. $x-\frac{1}{2}y=0$；3. $2x+8y+z+8=0$；

4. 2(提示：可以看成是以 $\boldsymbol{a}$ 和 $\boldsymbol{b}$ 为邻边的平行四边形的面积与 $\boldsymbol{c}$ 在该平行四边形确定平面的法向量上投影的乘积)；5. $\left(\frac{7}{5},\ 1,\ \frac{1}{5}\right)$；6. (3，$-2$，1)；

7. $\frac{x}{-2}=\frac{y-2}{3}=\frac{z-4}{1}$；8. $x^2+y^2=1$；9. $\begin{cases}y-z-1=0\\ x+y+z=0\end{cases}$；

10. (2，5，2). (提示：M 和对称点连线的中点在直线上，M 和对称点所确定的向量与直线的方向向量垂直)

四、1. 只要证明这两条直线的方向向量平行就可以了；2. $\boldsymbol{a}+\boldsymbol{b}$ 与 $\boldsymbol{c}$ 平行，则 $\boldsymbol{a}+\boldsymbol{b}=\lambda\boldsymbol{c}$，$\boldsymbol{b}+\boldsymbol{c}$ 与 $\boldsymbol{a}$ 平行，则 $\boldsymbol{b}+\boldsymbol{c}=\mu\boldsymbol{a}$，$\boldsymbol{a}-\boldsymbol{c}=\lambda\boldsymbol{c}-\mu\boldsymbol{a}$，$(1+\mu)\boldsymbol{a}=(1+\lambda)\boldsymbol{c}$，由于 $\boldsymbol{a}$、$\boldsymbol{c}$ 不平行，故 $(1+\mu)=(1+\lambda)=0$，$\lambda=\mu=-1$，即 $\boldsymbol{a}+\boldsymbol{b}=-\boldsymbol{c}$，因此 $\boldsymbol{a}+\boldsymbol{b}+\boldsymbol{c}=\boldsymbol{0}$.

第七章测试题

测试题(一)

一、1. C；2. B；3. A；4. A；5. A；6. A；7. C；8. A.

二、1. $\sqrt{1+\frac{1}{x^2}}$；2. (2) $\frac{y^2-xy}{2}$；3. 0；4. $-\frac{1}{x^2}e^{\frac{y}{x}}(y\,dx-x\,dy)$；

5. $-\frac{1}{5}$；6. $\frac{1}{\sqrt{(x+y)^2+1}}$；7. $yz^{xy}\ln z\,dx+xz^{xy}\ln z\,dy+xyz^{xy-1}dz$；

8. 极大值 $f(2,\ -2)=8$.

三、1. $\frac{\pi}{2}$；2. $\frac{dz}{dt}=(\ln^2 t-t\sin e^t)e^t+\frac{2}{t}e^t\ln t+\cos e^t$；3. $z'_x=-\frac{c^2x}{a^2z}$，$z'_y=-\frac{c^2y}{b^2z}$；

4. 极大值为 $f(2,\ -2)=9$；

5. $dz=[yf+2x^2y(f'_1+f'_2)]dx+[xf+2xy^2(f'_1-f'_2)]dy$；

6. 最大值 $z\big|_{(1,2)}=17$；最小值 $z\big|_{(1,0)}=-3$；7. $x\frac{\partial z}{\partial x}+y\frac{\partial z}{\partial y}=2z$；8. $\frac{\partial^2 z}{\partial x\partial y}=\frac{xy}{(2-z)^3}$；

9. 法线方程：$\begin{cases}\frac{x-2}{1}=\frac{y-1}{2}\\ z=0\end{cases}$；

10. 点 $(a,\ 0,\ 0)$ 处的切线方程 $\frac{x-a}{0}=\frac{y}{a}=\frac{z}{b}$，法平面方程 $ay+bz=0$.

测试题(二)

一、1. C；2. B；3. B；4. D；5. A；6. A；7. A；8. D.

二、1. $\{(x,\ y)\mid -2\leqslant x\leqslant 2,\ xy\geqslant 0\}$；2. 0；3. 0；4. -1；

5. $dz=(y\varphi+2x^2y\varphi')dx+(x\varphi+2xy^2\varphi')dy$；6. $\frac{\partial z}{\partial y}=\frac{1}{x}f'_1+2f'_2+\sin x f'_3$；

7. $\left(\frac{\pi}{3},\ \frac{\pi}{3}\right)$；8. $M\left(-\frac{9}{8},\ \frac{4}{9},\ -\frac{8}{27}\right)$.

三、1. 2；2. $\frac{\partial z}{\partial x}=\frac{1}{2x\sqrt{\ln xy}}$，$\frac{\partial z}{\partial x}=\frac{1}{2y\sqrt{\ln xy}}$；

3. $\frac{\partial z}{\partial x}=\frac{y^3}{1-e^z}$，$\frac{\partial z}{\partial y}=\frac{3xy^2}{1-e^z}$，$\frac{\partial^2 z}{\partial x\partial y}=\frac{3y^2[(1-e^z)^2+xy^3e^z]}{(1-e^z)^3}$；4. 略；

5. $\frac{\partial^2 z}{\partial x\partial y}=f'_1+xyf''_{11}+(2y^2+2x^2)f''_{12}+4xyf''_{22}$；6. 极小值为 $f\left(\frac{1}{2},\ -1\right)=-\frac{e}{2}$；

7. 最小值 $z\big|_{(0,\pm 2)}=-4$，最大值 $z\big|_{(\pm 2,0)}=4$；8. 略；

9. 法平面方程：$2x+32y+24z-201=0$，切线方程 $\frac{x-\frac{1}{2}}{1}=\frac{y-4}{16}=\frac{z-3}{12}$；

10. 点 $M(-3,\ -1,\ 3)$，法线方程 $\frac{x+3}{1}=\frac{y+1}{3}=\frac{z-3}{1}$.

测试题(三)

一、1. B；2. C；3. A；4. C；5. A；6. B；7. A；8. B.

二、1. $\left\{(x,\ y)\middle|\,x\geqslant 0,\ y\geqslant 0,\ x^2\geqslant y\right\}$；2. e^{-1}；3. $\frac{3x^2+y^2}{4}$；

4. $(3x^2yf'_1+y^3f'_2)dx+(x^3f'_1+3xy^2f'_2)dy$；5. $\frac{du}{dt}=2e^t\sin t$；6. $-\frac{(4z-2)^2+4x^2}{(4z-2)^3}$；

7. $-\frac{xyz^2+x}{x^2yz+z}dx-\frac{x^2z^2+2y}{2x^2yz+2z}dy$；8. $\frac{x-2}{1}=\frac{y+1}{-2}=\frac{3(z-3)}{2}$.

三、1. 提示：求出 $\frac{\partial z}{\partial x}=-\frac{y^2}{3x^2}+y\varphi'$，$\frac{\partial z}{\partial y}=\frac{2y}{3x}+x\varphi'$，代入即可；2. x；

3. 提示：先求出驻点(0，0)、(0，4)、(3，2)、(6，0)、(6，4)，$f(0,\ 0)$、$f(0,\ 4)$、$f(6,\ 0)$、$f(6,\ 4)$ 均不是极值，$f(3,\ 2)=36$ 为极大值；

4. $dz=\frac{f'_1}{f'_1-yf'_2}dx+\frac{zf'_2}{f'_1-yf'_2}dy$，$\frac{\partial z}{\partial x}=\frac{f'_1}{f'_1-yf'_2}$，$\frac{\partial z}{\partial y}=\frac{zf'_2}{f'_1-yf'_2}$；

5. $\frac{\partial z}{\partial x}=2xy^2(1+x^2y)^{y-1}$，$\frac{\partial z}{\partial y}=x^2y(1+x^2y)^{y-1}+(1+x^2y)^y\ln(1+x^2y)$；

6. $\frac{dx}{dz}=\frac{y-z}{x-y}$，$\frac{dy}{dz}=\frac{z-x}{x-y}$；7. $f'_x(0,\ 1,\ -1)=5$；8. $\frac{\partial z}{\partial x}=\frac{yf'_1}{1-yf'_2}$，$\frac{\partial z}{\partial y}=\frac{xf'_1+zf'_2}{1-yf'_2}$；

9. 切线方程：$\frac{x-1}{1}=\frac{y-1}{2}=\frac{z-2}{6}$，法平面方程：$x+2y+6z-15=0$；

10. 点：(6，8，2)，(−6，−8，−2)，切平面：$3x+4y+z-52=0$，$3x+4y+z+52=0$.

第八章测试题

测试题(一)

一、1. A；2. A；3. A；4. A；5. D.

二、1. $(1-x)f(x)$；2. 2；3. $\int_0^{\frac{\pi}{2}}\mathrm{d}\theta\int_0^1 f(r^2)r\mathrm{d}r$；4. 8π；5. 2.

三、1. $\frac{1}{2}$；2. (1)$\frac{1}{2}$；3. π；4. $\frac{1}{3}$；5. $\frac{4}{3}$.

测试题(二)

一、1. B；2. D；3. A；4. D；5. D.

二、1. $\int_0^4\mathrm{d}x\int_{\frac{x}{2}}^{\sqrt{x}}f(x, y)\mathrm{d}y$；2. $\int_0^1\mathrm{d}y\int_{e^y}^{e}f(x, y)\mathrm{d}x$；3. 2π；4. $\int_0^1\mathrm{d}y\int_y^{\sqrt{y}}f(x, y)\mathrm{d}x$；5. 2.

三、1. $\frac{\pi(1-\cos 4)}{4}$；2. $\frac{1}{2}$；3. $\frac{13}{6}$；4. π；5. $\frac{\pi^2}{32}$.

测试题(三)

一、1. A；2. B；3. D；4. D；5. B.

二、1. $\int_{-a}^{a}\mathrm{d}x\int_0^{\sqrt{a^2-x^2}}f(x, y)\mathrm{d}y$；2. 1；3. $\int_0^1\mathrm{d}y\int_{\sqrt{y}}^{\sqrt{2-y^2}}f(x, y)\mathrm{d}x$；

4. $\int_0^{\frac{\pi}{2}}\mathrm{d}\theta\int_0^1 e^{r^2}\cdot r\mathrm{d}r$；5. $\int_{-1}^{0}\mathrm{d}x\int_{-x}^{1}f(x, y)\mathrm{d}y+\int_0^1\mathrm{d}x\int_{1-\sqrt{1-x^2}}^{1}f(x, y)\mathrm{d}y$.

三、1. $\frac{20}{3}-\frac{\pi}{4}$；2. $\frac{3}{32}\pi a^4$；3. $\frac{3}{2}+\cos 1+\sin 1-\cos 2-2\sin 2$；4. $\frac{2}{3}\pi(b^3-a^3)$；

5. $\frac{1}{40}\pi^5$.

四、证明：由题设知，$[f(x)-f(y)]^2$ 在 $D=\{(x, y)\mid a\leqslant x\leqslant b, a\leqslant y\leqslant b\}$上连续，且$[f(x)-f(y)]^2\geqslant 0$，当且仅当 $f(x)$为常数时，等号成立.

$$\iint_D[f(x)-f(y)]^2\mathrm{d}\sigma=\int_a^b\mathrm{d}x\int_a^b[f(x)-f(y)]^2\mathrm{d}y$$
$$=\int_a^b\mathrm{d}x\int_a^b f^2(x)\mathrm{d}y+\int_a^b\mathrm{d}x\int_a^b f^2(y)\mathrm{d}y-2\int_a^b f(x)\mathrm{d}x\int_a^b f(y)\mathrm{d}y$$
$$=2(b-a)\int_a^b f^2(x)\mathrm{d}x-2\left[\int_a^b f(x)\mathrm{d}x\right]^2\geqslant 0$$

故命题成立.

第九章测试题

测试题(一)

1. (1)B；(2)B；(3)A；(4)A；(5)B；(6)C；(7)B；(8)B.

二、1. 发散；2. 收敛；3. 1；4. (−1，1)；5. $\frac{1}{1-x}$；6. $-\sum_{n=0}^{\infty}2^n x^n$.

三、1. (1)收敛，(2)发散，(3)发散，(4)收敛；

2. (1)绝对收敛，(2)条件收敛，(3)绝对收敛，(4)条件收敛；

3. (1)1，(−1，1)，(2)1，(−1，1)，(3)$\frac{1}{2}$，$\left(-\frac{1}{2}, \frac{1}{2}\right)$，(4)0；

4. (1)$\frac{1}{(1-x)^2}(-1<x<1)$，(2)$\arctan x(-1<x<1)$，

(3)$\frac{1}{2}\ln\left|\frac{1+x}{1-x}\right|(-1<x<1)$，(4)$-\frac{1}{x}\ln|1-x|(-1<x<1, x\neq 0)$；

5. (1)$\sum_{n=0}^{\infty}\frac{x^n}{2^{n+1}}(-2<x<2)$，(2)$\sum_{n=0}^{\infty}(-1)^n x^{2n}(-1<x<1)$，

(3)$-\sum_{n=0}^{\infty}\frac{x^{n+1}}{n+1}(-1<x<1)$，(4)$\ln 2+\sum_{n=0}^{\infty}(-1)^n\frac{x^{n+1}}{n+1}(-1<x<1)$.

测试题(二)

一、1. C；2. B；3. D；4. C；5. A；6. C；7. C.

二、1. $s-u_1-u_2$；2. >1；3. 收敛；4. +∞；5. $\sum_{n=0}^{\infty}(-1)^n\frac{(x-3)^n}{3^{n+1}}$.

三、1. $\frac{8}{5}-\frac{3}{2e+3}$；2. 收敛；3. 绝对收敛；4. $\begin{cases}\frac{2-x}{(1-x)^2} & |x|<1 \quad x\neq 0\\ 2 & x=0\end{cases}$，$\frac{45}{16}$；

5. $\frac{5x}{(5-x^2)^2}$，20；6. $\sum_{n=0}^{\infty}\frac{1}{n!\,(2n+1)}x^{2n+1}$；

7. $\ln 6+\sum_{n=0}^{\infty}\frac{(-1)^n}{6^{n+1}(n+1)}(x-1)^{n+1}$；8. $\frac{\pi}{4}+\sum_{n=0}^{\infty}(-1)^n\frac{x^{4n+2}}{2^{4n+2}(2n+1)}$.

测试题(三)

一、1. A；2. A；3. B；4. B；5. A；6. B；7. B；8. B.

二、1. $\frac{1}{2}$；2. $R=2$；3. [−3，3]；4. $\frac{x}{(1-x)^2}(|x|<1)$；

5. $\sum_{n=0}^{\infty}(-1)^n(x-1)^n(0, 2)$；6. $x^3\cos x$.

三、1. $1-\sqrt{2}$；2. 条件收敛；3. 条件收敛；4. $\frac{x}{(3-x)^2}(|x|<3)$，2；

5. $\frac{x}{5}e^{\frac{x}{5}}+e^{\frac{x}{5}}-1(-\infty,\ \infty)$；6. $\ln 2-\sum_{n=0}^{\infty}\frac{(x-1)^{n+1}}{n+1}-\sum_{n=0}^{\infty}\frac{(x-1)^{n+1}}{2^{n+1}(n+1)}\quad(-1,\ 1)$；

7. $\sum_{n=0}^{\infty}\frac{(-1)^n}{(2n+1)!\ (2n+1)}x^{2n+1}(-\infty,\ \infty)$；8. $S(x)=\frac{54x}{(3-x)^3}\quad(|x|<3)$；

9. 2e；10. $\frac{8}{9}$.

第一学期期末考试试卷答案

第一学期期末考试试卷(1)

一、1. B；2. C；3. D；4. A；5. D；6. A.

二、1. $y=x^3+1$；2. $\frac{2}{3}$；3. 0；4. 0；5. —；6. $\frac{2x}{1+x^2}$；7. e^2；8. $\frac{1}{2}\arctan^2 x+C$.

三、1. $\frac{5}{3}$；2. $y'=\frac{\sqrt{e^x}}{x^2+1}\left[\frac{1}{2}-\frac{2x}{x^2+1}\right]$；3. $\frac{1}{2}[(1+x^2)\ln(1+x^2)-x^2]+C$；

4. e^2-e+1；5. $dy=-\frac{\cos x}{e^y}dx$；6. $\frac{1}{2}\sin(2x+3)^2+C$.

四、1. $f(x)+x+e^x$；2. $\frac{\pi^2}{2}$.

五、利用零点定理可证.

第一学期期末考试试卷(2)

一、1. A；2. A；3. D；4. A；5. C；6. D.

二、1. e^6；2. $\frac{1}{2}\left(\frac{\cos x}{x}\right)^2$；3. $\frac{\pi}{3}$；4. $\frac{1}{3}$；5. $4x+y-4=0$；6. 80；7. $2\cos 2x$；8. $\frac{3\pi}{8}$.

三、1. $\frac{1}{2}$；2. $\frac{2-2x^2}{(1+x^2)^2}$；3. $x^{\sin x}\left(\frac{\sin x}{x}+\cos x\ln x\right)$；4. $x-\arctan x+C$；

5. $x\sin x+\cos x+C$；6. $\frac{y+y\ln x}{y\ln y+1}$.

四、1. $x^2e^{x^2}-e^{x^2}+C$；2. 拐点$(1,\ -4)$，凹区间$(1,\ +\infty)$，凸区间$(-\infty,\ 1)$.

五、(1) $\frac{e}{2}-1$，(2) $\frac{\pi}{6}(5e^2-12e+3)$.

第一学期期末考试试卷(3)

一、1. D；2. B；3. C；4. A；5. B；6. D.

二、1. (2，3]；2. 2，3；3. 0；4. $y+2x-1=0$；5. $1+\frac{1}{x}$；6. [2，$+\infty$)；7. $\frac{\pi}{2}$.

三、1. $\frac{1}{8}$；2. $-\frac{1}{2e}$；3. $\frac{1}{\sqrt{1+x^2}}dx$；4. $\frac{1}{2t}$，$-\frac{1+t^2}{4t^3}$；5. $\frac{1}{2}\cos\left(\frac{2}{x}+3\right)+C$；

6. $1-e^{-1}+\ln 2$.

四、1. 利用换元法；2. 利用拉格朗日中值定理.

五、底半径 $r=\sqrt[3]{\frac{V}{2\pi}}$ 和高 $h=2\sqrt[3]{\frac{V}{2\pi}}$，才能使表面积最小.

第一学期期末考试试卷(4)

一、1. D；2. B；3. C；4. B；5. C；6. C.

二、1. $(-\infty,\ -1)\cup(3,\ +\infty)$；2. 1；3. $\frac{y}{y-x}$；4. $y=1$；5. 3；

6. $(\sin x+x\cos x)dx$；7. 0；8. $e-1$.

三、1. $\frac{3}{2}$；2. 0；3. 1；4. $\frac{\pi}{4}$；5. $x\tan x+\ln|\cos x|-\frac{1}{2}x^2+C$；

6. $2x\cos x^2-(2x-1)\cos(x^2-x)$ （先换元，令 $u=x^2-t$）.

四、1. $\frac{1}{(e^x+e^{-x})\sqrt{2\arctan e^x}}$ $\left[提示：f(x)F(x)=\frac{1}{2}(F^2(x))'\right]$；

2. $A=\frac{1}{3}$，$V=\frac{3\pi}{10}$.

五、证明：设 $F(x)=f(x)-x^2$，$F'(x)=f(x)-2x$，则

$$F(0)=f(0),\ F(1)=f(1)-1.$$

∵ $f(x)$在[0，1]上连续，(0，1)内可导，$f(1)=f(0)+1$，

∴ $f(x)$在[0，1]上连续，(0，1)内可导，且 $F(0)=F(1)$.

根据罗尔中值定理：$\exists\xi\in[0,\ 1]$使 $F'(\xi)=0$ 即 $f'(\xi)=2\xi$.

第一学期期末考试试卷(5)

一、1. A；2. B；3. C；4. A；5. B；6. B.

二、1. (−2，2)；2. $\frac{1}{2}$；3. 0；4. $2x-y-e=0$；5. 0；6. $2\cos 2x$；7. 0；8. 2.

三、1. $\frac{1}{8}$；2. $-\frac{1}{2e}$；3. $-\frac{1}{t}$，$-\frac{1+t^2}{4t^3}$；4. $1+\frac{\pi}{4}$；5. $2-2\ln\frac{3}{2}$；

6. $\frac{4}{e}$ （两边取自然对数，再利用定积分的定义）.

四、1. $\frac{2\sqrt{2}}{3}$；2. $\frac{\pi}{3}$.

五、设 $F(x)=f(x)-x$，利用零点定理和罗尔定理.

第一学期期末考试试卷(6)

一、1. D；2. C；3. C；4. A；5. B；6. C.

二、1. 0；2. $y'=\frac{ye^{xy}-1}{1-xe^{xy}}$；3. $\left(3\cos x+\frac{1}{x^2}\right)dx$；4. $-\frac{1}{x}-2\ln|x|+x+C$；5. $x=1$；

6. $\frac{1}{x}+C$；7. $2x\sqrt{1+x^4}$；8. $(0, 0)$.

三、1. -1；2. $\frac{1}{2}$；3. 1；4. $\frac{51}{512}$；5. $\frac{1}{4}(e^2+1)$.

四、1. 利用零点定理；2. 利用拉格朗日中值定理.

五、(1) $\frac{3\pi}{5}$；(2) $\sqrt[3]{\frac{1}{2}}$.

第一学期期末考试试卷(7)

一、1. C；2. A；3. B；4. A；5. C；6. A.

二、1. 2；2. $\frac{1}{4}$；3. $\frac{1}{2}\ln 5$；4. $x+e^x+C$；5. $\frac{1}{2}x+\frac{1}{6}x^3+C$；

6. $\frac{1}{2}\tan x+\frac{1}{2}x+C$；7. $y=6$；8. e.

三、1. $e^{-\frac{1}{2}}$；2. $\frac{1}{2}$；3. $-\frac{1}{3}\sin(2-3x)+C$；4. $\frac{-1}{2\sqrt{1-x^2}}$；5. π；

6. $-\ln|\sin x+\cos x|+C$.

四、1. 围成圆的部分长为$\frac{24\pi}{4+\pi}$厘米时；2. $\frac{3}{2}-\ln 2$，$\frac{11\pi}{6}$.

五、利用零点定理.

第一学期期末考试试卷(8)

一、1. C；2. D；3. B；4. A；5. B；6. B.

二、1. 1；2. 2；3. $-f\left(\frac{1}{x}\right)+C$；4. $x-2y+2=0$；5. $(0, +\infty)$；6. $\arcsin \ln x+C$；

7. $\frac{1}{3}$；8. 2.

三、1. $\frac{1}{2}$；2. $\arcsin\frac{2x-1}{\sqrt{3}}+C$；3. $-e^2$；4. $\frac{3+2x^2}{\sqrt{1+x^2}}dx$；5. $\frac{2}{5}(1+\ln 2)$；

6. $\ln x-\frac{1}{2}\ln^2 x+C$.

四、1. 与墙垂直的部分长为 5 时；2. $\frac{9}{2}$，$\frac{72}{5}$.

五、令 $t=\frac{\pi}{2}-x$，利用换元积分法可证.

第二学期期末考试试卷答案

第二学期期末考试试卷(1)

一、1. A；2. C；3. C；4. C；5. A；6. D.

二、1. $(-2, 3, 0)$；2. $x\cos(xy)-2x\cos(xy)\sin(xy)$；3. $x^{y-1}(1+y\ln x)$；

4. $\int_{-1}^{0}dx\int_{-x}^{1}f(x, y)dy+\int_{0}^{1}dx\int_{1-\sqrt{1-x^2}}^{1}f(x, y)dy$；5. $2u-u_0$；6. $p>1$；

7. $\frac{1}{6}x^3-\sin x+C_1x+C_2$；8. $y^*=Axe^{-x}$.

三、1. $\frac{x+1}{-2}=\frac{y-2}{3}=\frac{z-3}{1}$；2. $kx^kF\left(\frac{z}{x}, \frac{y}{x}\right)$；3. $\pi(e^4-1)$；4. $y=x+\frac{C}{\ln x}$；

5. 条件收敛；6. 和函数 $s(x)=\frac{1}{(1-x)^2}$ $x\in(-1, 1)$.

四、1. $\sum_{n=0}^{\infty}\frac{(-1)^n}{(2n+1)(2n+2)}x^{2n+2}$ $(-1\leqslant x\leqslant 1)$；

2. $f(u)=C_1e^u+C_2e^{-u}$ （C_1 与 C_2 为任意常数）.

五、长方体贮水池的长、宽、高分别为 2、2、$\frac{5}{2}$时，材料最省.

第二学期期末考试试卷(2)

一、1. B；2. A；3. A；4. B；5. A；6. B.

二、1. $\{(x, y)\mid 1<x^2+y^2\leqslant 4\}$；2. 0；3. $1+2y\cos x$；4. $-2yf_1'+xe^{xy}f_2'$；5. -8；

6. $\int_{-a}^{a}dy\int_{0}^{\sqrt{a^2-y^2}}f(x, y)dx$；7. -13；8. $\frac{x-2}{2}=\frac{y+3}{1}=\frac{z-4}{5}$.

三、1. $\frac{\partial z}{\partial x}=\frac{2x\ln(xy)}{y^2}+\frac{x}{y^2}$，$\frac{\partial z}{\partial y}=\frac{-2x^2}{y^3}\ln(xy)+\frac{y}{x^2}$；2. $\frac{\partial z}{\partial x}=\frac{yz}{x(y+z)}$，$\frac{\partial z}{\partial y}=\frac{z^2}{y(y+z)}$；

3. $5\frac{5}{8}$；4. $x-y+z=0$；5. $y=e^x(c+x)$；6. $(\ln y)^2=2-\frac{2}{x}$.

四、1. $a=2$；2. $\varphi(x)=\cos x(\tan x+1)=\sin x+\cos x$.

五、证明：∵$\frac{\partial z}{\partial x}=\cos x-\cos xf'$，$\frac{\partial z}{\partial y}=\cos yf'$，

∴左$=\frac{\partial z}{\partial x}\cos y+\frac{\partial z}{\partial y}\cos x=(\cos x-\cos xf')\cos y+\cos yf'\cos x$

$=\cos x\cos y-\cos x\cos yf'+\cos x\cos yf'=\cos x\cos y=$右.

第二学期期末考试试卷(3)

一、1. C；2. D；3. A；4. A；5. D；6. D.

二、1. $\{(x, y)\mid x+y>0, x-y>0\}$；2. $-\frac{y}{x^2+y^2}$；3. $\int_{0}^{4}dx\int_{\frac{1}{2}x}^{\sqrt{x}}f(x, y)dy$；

4. $\frac{2x}{1+x^2+y^2}dx+\frac{2y}{1+x^2+y^2}dy$；5. $y=c_1e^x+c_2e^{2x}$；6. 0；7. 绝对收敛；8. 1.

三、1. $x-3y+z+2=0$；2. $\frac{\partial z}{\partial x}=\frac{\partial z}{\partial u}\cdot\frac{\partial u}{\partial x}+\frac{\partial z}{\partial v}\cdot\frac{\partial v}{\partial x}=f_1'\cdot y^2+f_2'\cdot 2xy$，

$\frac{\partial z}{\partial y}=\frac{\partial z}{\partial u}\cdot\frac{\partial u}{\partial y}+\frac{\partial z}{\partial v}\cdot\frac{\partial v}{\partial y}=f_1'\cdot 2xy+f_2'\cdot x^2$；3. 4π；4. 极小值 $f\left(\frac{1}{2}, -1\right)=-\frac{1}{2}e$；

5. $y=\frac{1}{x}[(x-1)e^x+1]$；6. $x-y+2z=\pm\sqrt{\frac{11}{2}}$.

四、1. $\sum_{n=0}^{\infty}(-1)^n\left(\frac{1}{3}\right)^{n+1}(x-3)^n$，收敛域为(0，6)；2. $\frac{16}{9}a^3(3\pi-4)$.

五、利用链式法则可证.

第二学期期末考试试卷(4)

一、1. A；2. B；3. B；4. A；5. A；6. C.

二、1. (1，3，−2)；2. $2x+2y$；3. $\frac{2x}{1+(x^2+y^2)^2}$；4. $2xe^{x^2+y^2}dx+2ye^{x^2+y^2}dy$；

5. $y=C\ln x$；6. $\int_0^1 dy\int_{e^y}^{e} f(x,y)dx$；7. 发散；8. $y=\frac{1}{2}e^{-2x}+x-\frac{1}{2}$.

三、1. $\frac{x}{-2}=\frac{y-2}{3}=\frac{z-4}{1}$；2. $\frac{\partial z}{\partial x}=\frac{\partial z}{\partial u}\cdot\frac{\partial u}{\partial x}+\frac{\partial z}{\partial v}\cdot\frac{\partial v}{\partial x}=f_1'\cdot\cos x\cos y+f_2'\cdot e^{x+y}$，

$\frac{\partial z}{\partial y}=\frac{\partial z}{\partial u}\cdot\frac{\partial u}{\partial y}+\frac{\partial z}{\partial v}\cdot\frac{\partial v}{\partial y}=f_1'\cdot(-\sin x\sin y)+f_2'\cdot e^{x+y}$；3. $\frac{\pi^2}{64}$；4. 极小值 $f(3,-1)=-8$；

5. $y=C(x+1)+\frac{2}{3}(x+1)^{\frac{5}{2}}$；6. 切平面 $4x+2y-z-6=0$，法线$\frac{x-2}{4}=\frac{y-1}{2}=\frac{z-4}{-1}$.

四、1. (1)绝对收敛，(2)$s(x)=\frac{x}{(1-x)^2}$　$x\in(-1,1)$；

2. (1)$s(x)=(x+1)(1-x^2)$　$x\in(0,1)$，(2)$\frac{32}{27}$.

第二学期期末考试试卷(5)

一、1. A；2. A；3. B；4. B；5. C；6. B.

二、1. $\frac{3}{4}$；2. $-\frac{1}{4}$；3. 8；4. $2xf_1'+ye^{xy}f_2'$；5. (4，6]；6. 1；

7. $\int_0^1dx\int_1^{2-x}f(x,y)dy$；8. $y=e^x(C_1\cos 2x+C_2\sin 2x)$.

三、1. $\frac{\partial z}{\partial x}=2xy^2+2x+2y$，$\frac{\partial z}{\partial y}=2x^2y+2x+2y$；2. $\frac{32}{9}$；3. $\frac{x}{(1-x)^2}$(提示：$\sum_{n=1}^{\infty}nx^n=x\sum_{n=1}^{\infty}nx^{n-1}$)；4. $\frac{x}{-2}=\frac{y-2}{3}=\frac{z-4}{1}$；5. $y=\frac{x+C}{\cos x}$；6. $-\frac{xy}{z^3}$.

四、1. 无极值；2. $y=C_1e^{2x}+C_2e^{3x}+\left(\frac{1}{2}x+\frac{5}{4}\right)e^x$.

五、利用隐函数求导法和多元复合函数求导法可得$\frac{\partial z}{\partial x}=\frac{-1+2xyf'}{1+2yzf'}$，$\frac{\partial z}{\partial x}=\frac{f}{1+2yzf'}$，代入可证.

第二学期期末考试试卷(6)

一、1. A；2. D；3. A；4. D；5. C；6. D.

二、1. 1；2. $1+e^2$；3. $\int_0^{\pi}d\theta\int_0^{4\sin\theta}f(r\cos\theta,r\sin\theta)rdr$；4. $\frac{2}{3}$；5. $y=C_1e^x+C_2e^{2x}$；

6. ≤−1；7. $\begin{cases}2x-x^2+2y^2=16\\ z=0\end{cases}$；8. 2.

三、1. $dz=\frac{1}{1+(xy)^2}(ydx+xdy)$；2. $\frac{\partial z}{\partial x}=2xf_1'+yf_2'$；3. [−3，3)；

4. $\sum_{n=1}^{\infty}\frac{1}{2}\left(\frac{x-2}{2}\right)^{n-1}$；收敛区间为(0，4)；5. $\frac{2\pi}{3}(b^3-a^3)$；6. 极大值 $f(3,-2)=30$.

四、1. 8π；2. 长方体的长、宽、高均为$\sqrt{6}$米时，容积最大.

五、设任意一切点坐标为(x_0,y_0,z_0)，求出切平面方程，再求出在各个坐标轴上的截距，代入结论的左边整理可得到结论.

第二学期期末考试试卷(7)

一、1. D；2. D；3. B；4. A；5. C；6. B.

二、1. $\{(x,y)\mid y-x>0,x\geq 0,x^2+y^2<1\}$；2. $x^2+y^2+2z^2=8$；3. 2；4. 收敛；

5. $df=\frac{e^ydx+xe^ydy}{1+x^2e^{2y}}$；6. $\int_0^{\frac{\pi}{2}}d\theta\int_0^1e^{r^2}\cdot rdr$；7. $3x+4y-z=10$；8. $\left(\frac{1}{2},-1\right)$.

三、1. $2x-y-z=0$；2. $\frac{\partial z}{\partial x}=\frac{x}{2-z}$，$\frac{\partial^2 z}{\partial x^2}=\frac{(2-z)^2+x^2}{(2-z)^3}$；3. $\frac{4}{3}$；

4. $\tan(x-y+1)=x+C$；5. 收敛域为(−1，1)，和函数 $s(x)=\frac{1+x^2}{(1-x^2)^2}$；

6. $u_x'=\frac{v-x}{u-v}$，$u_y'=\frac{v-y}{u-v}$，$v_x'=\frac{u-x}{v-u}$，$v_y'=\frac{u-y}{v-u}$(方程组两边关于x求导，解方程组可求出u_x'和v_x'，同理可求出u_y'和v_y').

四、1. $\frac{7}{2}$；2. 生产35件A产品，28件B产品时，获得的利润最大.

五、设任意一切点坐标为(x_0,y_0,z_0)，求出切平面方程，再求出在各个坐标轴上的截距，代入结论的左边整理可得到结论.

第二学期期末考试试卷(8)

一、1. D；2. B；3. D；4. A；5. C；6. B.

二、1. $x+z+a=0$；2. $y^*=x(ax+b)e^{-x}$；3. $2x-4y-z=7$；4. $\frac{x^2-y^2}{x^2+y^2}$；

5. $y=\frac{1}{x}(x+c)$；6. −1；7. $\sum_{n=0}^{\infty}\frac{(-1)^nx^{n+1}}{n!}$；8. (2，2).

三、1. $\frac{\partial z}{\partial x}=-\frac{y^2}{x^2+y^2}$，$\frac{\partial z}{\partial y}=\arctan\frac{y}{x}+\frac{xy}{x^2+y^2}$；2. 切平面：$x+2y-4=0$，法线方程：$\frac{x-2}{1}=\frac{y-1}{2}=\frac{z}{0}$；3. $\frac{1}{x}\sum_{n=0}^{\infty}(-1)^n\left(\frac{1}{3}\right)^{n+1}(x-3)^nx\in(0,6)$；4. $\pi(1-\cos 4)$；

5. $\sum_{n=1}^{\infty}\frac{x^{n-1}}{n\cdot 3^{n}}=\begin{cases}-\frac{1}{x}\ln\left(1-\frac{x}{3}\right), & x\in[-3,0)\cup(0,3)\\ \frac{1}{3}, & x=0\end{cases}$；

6. $(0,-2)$为极小值点，极小值为 $z=1$，$\left(0,\frac{16}{7}\right)$为极大值点，极大值为 $z=-\frac{8}{7}$(利用隐函数求导求出驻点，再利用隐函数求导求出 z''_{xx}，z''_{xy}，z''_{yy} 进行判断).

四、1. $\alpha=-3$，$\beta=2$，$\gamma=-1$，$y''+\alpha y'+\beta y=\gamma e^{x}$ 通解为 $y=c_1e^{2x}+(c_2+x)e^{x}$；

2. $f(x)=\frac{C_1}{2}\arctan\frac{x}{2}+C_2$.

五、略.

高职升本科模拟试卷答案

模拟试卷(1)

一、1. C；2. C；3. D；4. A；5. B；6. B.

二、7. 2；8. $\arcsin\frac{x-2}{2}+C$；9. $\frac{1}{2}$；10. -2；11. $\frac{\pi}{2}$；12. $2xe^{x^4}$.

三、13. $a=1$，$b=2$；14. (1)$\frac{34}{3}$，(2)$\frac{1088\pi}{15}$；15. (1)$y=C\cos x$，(2)$y=2e^{3x}+4e^{x}$；

16. 极小值 $f(9,-4)=-27$；17. $\frac{45}{8}$.

模拟试卷(2)

一、1. B；2. B；3. C；4. B；5. C；6. A.

二、7. e^2；8. $x-\arctan x+C$；9. 2；10. $\frac{x-1}{2}=\frac{y+1}{-3}=\frac{z}{5}$；11. $(-1,1)$；12. $\frac{9}{8}$.

三、13. $\frac{1}{2}$；14. (1)4，(2)$\frac{128\pi}{7}$；15. (1)$y=\frac{1}{x}(e^{x}+C)$，(2)$y=-e^{4x}+e^{-x}$；

16. 设 $f(x)=2\sqrt{x}-\left(3-\frac{1}{x}\right)$，利用单调性证明；17. $\frac{x-2}{2}=\frac{y-1}{-1}=\frac{z-3}{4}$(提示：设交点坐标).

模拟试卷(3)

一、1. C；2. B；3. B；4. B；5. D；6. B.

二、7. 1；8. $\frac{x^2}{2}\ln x-\frac{x^2}{4}+C$；9. $\frac{1}{\sqrt{1+x^2}}dx$；10. $\int_0^1dx\int_1^{2-x}f(x,y)dy$；

11. $x-2y+2z-7=0$；12. $ye^{xy}dx+xe^{xy}dy$.

三、13. $\frac{1}{3}$；14. $\frac{dy}{dx}=2t$，$\frac{d^2y}{dx^2}=2(1+t^2)$；15. $f(x)=1-e^{x}$；16. 利用函数的单调性；

17. $16x-14y-11z-65=0$.

模拟试卷(4)

一、1. B；2. D；3. A；4. D；5. A；6. A.

二、7. $\frac{\pi}{3}$；8. $x^3-x+\arctan x+C$；9. $(-1,3)$；10. $\int_0^1dx\int_{x^2}^{x}f(x,y)dy$；

11. $\frac{x-3}{2}=\frac{y-1}{-1}=\frac{z-2}{3}$；12. $\frac{x}{2-z}$.

三、13. 1；14. (1)$\frac{1}{6}$，(2)$\frac{2\pi}{15}$；15. (1)$\frac{x+C}{\cos x}$，(2)$y=2\cos 5x+\sin 5x$；16. 利用函数的单调性；17. $\frac{x+1}{12}=\frac{y}{13}=\frac{z-4}{16}$(提示：设交点坐标为$(x_0,y_0,z_0)$，点$(-1,0,4)$和$(x_0,y_0,z_0)$的连线所得向量和平面 $3x-4y+z-2=0$ 的法向量垂直，点(x_0,y_0,z_0)在直线上，列出方程组，求出交点就能求出直线方程).

模拟试卷(5)

一、1. C；2. B；3. D；4. C；5. D；6. C.

二、7. 4；8. $x\sin x+\cos x+C$；9. $\frac{x-1}{1}=\frac{y-2}{2}=\frac{z-2}{2}$；10. $\int_0^1dx\int_x^1f(x,y)dy$；

11. $\frac{2x}{x^2+y^2}dx+\frac{2y}{x^2+y^2}dy$；12. 1.

三、13. -3；14. (1)$\frac{7}{6}$，(2)$\frac{38\pi}{15}$；15. (1)$\frac{1}{x}\left(C+\frac{1}{3}x^3\right)$，(2)$y=(2+x)e^{-\frac{x}{2}}$；

16. 极小值 $f(1,0)=-5$，极大值 $f(-3,2)=31$；17. $x+4y+5z-3=0$.

模拟试卷(6)

一、1. C；2. B；3. C；4. B；5. B；6. D.

二、7. $\frac{2x\cos 2x-\sin 2x}{x^2}$；8. $\frac{1}{2}(x^2+1)\arctan x-\frac{1}{2}x+C$；9. $\frac{1}{2}$；

10. $\int_0^1dy\int_{y^2}^1f(x,y)dx$；11. $3x^2f(x^3)$；12. $4x+2y-z-6=0$.

三、13. 1；14. $\frac{x+y}{x-y}$；15. (1)$\arctan y=x-\frac{1}{2}x^2+C$，(2)$y=(4+2x)e^{-x}$；16. $\frac{45}{8}$；

17. $4x-3y-z-4=0$.

ISBN 978-7-303-28314-9
定价：56.90 元(全两册)